UG NX 12.0 中文版 数控加工自学速成

贾雪艳 槐创锋 等 编著

人民邮电出版社
北京

图书在版编目（CIP）数据

UG NX 12.0中文版数控加工自学速成 / 贾雪艳等编著. -- 北京 : 人民邮电出版社, 2022.1
ISBN 978-7-115-57592-0

Ⅰ. ①U… Ⅱ. ①贾… Ⅲ. ①数控机床－加工－计算机辅助设计－应用软件 Ⅳ. ①TG659.022

中国版本图书馆CIP数据核字(2021)第202169号

内容提要

本书以丰富的实例为引导，全面介绍了包括铣削和车削加工在内的使用 UG NX 12.0 进行数控加工的方法。全书按知识结构分为 12 章，内容包括数控加工基础、UG CAM 入门、垫块铣削加工、花型模具铣削加工、平板铣削加工、半齿轮铣削加工、凹模铣削加工、凸模铣削加工、叶轮铣削加工、变速手柄轴车削加工、螺纹特形轴车削加工、隔套车削加工等知识。全书内容由浅入深，从易到难，各章节既相对独立又前后关联，作者根据自己多年的经验，给出总结和相关提示，帮助读者及时、快捷地掌握所学知识。

本书可以作为模具加工工程技术人员的参考工具书，也可作为初学者的入门教材。

本书随书所配电子文件包含全书实例源文件和视频文件，可以帮助读者更加轻松自如地学习本书知识。

◆ 编　　著　贾雪艳　槐创锋　等
责任编辑　黄汉兵
责任印制　陈　犇

◆ 人民邮电出版社出版发行　　北京市丰台区成寿寺路 11 号
邮编　100164　　电子邮件　315@ptpress.com.cn
网址　https://www.ptpress.com.cn
北京九州迅驰传媒文化有限公司印刷

◆ 开本：787×1092　1/16
印张：18.5　　2022 年 1 月第 1 版
字数：470 千字　　2025 年 1 月北京第 9 次印刷

定价：79.80 元

读者服务热线：(010)53913866　印装质量热线：(010)81055316
反盗版热线：(010)81055315
广告经营许可证：京东市监广登字 20170147 号

前 言

UG是德国西门子公司出品的一套集CAD/CAM/CAE于一体的模型设计和加工的软件系统。它的功能覆盖了从概念设计到产品生产的整个过程，广泛地运用在汽车、航天、模具加工及设计和医疗器械行业等领域。它提供了强大的实体建模技术，提供了高效能的曲面建构能力，能够完成复杂的造型设计，除此之外，装配功能、2D出图功能、模具加工功能及与PDM之间的紧密结合，使得UG在工业界成为一套功能强大的高级CAD/CAM系统。

UG每次的最新版本都代表了当时先进的制造技术的发展前沿，很多现代设计方法和理念都能较快地在新版本中反映出来。这一次发布的最新版本——UG NX 12.0在很多方面都进行了改进和升级，例如并行工程中的几何关联设计、参数化设计等。

数控加工在国内已经日趋普及，培训需求日益旺盛，各种数控加工教材也不断推出。但真正与当前数控加工应用技术现状相适应的实用数控加工培训教材却不多见。为了给初学者提供一本优秀的从入门到精通的教材，给具有一定使用经验的用户提供一本优秀的参考书和工具书，作者根据自己多年的工作经验以及心得编写了本书。

本书随书附送了方便读者学习和练习的源文件素材，读者可扫描前言中的二维码获取源文件下载链接。

为了更进一步方便读者学习，本书还配有教学视频，对书中的实例和基础操作进行了详细讲解。读者可使用微信“扫一扫”功能扫描正文中的二维码观看视频。

读者遇到有关本书的技术问题，可以加入QQ群811016724直接留言，我们将尽快回复。

本书由华东交通大学教材基金资助，华东交通大学的贾雪艳、槐创锋两位老师编著完成，华东交通大学的沈晓玲、林凤涛、钟礼东、朱爱华参与部分章节编写。解江坤、韩哲等为本书的出版提供了大量的帮助，在此一并表示感谢。

由于时间仓促，加上编者水平有限，书中不足之处在所难免，望广大读者发送邮件到714491436@qq.com批评指正，编者将不胜感激。

扫描关注公众号
输入关键词57592
获取练习源文件

编 者

目 录

第1章 数控加工基础

数控编程与加工技术是目前CAD/CAM系统中最能明显发挥效益的环节之一，其在实现设计加工自动化、提高加工精度和加工质量、缩短产品研制周期等方面发挥着重要作用，在诸如航空工业、汽车工业等领域得到了广泛的应用。出于生产实际的强烈需求，国内外都对数控编程与加工技术进行了广泛的研究，并取得了丰硕成果。

- 数控技术的基本概念
- 数控技术的发展
- 数控机床的特点及其分类
- 数控加工工艺
- 数控编程的误差

1.1 数控技术的基本概念

本节将简要介绍数控技术的相关基本概念。

1.1.1 数控技术

数字控制（Numerical Control，NC）技术简称数控技术，顾名思义就是以数字的形式实现控制的一门技术。如果一种设备的操作命令是以数字的形式来描述，工作过程是按照规定的程序自动地进行，那么这种设备就称为数控设备。数控机床、数控火焰切割机、数控绘图机、数控冲剪机等都是属于这个范围内的自动化设备。用图1-1来描述数控设备的一般形式。

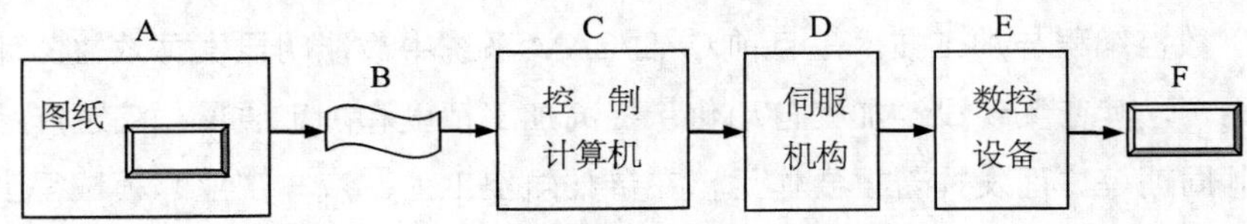

图1-1 数控设备的一般形式

图1-1中，A为被加工物的图纸，图纸上的数据大致分为两类：几何数据和工艺数据。这些数据是指示给数控设备命令的原始依据（简称“指令”）。B为控制介质，通常用U盘或通过网络传输作为记载指令的控制介质。C为数据处理和控制的电路，一般由一台控制计算机组成，原始数据经过它处理后，变成伺服机构能够接受的位置指令和速度指令。D为伺服机构，“伺服”这个词起源于希腊语“奴隶”，把C控制计算机比拟为人的“头脑”，则伺服机构相当于人的“手”和“足”，我们要求伺服机构无条件地执行“大脑”的意志。E为数控设备，F为加工后的物件。

随着生产的发展和一个国家工业水平的提高，数控设备在机械、电子和国防等行业中的应用范围愈来愈广泛。在实际采用时，一定要充分考虑其技术经济效果。目前，选用数控设备主要考虑3种因素：单件、中小批量的生产，形状比较复杂、精度要求高的加工，产品更新频繁、生产周期要求短的加工。凡是符合这3种因素之一的情况，采用数控设备对于改进产品质量、减轻工人劳动强度、提高经济效益等都会获得显著的效果。

1.1.2 数控机床及其加工原理

本书主要讲述应用在数控机床上的数字控制技术，下面讲述其具体含义。

数字控制机床（Numerical Control Machine Tools）简称数控机床，这是一种将数字计算技术应用于机床的控制技术。它把机械加工过程中的各种控制信息用代码化的数字表示，通过信息载体输入数控装置，经运算处理由数控装置发出各种控制信号，从而控制机床的动作，按图样要求的形状和尺寸自动地将零件加工出来。数控机床较好地解决了复杂、精密、小批量、多品种的零件加工问题，是一种柔性的、高效能的自动化机床，代表了现代机床控制技术的发展方向，是一种典型的机电一体化产品。数控机床加工工件的过程如图1-2所示。

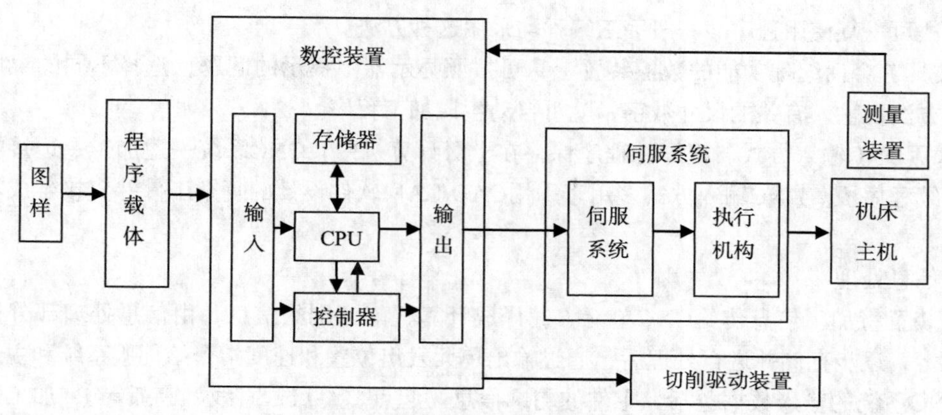

图1-2　数控机床加工工件的过程

在数控机床上加工工件时，首先要根据加工零件的图样与工艺方案，用规定的格式编写程序单，并且记录在程序载体上；把程序载体上的程序通过输入装置输入数控装置中；数控装置将输入的程序经过运算处理后，向机床各个坐标的伺服系统发出信号；伺服系统根据数控装置发出的信号，通过伺服执行机构（例如步进电动机、直流伺服电动机、交流伺服电动机），经传动装置（例如滚珠丝杠螺母副等），驱动机床各运动部件，使机床按规定的动作顺序、速度和位移量进行工作，从而制造出符合图样要求的零件。

由上述数控机床的工作过程可知，数控机床的基本组成包括数控加工程序、数控装置、伺服系统和测量反馈系统、机床主体和其他辅助装置。下面分别对各组成部分的基本工作原理进行概要说明。

1. 数控加工程序

数控加工程序是数控机床进行自动加工的指令序列。数控加工程序包括机床上刀具和工件的相对运动轨迹、工艺参数（进给量、主轴转速等）和辅助运动等。将零件加工程序用一定的格式和代码，存储在一种程序载体上，如U盘、硬盘等，通过数控机床的输入装置，将程序信息输入到CNC（Computer Numerical Control）单元。

2. 数控装置

数控装置是数控机床的核心。现代数控装置均采用CNC装置，这种CNC装置一般使用多个微处理器，以程序化的软件形式实现数控功能，因此又称软件数控（Software NC）。CNC系统是一种位置控制系统，它是根据输入数据插补出理想的运动轨迹，然后输出到执行部件加工出所需要的零件。因此，数控装置主要由输入、处理和输出3个基本部分构成。而所有这些工作都由计算机的系统程序进行合理的组织，使整个系统协调地进行工作。

（1）输入装置

将数控指令输入数控装置，根据程序载体的不同，相应有不同的输入装置。目前主要有键盘输入、磁盘输入、CAD/CAM系统直接通信方式输入和连接上级计算机的DNC（直接数控）输入等。

① MDI手动数据输入方式。操作者可利用操作面板上的键盘输入加工程序的指令，它适用于比较短的程序。

② 在控制装置编辑状态（EDIT）下，用软件输入加工程序，并存入控制装置的存储器中，这

种输入方法可重复使用程序。一般手工编程均采用这种方法。

③ 在具有会话编程功能的数控装置上，可按照显示器上提示的问题，选择不同的菜单，用人机对话的方法，输入有关的尺寸数字，就可自动生成加工程序。

④ 采用DNC输入方式。把零件程序保存在上级计算机中，CNC系统一边加工一边接收来自计算机的后续程序段。DNC输入方式多用于采用CAD/CAM软件设计的复杂工件并直接生成零件程序的情况。

（2）信息处理

输入装置将加工信息传给CNC单元，编译成计算机能识别的信息，由信息处理部分按照控制程序的规定，逐步存储并进行处理后，通过输出单元发出位置和速度指令给伺服系统和主运动控制部分。CNC系统的输入数据包括：零件的轮廓信息（起点、终点、直线、圆弧等）、加工速度及其他辅助加工信息（如换刀、变速、冷却液开关等）。数据处理的目的是完成插补运算前的准备工作。数据处理程序还包括刀具半径补偿、速度计算及辅助功能的处理等。

（3）输出装置

输出装置与伺服机构相连。输出装置根据控制器的命令接收运算器的输出脉冲，并把它送到各坐标的伺服控制系统，经过功率放大，驱动伺服系统，从而控制机床按规定要求运动。

3. 伺服系统和测量反馈系统

伺服系统是数控机床的重要组成部分，用于实现数控机床的进给伺服控制和主轴伺服控制。伺服系统的作用是接收来自数控装置的指令信息，经功率放大、整形处理后，转换成机床执行部件的直线位移或角位移运动。伺服系统是数控机床的最后环节，其性能将直接影响数控机床的精度和速度等技术指标，因此，对数控机床的伺服驱动装置，要求具有良好的快速反应性能，准确而灵敏地跟踪数控装置发出的数字指令信号，并能忠实地执行来自数控装置的指令，提高系统的动态跟随特性和静态跟踪精度。

伺服系统包括驱动装置和执行机构两大部分。驱动装置由主轴驱动单元、进给驱动单元和主轴伺服电动机、进给伺服电动机组成。步进电动机、直流伺服电动机和交流伺服电动机是常用的驱动装置。

测量元件将数控机床各坐标轴的实际位移值检测出来并经反馈系统输入机床的数控装置中，数控装置对反馈回来的实际位移值与指令值进行比较，并向伺服系统输出达到设定值所需的位移量指令。

4. 机床主体

机床主体是数控机床的主体。它包括床身、底座、立柱、横梁、滑座、工作台、主轴箱、进给机构、刀架及自动换刀装置等机械部件。它是在数控机床上自动地完成各种切削加工的机械部分。与传统的机床相比，数控机床主体具有如下结构特点。

（1）采用具有高刚度、高抗振性及较小热变形的机床新结构。通常用提高结构系统的静刚度、增加阻尼、调整结构件质量和固有频率等方法来提高机床主机的刚度和抗振性，使机床主体能适应数控机床连续自动地进行切削加工的需要。采取改善机床结构布局、减少发热、控制温升及采用热位移补偿等措施，可减少热变形对机床主机的影响。

（2）广泛采用高性能的主轴伺服驱动和进给伺服驱动装置，使数控机床的传动链缩短，简化了机床机械传动系统的结构。

（3）采用高传动效率、高精度、无间隙的传动装置和运动部件，如滚珠丝杠螺母副、塑料滑动导轨、直线滚动导轨、静压导轨等。

5. 其他辅助装置

辅助装置是保证充分发挥数控机床功能所必需的配套装置，常用的辅助装置包括：气动、液压装置，排屑装置，冷却、润滑装置，回转工作台，数控分度头，防护和照明等各种辅助装置。

1.1.3　数控机床的适用范围

数控机床是一种可编程的通用加工设备，但是因设备投资费用较高，还不能用数控机床完全替代其他类型的设备，因此，数控机床有其一定的适用范围。数控机床最适宜加工以下类型的零件。

（1）生产批量小的零件（100件以下）。

（2）需要进行多次改型设计的零件。

（3）加工精度要求高、结构形状复杂的零件，如箱体类，曲线、曲面类零件。

（4）需要精确复制和尺寸一致性要求高的零件。

（5）价值昂贵的零件，这种零件虽然生产量不大，但是如果加工中因出现差错而报废，将产生巨大的经济损失。

1.2　数控技术的发展

自从美国帕森公司（Parsons Co.）和麻省理工学院（M.I.T）于1952年合作研制成第一台三坐标数控铣床以来，数控系统无论在内部结构还是在外观上都发生了急剧的变化。它的发展已经历了五代，即从第一代采用电子管、继电器，到第二代采用晶体管分立元件、第三代采用集成电路、第四代采用小型机数控，一直到1974年出现了第一台微处理器数控而进入第五代。据统计，1976年的数控装置与1966年的相比，在功能范围方面扩大了一倍，体积缩小到原来的1/20，而价格也降到了原来的1/4。20世纪80年代初，国际上又出现了柔性制造单元（Flexible Manufacturing Cell，FMC）以及柔性制造系统（Flexible Manufacturing System，FMS），它们被认为是实现计算机集成制造系统（Computer Integrated Manufacturing System，CIMS）的基础。

当前数控技术正向着以下几个方面发展。

1. 计算机数控

计算机数控其中也包括微型机或微处理器数控（Minicomputer/Microprocessor Numerical Control，MNC）。它的数控功能是由系统程序决定的（对微处理器则可将程序直接固化到EPROM中），改变系统程序，即可改变数控功能，因此它具有很大的通用性。同时CNC系统易于设立各种诊断程序，进行故障的预检及自动查找。CNC系统能使用CRT编程，简化程序编制，并能对其输入的系统加工程序及时修改。此外，对输出部分，CNC系统能方便地实现数字伺服控制及配用可编程序控制器（PLC）进行程序控制。CNC的优点是明显的，尤其是廉价的MNC的出现，使它很快占领了数控领域，得到迅速发展。

2. 计算机直接数控

DNC系统也称为计算机群控系统，它可以理解为一台计算机直接管理和控制一群数控设备的系统。在这个系统中，产品加工程序都由一台计算机存储与管理，并根据设备的需要，分时地把加工程序分配给各台设备。此外，计算机还对各数控设备的工作情况进行管理与统计（如打印报表等），并处理操作者的指令以及提出对加工程序进行编辑、修改的要求。

目前，DNC系统的发展趋势是由一台DNC与多台NC或CNC系统组成分布式系统，实现分级管理，而不用分时控制的方式。

3. 以模块概念为基础的柔性制造系统

它是将一群数控设备与工件、工具及切屑的自动传输线相配合，并由计算机统一管理与控制，组成了计算机群控自动线。这样，整个系统的加工效率高，当加工产品改变时，有较强的适应性。FMS不仅实现了生产过程中信息流的自动化，还实现了传递各种物质流（物质材料）的自动化。

4. 计算机集成制造系统

计算机集成制造系统是用于制造业工厂的综合自动化系统。它在计算机网络和分布式数据库的支持下，把各种局部的自动化子系统集成起来，实现信息集成和功能集成，走向全面自动化，从而缩短产品开发周期、提高质量、降低成本。它是工厂自动化的发展方向、未来制造业工厂的模式。后面的章节还会提到，集成不是现有生产系统的计算机化，而原有的生产系统的集成很困难，独立的自动化系统异构化非常复杂，所以要考虑实施CIMS计划时的收益和支出。

1.3 数控机床的特点及其分类

数控机床是一种用计算机来控制的机床，用来控制机床的计算机，不管是专用计算机还是通用计算机都统称为数控系统。数控机床的运动和辅助动作均受控于数控系统发出的指令。而数控系统的指令是由程序员根据工件的材质、加工要求、机床的特性和系统所规定的指令格式（数控语言或符号）编制的。数控系统根据程序指令向伺服装置和其他功能部件发出运行或中断信息来控制机床的各种运动。当零件的加工程序结束时，机床便会自动停止。任何一种数控机床，在其数控系统中若没有输入程序指令，数控机床就不能工作。机床的受控动作大致包括机床的起动、停止；主轴的启停、旋转方向和转速的变换；进给运动的方向、速度、方式；刀具的选择、长度和半径的补偿；刀具的更换，冷却液的开启、关闭等。

1.3.1 数控机床的特点

数控机床与传统机床相比，具有以下一些特点。

1. 高柔性

数控铣床的最大特点是高柔性，即可变性。所谓“柔性”就是灵活、通用、万能，可以适应加工不同形状工件的需求。

数控铣床一般都能完成钻孔、镗孔、铰孔、铣平面、铣斜面、铣槽、铣曲面（凸轮）和攻螺纹等加工，而且一般情况下，可以在一次装夹中完成所需的加工工序。

2. 高精度

目前数控装置的脉冲当量（即数控机床每发出一个脉冲，坐标轴移动的距离）一般为0.001mm，高精度的数控系统可达0.0001mm。一般情况下，绝对能保证工件的加工精度。另外，数控加工还可避免工人操作所引起的误差，一批加工零件的尺寸统一性特别好，产品质量能得到保证。

3. 高效率

数控机床的高效率主要是由数控机床的高柔性带来的。如数控铣床一般不需要使用专用夹具和工艺装备。在更换工件时，只需调用存储于计算机中的加工程序、装夹工件和调整刀具数据即可，可大大缩短生产周期。更主要的是数控铣床的万能性带来高效率，如一般的数控铣床都具有铣床、镗床和钻床的功能，工序高度集中，提高了劳动生产率，并减少了工件的装夹误差。

另外，数控铣床的主轴转速和进给量都是无级变速的，因此有利于选择最佳切削用量。数控铣床都有快进、快退、快速定位功能，可大大减少机动时间。

据统计，采用数控铣床比普通铣床可提高生产率3～5倍。对于复杂的成形面加工，生产率可提高十几倍甚至几十倍。

4. 减轻劳动强度

数控铣床对零件的加工是按事先编好的程序自动完成的。操作者除了操作键盘、装卸工件和中间测量及观察机床运行外，不需要进行繁重的重复性手工操作，可大大减轻劳动强度。

5. 加工质量稳定、可靠

加工同一批零件，在同一机床，在相同加工条件下，使用相同刀具和加工程序，刀具的走刀轨迹完全相同，零件的一致性好，质量稳定。

6. 利用生产管理现代化

数控机床的加工，可预先精确估计加工时间，对所使用的刀具、夹具可进行规范化、现代化管理，易于实现加工信息的标准化，已与计算机辅助设计与制造（CAD/CAM）有机地结合起来，是现代化集成制造技术的基础。

1.3.2　数控机床的分类

数控机床的品种规格很多，可以按多种原则进行分类。归纳起来，常按以下4种方法进行分类。

1. 按工艺用途分类

（1）金属切削类数控机床

这类数控机床与传统的普通金属切削机床品种一样，有数控车、铣、镗、钻、磨床等。每一种又有很多品种，如数控铣床中还有立铣、卧铣、工具铣、龙门铣等。

（2）金属成型数控机床

这类数控机床有数控折弯机、数控组合冲床、数控弯管机和数控回转头压力机等。

（3）数控特种加工机床

这类数控机床有数控电火花加工机床、数控线切割机床、数控火焰切割机和数控激光切割机床等。

此外，在非加工中也大量采用了数控技术，如数控装配机、多坐标测量机和工业机器人等。

2. 按运动方式分类

（1）点位控制数控机床

这类机床的加工移动部件只能实现从一个位置到另一个位置的精确移动，在移动途中不进行加工。为了在精确定位基础上有尽可能高的生产率，两相关点之间的移动先是以快速移动接近定位点，然后降速1～3级，再慢慢靠近，以保证加工精度。

图1-3（a）所示为点位控制示意图，主要应用于数控坐标镗床、数控钻床、数控冲床、数控测量机和数控电焊机等。

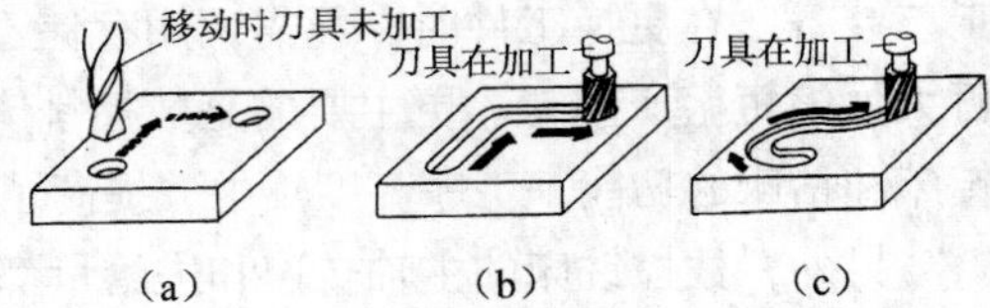

图1-3 数控系统控制方式

（2）点位直线控制数控机床

这类数控机床的加工移动部件不仅要实现从一个位置到另一个位置的精确移动，且能实现平行于坐标轴的直线切削加工运动及沿坐标轴成45°的直线切削加工，但不能沿任意斜率的直线进行切削加工。

图1-3（b）所示为点位直线控制示意图，主要应用于数控车床、数控镗铣床等。

（3）轮廓控制数控机床

这类数控机床能够同时控制2～5个坐标轴联动，加工形状复杂的零件，它不仅控制机床移动部件的起点与终点坐标，而且控制整个加工过程中每一点的速度与位移量。例如在铣床上进行曲线圆弧切削及复杂曲面切削时，就需要用这种控制方式。

图1-3（c）所示为轮廓控制示意图，主要应用于数控铣床、数控凸轮磨床。

3. 按控制方式分类

（1）开环控制系统

开环控制系统就是不带反馈装置的控制系统。通常使用步进电机或功率步进电机作为执行机构，数控装置输出的脉冲通过环形分配器和驱动电路，不断改变供电状态，使步进电机转过相应的步距角，再经过减速齿轮带动丝杠旋转，最后转换为移动部件的直线位移。移动部件的移动速度与位移量是由输入脉冲的频率和脉冲数所决定的。图1-4所示为典型的开环控制系统框图。

由于没有反馈装置，开环系统的步距误差及机械部件的传动误差不能进行校正补偿，所以控制精度较低。但开环系统结构简单、运行平稳、成本低、价格低廉、维修方便，可广泛应用于精度要求不高的经济型数控系统中。

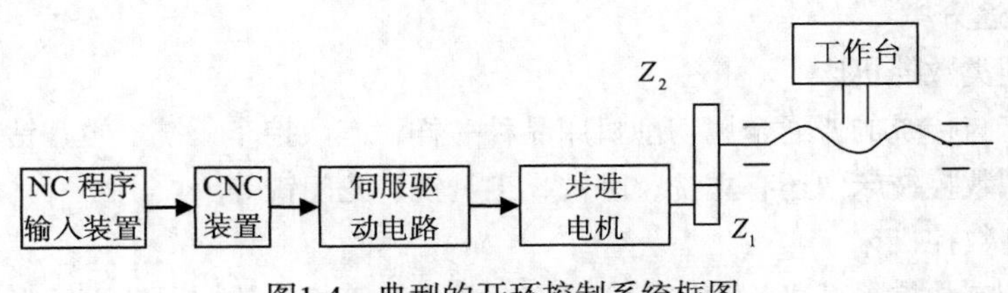

图1-4 典型的开环控制系统框图

（2）半闭环控制系统

半闭环控制系统就是在伺服电机输出端或丝杠轴端装有角位移检测装置（如感应同步器或光电

编码器等），通过测量角位移，间接地检测移动部件的直线位移，然后反馈到数控装置中。角位移检测装置比直线位移检测装置结构简单，安装方便，因此配有精密滚珠丝杠和齿轮的半闭环系统应用比较广泛。图1-5为半闭环控制系统框图。

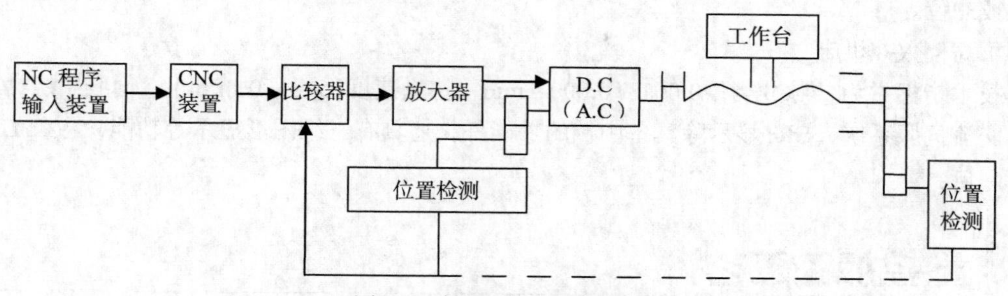

图1-5　半闭环控制系统框图

（3）闭环控制系统

闭环控制系统就是在数控机床移动部件上直接安装直线位置检测装置，且将测量到的实际位移值反馈到数控装置中，与输入指令的位移值进行比较，用差值进行补偿，使移动部件按实际需要的位移量运动，最终实现移动部件的精确定位。

从理论上讲，闭环系统的运动精度主要取决于检测装置的精度，而与传动链的误差无关，但由于该系统受进给丝杠的拉压刚度、扭转刚度、摩擦阻尼特性和间隙等非线性因素的影响，给测试工作带来很大的困难。若各种参数匹配不适当，会引起系统振荡，造成系统工作不稳定，影响定位精度，因此闭环控制系统安装调试非常复杂，一定程度上限制了其更广泛的应用。图1-6为闭环控制系统框图。

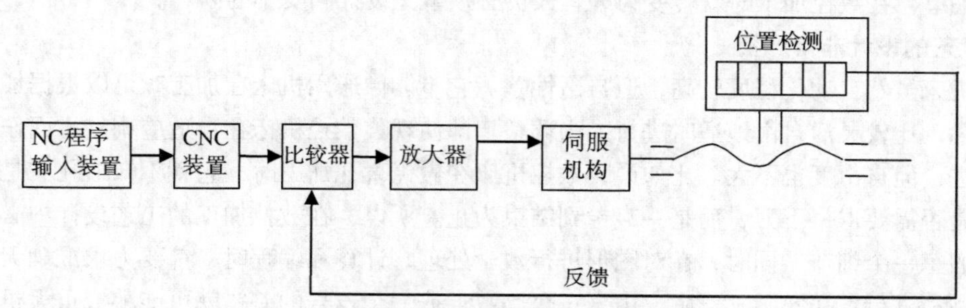

图1-6　闭环控制系统框图

4．按数控系统的功能水平分类

按数控系统的功能水平可以把数控系统分为高、中、低3档。这种分法没有明确的定义和确切的界限。数控系统（或数控机床）的水平高低由主要技术参数、功能指标和关键部件的功能水平来确定。

（1）低档机床

也称经济型数控机床。其特点是根据实际的使用要求，合理地简化系统，以降低产品价格。目前，我国把由单片机或单板机与步进电机组成的数控系统和功能简单、价格低的系统称为经济型数控系统。主要用于车床、线切割机床以及旧机床的数控化改造等。

这类机床的技术指标通常为：脉冲当量0.01 ~ 0.005mm，快进速度4 ~ 10m/min，开环，步进电机驱动，用数码管或简单CRT显示，主CPU一般为8位或者16位。

（2）中档数控机床

其技术指标常为：脉冲当量0.005 ~ 0.001mm，快进速度15 ~ 24m/min，伺服系统为半闭环直流或交流伺服系统，有较齐全的CRT显示，可以显示字符和图形，人机对话，自诊断等，主CPU一般为16位或32位。

（3）高档数控机床

其技术指标常为：脉冲当量0.001 ~ 0.0001 mm，快进速度15 ~ 100 m/min，伺服系统为闭环的直流或交流伺服系统，CRT显示除具备中档的功能外，还具有三维图形显示等功能，主CPU一般为32位或64位。

1.4 数控加工工艺

数控加工与通用机床加工相比较，在许多方面遵循的原则基本一致。但由于数控机床本身自动化程度较高，控制方式不同，设备费用也高，数控加工工艺相应形成了以下几个特点。

1. 工艺的内容十分具体

在用通用机床加工时，许多具体的工艺问题，如工艺中各工步的划分与顺序安排、刀具的几何形状、走刀路线及切削用量等，在很大程度上都是由操作工人根据自己的实践经验和习惯自行考虑而决定的，一般无须工艺人员在设计工艺规程时进行过多的规定。而在数控加工时，上述这些具体工艺问题，不仅仅成为数控工艺设计时必须认真考虑的内容，而且还必须做出正确的选择并编入加工程序中。也就是说，本来是由操作工人在加工中灵活掌握并可通过适时调整来处理的许多具体工艺问题和细节，在数控加工时就转变为编程人员必须事先设计和安排的内容。

2. 工艺的设计非常严密

数控机床虽然自动化程度较高，但自适性差。它不能像通用机床在加工时可以根据加工过程中出现的问题，比较灵活自由地适时进行人为调整。即使现代数控机床在自适应调整方面作出了不少努力与改进，但自由度也不大。比如说，数控机床在做镗盲孔加工时，它就不知道孔中是否已挤满了切屑，是否需要退一下刀，而是一直镗到结束为止。所以，在数控加工的工艺设计中必须注意加工过程中的每一个细节。同时，在对图形进行数学处理、计算和编程时，都要力求准确无误，以使数控加工顺利进行。在实际工作中，由于一个小数点或一个逗号的差错就可能酿成重大机床事故和质量事故。

3. 注重加工的适应性

要根据数控加工的特点，正确选择加工方法和加工内容。

由于数控加工自动化程度高、质量稳定、可多坐标联动、便于工序集中，但价格昂贵，操作技术要求高等特点均比较突出，加工方法、加工对象选择不当往往会造成较大损失。为了既能充分发挥出数控加工的优点，又能达到较好的经济效益，在选择加工方法和对象时要特别慎重，甚至有时还要在基本不改变工件原有性能的前提下，对其形状、尺寸、结构等作适应数控加工的修改。

一般情况下，在选择和决定数控加工内容的过程中，有关工艺人员必须对零件图或零件模型作足够具体与充分的工艺性分析。在进行数控加工的工艺性分析时，编程人员应根据所掌握的数控加工基本特点及所用数控机床的功能和实际工作经验，力求把这一前期准备工作做得更仔细、更扎实一些，以便为下面要进行的工作铺平道路，减少失误和返工、不留遗患。

根据大量加工实例分析，数控加工中失误的主要原因多为工艺方面考虑不周和计算与编程时粗心大意。因此在进行编程前做好工艺分析规划是十分必要的。

1.4.1　数控加工工艺设计内容

工艺设计是对工件进行数控加工的前期准备工作，它必须在程序编制工作之前完成。因此只有在工艺设计方案确定以后，编程才有依据。否则，工艺方面的考虑不周，可能造成数控加工的错误。工艺设计不好，往往要成倍增加工作量，有时甚至要推倒重来。可以说，数控加工工艺分析决定了数控程序的质量。因此，编程人员一定要先把工艺设计做好，不要先急于考虑编程。

根据实际应用中的经验，数控加工工艺设计主要包括下列内容。

（1）选择并决定零件的数控加工内容。

（2）零件图样的数控加工分析。

（3）数控加工的工艺路线设计。

（4）数控加工工序设计。

（5）数控加工专用技术文件的编写。

数控加工专用技术文件不仅是进行数控加工和产品验收的依据，也是需要操作者遵守和执行的规程，同时还为产品零件重复生产积累了必要的工艺资料，并进行了技术储备。这些由工艺人员做出的工艺文件是编程员在编制加工程序单时所依据的相关技术文件。编写数控加工工艺文件也是数控加工工艺设计的内容之一。

不同的数控机床，工艺文件的内容也有所不同。一般来讲，数控铣床的工艺文件应包括：

（1）编程任务书。

（2）数控加工工序卡片。

（3）数控机床调整单。

（4）数控加工刀具卡片。

（5）数控加工进给路线图。

（6）数控加工程序单。

其中以数控加工工序卡片和数控刀具卡片最为重要。前者是说明数控加工顺序和加工要素的文件，后者是刀具使用的依据。

为了加强技术文件管理，数控加工工艺文件也应向标准化、规范化方向发展。但目前尚无统一的国家标准，各企业可根据本部门的特点制订上述有关工艺文件。

1.4.2　工序的划分

根据数控加工的特点，加工工序的划分一般可按下列方法进行。

（1）以同一把刀具加工的内容划分工序。有些零件虽然能在一次安装加工出很多待加工面，但考虑到程序太长，会受到某些限制，如控制系统的限制（主要是内存容量），机床连续工作时间的限制（如一道工序在一个班内不能结束）等。此外，程序太长会增加出错率、查错与检索困难。因此程序不能太长，一道工序的内容不能太多。

（2）以加工部分划分工序。对于加工内容很多的零件，可按其结构特点将加工部位分成几个部分，如内形、外形、曲面或平面等。

（3）以粗、精加工划分工序。对于易发生加工变形的零件，粗加工后可能发生较大的变形而需要进行校形，因此一般来说凡要进行粗、精加工的工件都要将工序分开。

综上所述，在划分工序时，一定要视零件的结构与工艺性、机床的功能、零件数控加工内容的多少、安装次数及本单位生产组织状况灵活掌握。什么零件宜采用工序集中的原则还是采用工序分散的原则，也要根据实际需要和生产条件确定，要力求合理。

加工顺序的安排应根据零件的结构和毛坯状况，以及定位安装与夹紧的需要来考虑，重点是工件的刚性不被破坏。顺序安排一般应按下列原则进行。

（1）上道工序的加工不能影响下道工序的定位与夹紧，中间穿插有通用机床加工工序的也要综合考虑。

（2）先进行内型腔加工工序，后进行外型腔加工工序。

（3）在同一次安装中进行的多道工序，应先安排对工件刚性破坏小的工序。

（4）以相同定位、夹紧方式或同一把刀具加工的工序，最好连接进行，以减少重复定位次数、换刀次数与挪动压板次数。

1.4.3 工艺分析与设计

交互式图形编程工艺分析和规划的主要内容包括加工对象及加工区域规划、加工工艺路线规划、加工工艺和切削方式的确定3个方面。

1. 加工对象及加工区域规划

加工对象及加工区域规划时将加工对象分成不同的加工区域，分别采用不同的加工工艺和加工方式进行加工，目的是提高加工效率和质量。

常见的需要进行分区域加工的情况有以下几种。

（1）加工表面形状差异较大，需要分区加工。例如，加工表面由水平平面和自由曲面组成。显然，对这两种类型的加工表面可采用不同的加工方式以提高加工效率和质量，即对水平平面部分采用平底铣刀加工，行间距远小于刀具半径，以保证表面光洁度。

（2）加工表面不同区域尺寸差异较大，需要分区加工。例如对于较为宽阔的型腔可采用较大的刀具进行加工，以提高加工效率。而对于较小的型腔或转角区域，大尺寸刀具不能进行彻底加工，应采用较小刀具以确保加工的完备性。

（3）加工表面要求的精度和表面粗糙度差异较大时，需要分区加工。例如对于同一表面的配合部位要求精度较高，需要以较小的步距进行加工；对于其他精度和光洁度要求较低的表面，可以以较大的步距加工以提高效率。

（4）为有效控制加工残余高度，应针对曲面的变化采用不同的导轨形式和行间距进行分区加工，相关内容在后面的小节有专门介绍。

2. 加工工艺路线设计

数控加工工艺路线设计与通用机床加工工艺路线设计的主要区别，在于它往往不是指从毛坯到成品的整个工艺过程，而仅是几道数控加工工序工艺过程的具体描述。因此在工艺路线设计中一定要注意到，数控加工工序一般穿插于零件加工的整个工艺过程中，因而要与其他加工工艺衔接好。常见的零件加工工艺流程如图1-7所示。

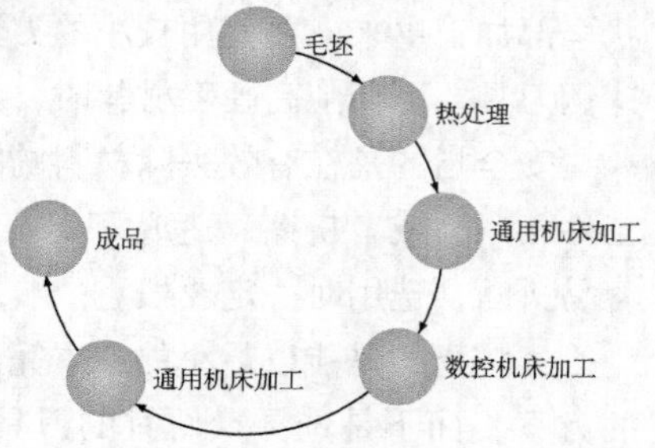

图1-7　零件加工工艺流程

数控加工工艺路线设计中应注意以下几个问题。

（1）工序的划分

（2）顺序的安排

（3）数控加工工艺与普通工序的衔接

数控加工工序前后一般都穿插有其他普通加工工序，若衔接得不好就容易产生矛盾。因此在熟悉整个加工工艺内容的同时，要清楚数控加工工序与普通加工工序各自的技术要求、加工目的、加工特点。例如要不要留加工余量，留多少；定位面与孔的精度要求及形位公差；对校形工序的技术要求；对毛坯的热处理状态等。这样才能使各工序达到相互满足加工需要，且质量目标及技术要求明确，交接验收有依据。

3. 加工工艺和切削方式的确定

加工工艺和切削方式的确定是实施加工工艺路线的细节设计，主要包括以下内容。

（1）刀具选择：为不同的加工区域、加工工序选择合适的刀具。刀具的正确选择对加工质量和效率有较大的影响。

（2）刀轨形式选择：针对不同的加工区域、加工类型、加工工序选择合理的刀轨形式，以确保加工的质量和效率。

（3）误差控制：确定与编程有关的误差环节和误差控制参数，保证数控编程精度和实际加工精度。

（4）残余高度的控制：根据刀具参数、加工表面特征确定合理的导轨行间距，在保证加工表面质量的前提下，尽可能提高加工效率。

（5）切削工艺控制：切削工艺包括切削用量控制（切削深度、刀具进给速度、主轴旋转方向和转速控制等）、加工余量控制、进/退刀控制、冷却控制等诸多内容，是影响加工精度、表面质量和加工损耗的重要因素。

（6）安全控制：包括安全高度、避让区域等涉及加工安全的控制因素。

工艺分析及设计是数控编程中较为灵活的部分，受到机床、刀具、加工对象（几何特征、材料等）等多种因素的影响。从某种程度上可以认为工艺分析与设计基本上是加工经验的体现，因此要求编程人员在工作中不断总结和积累经验，使工艺分析和规划更符合实际工作的需要。

1.4.4　刀具的选择

选择刀具应根据机床的加工能力、工件材料的性能、加工工序、切削用量以及其他相关因素正确选用刀具及刀柄。刀具选择总的原则是：适用、安全、经济。

适用是要求所选择的刀具能达到加工的目的，完成材料的去除，并达到预定的加工精度。例如粗加工时选择足够大并有足够的切削能力的刀具能快速去除材料；而在精加工时，为了能把结构形状全部加工出来，要使用较小的刀具，加工到每一个角落。再如，切削低硬度材料时，可以使用高速钢刀具，而切削高硬度材料时，就必须要用硬质合金刀具。

安全指的是在有效去除材料的同时，不会产生刀具的碰撞、折断等。要保证刀具及刀柄不会与工件相碰撞或者挤擦，造成刀具或工件的损坏。例如加长的直径很小的刀具切削硬质的材料时，很容易折断，选用时一定要慎重。

经济指的是能以最小的成本完成加工。在同样可以完成加工的情形下，选择相对综合成本较低的方案，而不是选择最便宜的刀具。刀具的耐用度和精度与刀具价格关系极大，必须引起注意的是，在大多数情况下，选择好的刀具虽然增加了刀具成本，但由此带来的加工质量和加工效率的提高则可以使总体成本可能比使用普通刀具更低，产生更好的效益。例如进行钢材切削时，选用高速钢刀具，其进给只能达到100mm/min，而采用同样大小的硬质合金刀具，进给可以达到500mm/min以上，可以大幅缩短加工时间，虽然刀具价格较高，但总体成本反而更低。通常情况下，优先选择经济性良好的可转位刀具。

选择刀具时还要考虑安装调整的方便程度、刚性、耐用度和精度。在满足加工要求的前提下，刀具的悬伸长度尽可能的短，以提高刀具系统的刚性。

数控加工刀具可分为整体式刀具和模块化刀具两大类，主要取决于刀柄。图1-8为整体式刀柄。这种刀柄直接夹住刀具，刚性好，但需针对不同的刀具分别配备，其规格、品种繁多，给管理和生产带来不便。

图1-9为模块式刀柄。模块式刀柄比整体式多出中间连接部分，装配不同刀具时更换连接部分即可，克服了整体式刀柄的缺点，但对连接精度、刚性、强度等都有很高的要求。模块化刀具是发展方向，其主要优点是：减少换刀停机时间，提高生产加工时间；加快换刀及安装速度，提高小批量生产的经济性；提高刀具的标准化和合理化的程度；提高刀具的管理及柔性加工的水平；扩大刀具的利用率，充分发挥刀具的性能；有效地消除刀具测量工作的中断现象，可采用线外预调。事实上，由于模块刀具的发展，数控刀具已形成了三大系统，即车削刀具系统、钻削刀具系统和镗铣刀具系统。

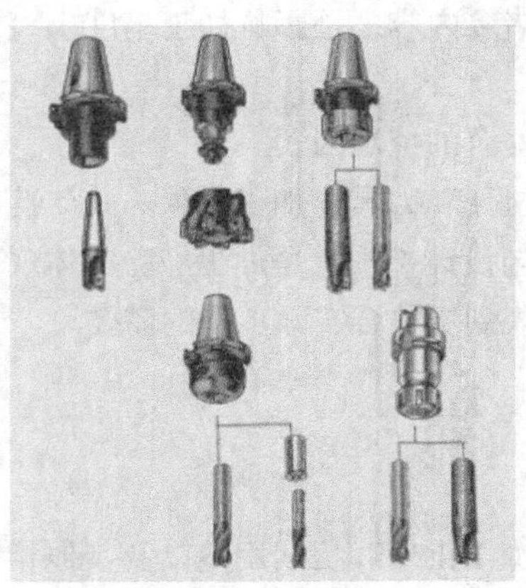

图1-8　整体式刀柄

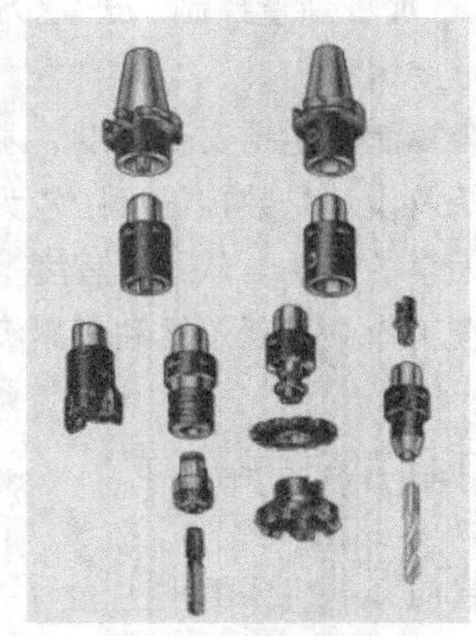

图1-9　模块式刀柄

下面对部分常用的铣刀作简要的说明，供读者参考。

1. 圆柱铣刀

圆柱铣刀主要用于卧式铣床加工平面，一般为整体式，如图1-10和图1-11所示。该铣刀材料为高速钢，主切削刃分布在圆柱上，无副切削刃，螺旋形的刀齿切削时是逐渐切入和脱离工件的，所以切削过程较平稳，主要用于卧式铣床上加工宽度小于铣刀长度的狭长平面。该铣刀有粗齿和细齿之分，粗齿铣刀，齿数少，刀齿强度大，容屑空间大，重磨次数多，适用于粗加工；细齿铣刀，齿数多，工作较平稳，适用于精加工。圆柱铣刀直径范围d=50～100mm，齿数Z=6～14，螺旋角β=30°～45°。当螺旋角β=0°时，螺旋刀齿变为直刀齿，目前生产上应用少。铣刀外径较大时，常制成镶齿的。

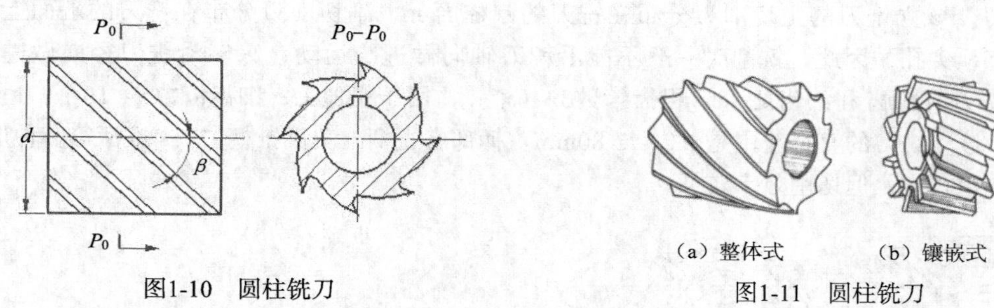

图1-10　圆柱铣刀

图1-11　圆柱铣刀

2. 面铣刀（端铣刀）

面铣刀的圆周表面和端面上都有切削刃，端部切削刃为副切削刃，如图1-12所示。面铣刀多制成套式镶齿结构和刀片机夹可转位结构，刀齿材料为高速钢或硬质合金，刀体为40Cr。面铣刀主要用于立式铣床上加工平面、台阶面等，主切削刃分布在铣刀的圆柱面或圆锥面上，副切削刃分布在铣刀的端面上，铣刀的轴线垂直于被加工表面，按结构可以分为整体式面铣刀、硬质合金整体焊接式面铣刀、硬质合金机夹焊接式面铣刀、硬质合金可转位式面铣刀等形式。图1-12所示是硬质合金整体焊接式面铣刀。该铣刀是由硬质合金刀片与合金钢刀体经焊接而成，其结构紧凑，切削效率高，制造较方便。刀齿损坏后，很难修复，所以该铣刀应用不多。

高速钢面铣刀按国家标准规定，直径d=80～250mm，螺旋角β=10°，刀齿数Z=10～26。

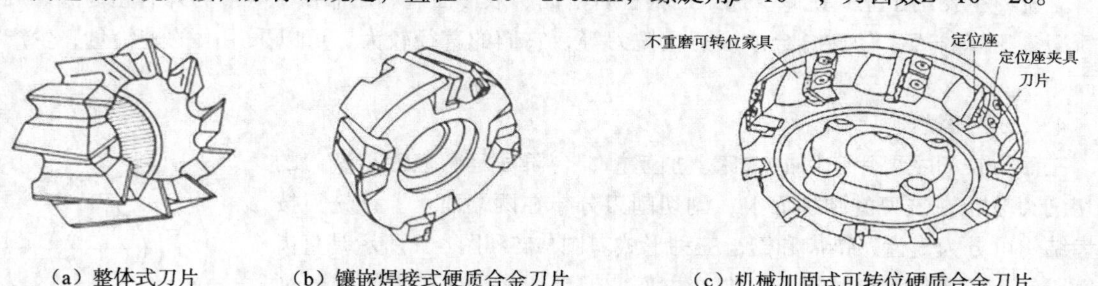

（a）整体式刀片　　（b）镶嵌焊接式硬质合金刀片　　（c）机械加固式可转位硬质合金刀片

图1-12　面铣刀

硬质合金面铣刀与高速钢铣刀相比，铣削速度较高、加工表面质量也较好，并可加工带有硬皮和淬硬层的工件，故得到广泛应用。硬质合金面铣刀按刀片和刀齿的安装方式不同，可分为整体式（见图1-13）、机夹-焊接式和可转位式3种。

面铣刀主要用在立式铣床或卧式铣床上加工台阶面和平面，特别适合较大平面的加工，主偏角为90°的面铣刀可铣底部较宽的台阶面。用面铣刀加工平面，同时参加切削的刀齿较多，又有副切削刃的修光作用，使加工表面粗糙度值小，因此可以用较大的切削用量，生产率较高，应用广泛。

3. 立铣刀

立铣刀是数控机床上用得最多的一种铣刀。立铣刀的圆柱表面和端面上都有切削刃，它们可同时进行切削，也可单独进行切削。圆柱面上的切削刃是主切削刃，端面上分布着副切削刃，主切削刃一般为螺旋齿，这样可以增加切削平稳性，提高加工精度。由于普通立铣刀端面中心处无切削刃，所以立铣刀工作时不能作轴向进给，端面刃主要用来加工与侧面相垂直的底平面。

结构有整体式和机夹式等，高速钢和硬质合金是铣刀工作部分的常用材料。图1-14所示为高速钢立铣刀。该立铣刀的主切削刃分布在铣刀的圆柱面上，副切削刃分布在铣刀的端面上，且端面中心有顶尖孔，因此，铣削时一般不能沿铣刀轴向做进给运动，只能沿铣刀径向做进给运动。该立铣刀有粗齿和细齿之分，粗齿齿数3～6个，适用于粗加工；细齿齿数5～10个，适用于半精加工。该立铣刀的直径范围是$\phi 2 \sim \phi 80$mm。柄部有直柄、莫氏锥柄、7∶24锥柄等多种形式。该立铣刀应用较广，但切削效率较低。

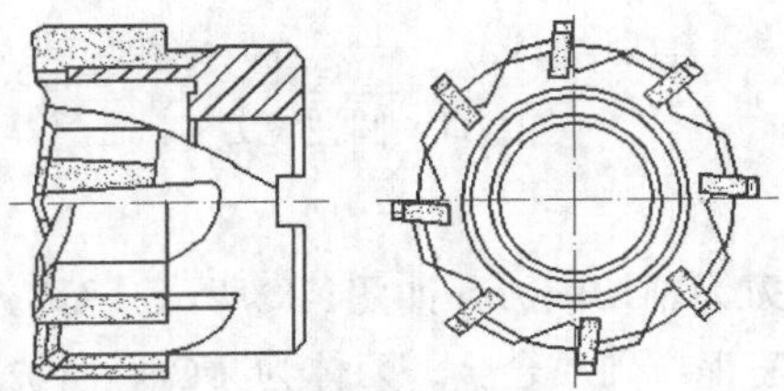

图1-13　硬质合金整体焊接式面铣刀

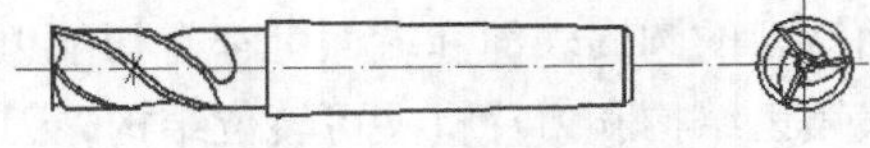

图1-14　立铣刀

为了改善切屑卷曲情况，增大容屑空间，防止切屑堵塞，刀齿数比较少，容屑槽圆弧半径则较大。一般粗齿立铣刀齿数Z=3～4，细齿立铣刀齿数Z=5～8，套式结构Z=10～20，容屑槽圆弧半径r=2～5mm。当立铣刀直径较大时，还制成不等齿距结构，以增强抗振作用，使切削过程平稳。

标准立铣刀的螺旋角β为40°～45°（粗齿）和30°～35°（细齿），套式结构立铣刀的β为15°～25°。

立铣刀主要用于立式铣床上加工凹槽、台阶面、成形面（利用靠模）等。另外有粗齿大螺旋角立铣刀、玉米铣刀、硬质合金波形刃立铣刀等，它们的直径较大，可以采用大的进给量，生产率很高。

4. 三面刃铣刀

三面刃铣刀主要用于卧式铣床上加工槽、台阶面等。三面刃铣刀的主切削刃分布在铣刀的圆柱面上，副切削刃分布在两端面上。该铣刀按刀齿结构可分为直齿、错齿和镶齿三种形式。图1-15和图1-16所示是直齿三面刃铣刀。该铣刀结构简单，制造方便，但副切削刃前角为0°，切削条件较差。该铣刀直径范围是50～200mm，宽度为4～40mm。

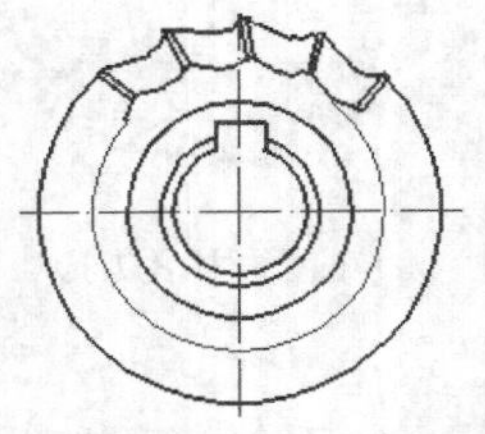

图1-15　直齿三面刃铣刀

5. 键槽铣

键槽铣刀主要用于立式铣床上加工圆头封闭键槽等，如图1-17所示。该铣刀外形似立铣刀，端面无顶尖孔，端面刀齿从外圆开至轴心，且螺旋角较小，增强了端面刀齿强度，既像立铣刀，又像钻头。端面刀齿上的切削刃为主切削刃，圆柱面上的切削刃为副切削刃。加工键槽时，每次先沿铣刀轴向进给较小的量，然后再沿径向进给，这样反复多次，就可完成键槽的加工。由于该铣刀的磨损是在端面和靠近端面的外圆部分，所以修磨时只修磨端面切削刃，这样，铣刀直径可保持不变，使加工键槽精度较高，铣刀寿命较长。键槽铣刀的直径范围为2～63mm。

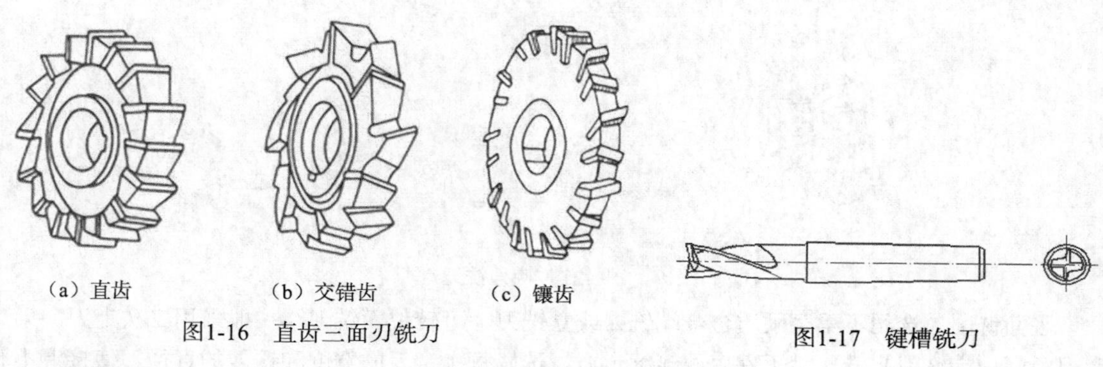

（a）直齿　（b）交错齿　（c）镶齿

图1-16　直齿三面刃铣刀

图1-17　键槽铣刀

6. 模具铣刀

模具铣刀主要用于立式铣床上加工模具型腔、三维成形表面等。模具铣刀按工作部分形状不同，可分为圆柱形球头铣刀、圆锥形球头铣刀和圆锥形立铣刀3种形式。图1-18所示是圆柱形球头铣刀，图1-19所示是圆锥形球头铣刀。在该两种铣刀的圆柱面、圆锥面和球面上的切削刃均为主切削刃，铣削时不仅能沿铣刀轴向做进给运动，也能沿铣刀径向做进给运动，而且球头与工件接触往往为一点，这样，该铣刀在数控铣床的控制下，就能加工出各种复杂的成形表面，所以该铣刀用途独特，很有发展前途。图1-20所示圆锥形立铣刀，其作用与立铣刀基本相同，只是该铣刀可以利用本身的圆锥体，方便地加工出模具型腔的出模角。

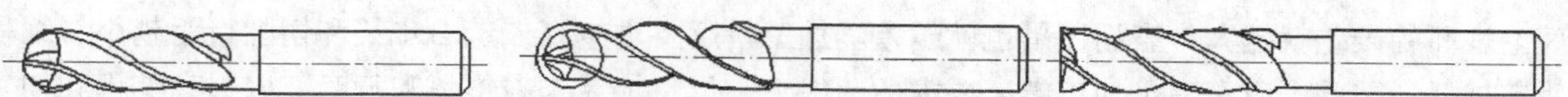

图1-18　圆柱形球头铣刀　　图1-19　圆锥形球头铣刀　　图1-20　圆锥形立铣刀

其他还有角度铣刀、成形铣刀、T形槽铣刀、燕尾槽铣刀等，如图1-21所示，图中（a）、（b）、（c）为角度铣刀，（d）、（e）、（f）为成形铣刀，（g）为T形铣刀，（h）为燕尾槽铣刀。

加工中心上用的立铣刀主要有3种形式：球头刀（$R=D/2$）、端铣刀（$R=0$）和R刀（$R<D/2$）（俗称“牛鼻刀”或“圆鼻刀”），其中D为刀具的直径、R为刀角半径。某些刀具还可能带有一定的锥度A。

选取刀具时，要使刀具的尺寸与被加工工件的表面尺寸相适应。刀具直径的选用主要取决于设备的规格和工件的加工尺寸，还需要考虑刀具所需功率应在机床功率范围之内。

在生产中平面零件周边轮廓的加工常采用立铣刀；铣削平面时，应选用圆柱铣刀或面铣刀；加工凸台、凹槽时，选用高速钢立铣刀；加工毛坯表面或粗加工孔时，可选取镶硬质合金刀片的玉米铣刀；对一些立体型面和变斜角轮廓外形的加工，常采用球头铣刀、环形铣刀、锥形铣刀和盘形铣刀。

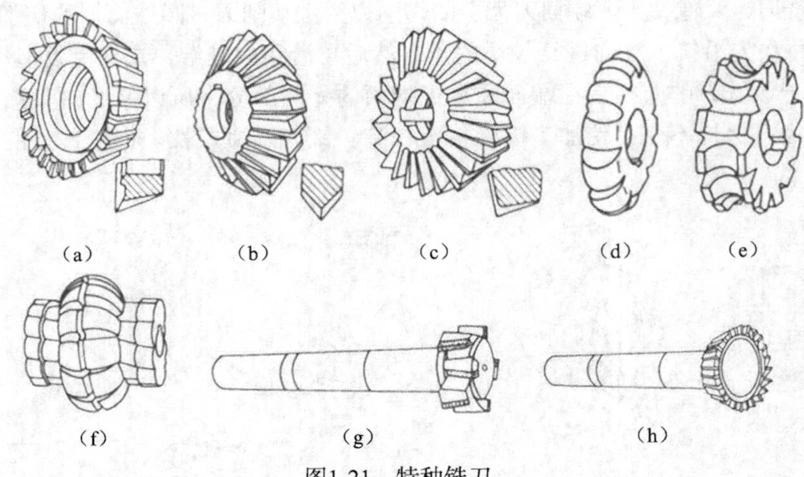

图1-21　特种铣刀

平面铣削应选用不重磨硬质合金端铣刀或立铣刀、可转位面铣刀。一般采用二次走刀，第一次走刀最好用端铣刀粗铣，沿工件表面连续走刀。选好每次走刀的宽度和铣刀的直径，使接痕不影响精铣精度。因此，加工余量大又不均匀时，铣刀直径要选小些。精加工时，铣刀直径要选大些，最好能够包容加工面的整个宽度。表面要求高时，还可以选择使用具有修光效果的刀片。在实际工作中，平面的精加工，一般用可转位密齿面铣刀，可以达到理想的表面加工质量，甚至可以实现以铣代磨。密布的刀齿使进给速度大大提高，从而提高切削效率。精切平面时，可以设置6～8个刀齿，直径大的刀具甚至可以有超过10个的刀齿。

加工空间曲面和变斜角轮廓外形时，由于球头刀具的球面端部切削速度为零，而且在走刀时，每两行刀位之间，加工表面不可能重叠，总存在没有被加工去除的部分。每两行刀位之间的距离越大，没有被加工去除的部分就越多，其高度（通常称为“残留高度”）就越高，加工出来的表面与理论表面的误差就越大，表面质量也就越差。加工精度要求越高，走刀步长和切削行距越小，编程效率越低。因此，应在满足加工精度要求的前提下，尽量加大走刀步长和行距，以提高编程和加工效率。而在2轴及2.5轴加工中，为提高效率，应尽量采用端铣刀，由于相同的加工参数，利用球头刀加工会留下较大的残留高度。因此，在保证不发生干涉和工件不被过切的前提下，无论是曲面的粗加工还是精加工，都应优先选择平头刀或R刀（带圆角的立铣刀）。不过，由于平头立铣刀和球头刀的加工效果是明显不同的，当曲面形状复杂时，为了避免干涉，建议使用球头刀，调整好加工参数也可以达到较好的加工效果。

镶硬质合金刀片的端铣刀和立铣刀主要用于加工凸台、凹槽和箱口面。为了提高槽宽的加工精度，减少铣刀的种类，加工时应采用直径比槽宽小的铣刀，先铣槽的中间部分，然后再利用刀具半径补偿（或称直径补偿）功能对槽的两边进行铣加工。

对于要求较高的细小部位的加工，可使用整体式硬质合金刀，它可以取得较高的加工精度，但是注意刀具悬升不能太大，否则刀具不但让刀量大，易磨损，而且会有折断的危险。

铣削盘类零件的周边轮廓一般采用立铣刀。所用的立铣刀的刀具半径一定要小于零件内轮廓的最小曲率半径。一般取最小曲率半径的0.8～0.9倍即可。零件的加工高度（*Z*方向的吃刀深度）最好不要超过刀具的半径。若是铣毛坯面时，最好选用硬质合金波纹立铣刀，它在机床、刀具、工件系统允许的情况下，可以进行强力切削。

图1-22所示为刀具在铣床上的典型工作。

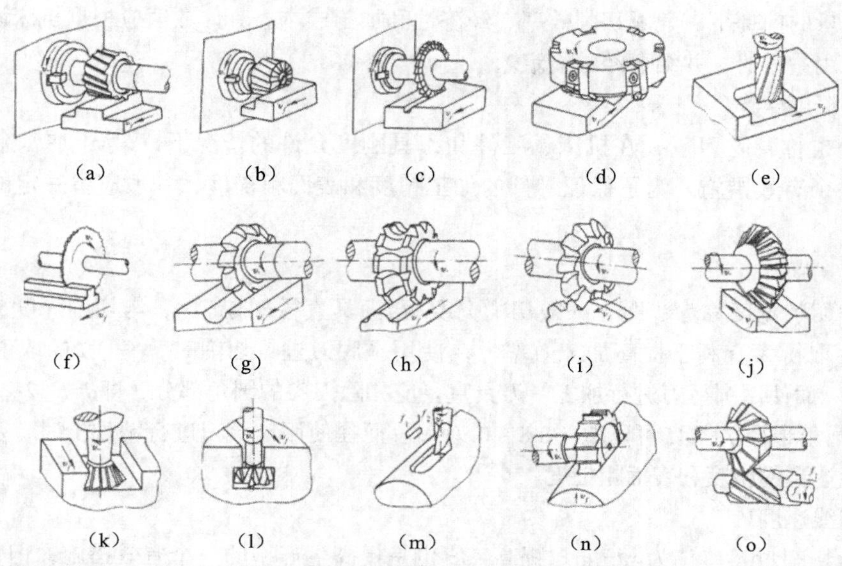

（a）圆柱铣刀铣平面　（b）套式铣刀铣台阶面　（c）三面刃铣刀铣直角槽　（d）面铣刀铣平面
（e）立铣刀铣凹平面　（f）锯片铣刀切断　（g）凸半圆铣刀铣凹圆弧面　（h）凹半圆铣刀铣凸圆弧面
（i）齿轮铣刀铣齿轮　（j）角度铣刀铣V形槽　（k）燕尾槽铣刀铣燕尾槽　（l）T形槽铣刀铣T形槽
（m）键槽铣刀铣键槽　（n）半圆键槽铣刀铣半圆键槽　（o）角度铣刀铣螺旋槽

图1-22　铣床上的典型工作

在钻孔时要先用中心钻或球头刀打中心孔，用以引正钻头。先用较小的钻头钻孔至所需深度Z，再用较大的钻头进行钻孔，最后用所需的钻头进行加工，以保证孔的精度。在进行较深的孔加工时，特别要注意钻头的冷却和排屑问题，一般利用深孔钻削循环指令G83进行编程，可以工进一段后，钻头快速退出工件进行排屑和冷却；再工进，再进行冷却和排屑直至孔深钻削完成。

加工中心机床刀具是一个较复杂的系统，如何根据实际情况进行正确选用，并在CAM软件中设定正确的参数，是数控编程人员必须掌握的。只有对加工中心刀具结构和选用有充分的了解和认识，并且不断积累经验，在实际工作中才能灵活运用，提高工作效率和生产效益并保证安全生产。

1.4.5　加工工艺参数选取与设置

1. 切削用量的确定

数控切削工艺包括切削深度控制、刀具进给速度控制、主轴旋转方向和转速控制、加工余量控制、走刀路线选取与控制（包括进/退刀控制）、冷却控制等内容，是影响加工精度、表面质量和加工损耗的重要因素。

合理选择切削用量对于发挥数控机床的最佳效益有着至关重要的关系。选择切削用量的原则是：粗加工时，一般以提高生产率为主，但也应考虑经济性和加工成本；半精加工和精加工时，应在保证加工质量的前提下，兼顾切削效率、经济性和加工成本。具体数值应根据机床说明书、刀具说明书、切削用量手册，并结合经验而定。

（1）切削深度t

切削深度也称背吃刀量，在机床、工件和刀具刚度允许的情况下，t等于加工余量，这是提高生产率的一个有效措施。为了保证零件的加工精度和表面粗糙度，一般应留一定的余量进行精加工。

（2）切削宽度L

在编程中切削宽度称为步距，一般切削宽度L与刀具直径D成正比，与切削深度成反比。在粗加工中，步距取得大有利于提高加工效率。在使用平底刀进行切削时，一般L的取值范围为：$L=(0.6\sim0.9)D$。而使用圆鼻刀进行加工，刀具直径应扣除刀尖的圆角部分，即$d=D-2r$，（D为刀具直径，r为刀尖圆角半径），而L可以取（$0.8\sim0.9$）d。而在使用球头刀进行精加工时，步距的确定应首先考虑所能达到的精度和表面粗糙度。

（3）切削线速度V_c

也称单齿切削量，单位为m/min。提高V_c值也是提高生产率的一个有效措施，但V_c与刀具耐用度的关系比较密切。随着V_c的增大，刀具耐用度急剧下降，故V_c的选择主要取决于刀具耐用度。一般好的刀具供应商都会在其手册或者刀具说明书中提供刀具的切削速度推荐参数V_c。另外，切削速度V_c值还要根据工件的材料硬度来做适当的调整。例如用立铣刀铣削合金钢30CrNi2MoVA时，V_c可采用8m/min左右；而用同样的立铣刀铣削铝合金时，V_c可选200m/min以上。

（4）主轴转速n

主轴转速的单位是r/min，一般根据切削速度V_c来选定。计算公式为：

$$n=\frac{1000V_c}{\pi D_c}$$

其中，D_c为刀具直径（mm）。在使用球头刀时要做一些调整，球头铣刀的计算直径D_{eff}要小于铣刀直径D_c，故其实际转速不应按铣刀直径D_c计算，而应按计算直径D_{eff}计算。

$$D_{eff}=[D_c^2-(D_c-2t)^2]\times 0.5$$

$$n=\frac{1000V_c}{\pi D_{eff}}$$

数控机床的控制面板上一般备有主轴转速修调（倍率）开关，可在加工过程中根据实际加工情况对主轴转速进行调整。

（5）进给速度V_f

进给速度是指机床工作台在作插位时的进给速度，V_f的单位为mm/min。V_f应根据零件的加工精度和表面粗糙度要求以及刀具和工件材料来选择。V_f的增加也可以提高生产效率，但是刀具的耐用度也会降低。加工表面粗糙度要求低时，V_f可选择得大些。进给速度可以按下面公式进行计算：

$$V_f = n \times z \times f_z$$

其中：V_f表示工作台进给量，单位为mm/min；n表示主轴转速，单位为r/min；z表示刀具齿数，单位为齿；f_z表示进给量，单位为毫米每齿；f_z值由刀具供应商提供。

在数控编程中，还应考虑在不同情形下选择不同的进给速度。如在初始切削进刀时，特别是Z轴下刀时，因为进行端铣，受力较大，同时考虑程序的安全性问题，所以应以相对较慢的速度进给。

另外在Z轴方向的进给由高往低走时，产生端切削，可以设置不同的进给速度。在切削过程中，有的平面侧向进刀，可能产生全刀切削即刀具的周边都要切削，切削条件相对较恶劣，可以设置较低的进给速度。

在加工过程中，V_f也可通过机床控制面板上的修调开关进行人工调整，但是最大进给速度要受到设备刚度和进给系统性能等的限制。

在实际的加工过程中，可能会对各个切削用量参数进行调整，例如使用较高的进给速度进行加工，虽然刀具的寿命有所降低，但节省了加工时间，反而能有更好的效益。

对于加工中不断产生的变化，数控加工中的切削用量选择在很大程度上依赖于编程人员的经验，因此，编程人员必须熟悉刀具的使用和切削用量的确定原则，不断积累经验，从而保证零件的加工质量和效率，充分发挥数控机床的优点，提高企业的经济效益和生产水平。

2. 走刀路线的选择

走刀路线是刀具在整个加工工序中相对于工件的运动轨迹，它不但包括了工序的内容，而且也反映出工序的顺序。走刀路线是编写程序的依据之一。因此，在确定走刀路线时最好画一张工序简图，将已经拟定出的走刀路线画上去（包括进刀、退刀路线），这样可为编程带来不少方便。

工序顺序是指同一道工序中，各个表面加工的先后次序。它对零件的加工质量、加工效率和数控加工中的走刀路线有直接影响，应根据零件的结构特点和工序的加工要求等合理安排。工序的划分与安排一般可随走刀路线来进行，在确定走刀路线时，主要遵循以下原则。

（1）应能保证零件的加工精度和表面粗糙度要求

图1-23所示，当铣削平面零件外轮廓时，一般采用立铣刀侧刃切削。刀具切入工件时，应避免沿零件外廓的法向切入，而应沿外廓曲线延长线的切向切入，以避免在切入处产生刀具的刻痕而影响表面质量，保证零件外廓曲线平滑过渡。同理，在切离工件时，也应避免在工件的轮廓处直接退刀，而应该沿零件轮廓延长线的切向逐渐切离工件。

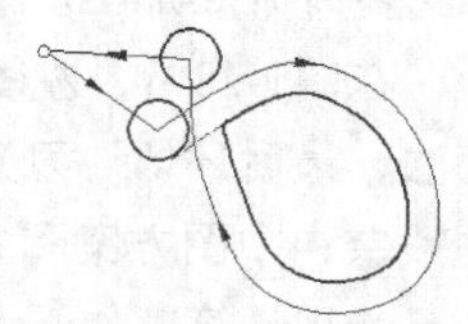

图1-23　铣削零件外轮廓

铣削封闭的内轮廓表面时，若内轮廓曲线允许外延，则应沿切线方向切入切出。若内轮廓曲线不允许外延，如图1-24所示，刀具只能沿内轮廓曲线的法向切入切出，此时刀具的切入切出点应尽量选在内轮廓曲线两几何元素的交点处。当内部几何元素相切无交点时，为防止刀补取消时在轮廓拐角处留下凹口，刀具切入切出点应远离拐角。

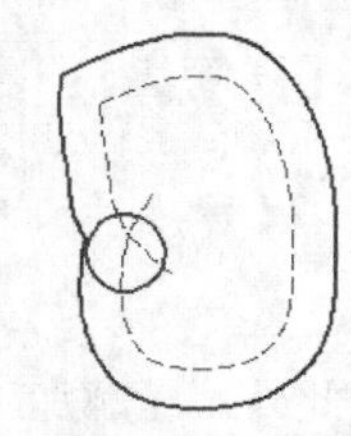

图1-24　铣削零件内轮廓

图1-25所示为圆弧插补方式铣削外整圆时的走刀路线图。当整圆加工完毕时，不要在切点处直接退刀，而应让刀具沿切线方向多运动一段距离，以免取消刀补时，刀具与工件表面相碰，造成工件报废。铣削内圆弧时也要遵循从切向切

入的原则，最好安排从圆弧过渡到圆弧的加工路线，如图1-26所示，这样可以提高内孔表面的加工精度和加工质量。

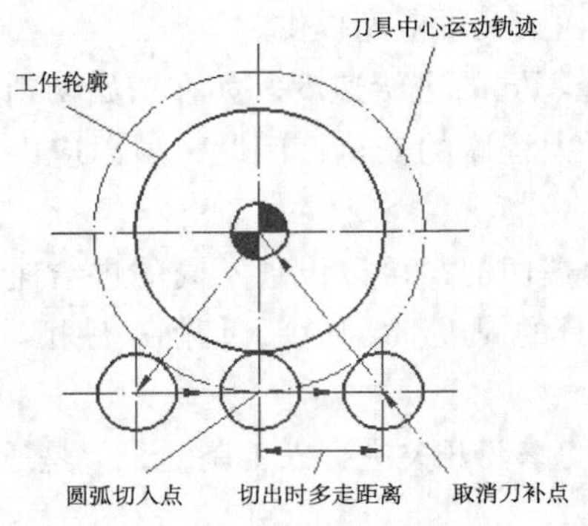

图1-25 圆弧插补方式

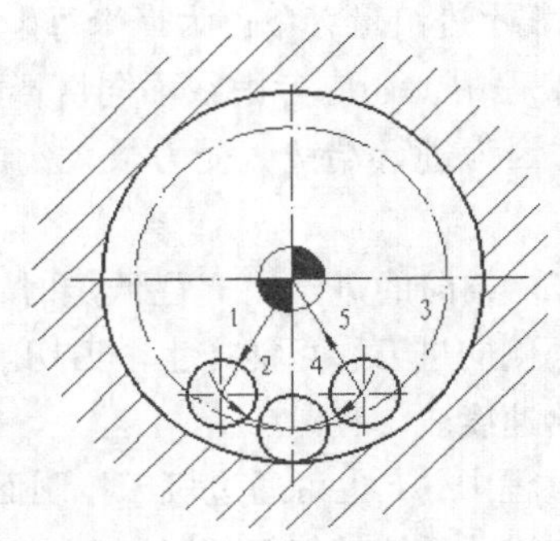

图1-26 圆弧过渡到圆弧

对于孔位置精度要求较高的零件，在精镗孔系时，镗孔路线一定要注意各孔的定位方向一致，即采用单向趋近定位点的方法，以避免传动系统反向间隙误差或测量系统的误差对定位精度的影响。

铣削曲面时，常用球头刀采用行切法进行加工。所谓行切法是指刀具与零件轮廓的切点轨迹是一行一行的，而行间的距离是按零件加工精度的要求确定的。

对于边界敞开的曲面加工，可采用两种走刀路线。例如发动机大叶片，采用图1-27左图所示的加工方案时，每次沿直线加工，刀位点计算简单，程序少，加工过程符合直纹面的形成，可以准确保证母线的直线度。当采用图1-27右图所示的加工方案时，符合这类零件数据给出情况，便于加工后检验，叶形的准确度较高，但程序较多。由于曲面零件的边界是敞开的，没有其他表面限制，所以边界曲面可以延伸，球头刀应由边界外开始加工。

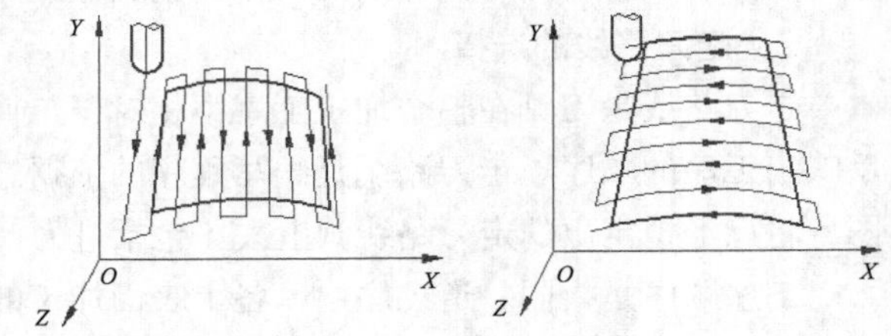

图1-27 走刀路线

在图1-28中，左图和中图分别为用行切法加工和环切法加工凹槽的走刀路线，而右图是先用行切法，最后环切一刀光整轮廓表面。三种方案中，左图方案的加工表面质量最差，在周边留有大量的残余；中图方案和右图方案加工后的能保证精度，但中图方案采用环切的方案，走刀路线稍长，而且编程计算工作量大。

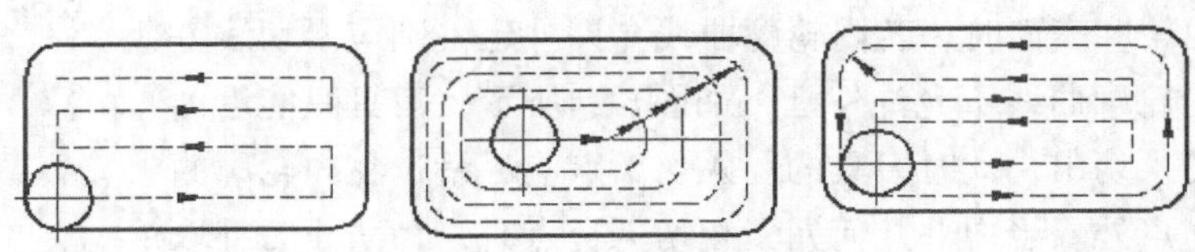
图1-28 加工凹槽的走刀路线

此外，轮廓加工中应避免进给停顿。因为加工过程中的切削力会使工艺系统产生弹性变形并处于相对平衡状态，进给停顿时，切削力突然减小会改变系统的平衡状态，刀具会在进给停顿处的零件轮廓上留下刻痕。

为提高工件表面的精度和减小粗糙度，可以采用多次走刀的方法，精加工余量一般以0.2～0.5mm为宜。而且精铣时宜采用顺铣，以减小零件被加工表面粗糙度的值。

（2）应使走刀路线最短，减少刀具空行程时间，提高加工效率。

图1-29所示是正确选择钻孔加工路线的例子。按照一般习惯，总是先加工均布于同一圆周上的8个孔，再加工另一圆周上的孔，如图1-29左图所示。但是对点位控制的数控机床而言，要求定位精度高，定位过程尽可能快，因此这类机床应按空程最短来安排走刀路线，如图1-29右图所示，以节省时间。

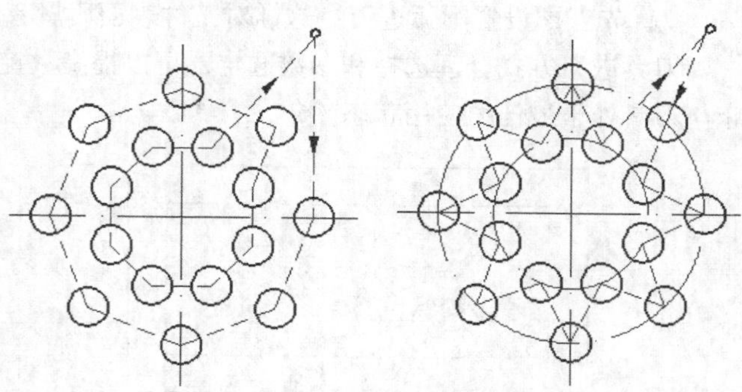

图1-29　钻孔加工路线

3. 进/退刀设置

数控铣床，由于其控制方式的加强，与手工操作的铣床相比有很大差别。在进刀时可以采用更加合理的方式以达到最佳的切削状态。切削前的进刀方式有两种形式：一种是垂直方向进刀（常称为下刀）和退刀，另一种是水平方向进刀和退刀。对于数控加工来说，这两个方向的进刀都与普通铣削加工不同。

（1）垂直进/退刀方式

在普通铣床上加工封闭的型腔零件时，大都分成两个工序，先预钻一个孔，再用立铣刀切削。而在数控加工中，数控编程软件通常有3种垂直进刀的方式：一是直接垂直向下进刀，二是斜线轨迹进刀方式，三是螺旋式轨迹进刀方式。

垂直进刀方式只能用于具有吃刀能力的键槽铣刀，对于其他类型的刀具，仅在切削深度很小的情况下，才可使用。在非切削状态下，一般使用直接进刀方式。

斜线进刀及螺旋进刀，都是靠铣刀的侧刃逐渐向下铣削而实现向下进刀的，所以这两种进刀方式可以用于端部切削能力较弱的端铣刀（如最常用的可转位硬质合金刀）的向下进给。同时，斜线或螺旋进刀可以改善进刀时的切削状态，保持较高的速度和较低的切削负荷。

（2）水平方向进/退刀方式

为了改善铣刀开始接触工件和离开工件表面时的状况，一般的数控系统都设置了刀具接近工件和离开工件表面时的特殊运行轨迹，以避免刀具直接与工件表面相撞和保护已加工表面。比较常用的方式是，以与被加工表面相切的圆弧方式接触和退出工件表面，如图1-30（a）所示，图中的切入轨迹是以圆弧方式与被加工表面相切，退出时也是以圆弧离开工件。另一种方式是，以与被加工表面法线方向进入接触和退出工件表面，如图1-30（b）所示，图中的切入和退出轨迹是与被加工表面相垂直（法向）的一段直线。此方式相对轨迹较短，适用于表面要求不高的情况，常在粗加工或半精加工中使用。

水平进/退刀方式分为“直线”与“圆弧”两种方式，分别需要设定进刀线长度和进刀圆弧半径。

在设置进刀方式时应注意以下两点。

■ 尽量使用水平进刀，例如在加工模具型芯粗加工时，可以指定在被加工工件以外点下刀，水平切削进入加工区域，而下刀速度可以设得快一点。

- 在粗加工中可以不考虑水平进刀方式或者使用法向进刀，以节约一点路径；而在精加工中应优先考虑设置圆弧进刀；这样对工件表面质量有较好的保证。

刀具进刀方式合理选择和参数选定，可以提高数控加工效率，获得较高的加工质量，并保证机床与刀具处于最佳的使用状态。

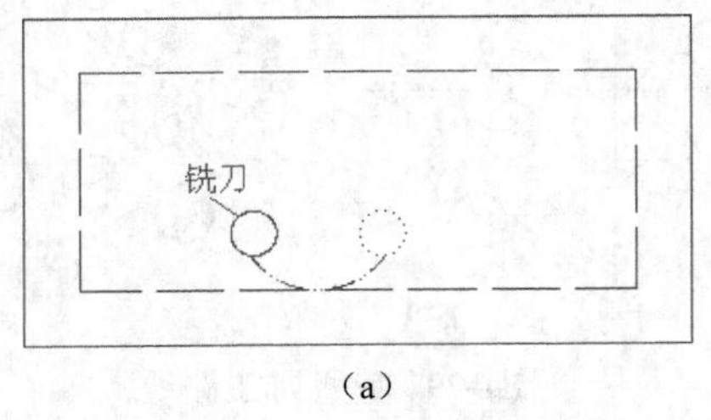

（a）

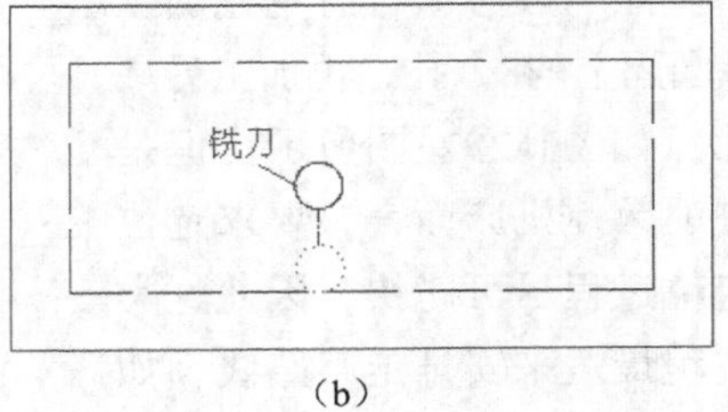

（b）

图1-30　水平方向进/退刀

4. 对刀点选择

在加工时，工件可以在机床加工尺寸范围内任意安装，要正确执行加工程序，必须确定工件在机床坐标系的确切位置。对刀点是工件在机床上定位装夹后，设置在工件坐标系中，用于确定工件坐标系与机床坐标系空间位置关系的参考点。选择对刀点时要考虑到找正容易，编程方便，对刀误差小，加工时检查方便、可靠。

对刀点的设置没有严格规定，可以设置在工件上，也可以设置在夹具上，但在编程坐标系中必须有确定的位置，如图1-31所示的X_1和Y_1。对刀点既可以与编程原点重合，也可以不重合，主要取决于加工精度和对刀的方便性。当对刀点与编程原点重合时，X_1=0，Y_1=0。

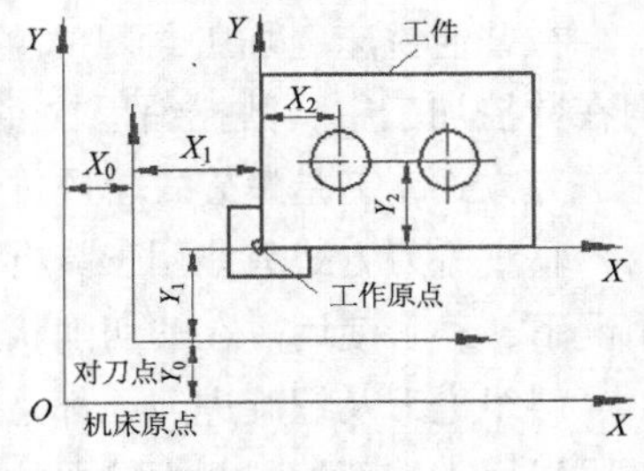

图1-31　对刀位置

对刀点要尽可能选择在零件的设计基准或者工艺基准上，这样就能保证零件的精度要求。例如，零件上孔的中心点或两条相互垂直的轮廓边的交点可以作为对刀点，有时零件上没有合适的部位，可以加工出工艺孔来对刀。

确定对刀点在机床坐标系中的位置的操作称为对刀。对刀是数控机床操作中非常关键的一项工作，对刀的准确程度将直接影响零件加工的位置精度。生产中常用的对刀工具有百分表、中心规和寻边器等，对刀操作一定要仔细，对刀方法一定要与零件的加工精度相适应。无论采用哪种工具，都是使数控铣床主轴中心与对刀点重合，确定工件坐标系在机床坐标系中的位置。

5. 高度和安全高度

起止高度指进退刀的初始高度。在程序开始时，刀具将先到这一高度，同时在程序结束后，刀具也将退回到这一高度。起止高度应大于或等于安全高度。安全高度也称为提刀高度，是为了避免刀具碰撞工件而设定的高度（Z值）。安全高度是在铣削过程中，刀具需要转移位置时将退到这一高度再进行G00插补到下一进刀位置，此值一般情况下应大于零件的最大高度（即高于零件的最高表面）。

慢速下刀相对距离通常为相对值，刀具以G00快速下刀到指定位置，然后以接近速度下刀到加工位置。如果不设定该值，刀具以G00的速度直接下刀到加工位置。若该位置又在工件内或工件上，且采用垂直下刀方式，则极不安全。即使是在空的位置下刀，使用该值也可以使机床有缓冲过程，确保下刀所到位置的准确性，但是该值也不宜取得太大，因为下刀插入速度往往比较慢，太长的慢速下刀距离将影响加工效率。

在加工过程中，当刀具需要在两点间移动而不切削时，是否要提刀到安全平面呢？当设定为抬刀时，刀具将先提高到安全平面，再在安全平面上移动；否则将直接在两点间移动而不提刀。直接移动可以节省抬刀时间，但是必须要注意安全，在移动路径中不能有凸出的部位，特别注意在编程中，当分区域选择加工曲面并分区加工时，中间没有选择的部分是否有高于刀具移动路线的部分。在粗加工时，对较大面积的加工通常建议使用抬刀，以便在加工时可以暂停，对刀具进行检查。而在精加工时，常使用不抬刀以加快加工速度，特别是像角落部分的加工，抬刀将造成加工时间大幅延长。在孔加工循环中，使用G98将抬刀到安全高度进行转移，而使用G99就将直接移动，不抬刀到安全高度，如图1-32所示。

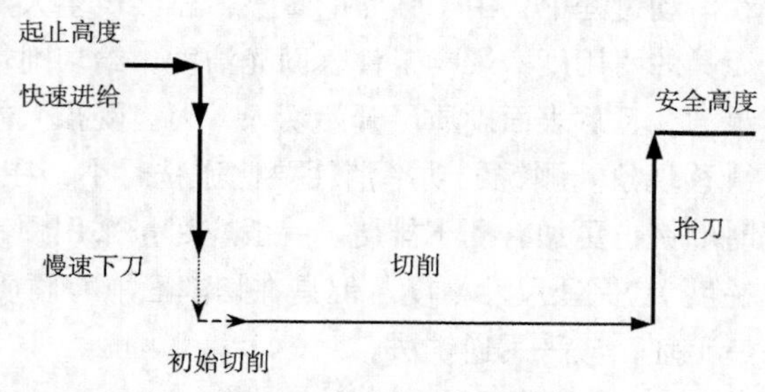

图1-32　刀具对安全高度的要求

6. 刀具半径补偿和长度补偿

数控机床在进行轮廓加工时，刀具有一定的半径（如铣刀半径），因此在加工时，刀具中心的运动轨迹必须偏离零件实际轮廓一个刀具的半径值，否则加工出的零件尺寸与实际需要的尺寸将相差一个刀具的半径值或者一个刀具的直径值。此外，在零件加工时，有时还需要考虑加工余量和刀具磨损等因素的影响。因此，刀具轨迹并不是零件的实际轮廓，在内轮廓加工时，刀具中心向零件内偏离一个刀具半径值；在外轮廓加工时，刀具中心向零件外偏离一个刀具半径值。若还要留加工余量，则偏离的值还要加上此预留量。考虑刀具磨损因素的，则偏离的值还要减去磨损量。在手工编程使用平底刀或圆侧向切削时，必须加上刀具半径补偿值，此值可以在机床上设定。程序中调用刀具半径补偿的指令为“G41/G42 D_”。使用自动编程软件进行编程时，刀位计算已经自动加进了补偿值，所以无须在程序中添加。

根据加工情况，有时不仅需要对刀具半径进行补偿，还要对刀具长度进行补偿。如铣刀用过一段时间以后，由于磨损，长度也会变短，这时就需要进行长度补偿。铣刀的长度补偿与控制点有关。一般用一把标准刀具的刀头作为控制点，则该刀具称为零长度刀具。如果加工时更换刀具，则需要进行长度补偿。长度补偿的值等于所换刀具与零长度刀具的长度差。另外，当把刀具长度的测量基准面作为控制点，则刀具长度补偿始终存在。无论用哪一把刀具都要进行刀具的绝对长度补偿。程序中调用长度补偿的指令为“G43 H_”。G43是刀具长度正补偿，H_是选用刀具在数控机床中的编号，可使用G49取消刀具半径长度补偿。刀具的长度补偿值也可以在设置机床工作坐标系时进行补偿。在加工中心机床上刀具长度补偿的使用，一般是将刀具长度数据输入机床的刀具数据表中，当机床调用刀具时，自动进行长度的补偿。

7. 顺铣与逆铣

沿着刀具的进给方向看，如果工件位于铣刀进给方向的右侧，那么进给方向称为顺时针。反之，当工件位于铣刀进给方向的左侧时，进给方向定义为逆时针。如果铣刀旋转方向与工件进给方向相同，称为顺铣，如图1-33左图所示；铣刀旋转方向与工件进给方向相反，称为逆铣，如图1-33右图所示。顺铣时，切削由薄变厚，刀齿从已加工表面切入，对铣刀的使用有利。但是，逆铣时铣刀刀齿接触工件后不能马上切入金属层，而是在工件表面滑动一小段距离，在滑动过程中，由于强烈的摩擦，就会产生大量的热量，同时在待加工表面易形成硬化层，降低了刀具的耐用度，影响工件表面光洁度，给切削带来不利。顺铣时，刀齿开始和工件接触时切削厚度最大，且从表面硬质层开始切入，刀齿受很大的冲击负荷，铣刀变钝较快，但刀齿切入过程中没有滑移现象。顺铣的功率消耗要比逆铣时小，在同等切削条件下，顺铣功率消耗要低5%～15%，同时顺铣也更加有利于排屑。一般应尽量采用顺铣法加工，以提高被加工零件表面的光洁度（降低粗糙度），保证尺寸精度。但是在切削面上有硬质层、积渣、工件表面凹凸不平较显著时，如加工锻造毛坯，应采用逆铣法。

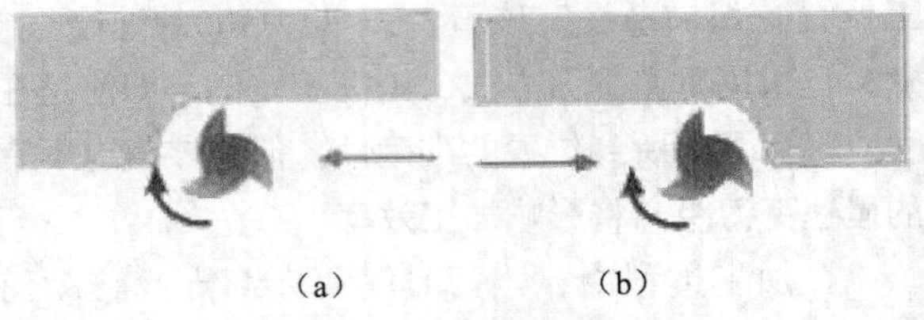

图1-33　顺铣与逆铣示意图

8. 冷却液开关

在切削加工中加注冷却液，为降低切削温度，断屑与排屑起到了很好的作用，但也存在着许多弊端。例如，维持一个大型的冷却液系统需花费很多资金。它需要定期添加防腐剂，更换冷却液等，并花去许多辅助时间。加之冷却液中的有害物质，对工人的健康造成危害，也使冷却液使用受到限制。干切削加工就是要在没有切削液的条件下创造具有与湿切相同或相近的切削条件。用于干切削的刀具须合理选择刀具材料及涂层，设计合理的刀具几何参数，大部分可转换刀具均可使用干切削。冷却液开关在数控编程中可以自动设定，对自动换刀的数控加工中心，可以按需要开启冷却液开关。对于一般的数控铣或者使用人工换刀进行加工的，应该关闭冷却液开关。因为通常在程序初始阶段，程序错误或者校调错误等会暴露出来，加工有一定的危险性，需要机床操作人员观察以确保安全，同时保持机床及周边环境整洁。由机床操作人员确认程序没错误，可以正常加工时，打开机床控制面板上的冷却液开关。

9. 拐角控制

拐角是在切削过程中遇到拐角时的处理方式，有圆角和尖角两种处理方法，这主要对于机床及刀具有意义，对零件的加工结果不影响。尖角处理时，刀具从轮廓的一边到另一边的过程中，以直线的方式过滤，适合大于90° 的角。圆弧方式处理时，刀具从轮廓的一边到另一边的过程中，以圆弧的方式过滤，适合小于或等于90° 的角。采用圆弧过滤可以避免机床进给方向的急剧变化。在处理有加工留量的角落时，某些系统软件会将补正后的轮廓线做成角落圆角，即有以下3种方式处理。

（1）角落圆角：如图1-34左图所示，处理成工件外部轮廓及刀具路径都是圆角。

（2）角落尖角：如图1-34中图所示，处理成工件外部轮廓为尖角，而刀具路径为圆角。

（3）路径尖角：如图1-34右图所示，处理

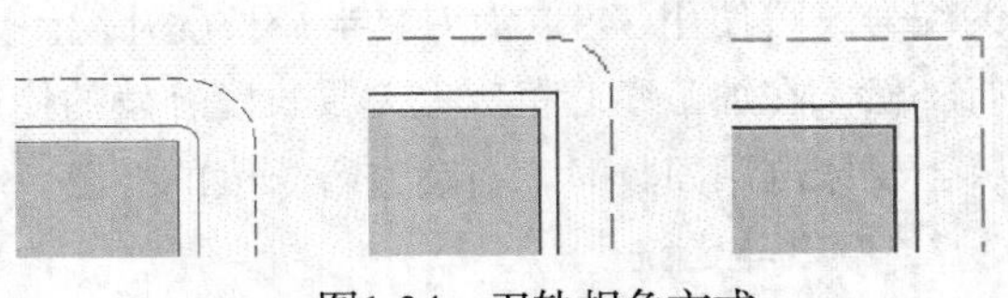
图1-34　刀轨拐角方式

成工件外部轮廓及刀具路径都是尖角。

10. 轮廓控制

在数控编程中，不少时候需要通过轮廓来限制加工范围，而某些刀轨形成中，轮廓是必不可少的因素，缺少轮廓将无法生成刀路轨迹。轮廓线需要设定其偏置补偿的方向，对于封闭的轮廓线会有3种参数选择，即刀具是在轮廓上、轮廓内或轮廓外。

（1）刀具在轮廓上（ON），刀具中心线与轮廓线相重合，即不考虑补偿。

（2）刀具在轮廓内（IN），是刀具中心不到轮廓上，而刀具的侧边到轮廓上，即相差一个刀具半径。

（3）刀具在轮廓外（OUT），刀具中心越过轮廓线，超过轮廓线一个刀具半径。

特别注意，当轮廓是一个岛屿时，其轮廓内外指的是外轮廓与岛屿之间的区域，而非一般概念上的“内”。

轮廓线不作偏移，刀具轮廓及岛屿均为IN，如图1-35左图所示。外轮廓为ON，而岛屿为OUT，如图1-35右图所示。

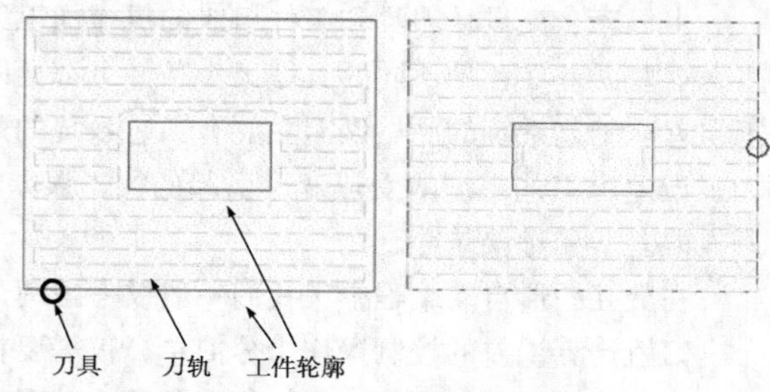

图1-35　刀轨的轮廓控制

对于开放的轮廓线也有3种参数选择，即刀具是在轮廓上、轮廓左或轮廓右。轮廓的左边或右边是相对于刀具的前进方向而言。

11. 区域加工顺序

对于有多个凸台或者凹槽的零件做等高切削时形成不连续的加工区域，其加工顺序可有两种选择。

（1）层优先：层优先时生成的刀路轨迹是将这一层即同一高度内的所有内外型加工完以后，再加工下一层，也就是所有被加工面在某一层（相同的Z值）加工完以后，再下降到下一层。刀具会在不同的加工区域之间跳来跳去。

（2）区域优先：则在加工凸台或者凹槽时，先将这部分的形状加工完成，再跳到其他部分。也就是一个区域一个区域地进行加工，将某一连续的区域加工完成后，再加工另一个连续的区域。

层优先的特点是各个凸台或者凹槽最后获得的加工尺寸一致，但是其表面光洁度不如区域优先加工，同时其不断抬刀也将消耗一定的时间。在粗加工时，一般使用区域优先；精加工对各个凸台或者凹槽的尺寸一致性要求较高时，应采用层优先。

1.5 数控编程的误差

加工精度是指零件加工后的实际几何参数（尺寸、形状及相互位置）与理想几何参数符合的程度（分别为尺寸精度、形状精度及相互位置精度）。其符合程度越高，精度愈高。反之，两者之间的差异即为加工误差。如图1-36所示，加工后的实际型面与理论型面之间存在着一定的误差。所谓“理想几何参数”是一个相对的概念，对尺寸而言其配合性能是以两个配合件的平均尺寸造成的间隙或过盈考虑的，故一般以给定几何参数的中间值代替。例如轴的直径尺寸标注为ϕ100.0-0.05mm，其理想尺寸为99.975 mm。而对理想形状和位置则应为准确的形状和位置。可见，“加工误差”和“加工精度”仅仅是评定零件几何参数准确程度这一个问题的两个方面而已。实际生产中，加工精度的高低往往是以加工误差的大小来衡量的。在生产中，任何一种加工方法不可能也没必要把零件做得绝对准确，只要把这种加工误差控制在性能要求的允许（公差）范围之内即可，通常称之为“经济加工精度”。

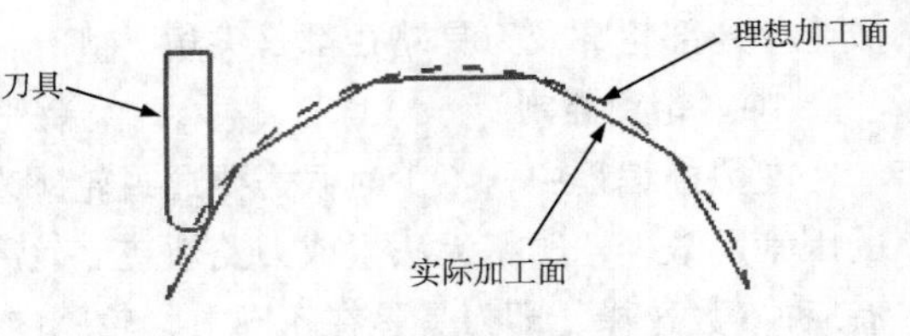

图1-36　加工误差示意图

数控加工的特点之一就是具有较高的加工精度，因此对于数控加工的误差必须加以严格控制，以达到加工要求。首先应了解在数控加工中可能造成加工误差的因素及其影响。

由机床、夹具、刀具和工件组成的机械加工工艺系统（简称工艺系统）会有各种各样的误差产生，这些误差在各种不同的具体工作条件下都会以各种不同的方式（扩大、缩小）反映为工件的加工误差。工艺系统的原始误差主要有工艺系统的几何误差、定位误差、工艺系统的受力变形引起的加工误差、工艺系统的受热变形引起的加工误差、工件内应力重新分布引起的变形以及原理误差、调整误差、测量误差等。

在交互图形自动编程中，我们一般仅考虑两个主要误差：一是刀轨计算误差，二是残余高度。

刀轨计算误差的控制操作十分简单，仅需要在软件上输入一个公差带即可。而残余高度的控制则与刀具类型、刀轨形式、刀轨行间距等多种因素有关，因此其控制主要依赖于程序员的经验，具有一定的复杂性。

刀轨是由直线和圆弧组成的线段集合近似地取代刀具的理想运动轨迹（称为插补运动），因此存在着一定的误差，称为插补计算误差。

插补计算误差是刀轨计算误差的主要组成部分，它造成加工不到位或过切的现象，因此是CAM软件的主要误差控制参数。一般情况下，在CAM软件上通过设置公差带来控制插补计算误差，即实际刀轨相对理想刀轨的偏差不超过公差带的范围。

如果将公差带中造成过切的部分（即允许刀具实际轨迹比理想轨迹更接近工件）定义为负公差的话，则负公差的取值往往要小于正公差，以避免出现明显的过切现象，尤其是在粗加工时。

在数控加工中，相邻刀轨间所残留的未加工区域的高度称为残余高度，它的大小决定了加工表面的粗糙度，同时决定了后续的抛光工作量，是评价加工质量的一个重要指标。在利用CAD/CAM软件进行数控编程时，对残余高度的控制是刀轨行距计算的主要依据。在控制残余高度的前提下，以最大的行间距生成数控刀轨是高效率数控加工所追求的目标。

在加工塑料模具的型腔和模具型芯时，经常会碰到相配合的锥体或斜面，加工完成后，可能会发现锥体端面与锥孔端面贴合不拢，经过抛光直到加工刀痕完全消失，通过人工抛光，虽然能达到一定的粗糙度标准，但同时会造成精度的损失。故需要对刀具与加工表面的接触情况进行分析，对切深或步距进行控制，才能保证达到足够的精度和粗糙度标准。

使用平底刀进行斜面的加工或者曲面的等高加工时，会在两层间留下残余高度；而用球头刀进行曲面或平面的加工时都会留下残余高度；用平底刀进行斜面或曲面的投影切削加工时也会留下残余高度，这种残余类同于网球头刀作平面切削。下面介绍斜面或曲面数控加工编程中残余高度与刀轨行距之间的换算关系及控制残余高度的几种常用编程方法。

1. 平底刀进行斜面加工的残余高度

对于使用平底刀进行斜面的加工，以一个与水平面夹角为60° 的斜面为例作说明。选择刀具加工参数为：直径为8mm的硬质合金立铣刀，刀尖半径为0，走刀轨迹为刀具中心，利用等弦长直线逼近法走刀，切深t为0.3mm，切削速度为4000r/min，进给量为500mm/min，三坐标联动，利用编程软件自动生成等高加工的NC程序。

（1）刀尖不倒角平头立铣刀加工

理想的刀尖与斜面的接触情况如图1-37所示，每两刀之间在加工表面出现了残留量，通过抛光工件，去掉残留量，即可得到要求的尺寸，并能保证斜面的角度。若在刀具加工参数设置中减小加工的切深t，可以使表面残留量减少，抛光更容易，但加工时，NC程序量增多，加工时间延长。这种用不倒角平头刀加工状况只是理想状态，在实际工作中，刀具的刀尖角是不可能为零的，刀尖不倒角，加工刀尖磨损快，甚至产生崩刃，致使刀具无法加工。

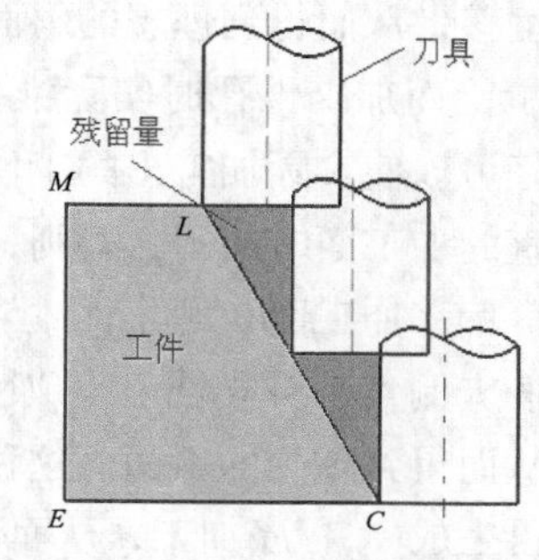

图1-37　刀尖与斜面的理想接触情况

（2）刀尖倒斜角平头立铣刀加工

实际应用时，对刀具的刀尖倒角30°，倒角刃带宽为0.5mm的平头立铣刀加工进行分析。如图1-38所示，刀具加工的其他参数设置同上，加工表面残留部分不仅包括分析（1）中的残留部分，而且增加了刀具被倒掉的部分形成的残留余量aeb，这样，使得表面残留余量增多，其高度为e与理想面之间的距离为ed。

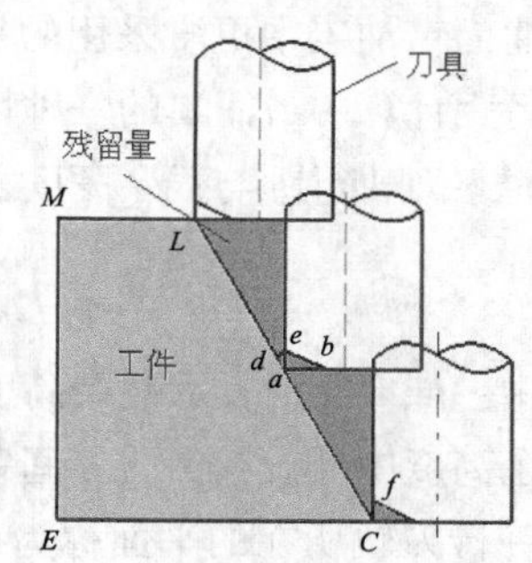

图1-38　刀尖与斜面的实际接触情况

而人工抛光是以e、f为参考的，去掉e、f之间的残留（即去掉刀痕），则所得表面与理想表面仍有ed距离，此距离将成为加工后存在的误差，即工件尺寸不到位，这就是锥体端面与锥孔端面贴合不拢的原因。若继续抛光则无参考线，不能保证斜面的尺寸和角度，导致注塑时产品产生飞边。

（3）刀尖倒圆角平头立铣刀加工

将刀具的刀尖倒角磨成半径为0.5mm的圆角，与刃带宽为0.5mm的平头立铣刀加工状况的比较可以发现，切削状况并没有多大改善，而且刀尖圆弧刃磨时控制困难，实际操作中一般较少使用，如图1-39所示。

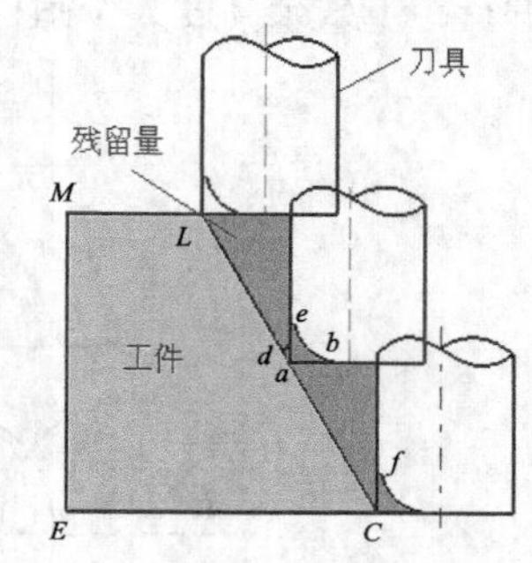

图1-39　倒圆角后刀尖与斜面的接触情况

通过以上分析可知：在使用平底刀加工斜面时，不倒角刀具加工是最理想的状况，抛光去掉刀痕即可得标准斜面，但刀具极易磨损和崩刃。实际加工中，刀具不可不倒角。而倒圆角刀具与倒斜角刀具相比，加工状况并没有多大改进，且刀具刃磨困难，实际加工时一般很少用。在实际应用中，倒斜角立铣刀加工是比较现实的。现在对该情况就如何改善加工状况，保证加工质量作进一步探讨。

（1）刀具下降

刀尖倒斜角时，刀具与理想斜面最近的点为e，要使e点与理想斜面接触，即e点到a点，刀具必须下降ea距离，这可以通过准备功能代码G92位置设定指令实现。这种方法适用于加工斜通孔类零件。但是，当斜面下有平台时，刀具底面会与平台产生干涉而过切。

（2）采用刀具半径补偿

在按未倒角平头立铣刀生成NC程序后，将刀具作一定量的补偿，补偿值为距离ed，使刀具轨迹向外偏移，从而得到理想的斜面。这种方法的思想是源于倒角刀具在加工锥体时实际锥体比理想锥体大了，而加工锥孔时实际锥孔比理想锥孔小了，相当于刀具有了一定量的磨损，而进行补偿后，正好可以使实际加工出的工件正好是所要求的锥面或斜面。但是这种加工方式只能在没有其他侧向垂直的加工面时使用，否则，其他没有锥度的加工面将过切。

（3）偏移加工面

在按未倒角平头立铣刀生成NC程序前，将斜面LC向E点方向偏移ed距离，再编制NC程序进行加工，从而得到理想的斜面。这种方法先将锥体偏移一定距离使之变小，将锥孔偏移一定距离使之变大，再生成NC程序加工，从而使实际加工出的工件正好是所要求的锥面或斜面。

2. 用球头刀进行平面或斜面加工时的残余高度控制

在曲面精加工中更多采用的是球头刀，以下讨论基于球头刀加工的行距换算方法。图1-40所示为刀轨行距计算中最简单的一种情况，即加工面为平面。

这时，刀轨行距与残余高度之间的换算公式为：

$$l = 2\sqrt{R^2 - (h - R)^2} \quad 或 \quad h = R - \sqrt{R^2 - (l/2)^2}$$

其中：h、l分别表示残余高度和刀轨行距。在利用CAD/CAM软件进行数控编程时，必须在行距或残余高度中任设其一，其间关系就是由上式确定的。

同一行刀轨所在的平面称为截平面，刀轨的行距实际上就是截平面的间距。对曲面加工而言，多数情况下被加工表面与截平面存在一定的角度，而且在曲面的不同区域有着不同的夹角。从而造成同样的行距下残余高度大于图1-40所示的情况，如图1-41所示。

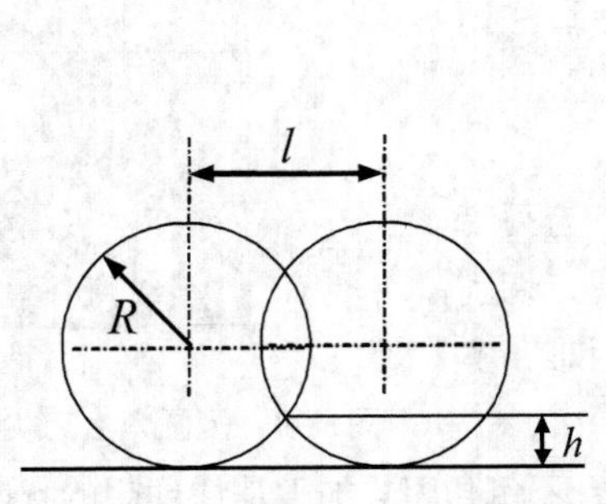

图1-40　平面上的残余高度

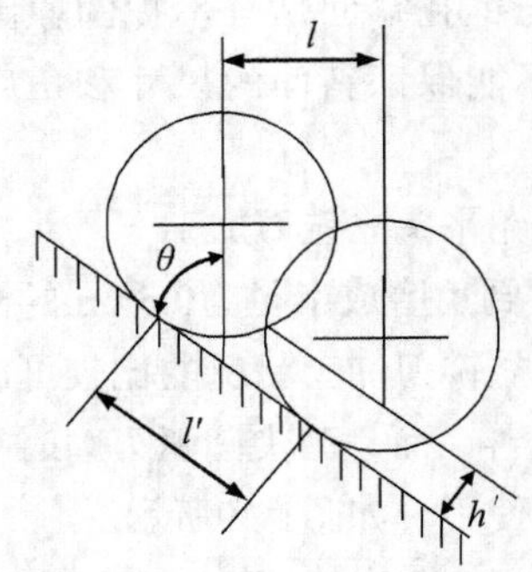

图1-41　实际情况

图1-41中，尽管在CAD/CAM软件中设定了行距，但实际上两条相邻刀轨沿曲面的间距l'（称为面内行距）却远大于l。而实际残余高度h'也远大于图1-41所示的h。其间关系为：

$$l'=l/\sin\theta \quad 或 \quad h'=R-\sqrt{R^2-(l/2\sin\theta)^2}$$

现有的CAD/CAM软件均以图1-40所示的最简单的方式作行距计算，并且不能随曲面的不同区域的不同情况对行距大小进行调整，因此并不能真正控制残余高度（即面内行距）。这时，需要编程人员根据不同加工区域的具体情况灵活调整。

对于曲面的精加工而言，在实际编程中控制残余高度是通过改变刀轨形式和调整行距来完成的。一种是斜切法，即截平面与坐标平面呈一定夹角（通常为45°），该方法优点是实现简单快速，但有适应性不广的缺点，对某些角度复杂的产品就不适用。一种是分区法，即将被加工表面分割成不同的区域进行加工。该方法使不同区域采用了不同的刀轨形式或者不同的切削方向，也可以采用不同的行距，修正方法可按上式进行。这种方式效率高且适应性好，但编程过程相对复杂一些。

第 2 章

UG CAM 入门

UG CAM 是数控行业中最具代表性的数控编程软件，其最大的特点就是生产的刀具轨迹合理，切削负载均匀，适合高速加工。另外，在加工过程中的模型、加工工艺和刀具管理，均与主模型相关联，主模型更改设计后，编程只需重新计算即可，所以 UG 编程的效率非常高。

- UG CAM简介
- UG加工环境
- UG CAM加工流程

2.1 UG CAM简介

UG CAM包含二轴到五轴铣削、线切割、大型刀具库管理、实体模拟切削及泛用型后处理器等功能。

UG CAM具有以下特点。

1. 强大的加工功能

UG CAM提供了以铣加工为主的多种加工方法，包括2~5轴铣削加工、2~4轴车削加工、电火花线切割和点位加工等。

（1）UG CAM提供了一个完整的车削加工解决方案。该解决方案的易用性很强，可以用于简单程序。该解决方案提供了足够强大的功能，可以跟踪多主轴、多转塔应用中最复杂的几何图形。可以对二维零件剖面或全实体模型进行粗加工、多程精加工、切槽、螺纹切削以及中心线钻孔。编程人员可以规定进给速度、主轴速度、零件余隙等参数，并对A轴和B轴工具进行控制。

（2）UG CAM为2~4轴线切割机床的编程提供了一个完整解决方案，可以进行各种线操作，包括多程压型、线逆向和区域去除。另外，该模块还为主要线切割机床制造商提供了后处理器支持，比如AGIE、Charmilles、三菱等。

（3）UG CAM提供了可靠的高速加工（High Speed Machining，HSM）解决方案。

利用UG CAM提供的HSM，可以均匀去除材料，进行成功的高速粗加工，避免刀具嵌入过深，快速、高效地完成加工任务、缩短产品的交付周期，降低成本。

2. 刀具轨迹编辑功能

利用UG CAM提供的刀具轨迹编辑器，以直观地观察刀具的运动轨迹。此外它还提供了延伸、缩短或修改刀具轨迹的功能，能够通过控制图形和文本的信息编辑刀轨。因此，当要求对生成的刀具轨迹进行修改，或当要求显示刀具轨迹和使用动画功能显示时，都需要用到刀具轨迹编辑器。利用动画功能，可选择显示刀具轨迹的特定段或整个刀具轨迹。附加的特征能够用图形方式修剪局部刀具轨迹，以避免刀具与定位件、压板等的干涉，并检查过切情况。

刀具轨迹编辑器的主要特点是显示对生成刀具轨迹的修改或修正；可生成整个刀具轨迹或部分刀具轨迹的动画；可控制刀具轨迹动画速度和方向；允许选择的刀具轨迹在线性或圆形方向延伸；能够通过已定义的边界来修剪刀具轨迹；提供运动范围，可执行曲面轮廓铣削加工的过切检查。

3. 三维加工动态仿真功能

UG/Verify是UG CAM的三维仿真模块，利用它可以交互地仿真检验和显示NC刀具轨迹。这是一种无须利用机床、成本低、高效率的测试NC加工程序的方法。UG/Verify使用UG CAM定义的BLANK作为初始的毛坯形状，显示NC刀轨的材料移除过程，检验错误（例如刀具和零件碰撞曲面切削或过切），最后在显示屏幕上建立一个完成零件的着色模型，用户可以把仿真切削后的零件与CAD的零件模型进行比较，查看什么地方出现了不正确的加工情况。

4. 后置处理功能

UG/Postprocessing是UG CAM的后置处理功能模块，包括一个通用的后置处理器GPM，使用户能够方便地建立用户定制的后置处理。通过使用加工数据文件生成器MDFG，一系列交互选项提示用户选择定义特定机床和控制器特性的参数，包括：控制器和机床特征、线性和圆弧插补、标准循环、卧式或立式车床、加工中心等。这些易于使用的对话框允许为各种钻床、多轴铣床、车床、电火花线切割机床生成后置处理器。后置处理器的执行可以直接通过UG或通过操作系统来完成。

2.2 UG加工环境

UG加工环境是指用户进入UG的制造模块后，进行加工编程等操作的软件环境。UG可以为数控车、数控铣、数控电火花线切割等提供编程功能，但是每个编程者面对的加工对象可能比较固定，例如专门从事三维数控铣的人在工作中可能就不会涉及数控车、数控线切割编程，因此这些功能可以屏蔽掉。UG为用户提供了这样的手段，即用户可以自定义UG的编程环境，只将最适用的功能呈现在面前。

2.2.1 进入加工环境

在UG NX 12.0软件中打开CAM模型后，单击“文件”菜单项，在弹出的下拉菜单中选择“启动”选项板中的“加工”命令，或者单击“应用模块”选项卡“加工”面板中的“加工”按钮，进入加工模块。

第一次进入加工模块时，系统要求设置加工环境，包括指定当前零件相应的加工模板、数据库、刀具库、材料库和其他一些高级参数。

在弹出的如图2-1所示的“加工环境”对话框中，用户可选择模板零件，然后单击“确定”按钮，即可进入加工环境界面，如图2-2所示。

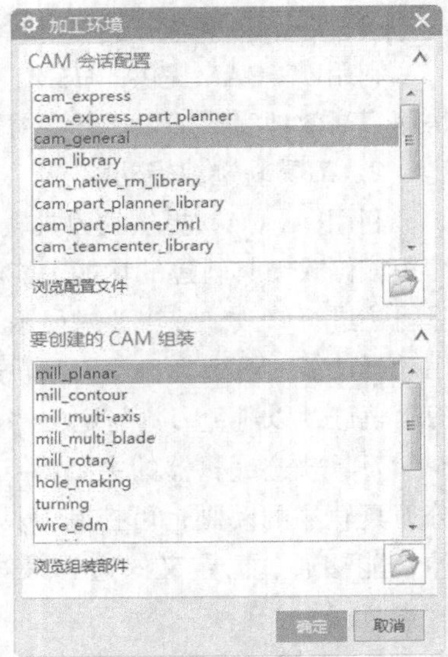

图2-1 “加工环境”对话框

其中主要选项简介如下。

（1）mill_planar（平面铣）：主要进行面铣削和平面铣削，用于移除平面层中的材料。这种工序常用于对材料进行粗加工，为后续的精加工工序做准备。

（2）mill_contour（轮廓铣）：型腔铣、深度加工固定轴曲面轮廓铣，可移除平面层中的大量材料，常用于在精加工工序之前对材料进行粗铣。其中，型腔铣主要用于切削具有带锥度的壁以及轮廓底面的部件。

（3）mill_multi-axis（多轴铣）：主要进行可变轴的曲面轮廓铣、顺序铣等。多轴铣是一种精加工由轮廓曲面形成的区域的加工方法，允许通过精确控制刀轴和投影矢量，使刀轨沿着非常复杂的曲面的复杂轮廓移动。

（4）hole_making（孔加工）：可以创建钻孔、攻丝、铣孔等工序的刀轨。

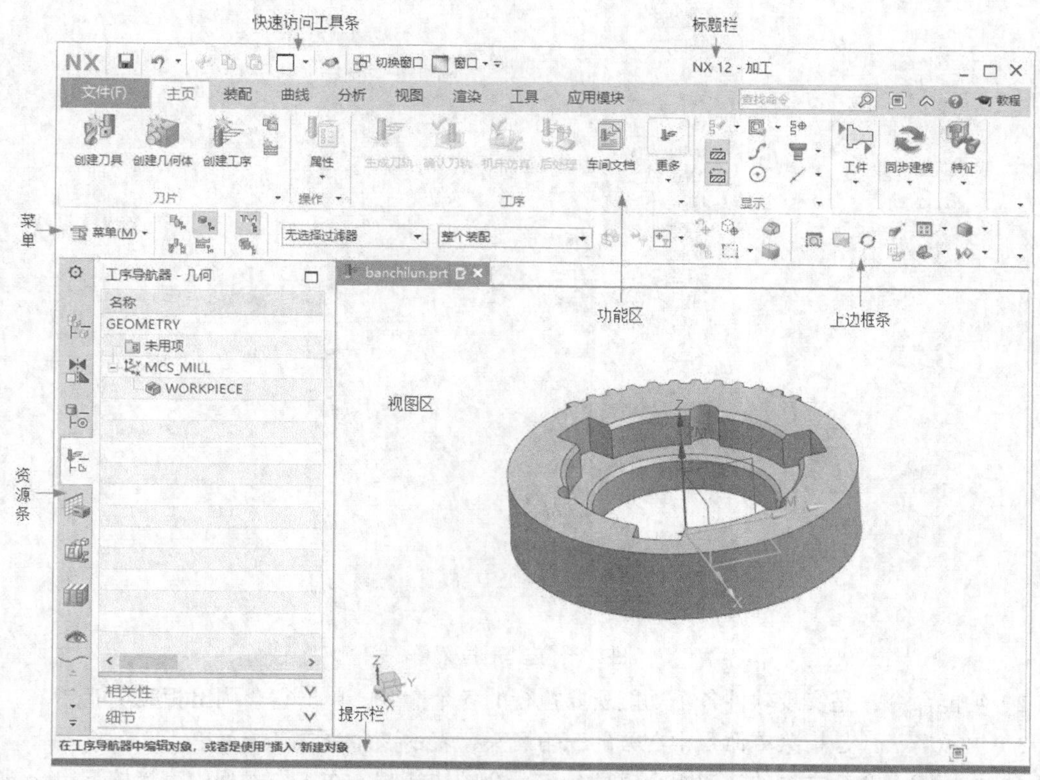

图2-2　加工环境界面

（5）turning（车加工）：使用固定切削刀具加强并合并基本切削工序，可以进行粗加工、精加工、开槽、螺纹加工和钻孔等。

（6）wire_edm（线切割）：对工件进行切割加工，主要有2轴和4轴两种线切割方式。

如果用户已经进入加工环境，则可选择“菜单”→“工具”→“工序导航器”→“删除组装”命令，删除当前设置，然后重新进入图2-1所示对话框，对加工环境进行设置。

2.2.2　界面介绍

1. 菜单

用于显示UG NX 12.0中各功能菜单。主菜单是经过分类并固定显示的，通过它们可激活各层级联菜单，UG NX 12.0的所有功能几乎都能在菜单上找到。

当单击菜单时，在下拉菜单中就会显示所有与该功能有关的命令选项。图2-3为编辑下拉菜单的命令选项，有如下特点。

（1）快捷字母：例如编辑（E）中的E是系统默认快捷字母命令键，按下Alt+E组合键即可调用该命令选项。比如要调用“编辑（E）”→“变换（M）”命令，按下Alt+E组合键后再按M键即可调出该命令。

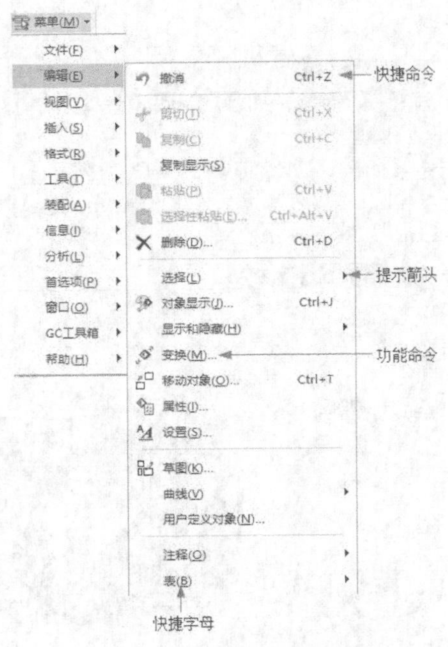

图2-3　工具下拉菜单

（2）功能命令：是实现软件各个功能所要执行的各个命令，单击它会调出相应功能。

（3）提示箭头：是指菜单命令中右方的三角箭头，表示该命令含有子菜单。

（4）快捷键：命令右方的按钮组合键即是该命令的快捷键，在工作过程中直接按下组合键即可自动执行该命令。

2. 上边框条

上边框条中含有不少快捷功能，以便用户在绘图过程中使用快捷命令，如图2-4所示。

无选择过滤器　整个装配

图2-4　上边框条

3. 快速访问工具条

快速访问工具条在工作区中右击鼠标即可打开，其中含有一些常用命令及视图控制命令，以方便绘图工作。

4. 功能区

在功能区中，各个功能以命令按钮的形式显示在不同的选项卡和组中。在此以“主页”选项卡为例，功能区中的所有命令按钮都可以在菜单中找到相应的命令，这样就避免了在菜单中查找命令的烦琐，方便操作。

5. 视图区

视图区主要用来显示零件模型、刀轨及加工结果等，是UG的工作区。

6. 资源条

资源条中有一些导航器的按钮，如“装配导航器”“部件导航器”“工序导航器”“机床导航器”“角色”等按钮。通常导航器处于隐藏状态，当单击相应的导航器按钮时将弹出对应的导航器对话框。

7. 提示栏

提示用户当前正在进行的操作及其相关信息。执行每个命令时，系统都会在提示栏中显示用户必须执行的下一步操作。对于用户不熟悉的命令，利用提示栏帮助，一般都可以顺利完成操作。

2.2.3　工序导航器

选择“菜单”→“工具”→“工序导航器”→“视图”命令，打开如图2-5所示的子菜单，其中命令分别如下。

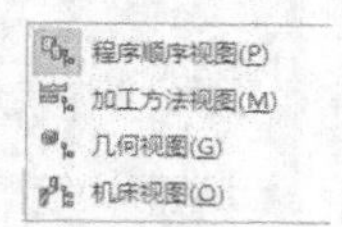

图2-5　“视图”子菜单

（1）程序顺序视图：相当于一个具体工序（工步）的自动编程操作产生的刀轨（或数控程序），包含制造毛坯几何体、加工方法、刀具号等。

（2）机床视图：包含刀具参数、刀具号、刀具补偿号等。

（3）几何视图：包含制造坐标系、制造毛坯几何体、加工零件几何体等。

（4）加工方法视图：包含粗加工、半精加工、精加工、钻加工相关参数，例如刀具、几何体类型等。

在UG 加工主界面中左边资源条上显示相应的工序导航器。它是一个图形化的用户交互界面，可以从中对加工工件进行相关的设置、修改和操作等。

在导航器里的加工程序上单击鼠标右键，在弹出的快捷菜单中选择相应的命令，可以进行剪切、复制、删除、生成等操作，如图2-6所示。

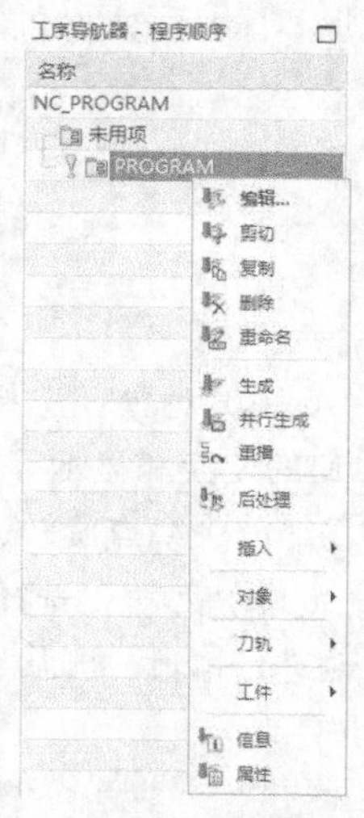

图2-6　加工程序快捷菜单

图2-6所示的快捷菜单中的主要命令如下：

（1）编辑：对几何体、刀具、刀轨、机床控制等进行指定或设定。

（2）剪切：剪切选中的程序。

（3）复制：复制选中的程序。

（4）删除：删除选中的程序。

（5）重命名：重新命名选中的程序。

（6）生成：生成选中的程序刀轨。

（7）重播：重播选中的程序刀轨。

（8）后处理：用于生成NC程序，单击此选项。在弹出的如图2-7所示的“后处理”对话框中进行相应的设置，然后单击“确定”按钮，将生成NC程序（保存为“*.txt”文件）。NC后处理程序如图2-8所示。

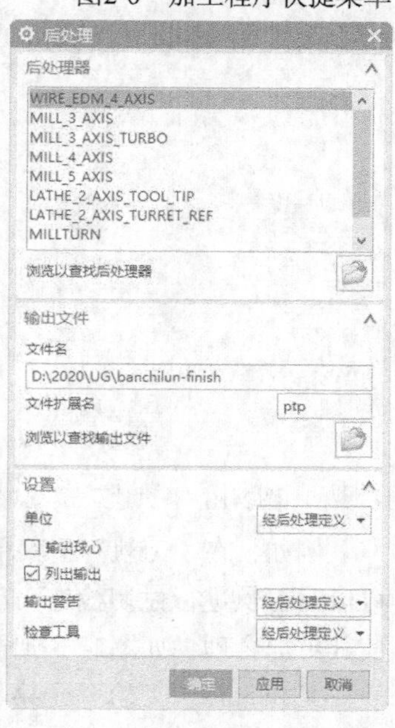

图2-7　“后处理”对话框

（9）插入：选择此命令，将弹出如图2-9所示的子菜单。从中选择相应的命令可以插入工序、程序组、刀具、几何体、方法等。

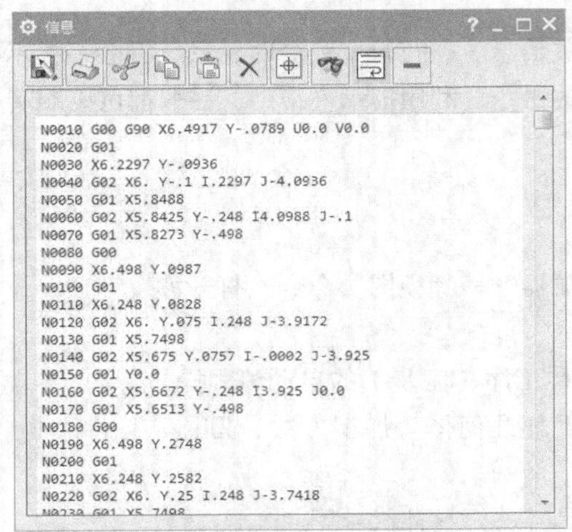

图2-8　NC后处理程序

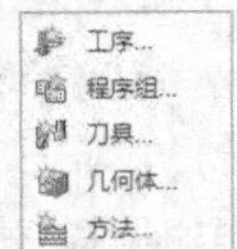

图2-9　“插入”子菜单

（10）对象：选择此命令，将弹出如图2-10所示的子菜单。从中选择相应的命令，可以进行CAM的变换和显示等。例如，选择“变换”命令，将弹出如图2-11所示“变换”对话框，可以对平移、缩放、绕点旋转、绕直线旋转等类型，进行相应参数的设置。

（11）刀轨：选择“刀轨”命令，将弹出如图2-12所示的子菜单。从中选择相应的命令可以对刀轨进行编辑、删除、列表、确认、仿真等操作。

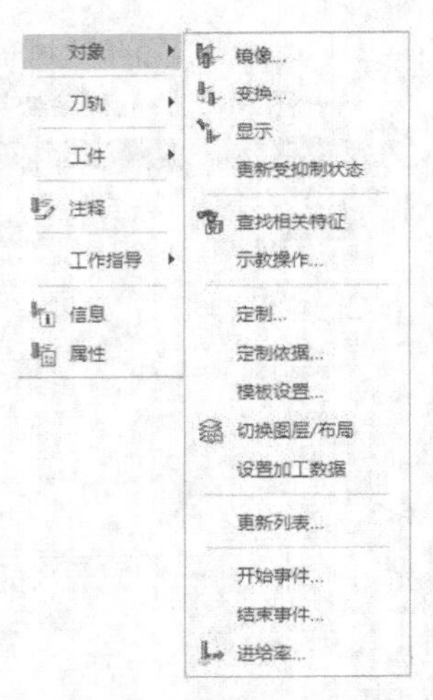

图2-10　“对象”子菜单

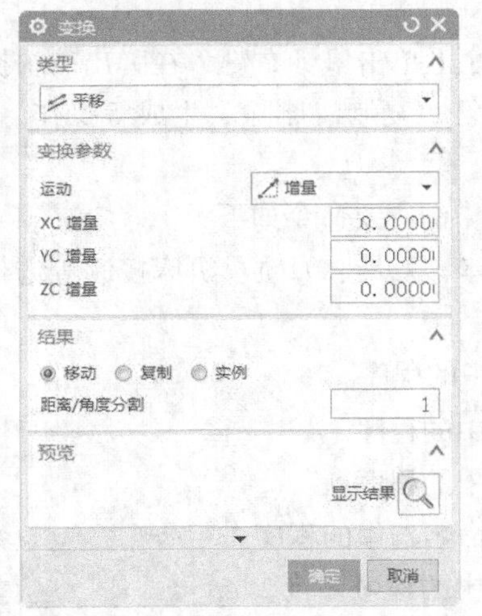

图2-11　“变换”对话框

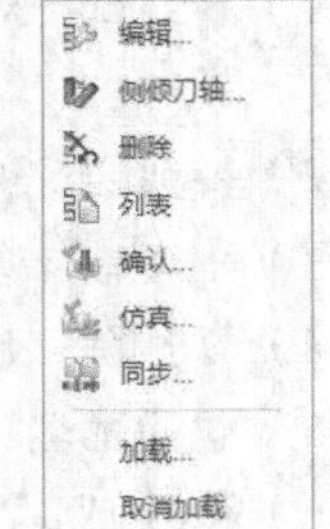

图2-12　“刀轨”子菜单

例如，在“刀轨”子菜单中选择“编辑”命令，将弹出“刀轨编辑器”对话框。利用该对话框可以对刀轨进行过切检查、动画仿真等，还可以对刀轨的CLSF文件进行编辑、粘贴、删除等操作，使其更加合理，如图2-13所示。

又如，在“刀轨”子菜单中选择“列表”命令，在弹出“信息”对话框中列出了CLSF文件的所有语句，供用户查看，如图2-14所示。

在上边框条中有4种显示形式，分别为程序顺序视图、机床视图、几何视图和加工方法视图。换句话说，也就是父节点组共有4个，分别为程序节点、机床节点、几何节点、加工方法节点。在导航器中的空白处单击鼠标右键，在弹出快捷菜单中选择相应命令，可以进行4种显示形式的转换。在该快捷菜单中选择“列”命令，在弹出的子菜单中列出了视图的信息。从中选择某个命令后，将在导航器中添加相关的列。例如，在图2-15中选择“换刀”命令，则在导航器中出现“换刀”列；如果取消选择“换刀”命令，则该列不会显示在导航器中。

例如，单击上边框条中的“程序顺序视图”按钮，打开如图2-6所示的“工序导航器-程序顺序”加工程序快捷菜单。在根节点NC_PROGRAM下有两个程序组节点，分别为“未用项”和“PROGRAM”项。根节点NC_PROGRAM不能改变；“未用项”节点也是系统给定的节点，不能改变，主要用于容纳一些暂时不用的操作；“PROGRAM”是系统创建的主要加工节点。

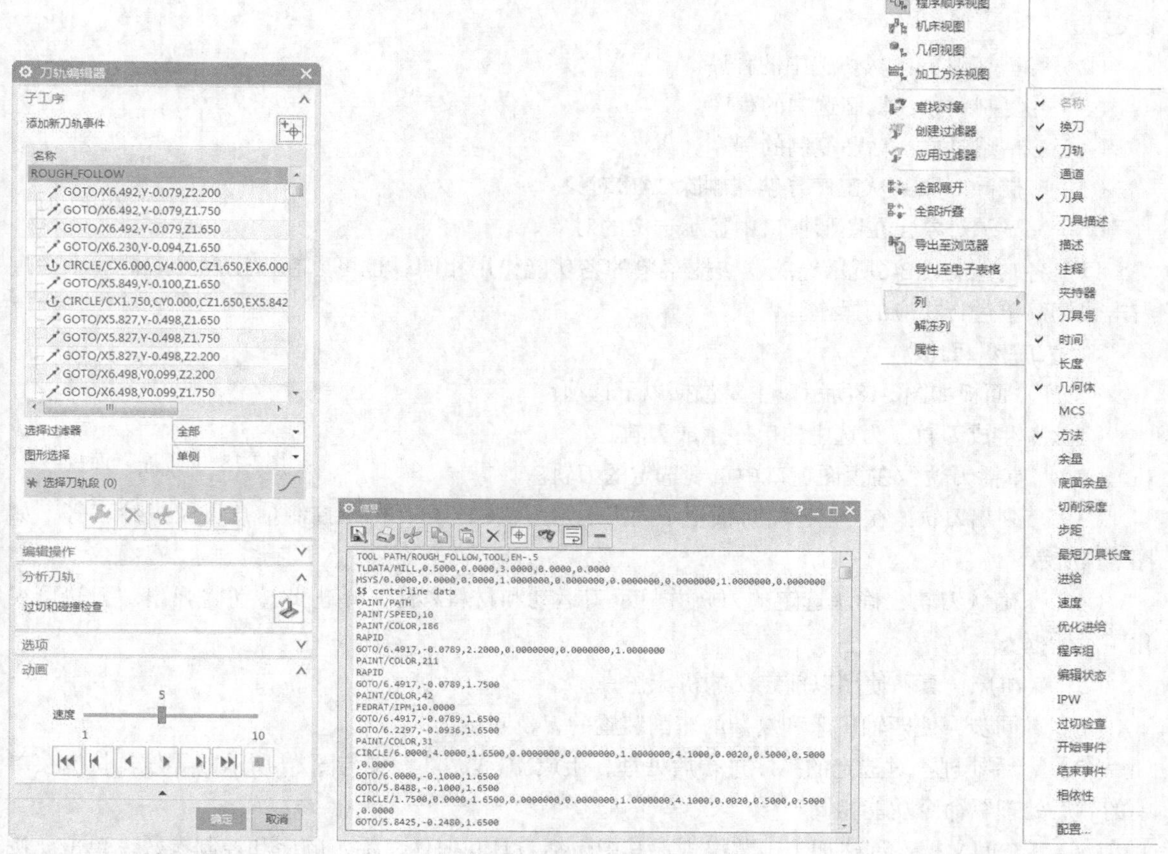

图2-13 “刀轨编辑器”对话框　　图2-14 “信息”对话框　　图2-15 导航器快捷菜单

2.2.4 功能区

功能区一般与主要的操作命令相关，可以直观、快捷地执行操作，提高效率。其中常用的有“刀片”面板、“操作”面板和“工序”面板等。

1. “刀片”面板

图2-16 “刀片”面板

“刀片”面板如图2-16所示，主要包括以下选项。

（1）创建程序：创建数控加工程序节点，对象将显示在导航器的“程序视图”中。

（2）创建刀具：创建刀具节点，对象将显示在工序导航器-机床视图中。

（3）创建几何体：创建加工几何节点，对象将显示在工序导航器-几何视图中。

（4）创建方法：创建加工方法节点，对象将显示在工序导航器-加工方法视图中。

（5）创建工序：创建一个具体的工序操作，对象将显示在工序导航器的所有视图中。

2. “操作”面板

“操作”面板如图2-17所示，主要包括以下选项。

图2-17 “操作”面板

（1）编辑对象：对几何体、刀具、刀轨、机床控制等进行指定或设定。

（2）剪切对象：剪切选中的程序。

（3）复制对象：复制选中的程序。

（4）粘贴对象：粘贴复制的程序。

（5）删除对象：从工序导航器删除CAM对象。

（6）显示对象：在图形窗口中显示选定的对象。

以上各功能与图2-6所示导航器快捷菜单的各功能作用相同，也可以在“工序导航器”中通过右击快捷菜单进行相应的操作。

3. “工序”面板

图2-18 “工序”面板

“工序”面板如图2-18所示，主要包括以下选项。

（1）生成刀轨：为选中的工序生成刀轨。

（2）重播刀轨：在视图窗口中重现选定的刀轨。

（3）列出刀轨：在“信息”对话框中列出选定刀轨GOTO、机床控制信息以及进给率等，如图2-14所示。

（4）确认刀轨：确认选定的刀轨并显示刀运动和材料移除。单击此按钮将弹出“刀轨可视化”对话框。

（5）机床仿真：使用以前定义的机床仿真。

（6）同步：使四轴机床和复杂的车削装置的刀轨同步。

（7）后处理：对选定的工序进行后处理，生成NC程序。该项与图2-6所示的导航器快捷菜单中的“后处理”命令功能相同。

（8）车间文档：创建加工工艺报告，其中包括刀具几何体、加工顺序和控制参数。单击此按钮，将弹出如图2-19所示“车间文档”对话框。报告格式分为两种，即为纯文本格式（TEXT文件）和超文本格式（HTML文件）。纯文本格式的车间工艺文件不能包含图像信息，而超文本格式的车间工艺文件可以包含图像信息，需要利用Web浏览器阅读。

（9）CLSF输出：列出可用的CLSF输出格式。单击此按钮，在弹出的如图2-20所示的“CLSF输出”对话框中进行相应的设置，然后单击“确定”按钮，弹出如图2-14所示的“信息”对话框。

（10）批处理：提供以批处理方式处理与NC有关的输出选项。

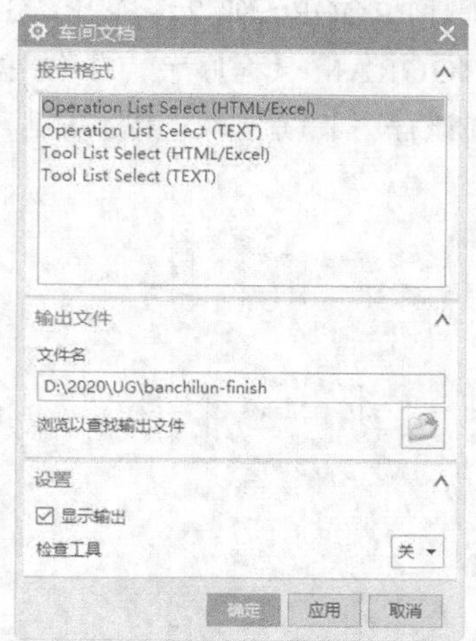

图2-19　“车间文档”对话框

图2-20　“CLSF输出”对话框

2.3 UG CAM加工流程

2.3.1　创建程序

1. “创建程序”对话框

单击“主页”选项卡“刀片”面板中的“创建程序”按钮，弹出如图2-21所示“创建程序”对话框。

“创建程序”对话框中的选项说明如下。

- 类型：用于指定操作类型。
- 程序子类型：指定一个工序模板，从中创建新的工序。
- 位置：用于指定新创建的程序所在的节点。在“程序”下拉列表框中有3个选项，分别为NC_PROGRAM、NONE和PROGRAM。这3项分别对应图2-6所示导航器中的NC_PROGRAM、未用项和PROGRAM，新创建的程序将位于选中的上述某个节点之下。其中“NONE”为“未用项”，用于容纳一些暂时不用的工序。此节点是系统给定的节点，不能改变。
- 名称：系统自动给出一个名称，作为新创建的程序名。用户也可以自定义，只需在“名称”文本框里输入习惯的名称即可。

设置完毕，单击“确定”按钮创建程序，或单击“取消”按钮放弃本次创建。单击“应用”按钮，完成一个程序的创建，接下来可继续创建第二个程序。

2. 创建程序实例

在PROGRAM程序节点下创建一个程序PROGRAM_1，然后单击“应用”按钮完成第一个程序的创建，接下来继续创建第二个程序。此时在图2-21所示的“创建程序”对话框的“位置”栏里除了前面所述的NC_PROGRAM、NONE、PROGRAM 3个程序节点外，新增了PROGRAM_1程序节点。选择PROGRAM_1程序节点，创建第二个程序PROGRAM_2，将PROGRAM_2建立在PROGRAM_1程序节点下。使用相同的方法，在PROGRAM_1程序节点下创建第三个程序PROGRAM_3。如果需要删除不需要的程序节点，可以在该程序节点上单击鼠标右键，在弹出的快捷菜单中选择“删除”命令即可，如图2-22所示。

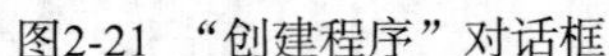

图2-21 “创建程序”对话框

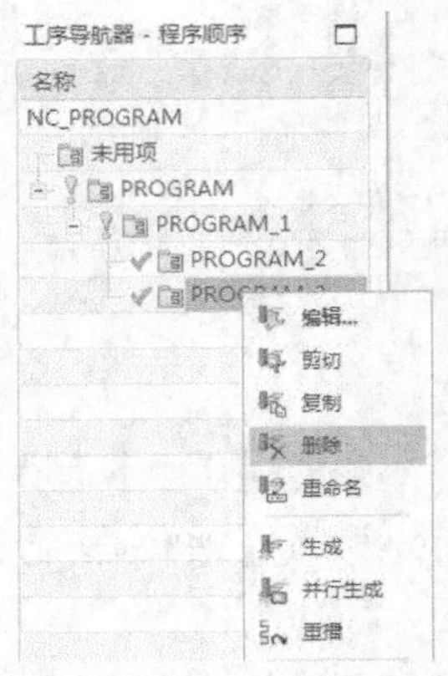

图2-22 删除程序节点

3. 继承关系

在“程序顺序”视图中的节点处列出了程序组的层次关系。单击PROGRAM_1节点，将列出PROGRAM_1的层次关系。

（1）PROGRAM_1的子程序组为PROGRAM_2、PROGRAM_3；

（2）PROGRAM_1的父程序组为PROGRAM这一根程序。

程序组在工序导航器中构成一种树状层次结构，彼此之间形成“父子”关系。在相对位置中，高一级的程序组为父组，低一级的程序组为子组。父组的参数可以传递给子组，不必在子组中进行重复设置，也就是说子组可以继承父组的参数。在子组中只对子组不同于父组的参数进行设置，以减少重复劳动，提高效率。如图2-22所示，在“程序顺序”视图中，PROGRAM_1程序将继承其父组PROGRAM这一根程序的参数，对PROGRAM_1的程序有关参数设置完毕后，PROGRAM_2与PROGRAM_3作为 PROGRAM_1的子组将继承PROGRAM_1的参数，同时也继承了PROGRAM的参数。如果改变了程序的位置或程序下工序的位置，也就改变了它们和原来程序的父子关系，有可能导致失去从父组中继承来的参数，也不能把自身的参数传递给子组，导致子组或工序的参数发生变化。

4. 标记

在工序导航器的程序节点和工序前面，通常会根据不同情况出现以下3种标记，用以表明程序节点和工序的状态。

（1）⊘：需要重新生成刀轨。如果在程序节点前，表示在其下包含有空工序或过期工序；如果在工序前，表示此工序为空工序或过期工序。

（2）💡：需要重新后处理。如果在程序节点前，表示节点下所有的工序都是完成的工序，并且输出过程序；如果在工序前，表示此工序为已完成的工序，并被输出过。

（3）✔：如果在程序节点前，表示节点下所有的工序都是完成的工序，但未输出过程序；如果在工序前，表示此工序为已完成的工序，但未输出过。

2.3.2　创建几何体

1．“创建几何体”对话框

单击“主页”选项卡“刀片”面板中的“创建几何体”按钮，弹出如图2-23所示的“创建几何体”对话框。

（1）在“类型”下拉列表中可以选择具体的CAM类型。

（2）“几何体子类型”包括WORKPIECE、MILL_BND、MILL_TEXT A、MILL_GEOM、MILL_AERA和MCS等。

（3）在“位置”栏的“几何体”下拉列表中可以选择将要创建的几何体所在节点位置，包括GEOMETRY、MCS_MILL、NONE和WORKPIECE。

2．创建几何体

在“创建几何体”对话框中选择“mill_planar”类型，在“几何体子类型”栏中选择WORKPIECE，在“位置”栏的“几何体”下拉列表框中选择“WORKPIECE”，在“名称”文本框输入“WORKPIECE_1”，单击“确定”按钮即可创建一个几何体。按照同样方法创建第二个几何体，在“名称”栏中的文本框输入“WORKPIECE_2”。两个几何体创建完毕后，“工序导航器-几何”快捷菜单如图2-24所示 。

图2-23　“创建几何体”对话框

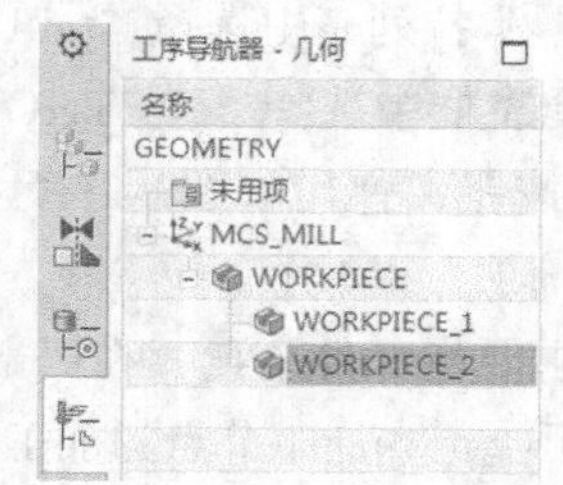

图2-24　“工序导航器-几何”快捷菜单

其中各节点的作用说明如下。

- GEOMETRY：该节点是系统的根节点，不能进行编辑、删除等操作。
- 未用项：该节点也是系统给定的节点，用于容纳暂时不用的几何体，不能进行编辑、删除等操作。
- MCS_MILL：该节点是一个几何节点。选中此节点，单击鼠标右键，在弹出的快捷菜单中选择相应的命令，可以进行编辑、剪切、复制、粘贴、重命名等操作。
- WORKPIECE：该节点是工件节点，用来指定加工工件。该节点与MCS_MILL节点构成父子关系，是MCS_MILL节点的子节点。

- WORKPIECE_1和 WORKPIECE_2这两个工件节点是刚刚创建的几何体节点。它们位于WORKPIECE下，是WORKPIECE的子节点，即构成父子关系，WORKPIECE_1和WORKPIECE_2作为最底层的节点，将继承MCS_MILL加工坐标系和WORKPIECE中定义的零件几何体和毛坯几何体的参数。

几何体节点可以定义成工序导航器中的共享数据，也可以在特定的工序中个别定义。不过只要使用了共享数据几何体，就不能在工序中个别定义几何体。

可以通过单击鼠标右键，在弹出快捷菜单中选择相应的命令，对几何体节点进行编辑、剪切、复制、粘贴、重命名等操作。如果改变了几何体节点的位置，使父子关系改变，则会导致几何体失去从父组几何体中继承过来的参数，使加工参数发生改变；同时，其下面的子组也可能失去从几何体继承的参数，造成子组及其以下几何体和工序的参数发生改变。

2.3.3 创建方法

指定加工方法，主要是为了自动计算切削进给率和主轴转速。加工方法并不是生成刀具轨迹的必要参数。

1. “创建方法”对话框

单击“主页”选项卡“刀片”面板中“创建方法”按钮，弹出如图2-25所示的“创建方法”对话框。其中各项和“创建几何体”对话框中的选项基本相同，区别在于“位置”栏，在此时选择将要创建的“方法”所在节点、不同的“类型”和可供选择的“方法”位置的数目。

图2-25 “创建方法”对话框

2. 创建方法实例

在“类型”下拉列表中选择“mill_contour”，在“位置”栏的“方法”下拉列表框中选择“METHOD”，保持默认的“名称”，单击“确定”按钮，弹出如图2-26所示的“铣削方法”对话框。该对话框主要选项介绍如下。

图2-26 “铣削方法”对话框

- 余量：主要指部件余量。在“部件余量”文本框内输入数值，即可指定本加工节点的加工余量。
- 公差：包括“内公差”和“外公差”两个选项，“内公差”用于指定刀具穿透曲面的最大量，“外公差”用于指定刀具能避免接触曲面的最大量。在“内公差”和“外公差”文本框内输入数值，即可为本加工节点指定内、外公差。在此采用系统默认值。
- 刀轨设置：包括“切削方法”和“进给”两个选项。
    - 切削方法：单击“切削方法”按钮，在弹出的如图2-27所示的“搜索结果”对话框中列出了可供选择的切削方法。选中“END MILLING”，单击“确定”按钮，返回“铣削方法”对话框。

➢ 进给：单击“进给”按钮，弹出如图2-28所示的“进给”对话框，从中可以设置各种运动形式的进给率参数。“切削”栏用于设置正常切削时的进给速度；“更多”栏给出了刀具其他运动形式的参数；“单位”栏用于设置切削和非切削运动的单位。其他采用系统默认值。单击“确定”按钮，返回“铣削方法”对话框。

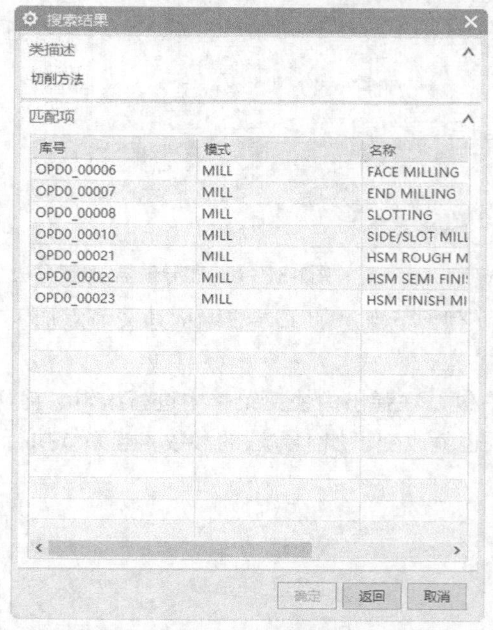

图2-27 “搜索结果”对话框

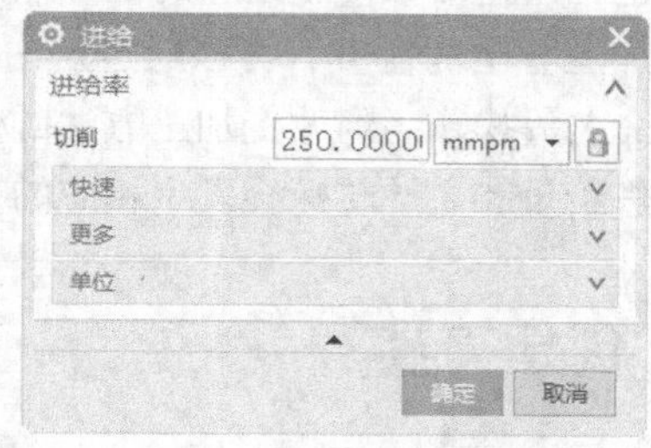

图2-28 “进给”对话框

■ 选项：包括“颜色”和“编辑显示”两个选项。

➢ 颜色：单击“颜色”按钮，弹出如图2-29所示的“刀轨显示颜色”对话框，从中可以设置不同刀轨的显示颜色。单击每种刀轨右边的颜色按钮，在弹出的“颜色”对话框中进行颜色的设置即可。

➢ 编辑显示：单击“编辑显示”按钮，弹出如图2-30所示的“显示选项”对话框，从中进行刀具和刀轨的显示设置。

以上各项设置完毕后，在“铣削方法”对话框中单击“确定”按钮，即可创建新的加工方法。同时在“工序导航器-加工方法”快捷菜单中列出了新建的加工方法，如图2-31所示。

其中各节点的说明如下：

■ METHOD：系统给定的根节点，不能改变。

■ 未用项：系统给定的节点，不能删除，用于容纳暂时不用的加工方法。

■ MILL_ROUGH：系统提供的粗铣加工方法节点，可以进行编辑、剪切、复制、删除等操作。

■ MILL_SEMI_FINISH：系统提供的半精铣加工方法节点，可以进行编辑、剪切、复制、删除等操作。

■ MILL_FINISH：系统提供的精铣加工方法节点，可以进行编辑、剪切、复制、删除等操作。

- DRILL_METHOD：系统提供的钻孔加工方法节点，可以进行编辑、剪切、复制、删除等操作。

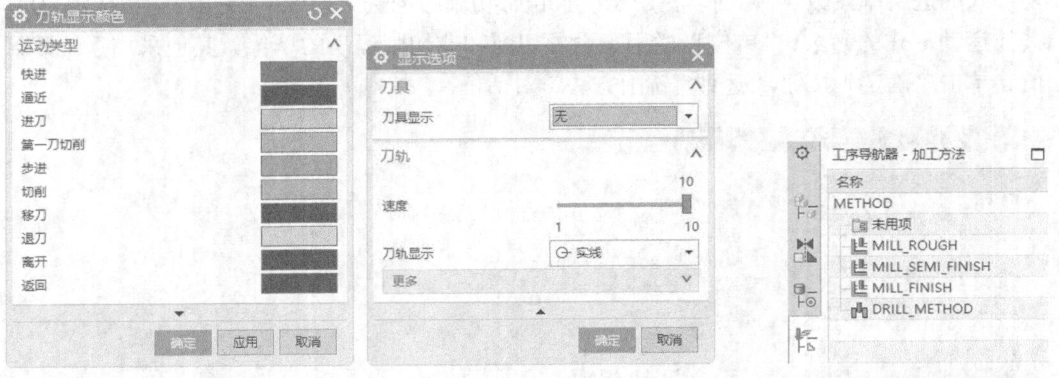

图2-29 “刀轨显示颜色”对话框　　图2-30 “显示选项”对话框　　图2-31 “工序导航器-加工方法”快捷菜单

加工方法节点之上同样可以有父节点，之下有子节点。加工方法继承其父节点加工方法的参数，同时也可以把参数传递给它的子节点加工方法。

对于加工方法的位置，可以通过单击鼠标右键，在弹出的快捷菜单中进行编辑、剪切、复制、粘贴、重命名等操作。但改变加工方法的位置，也就改变了加工方法的参数，当系统执行自动计算时，切削进给量和主轴转速会发生相应的变化。

2.3.4 创建刀具

可以在设置过程中创建刀具，也可以在创建工序时创建刀具。一旦创建，刀具就和部件一起保存，并且在创建程序过程中可按需要使用。

单击“主页”选项卡“刀片”面板中的“创建刀具”按钮，弹出如图2-32所示的“创建刀具”对话框。除了“库”栏外，其余各栏和“创建程序”对话框中的各栏类似。在“库”栏中可以选择已经定义好的刀具。

（1）在“库”栏中单击“从库中调用刀具”按钮，弹出如图2-33所示的“库类选择”对话框。共分7个大类：铣、钻孔、车、实体、线切割、激光、Robotic。每个大类中又包括许多子类，在“铣”大类里面就包括数个子类。

（2）选中某一子类，如选中“端铣刀（不可转位）”子类，单击“确定”按钮，弹出如图2-34所示的“搜索准则”对话框。在全部或部分参数文本框中输入数值，单击“计算匹配数”按钮，右边将显示符合条件的刀具数量。单击“确定”按钮，在弹出的如图2-35所示的“搜索结果”对话框中将列出符合条件的刀具的详细信息。

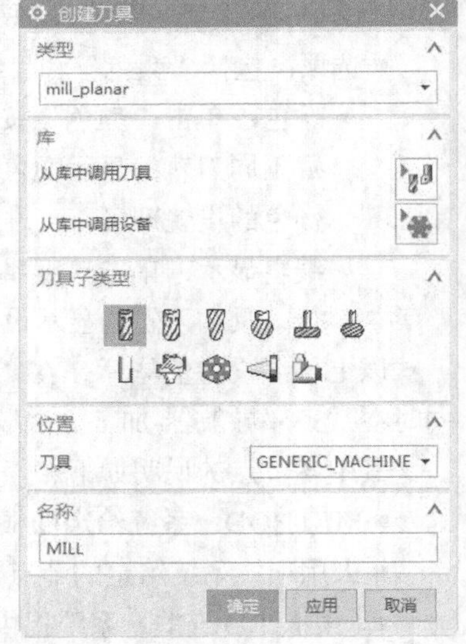

图2-32 “创建刀具”对话框

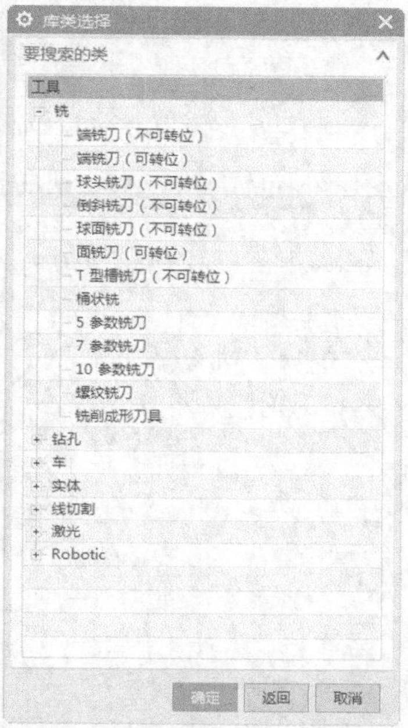

图2-33 “库类选择”对话框 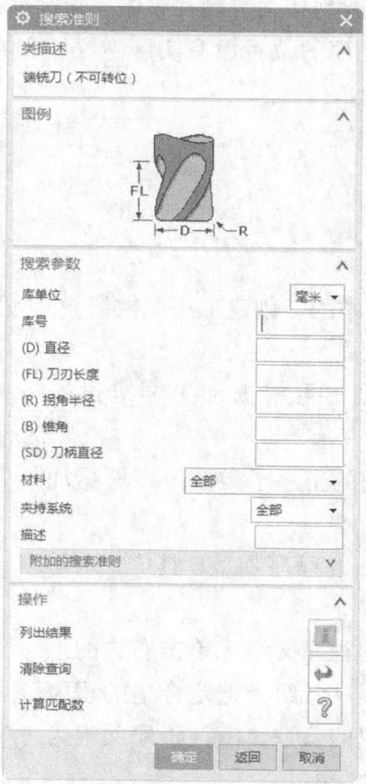　　图2-34 “搜索准则”对话框 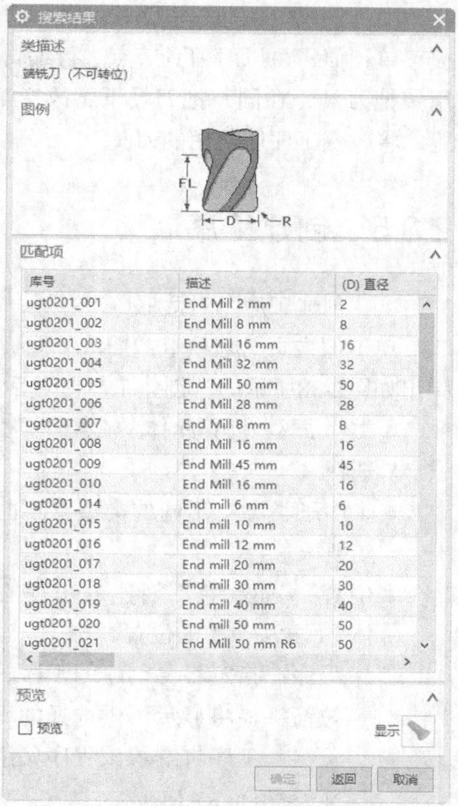　　图2-35 “搜索结果”对话框

（3）选中某把适合的刀具，例如在“库号”下选中ugt0201_002刀具，单击“显示”按钮，可以在视图区的图形上显示刀具轮廓，如图2-36所示。

（4）选定刀具后，单击“确定”按钮，返回到“创建刀具”对话框，同时在“工序导航器-机床”快捷菜单中列出创建的刀具，如图2-37所示。

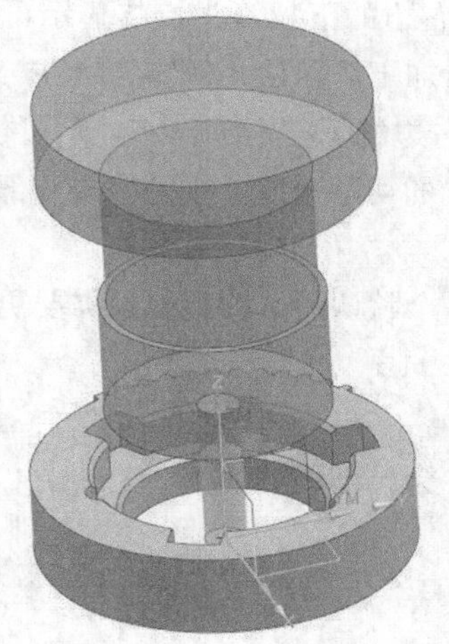

图2-36 显示刀具轮廓

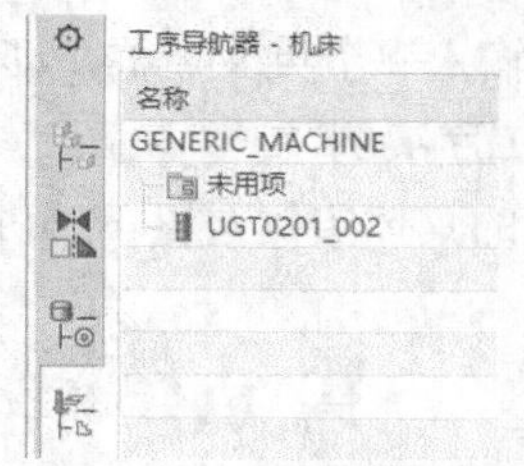

图2-37 “工序导航器-机床”快捷菜单

刀具位置可以通过右键快捷菜单进行改变。其快捷菜单与图2-22所示“程序顺序”视图中的快捷菜单相似，可以对刀具节点进行编辑、剪切、复制、粘贴、重命名等操作。由于一个工序只能使用一把刀具，在同一把刀具下，改变工序的位置没有实际意义。但在不同刀具之间改变工序的位置，将改变工序所使用的刀具。

2.3.5 创建工序

1. “创建工序”对话框

单击“主页”选项卡“插入”面板中的“创建工序”按钮，弹出如图2-38所示的“创建工序”对话框。

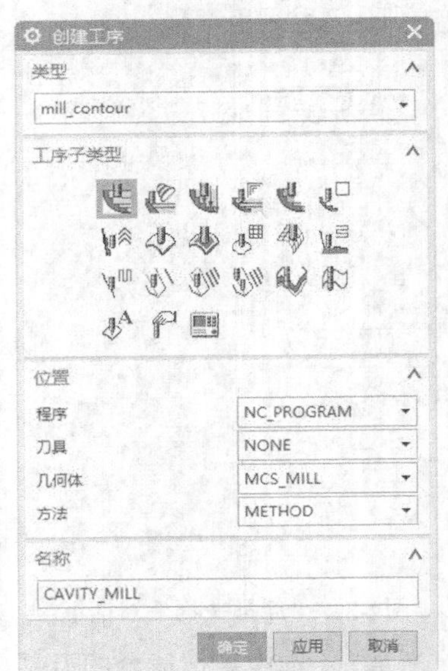

图2-38 “创建工序”对话框

- 类型：列出了具体的CAM类型，可根据加工要求进行选择。
- 工序子类型：不同的类型有不同的工序子类型，可根据加工要求选择。
- 位置：选择将要创建的工序在“程序”“刀具”“几何体”“方法”中的位置。
  - 程序：指定将要创建的工序的程序父组。单击右边的下拉箭头，将显示可供选择的程序父组。选定合适的程序父组，工序将继承该程序父组的参数。默认程序父组为NC_PROGRAM。
  - 刀具：指定将要创建的工序的加工刀具。单击右边的下拉箭头，将显示可供选择的刀具父组。选定合适的刀具，工序将使用该刀具对几何体进行加工。如果之前用户没有创建刀具，则在下拉列表框中没有可选的刀具，需要用户在某一加工类型的对话框中单独创建。
  - 几何体：指定将要创建的工序的几何体。单击右边的下拉箭头，将显示可供选择的几何体。选定合适的几何体，工序将对该几何体进行加工。默认几何体为MCS_MILL。
  - 方法：指定将要创建的工序的加工方法。单击右边的下拉箭头，将显示可供选择的方法。选定合适的加工方法，系统将根据该方法中设置的切削速度、内外公差和部件余量对几何体进行切削加工。默认的加工方法为METHOD。
- 名称：指定工序的名称。系统会为每个工序提供一个默认的名称，如果需要更改，可在该文本框中输入一个英文名称，即可为工序重命名。

2. 创建工序实例

创建工序的具体实例这里不再讲述，在后面的章节中会详细讲解。

第3章

垫块铣削加工

本章对毛坯进行铣削加工得到垫块零件的操作流程进行介绍。该零件模型主要是平面特征。根据待加工零件的结构特点，首先创建几何体和刀具，然后利用平面铣加工出各个平面。零件同一特征可以使用不同的加工方法，因此，在具体安排加工工艺时，读者可以根据实际情况来确定。本章安排的加工工艺和方法不一定是最佳的，其目的只是让读者了解平面铣削加工方法的应用。

- 初始设置
- 创建刀具
- 创建工序

3.1 初始设置

选择“文件”→“打开”命令，弹出“打开”对话框，选择“diankuai.prt”，单击“打开”按钮，打开如图3-1所示的待加工部件。

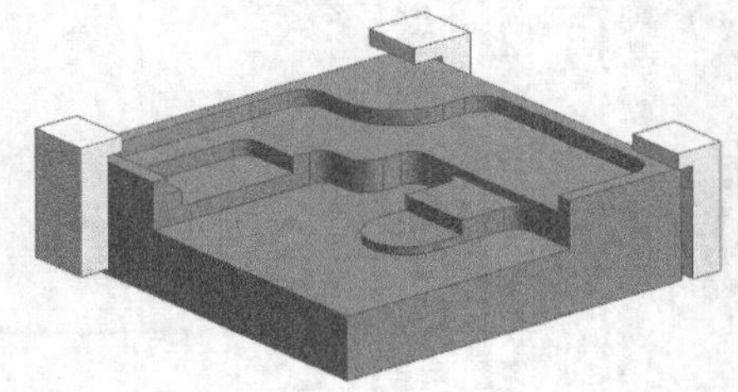

图3-1　待加工部件

3.1.1　创建毛坯

（1）单击“应用模块”选项卡“设计”面板中的“建模”按钮，进入建模环境。

（2）单击“视图”选项卡“可见性”面板中的“图层设置”按钮，弹出如图3-2所示的“图层设置”对话框。在工作层中输入2，按回车键，使图层2作为工作图层，单击“关闭”按钮，关闭对话框。

（3）单击“主页”选项卡“特征”面板中的“拉伸”按钮，弹出图3-3所示的“拉伸”对话框，选择加工部件的底部4条边线作为拉伸截面，“指定矢量”方向为“*ZC*”，输入“开始距离”为0，“结束距离”为1.8，设置“布尔”为“无”，其他采用默认设置，单击“确定”按钮，生成毛坯如图3-4所示。

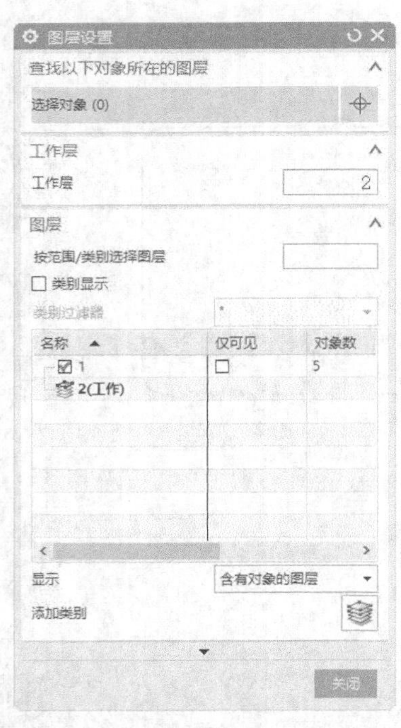

图3-2　“图层设置”对话框

图3-3　“拉伸”对话框

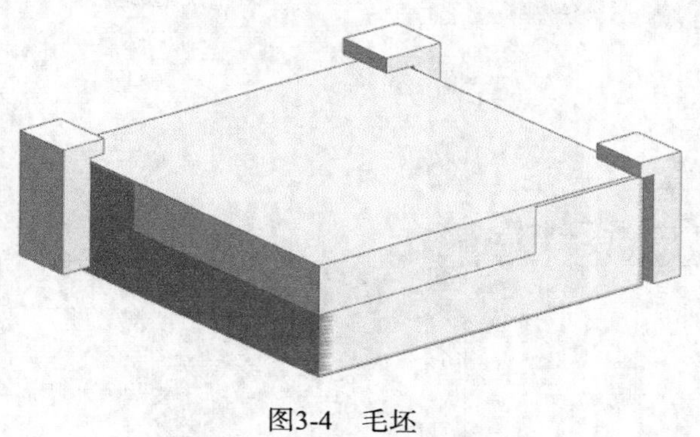

图3-4 毛坯

3.1.2 创建几何体

（1）单击“应用模块”选项卡“加工”面板中的“加工”按钮，进入加工环境。

（2）在上边框条中选择“几何视图”按钮，显示“工序导航器-几何”快捷菜单。

（3）单击“主页”选项卡“刀片”面板中的“创建几何体”按钮，弹出“创建几何体”对话框，在“类型”下拉列表框中选择“mill_planar”，在“几何体子类型”栏中选择“WORKPIECE”，在“位置”栏的“几何体”下拉列表中选择“NONE”，其他采用默认设置，如图3-5所示，单击“确定”按钮。

（4）弹出图3-6所示的“工件”对话框，单击“指定部件”右侧的“选择和编辑部件几何体”按钮，弹出“部件几何体”对话框，选择图3-7所示的待加工部件，单击“确定”按钮，返回“工件”对话框。

图3-5 “创建几何体”对话框

图3-6 “工件”对话框

（5）单击“指定毛坯”右侧的“选择和编辑毛坯几何体”按钮，弹出“毛坯几何体”对话框，选择图3-8所示的毛坯，连续单击“确定”按钮，完成工件设置。

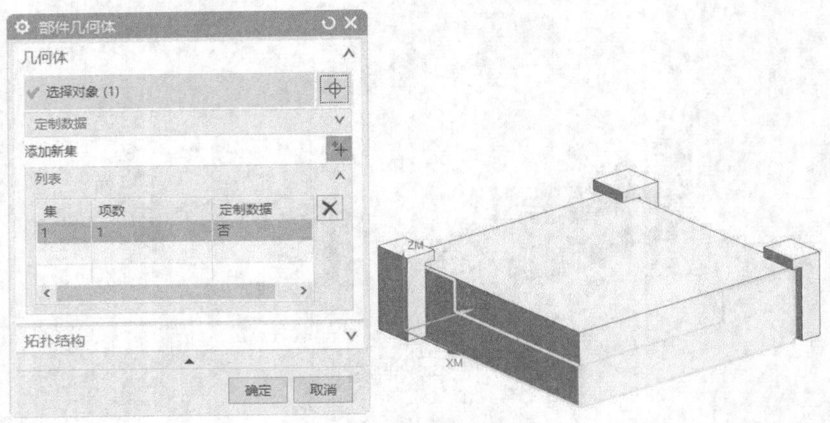

图3-7　选取部件几何体

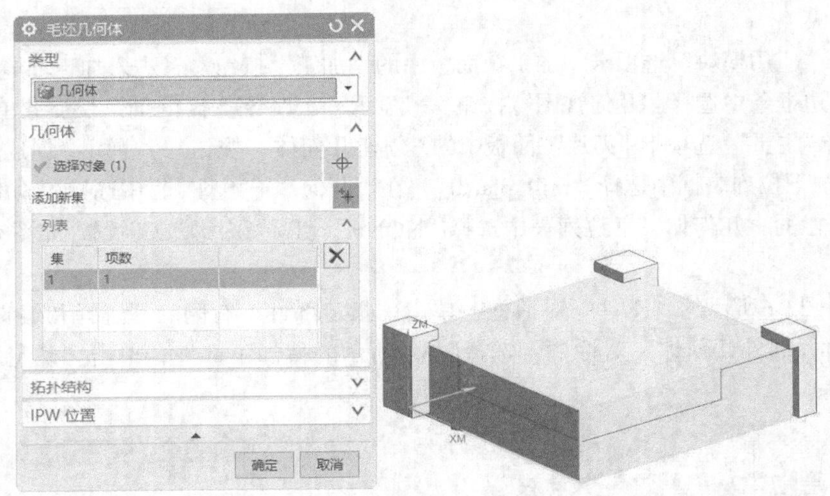

图3-8　选取毛坯几何体

“毛坯几何体”对话框中“类型”说明如下。

- 几何体：选择“几何体”选项时，可以选择“体”“面”“面和曲线”“曲线”等。
- 部件的偏置：可基于整个部件周围的偏置距离来定义毛坯几何体。
- 包容块：选择“包容块”选项时，可以在部件的外围定义一个与活动MCS对齐的自动生成的长方体，如图3-9所示。如果需要一个比默认长方体更大的长方体，可以在6个可用的输入框中输入值，也可以直接拖动长方体上的图柄，在拖动图柄时系统将动态地修改输入框中的值以反映长方体各边的位置。如果未定义部件几何体，系统将定义一个尺寸为零的长方体。由于包容块位于活动的MCS周围，所以不能将其用在使用不同MCS的多个操作中。
- 包容圆柱体：选择“包容圆柱体”选项时，可以在部件的外围定义一个以活动MCS为中心自动生成的圆柱体，如果需要一个比默认圆柱体更大的圆柱体，可以在输入框中输入值也可以直接拖动圆柱体上的图柄，在拖动图柄时系统将动态地修改输入框中的值以反映圆柱体直径和高度的位置。

■ IPW-过程工件：用于表示内部的“工序模型”（IPW）。IPW是完成上一步操作后材料的状态。

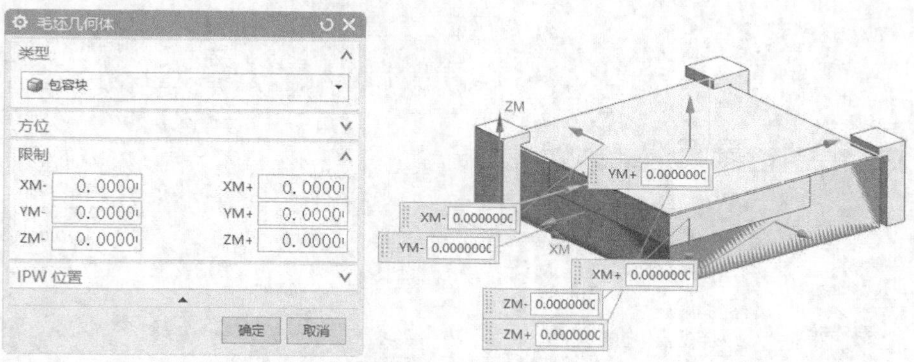

图3-9 “包容块”示意图

（6）单击“视图”选项卡“可见性”面板中的“图层设置”按钮，弹出“图层设置”对话框。双击图层1作为工作图层，并取消图层2的勾选，隐藏毛坯，如图3-10所示，单击“关闭”按钮。

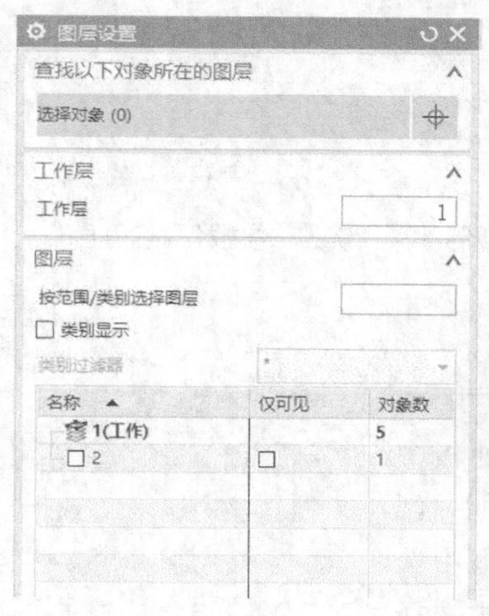

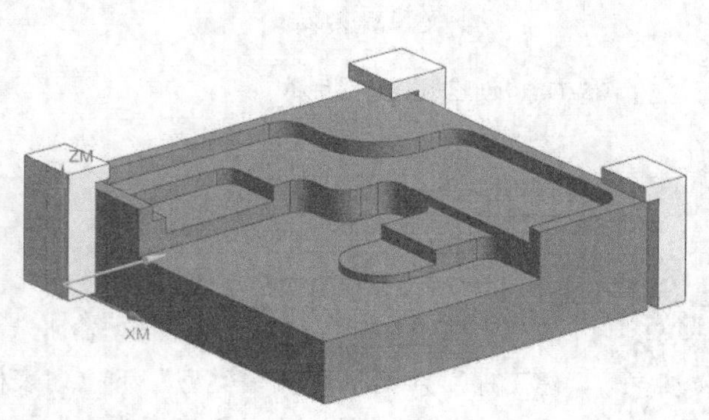

图3-10 隐藏毛坯

3.2 创建刀具

（1）单击“主页”选项卡“刀片”面板中的“创建刀具”按钮，弹出如图3-11所示的“创建刀具”对话框，在“类型”下拉列表框中选择“mill_planar”，在“刀具子类型”栏中选择“MILL”，在“名称”文本框中输入“EM-.5”，其他采用默认设置，单击“确定”按钮。

（2）弹出图3-12所示的“铣刀-5参数”对话框，设置参数如下：“直径”为0.5，“下半径”为0，“长度”为3.0，“锥角”为0，“尖角”为0，“刀刃长度”为2，“刀刃”为2，单击“确定”按钮，完成刀具的创建。

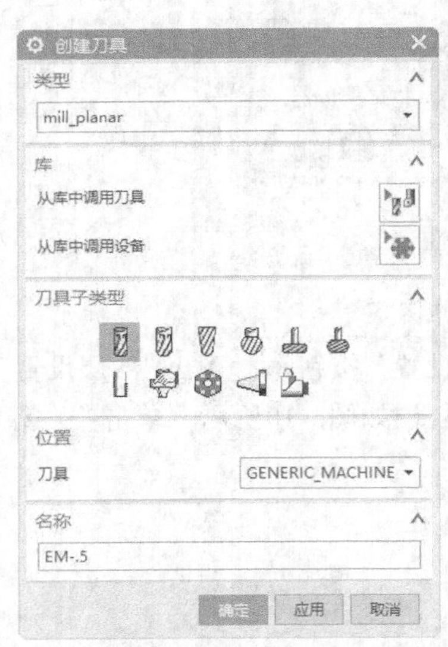

图3-11 “创建刀具”对话框

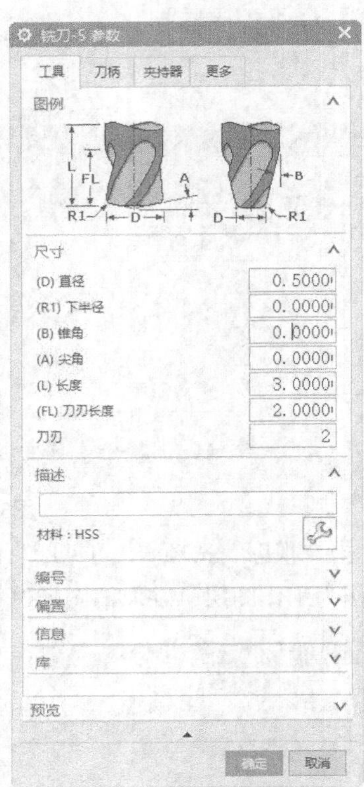

图3-12 “铣刀-5参数”对话框

3.3 创建工序

（1）单击“主页”选项卡“刀片”面板中的“创建工序”按钮，弹出图3-13所示的“创建工序”对话框，在“类型”下拉列表框中选择“mill_planar”，在“工序子类型”栏中选择“平面铣”，在“几何体”下拉列表框中选择“WORKPIECE”，在“刀具”下拉列表中选择“EM-.5”，在“名称”文本框中输入“ROUGH_FOLLOW”，其他采用默认设置，单击“确定”按钮。

（2）弹出如图3-14所示的“平面铣”对话框，单击“指定部件边界”右侧的“选择或编辑部件边界”按钮，弹出图3-15所示的“部件边界”对话框，设置选择方法为“面”，刀具侧为“外侧”选择图3-16所示的面1，单击“添加新集”按钮，或按鼠标中键，选择图3-16所示的面2，采用相同的方法，继续添加其他部件边界，单击“确定”按钮，返回到“平面铣”对话框。

图3-13 “创建工序”对话框

在“工序子类型”栏中列出了面铣削的所有加工方法。

■ 底壁铣：切削底面和壁。

图3-14　“平面铣”对话框

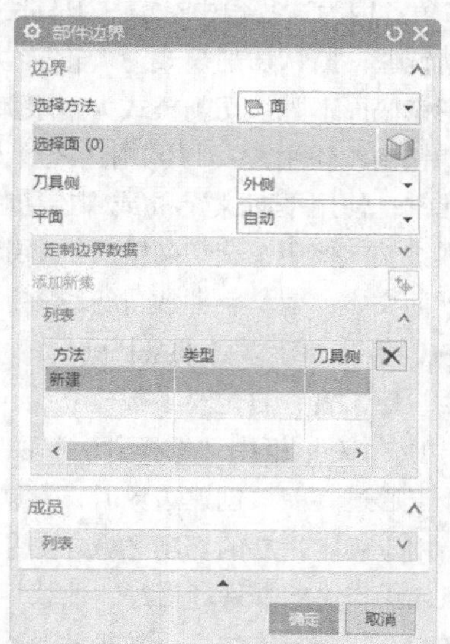

图3-15　“部件边界”对话框

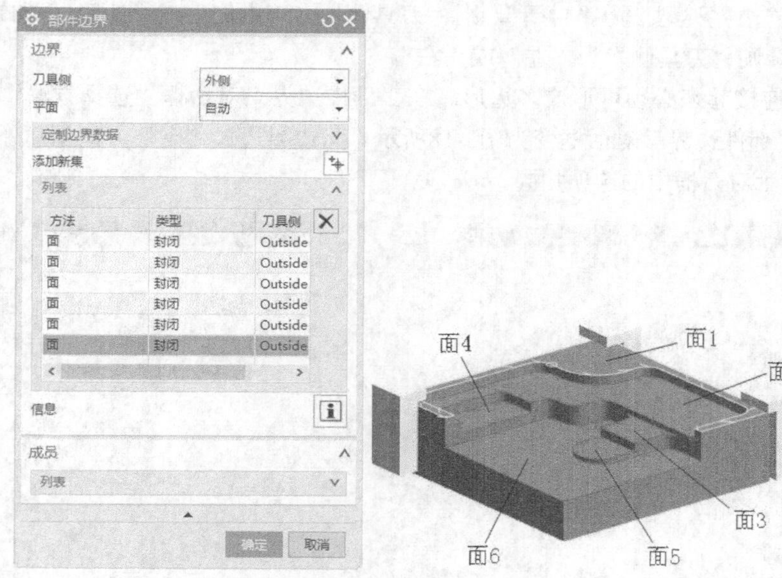

图3-16　指定部件边界

- 带IPW的底壁铣：使用IPW切削底面和壁。
- 带边界面铣削：基本的面切削操作，用于切削实体上的平面。
- 手工面铣：可使用户把刀具正好放在所需的位置。
- 平面铣：用平面边界定义切削区域，切削到底平面。
- 平面轮廓铣：特殊的二维轮廓铣切削类型，用于在不定义毛坯的情况下进行轮廓铣，常用于修边。

- 清理拐角：使用来自于前一操作的二维 IPW，以跟随部件切削类型进行平面铣。常用于清除角，因为这些角中有前一刀具留下的材料。
- 精铣壁：默认切削模式为“轮廓”，默认深度为只有底面的平面铣。
- 精铣底面：默认切削模式为“跟随部件”，将余量留在底面上的平面铣。
- 槽铣削：使用T型刀具切削单个线性槽。
- 孔铣：使用平面螺旋和/或螺旋切削模式来加工盲孔和通孔。
- 螺纹铣：使用螺旋切削模式铣削螺纹孔。
- 平面文本：对文字曲线进行雕刻加工。
- 铣削控制：建立机床控制操作，添加相关后置处理命令。
- 用户定义铣：自定义参数建立操作。

“部件边界”对话框中“选择方法”说明如下。

- 面：当通过“面”创建边界时，默认情况下，与所选面边界相关联的体将自动用作部件几何体，用于确定每层的切削区域。如果希望使用过切检查，则必须选择部件几何体作为几何父组或操作中的部件。通过“曲线”或“点”创建的边界不具有此关联性。
- 曲线：在“选择方法”下拉列表框中选择“曲线”，“部件边界”对话框变为图3-17所示。其中“边界类型”用于确定边界是“封闭”还是“开放”。此时的选择将影响后面的“刀具侧”，如果“边界类型”为“封闭”，则“刀具侧”为“内侧”或“外侧”；如果“边界类型”为“开放”，则“刀具侧”为“左”或“右”。
- 点：“点”连接起来必须可形成多边形。在“部件边界”对话框“选择方法”下拉列表框选择“点”，“部件边界”对话框变为图3-18所示。除边界通过“点”方法创建外，其余各选项与图3-17所示对话框中的选项相同。

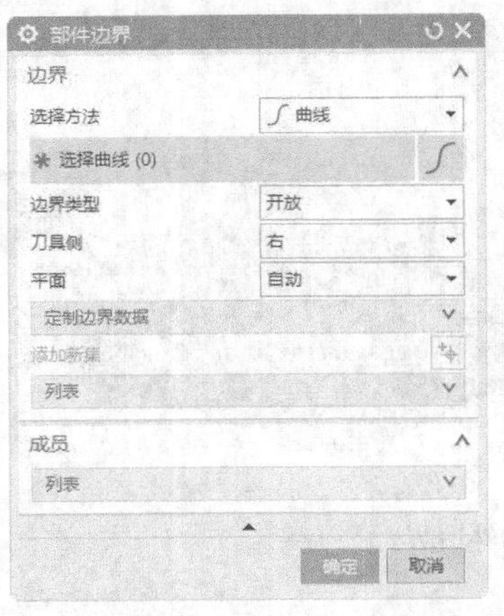

图3-17 “曲线”选择方法

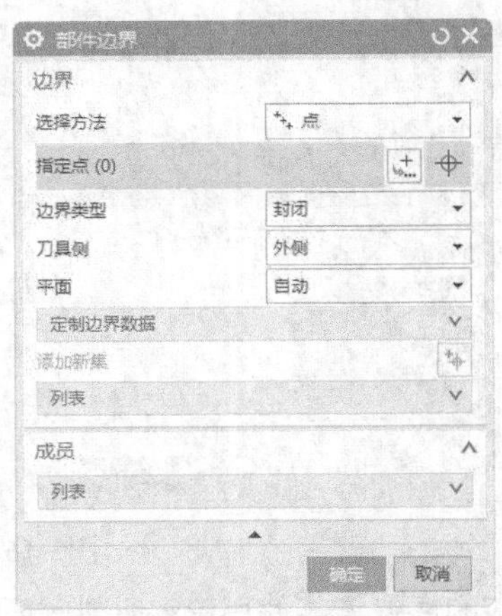

图3-18 “点”选择方法

注意

面边界的所有成员都具有相切的刀具位置。必须至少选择一个面边界来生成刀轨。面边界平面的法向必须平行于刀具轴。

（3）单击“指定毛坯边界”右侧的“选择或编辑毛坯边界”按钮，弹出“毛坯边界”对话框，设置刀具侧为“内侧”，选取图3-19所示的毛坯上表面（利用图层设置对话框，显示或隐藏毛坯），单击“确定”按钮，返回到“平面铣”对话框。

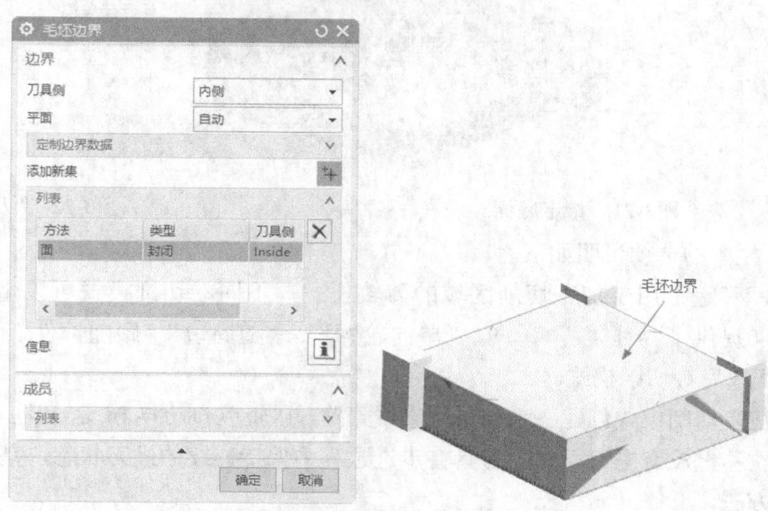

图3-19　指定毛坯边界

（4）单击“指定检查边界”右侧的“选择或编辑检查边界”按钮，弹出“检查边界”对话框，设置“刀具侧”为“外侧”，选择图3-20所示的检查边界，单击“确定”按钮，返回到“平面铣”对话框。

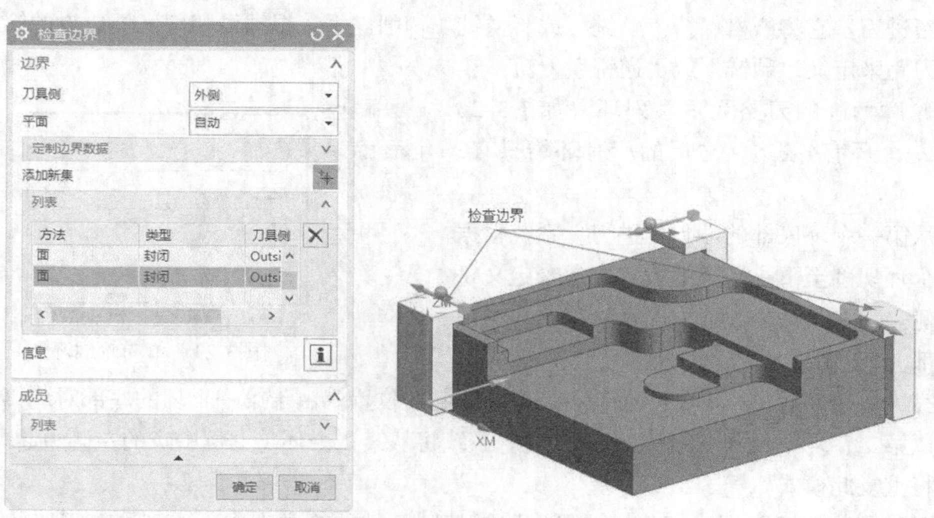

图3-20　指定检查边界

（5）单击“指定底面”右侧的“选择或编辑底平面几何体”按钮，弹出“平面”对话框，选择图3-21所示的底面，单击“确定”按钮。

（6）返回“平面铣”对话框，在“刀轨设置”栏中设置“切削模式”为“跟随部件”，“步距”为“%刀具平直”，“平面直径百分比”为“35”，如图3-22所示。

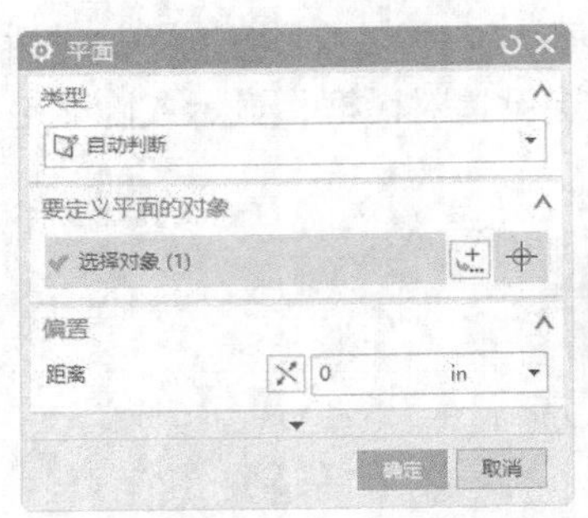

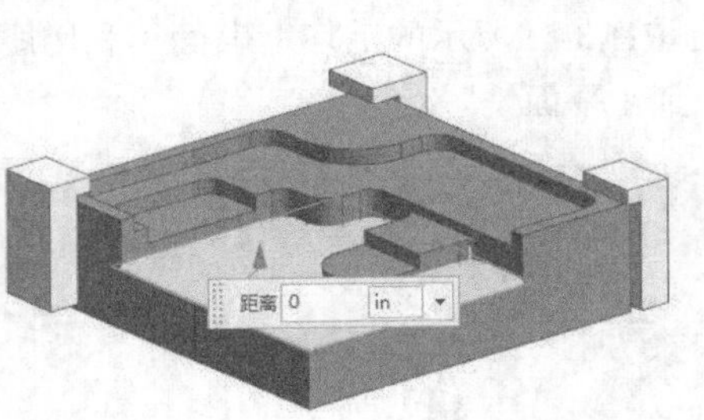

图3-21 指定底面

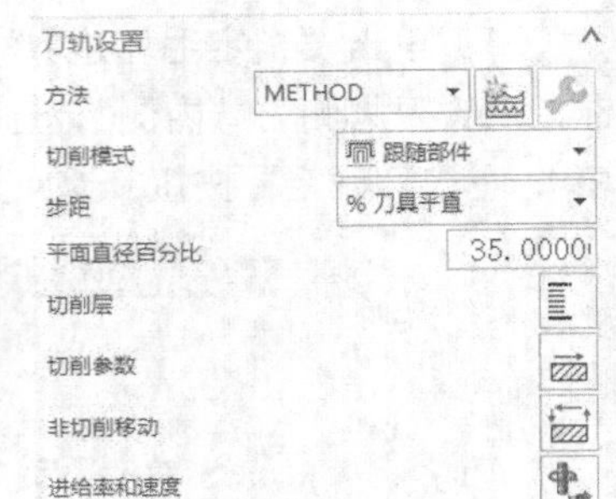

图3-22 “刀轨设置”栏

“刀轨设置”栏中的选项说明如下。

■ 切削模式：确定了用于加工切削区域的刀轨模式，不同的切削模式可以生成不同的路径。UG NX12.0提供了“往复”“单向”“单向轮廓”“跟随周边”“跟随部件”“轮廓”“标准驱动”和“摆线”等切削模式。

- 往复：往复切削模式创建一系列平行直线刀路，彼此切削方向相反，但步进方向一致。在步距的位移上没有提刀动作，刀具在步进过程中保持连续的进刀状态，是一种最节省时间的切削方法。
- 单向：单向切削模式生成一系列线性平行的单向刀路。在连续的刀路间不执行轮廓切削。单向切削生成的相邻刀具路径之间全是“顺铣”或“逆铣”。
- 单向轮廓：单向轮廓切削模式以一个方向的切削进行加工。沿线性刀路的前后边界添加轮廓加工移动。在刀路结束的地方，刀具退刀并在下一个切削的轮廓加工移动开始的地方重新进刀。它将严格保持“顺铣”或“逆铣”切削。系统根据沿切削区域边界的第一个单向刀路来定义“顺铣”或“逆铣”刀轨。

单向轮廓切削的刀路为一系列环，如图3-23所示。第一个环有4条边，之后的所有环均只有3条边。

刀具从第一个环底部的端点处进刀。系统根据刀具从一个环切削至下一个环的大致方向来定义每个环的底侧。刀具移动的大致方向是从每个环的顶部移至底部。

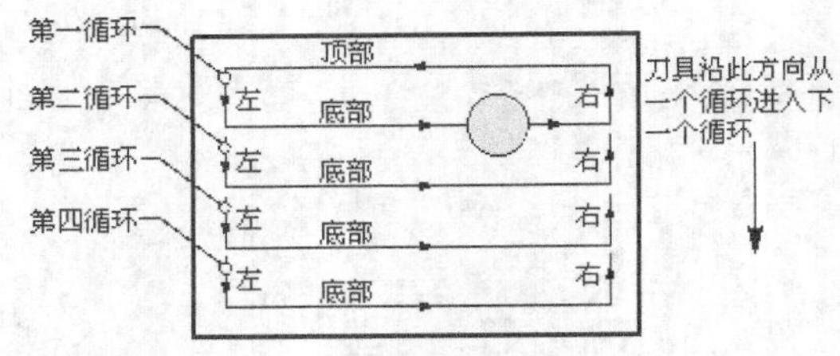

图3-23 单向轮廓环

切削完第一个环后，刀具将移动到第二个环的起始位置。由于第一个环的底部对应第二个环的顶部，所以第二个环中只剩下3条要切削的边。系统将从第二个环（上例中）的左侧边起点处进刀。后续环中将重复此模式。

- 跟随周边：跟随周边切削模式可以跟随切削区域的轮廓生成一系列同心刀路的切削图样（通过偏置该区域的边缘环可以生成这种切削图样）。当刀路与该区域的内部形状重叠时，这些刀路将合并成一条刀路，然后再次偏置这条刀路就形成下一条刀路。可加工区域内的所有刀路都将是封闭形状。“跟随周边”通过使刀具在步进过程中不断地进刀而使切削运动达到最大程度。

➢ 跟随部件：跟随部件切削模式是根据所指定的零件几何产生一系列同心线，来切削区域轮廓。该方法和跟随周边切削模式类似，不同的是跟随周边切削只能从零件几何或毛坯几何定义的外轮廓偏置得到刀具路径，跟随部件切削可以保证刀具沿零件轮廓进行切削。

➢ 轮廓：轮廓切削模式可沿切削区域创建一条或多条刀具路径，适用于对部件壁面进行精加工。它可以加工开放区域，也可以加工闭合区域。轮廓切削可以通过“附加刀路”选项来指定多条刀具路径。

➢ 标准驱动：是一种轮廓切削模式，类似于轮廓切削模式，刀具准确地沿指定边界移动，产生沿切削区域轮廓的刀具路径，但它允许刀轨自相交。

 ✧ 与轮廓切削模式不同，该模式产生的刀具路径完全按指定的轮廓边界产生，因此刀具路径可能产生交叉，也可能产生过切。

 ✧ 标准驱动切削不检查过切，因此可能导致刀轨重叠。使用标准驱动切削模式时，系统将忽略所有“检查”和“修剪”边界。

➢ 摆线：摆线切削模式是一种刀具以圆形回环模式移动而圆心沿刀轨方向移动的铣削方法。当需要限制过大的步距以防止刀具在完全嵌入切口时折断，且需要避免过量切削材料时，可采用此模式。在进刀过程中，岛和部件之间以及窄区域中，几乎总是会得到内嵌区域。系统可通过部件摆线切削偏置来消除这些区域。

■ 步距：主要有恒定、残余高度、%刀具平直、多重变量。可以通过输入一个常数值或刀具直径的百分比，直接指定该距离；也可通过输入残余高度并允许系统计算切削刀路间的距离，间接指定该距离。

➢ 恒定：用于指定连续切削刀路间的固定距离。

➢ 残余高度：用于指定残余波峰高度（两个刀路间剩余材料的高度），从而在连续切削刀路间建立起固定距离。

➢ %刀具平直：用于指定连续切削刀路之间的固定距离作为有效刀具直径的百分比。

➢ 变量平均值：选择此方法，要求输入步距最大值和最小值。在“最大值”“最小值”文本框中输入允许的范围值，系统将使用该值来决定步进大小和刀路数量。如果为“变量平均值”步距的最大值和最小值指定相同的值，系统将严格地生成一个固定步距值，但这可能导致刀具在沿平行于壁进行切削时留下未切削的材料。

➢ 多重变量：指定多个步距大小以及相应的刀路数。

（7）单击“切削层”按钮，弹出“切削层”对话框，在“类型”下拉列表框选择“用户定义”，设置“公共”为0.25，“最小值”为0.1，其他采用默认设置，如图3-24所示，单击“确定”按钮，返回“平面铣”对话框。

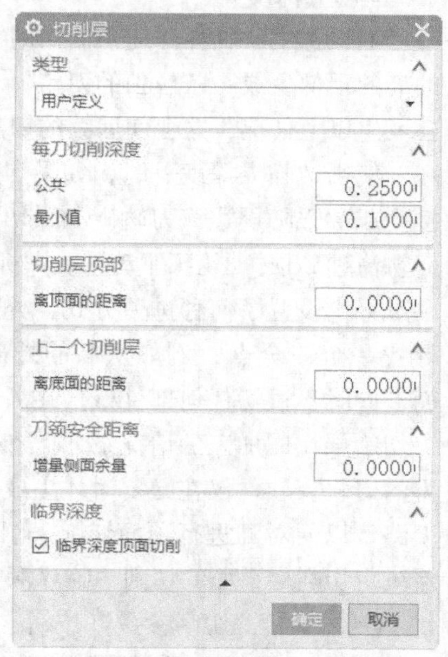

图3-24 “切削层”对话框

“切削层”对话框中的选项说明如下。

■ 类型

➢ 用户定义：用户可根据具体切削部件进行相关设置。

➢ 仅底面：切削层深度直到“底面”，在底面创建一个唯一的切削层。

➢ 底面及临界深度：切削层分别位于“底面”和“临界深度”，即在底面与岛顶面创建切削层。岛顶的切削层不超出定义的岛屿边界，即仅切除岛屿边界内的毛坯材料。一般用于水平面的精加工。

➢ 临界深度：用于多层切削，切削层位于岛屿的顶面和底面，其与“底面及临界深度”的区别在于，生成的切削层刀路完全切除切削层平面上的所有毛坯材料（不局限于边界内切削毛坯材料）。

➢ 恒定：以一个固定的深度值来产生多个切削层。需要输入深度最大值，除最后一层可能小于最大深度值，其余层均等于最大深度值。

■ 公共：定义在切削过程中每层切削的最大切削量。对于“恒定”类型，“公共”用来指定各切削层的切削深度。

■ 最小值：“最小值”定义在切削过程中每个切削层的最小切削量。

■ 离顶面的距离：定义在切削过程中第一层的切削量。多深度面铣削工序定义的第一个切削层深度，从毛坯几何体的顶面开始算起；如果没有定义毛坯几何体，从部件边界平面处测量。

■ 离底面的距离：定义在切削过程中最后一层的切削量。多深度面铣削工序定义的最后一个切削层深度，从底平面测量。

■ 增量侧面余量：在切削深度参数中，“增量侧面余量”选项用于为多深度面铣削工序的每个后续切削层增加一个侧面余量值，使刀具与侧面保持一定的安全距离。输入“增量侧面余量”值，可生成带有一定拔模角度的零件。

■ 临界深度

如果选中“临界深度顶面切削”复选框，则系统将在处理器无法在某一切削层上进行初始清理的岛的顶部生成一条单独的刀路。当切削的最小深度大于岛顶部和先前的切削层之间的距离时，则会发生以上情况，这会使后续的切削层在岛顶部下方切削。

使用“临界深度”时，如果切削模式是“跟随周边”或“跟随部件”，则系统总是通过区域连接生成“跟随周边”刀轨。如果切削模式是“单向”“往复”或“单向轮廓”，则总是通过“往复”刀轨清理岛顶。“轮廓驱动”和“标准”切削模式不会生成这样的清理刀路。

无论设置了何种进刀方式，处理器都将为刀具寻找一个安全点，例如从岛的外部进刀至岛顶表面，同时不过切任何部件壁。在岛的顶部曲面被某一切削层完成加工的情况下，此参数将不会影响所得的刀轨。软件仅在必要时才生成一条单独的清理刀路，以便对岛进行顶面切削。图3-25显示了处理器决定切削层平面的切削“临界深度”的方式。

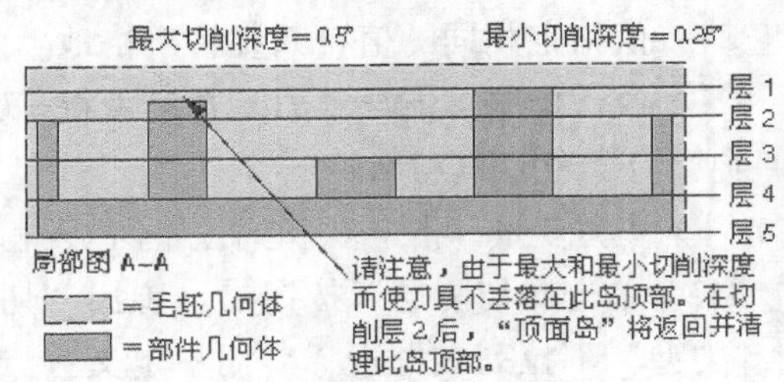

图3-25　面铣削中的“临界深度”

（8）单击“切削参数”按钮，弹出“切削参数”对话框。在“策略”选项卡中设置“切削方向”为“顺铣”，“切削顺序”为“深度优先”，如图3-26所示。在“连接”选项卡中勾选“跟随检查几何体”复选框，如图3-27所示。在“更多”选项卡中勾选“区域连接”复选框，如图3-28所示，单击“确定”按钮，返回“平面铣”对话框。

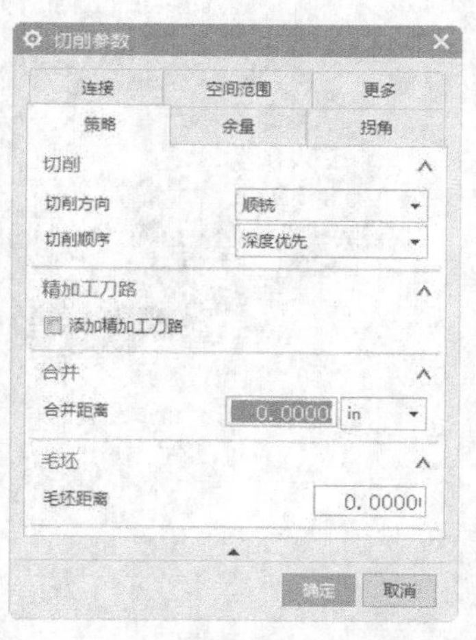

图3-26 “策略”选项卡

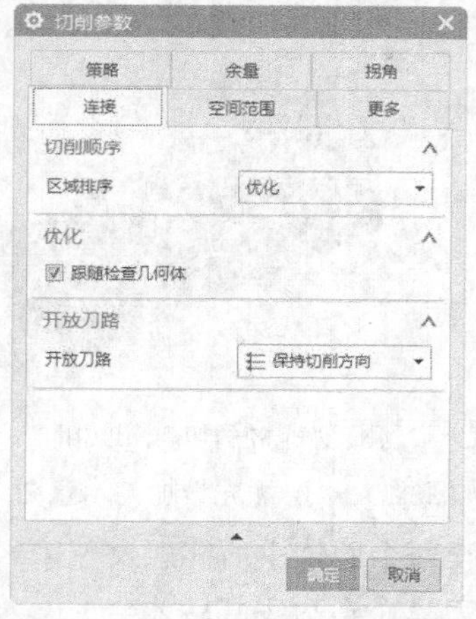

图3-27 “连接”选项卡

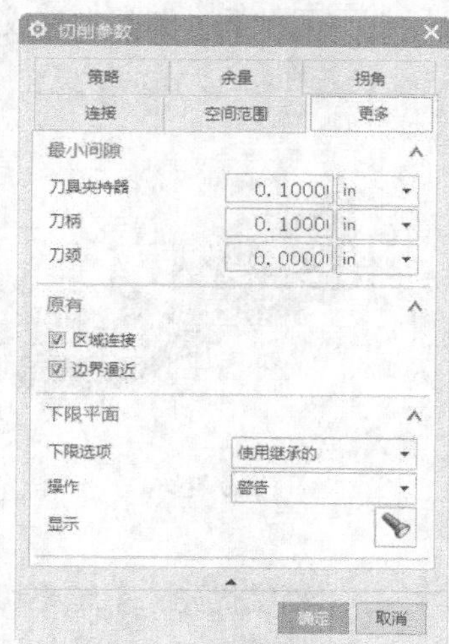

图3-28 “更多”选项卡

“策略”选项卡中的主要选项说明如下。

■ 切削

➢ 切削方向：主要有顺铣、逆铣、跟随边界、边界反向4种，可从这4种方式中指定切削方向。

✧ 顺铣：铣刀旋转产生的切线方向与工件进给方向相同，则为“顺铣”，如图3-29所示。

✧ 逆铣：铣刀旋转产生的切线方向与工件进给方向相反，则为“逆铣”，如图3-30所示。

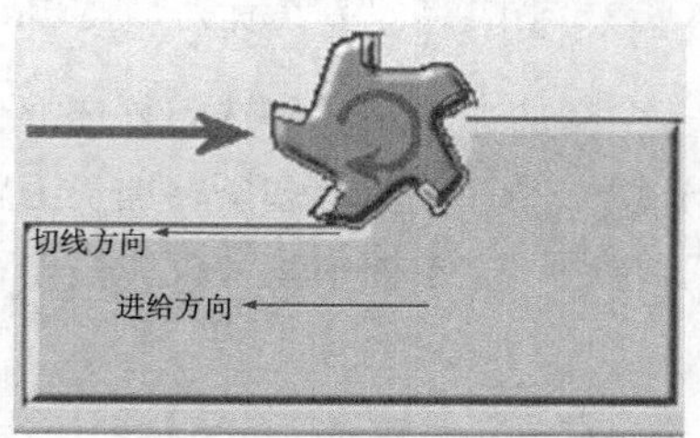

图3-29 顺铣

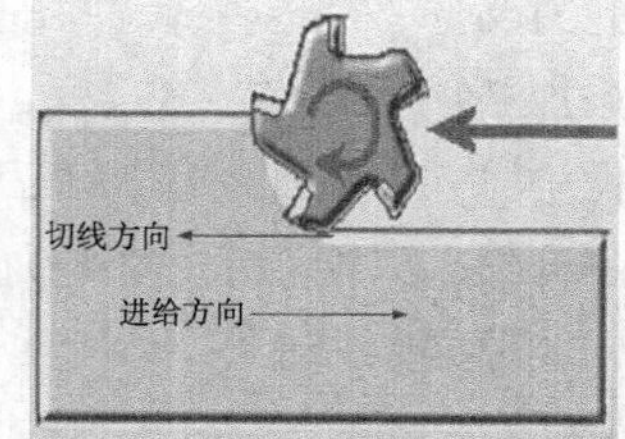

图3-30 逆铣

✧ 跟随边界：切削行进的方向与边界选取时的顺序一致，如图3-31所示。

✧ 边界反向：切削行进的方向与边界选取时的顺序相反，如图3-32所示。

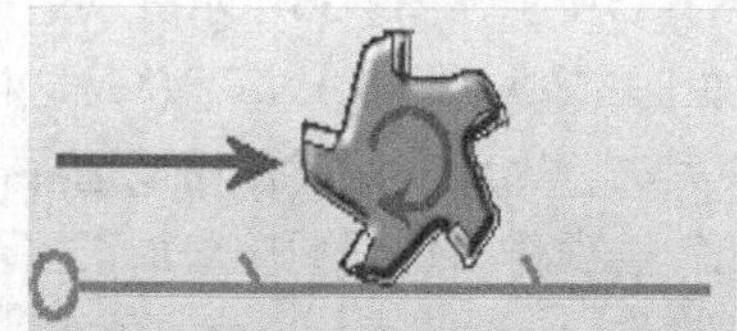

图3-31 跟随边界

图3-32 边界反向

➢ 切削顺序：指定如何处理贯穿多个区域的刀轨，即定义刀轨的处理方式。主要有两种切削顺序，即层优先和深度优先。

✧ 层优先：刀具在完成同一深度的所有切削区域的切削后，再切削下一个切削深度层，如图3-33所示。

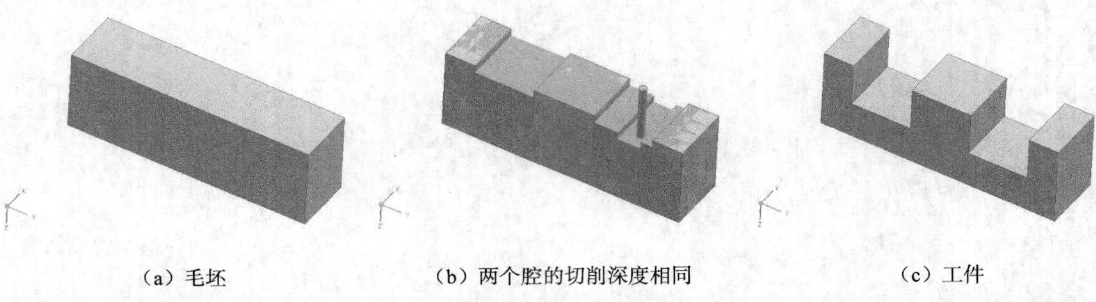

（a）毛坯　（b）两个腔的切削深度相同　（c）工件

图3-33 “层优先”加工示意图

✧ 深度优先：系统将切削至每个腔体中所能触及的最深处。也就是说，刀具在到达底部后才会离开腔体。刀具先完成某一切削区域的所有深度上的切削，然后切削下一个特征区域，可减少提刀动作，如图3-34所示。

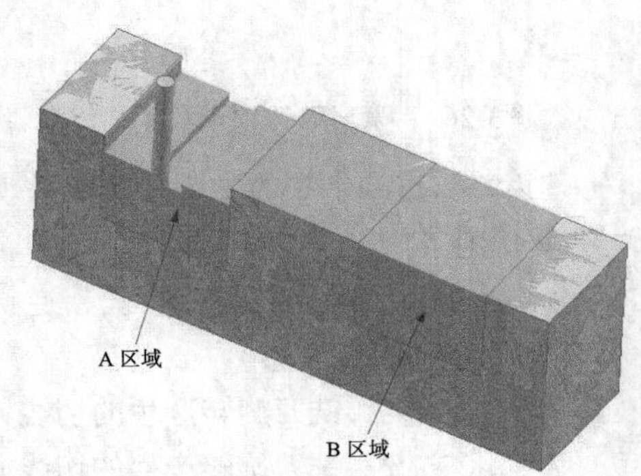

图3-34 “深度优先”加工示意图

■ 精加工刀路

“精加工刀路”（平面铣）是刀具完成主要切削刀路后所做的最后切削的一条或多条刀路。在该刀路中，刀具将沿边界和所有岛做一次轮廓铣削。系统只在“底面”的切削层上生成此刀路。

勾选“添加精加工刀路”复选框，为工序添加一个或多个精加工刀路。勾选此复选框，在“刀路数”文本框中输入要添加的精加工刀路数，可以通过中心线刀具补偿请求多条精加工刀路，通过接触轮廓刀具补偿，只能请求一条精加工刀路。在“精加工步距”文本框中输入仅应用于精加工刀路的步距值，此值必须大于零。

■ 毛坯距离

毛坯距离应用于部件边界或部件几何体以生成毛坯几何体的偏置距离。

“连接”选项卡中的主要选项说明如下。

■ 区域排序：提供了几种自动和手动指定切削区域加工顺序的方式。

➢ 标准：允许处理器决定切削区域的加工顺序，如图3-35所示。图3-35所示分别通过两种不同的面创建顺序形成的加工顺序（图中数字即为加工顺序）。但情况并不总是这样，因为处理器可能会分割或合并区域，这样顺序信息就会丢失。因此，此时使用该选项，切削区域的加工顺序将是任意和低效的。当使用“层优先”选项作为切削顺序来加工多个切削层时，处理器将针对每一层重复相同的加工顺序。

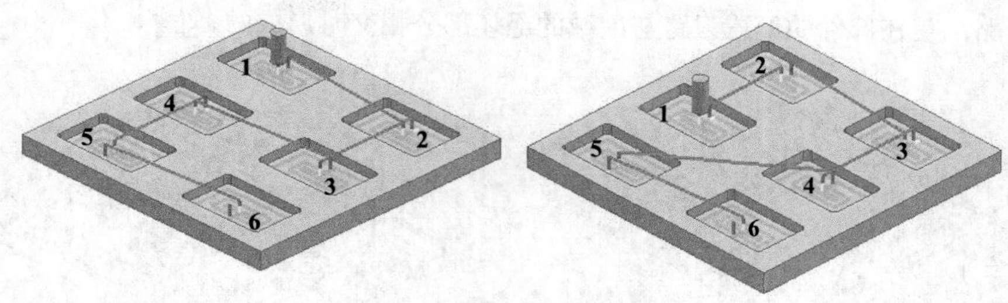

图3-35　“标准”排序

- 优化：将根据加工效率来决定切削区域的加工顺序。处理器确定的加工顺序可使刀具尽可能少地在区域之间来回移动，并且当从一个区域移到另一个区域时刀具的总移动距离最短，如图3-36所示。

当使用“深度优先”作为切削顺序来加工多个切削层时，将对每个切削区域完全加工完毕后，再进行下一个区域的切削，如图3-36（a）所示。

当使用“层优先”作为切削顺序来加工多个切削层时，“优化”功能将决定第一个切削层中区域的加工顺序，在图3-36（a）中为1-2-3-4-5-6的顺序；第二个切削层中的区域将以相反的顺序进行加工，以此减少刀具在区域间的移动时间，在图3-36（b）中为6-5-4-3-2-1的顺序（图中箭头给出了加工顺序）。交替各切削层的切削顺序，直至所有切削层加工完毕。

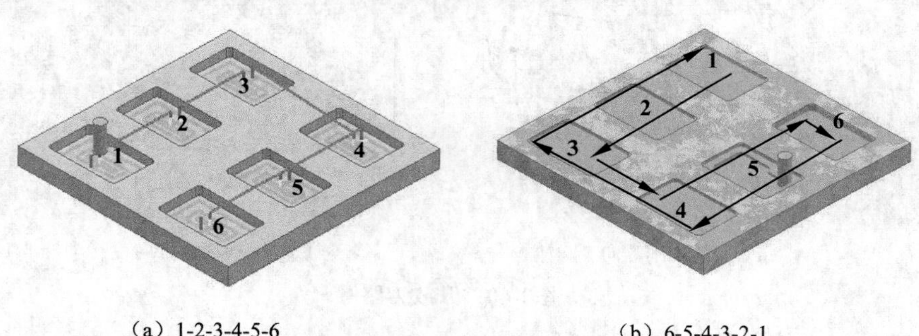

（a）1-2-3-4-5-6　　（b）6-5-4-3-2-1

图3-36　“优化”排序

- 跟随起点/跟随预钻点：根据指定区域起点的顺序设置加工切削区域的顺序，如图3-37所示。这些点必须处于活动状态，以便“区域排序”能够使用这些点。如果为每个区域均指定了一个点，处理器将严格按照点的指定顺序对切削区域进行加工，如图3-38所示。

如果每个区域均未指定点，处理器将根据连接指定点的线段链来确定最佳的区域加工顺序，如图3-39所示。使用封闭区域的质心或开放区域的起点将每个点投影到该链上，按照选择点的顺序加工区域。

当使用“层优先”加工多个切削层时，处理器为每一层重复相同的加工顺序。

图3-37　跟随起点

- 跟随检查几何体：确定刀具在遇到检查几何体时将如何操作。

■ 开放刀路：是在部件的偏置刀路与区域的毛坯部分相交时形成的。

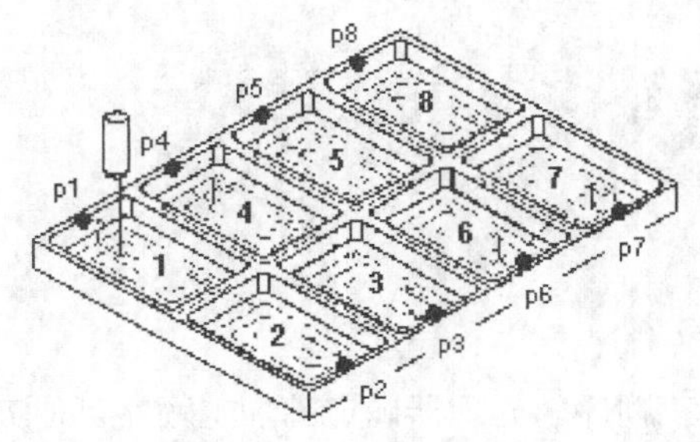

图3-38 每个区域中均定义了起点（p1-p8）

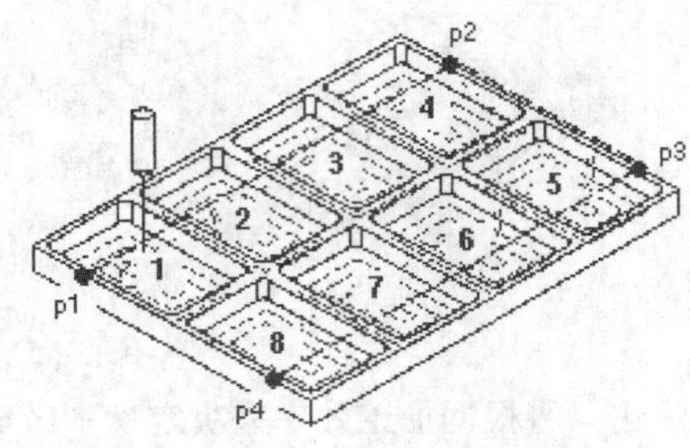

图3-39 定义了4个起点

➢ 保持切削方向：将在“跟随部件”切削模式下保持切削方向不变。如图3-40（a）所示，完成一个切削刀路后，需要抬刀、移刀、进刀，进行下一个切削过程。

➢ 变换切削方向：将在“跟随部件”切削模式下改变切削方向，类似于“往复”切削模式。如图3-40（b）所示。完成一个切削刀路后，不需要抬刀、移刀、进刀，直接进行下一个切削过程，待完成全部切削后再抬刀。

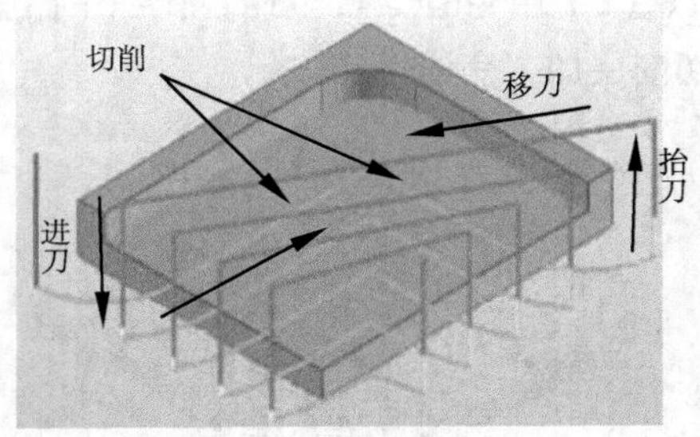

（a）保持切削方向

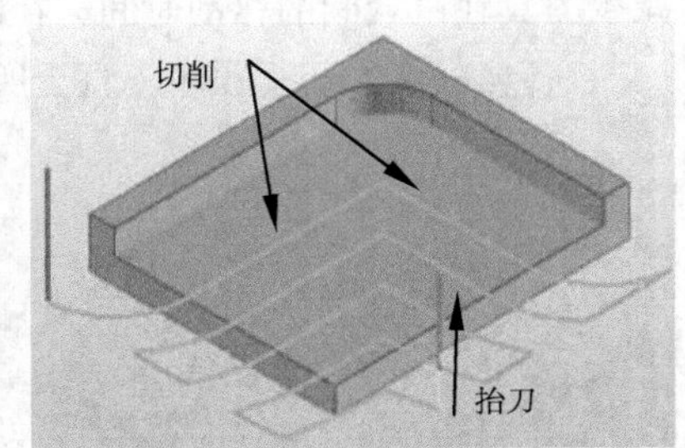

（b）变换切削方向

图3-40 开放刀路

“更多”选项卡中的主要选项说明如下。

■ 最小间隙

用于支持刀具夹持器检查的工序，允许指定围绕刀具的所有3个非切削段的单一安全距离，以确保与几何体保持安全的距离。

“最小间隙”栏中包括刀柄夹持器、刀柄和刀颈，如图3-41所示。

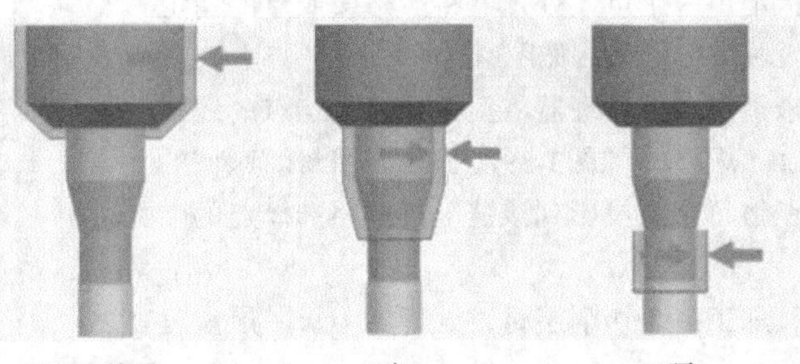

图3-41 “最小间隙”示意图

■ 原有

➢ 区域连接：决定了如何转换刀路以及如何连接这些子区域。处理器将优化刀路间的步进移动，寻找一条没有重复切割且无须抬起刀具的刀轨。当区域的刀路被分割成若干内部刀路时，区域的“起点”可能被忽略。

✧ 勾选“区域连接”复选框，将允许系统更好地预测刀轨的起始位置，以及更好地控制进给率。当从内向外加工腔体时，刀轨将从最内侧的刀路处开始；如果区域被分割开，将从最内侧刀路中最大的一个刀路处开始。当从外向内加工腔体时，刀轨的结束位置将位于最内侧刀路。只要刀具完全嵌入材料之中（例如初始切削），系统便会使用“第一刀切削进给率”；否则，系统将使用“切削进给率”，不使用“步距进给率”。

✧ 取消勾选“区域连接”复选框时，如果处理器确认刀轨存在自相交（通常不会发生在简单的矩形刀轨中），它会将交叉部分当作一个区域，岛中的区域将被忽略。取消勾选“区域连接”复选框后，刀具将在移动至一个新区域时退刀以防止过切凹槽。

➢ 边界逼近：当边界或岛中包含二次曲线或B样条时，使用“边界逼近”可以减少处理时间并缩短刀轨长度，其原因是系统通常要对此类几何体的内部刀路（即远离“岛”边界或主边界的刀路）进行不必要的处理，以满足公差限制。

■ 下限平面

➢ 下限选项：定义切削和非切削刀具运动的下限。包括使用继承的、无和平面3个选项。

✧ 使用继承的：使用MCS铣削几何体父组的指定下限平面。

✧ 无：切削和非切削运动没有下限。

✧ 平面：可以指定此工序的下限平面。

➢ 操作：当某一运动将刀具定位在下限平面下面时，指定所需操作。

✧ 警告：显示警告；不修改GOTO 刀位；允许刀具运动与下限平面发生冲突。

✧ 垂直于平面：显示警告；沿下限平面法矢将发生冲突的GOTO刀位投影到下限平面；忽略发生冲突的刀具运动。

✧ 沿刀轴：显示警告；沿刀轴矢量将发生冲突的GOTO刀位投影到下限平面；忽略发生冲突的刀具运动。

（9）单击“非切削移动”按钮，弹出“非切削移动”对话框。在“进刀”选项卡的“封闭区域”栏中设置“进刀类型”为“螺旋”，“直径”为“90%刀具”，“斜坡角度”为15，“高度”为0.1in，“最小安全距离”为0.1in，“最小斜坡长度”为“70%刀具”，其他采用默认设置，如图3-42所示。

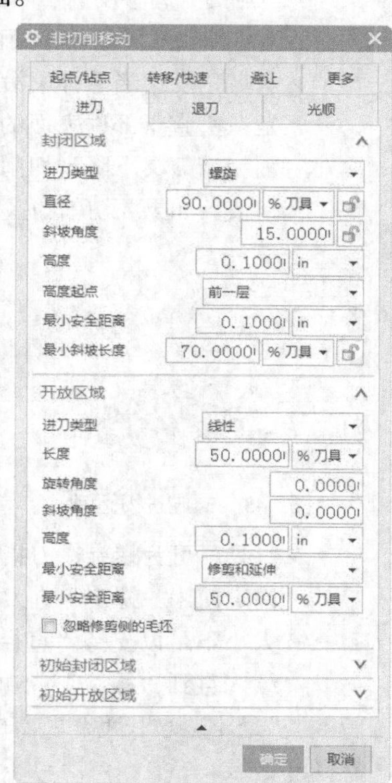

图3-42 “进刀”选项卡

“进刀”选项卡中的选项说明如下。

■ 封闭区域/初始封闭区域：是指刀具到达当前切削层之前必须切入部件材料中的区域。

➢ 进刀类型

✧ 螺旋：螺旋进刀轨迹是螺旋线。“螺旋”首先尝试创建与起始切削运动相切的螺旋进刀。如果进刀过切部件，则会在起始切削点周围产生螺旋，如图3-43所示。

注意

在使用向外递进的“跟随周边”操作中，系统在倾斜进入部件时将沿着刀轨的最内侧刀路运动。如果最内侧的刀轨受到太多限制，则系统会沿着刀轨的下一个最大的刀路跟踪。

✧ 插削：允许倾斜只出现在沿直线切削的情形中。当与“跟随部件”或“轮廓”切削模式（当没有隐含的安全区域时）一起使用时，进刀将根据步进向内还是向外来跟踪最内侧或最外侧的切削刀路。圆形切削将保持恒定的深度，直到出现下一直线切削，这时倾斜将恢复。

✧ 沿形状斜进刀：允许倾斜出现在沿所有被跟踪的切削刀路方向上，而不考虑形状。当与“跟随部件”或“轮廓”（当没有隐含的安全区域时）切削模式一起使用时，进刀将根据步距向内还是向外来跟踪向内或向外的切削刀路。与“跟随周边”切削模式一起使用的“沿形状斜进刀”进刀类型，向外当与“单向”“往复”或“单向轮廓”切削模式一起使用时，“在形状上”与“在直线上”的运动方式相同，如图3-44所示。

✧ 无：不输出任何进刀移动。软件消除了在刀轨起点的相应逼近移动，并消除了在刀轨终点的分离移动。

✧ 与开放区域相同：处理封闭区域的方式与开放区域类似，且使用开放区域移动定义。

➢ 斜坡角度：当选择“沿形状斜进刀”或“螺旋”进刀类型时，刀具切削进入材料的角度，是在垂直于部件表面的平面中测量的，如图3-45所示。斜坡角度决定了刀具的起始位置，因为当刀具下降到切削层后必须靠近第一切削的起始位置。可指定大于0°但小于90°的任何值。如果要切削的区域小于刀具半径，则不会发生倾斜。

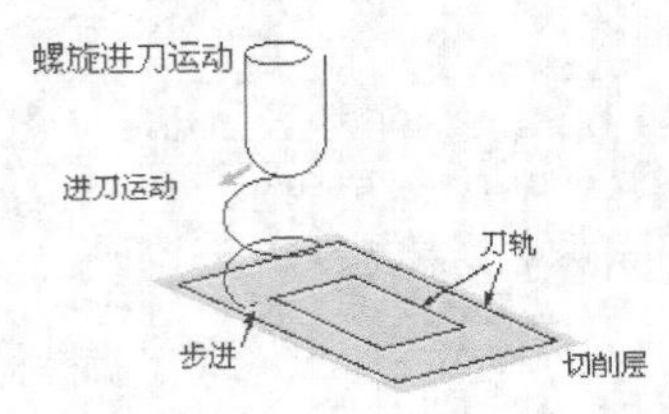

图3-43 螺旋进刀运动

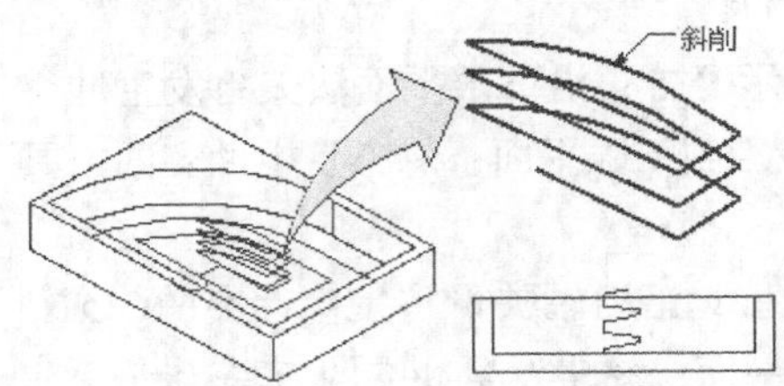

图3-44 沿形状斜进刀（跟随周边）

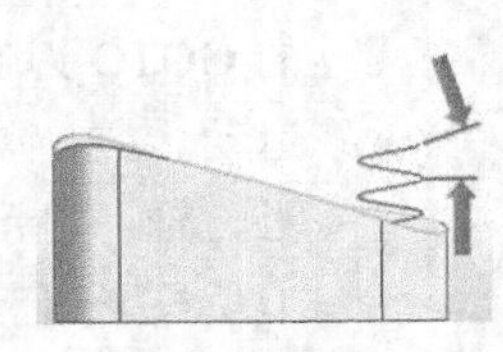

图3-45 斜坡角度

➢ 直径：可为螺旋进刀指定所需的或最大倾斜直径。此直径只适用于“螺旋”进刀类型。当决定使用“螺旋”进刀类型时，系统首先尝试使用“直径”来生成螺旋运动。如果区域的大小不足以支持“直径”，则系统会减小倾斜直径并再次尝试螺旋进刀。此过程会一直持续，直到“螺旋”成功或刀轨直径小于“最小斜坡长度”。如果区域的大小不足以支持与“最小斜坡长度”相等的“直径”，则系统不会切削该区域或子区域，而继续切削其余的区域。

“直径”表示为了在部件中打孔，而又不在孔的中央留下柱状原料，刀具可能要走的最大刀轨直径，如图3-46所示。无论何时对材料采用螺旋进刀都应使用“直径”。

➢ 高度：指定要在切削层的上方开始进刀的距离，为避免碰撞，高度值必须大于面上的材料。

➢ 高度起点：指定测量封闭区域进刀移动高度的位置，包括当前层、前一层和平面，如图3-47所示。

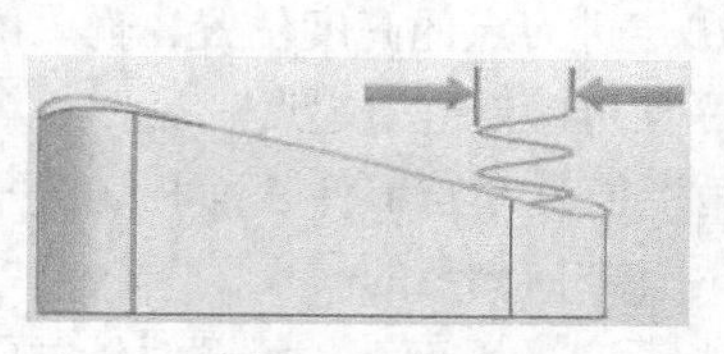

图3-46 直径

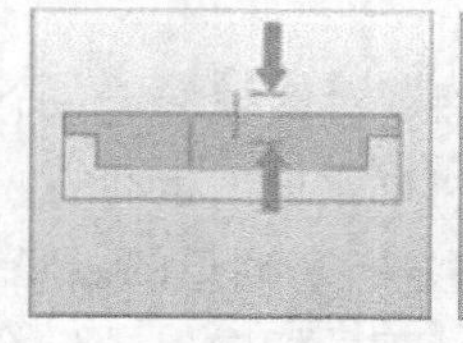

当前层

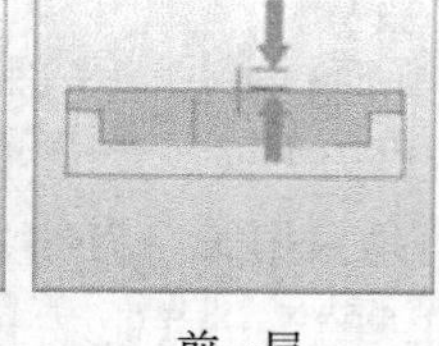

前一层

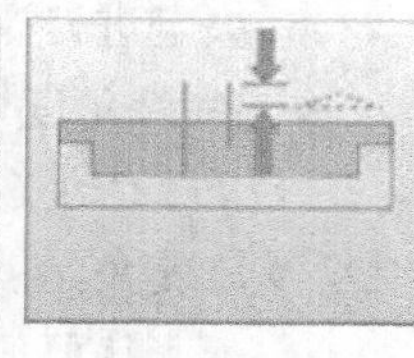

平面

图3-47 “高度起点”示意图

➢ 最大宽度：可以指定决定斜进刀总体尺寸的距离值。值越大，产生的刀轨底层轨迹刀量越大，而方向的改变越小。

➢ 最小安全距离：指定刀具可以逼近不要加工的部件区域的最近距离，还可以指定后备退刀倾斜离部件多远。

➢ 最小斜坡长度：可为“螺旋”“沿形状斜进刀”指定最小斜坡长度或直径。无论在何时使用非中心切削刀具（例如插入式刀具）执行斜削或螺旋切削，都应设置“最小斜坡长度”。这可以确保倾斜进刀运动不会在刀具中心的下方留下未切削的小块或柱状材料，如图3-48所示。“最小斜坡长度”选项控制自动斜削或螺旋进刀切削材料时，刀具必须走过的最短距离。对于防止有未切削的材料接触到刀的非切削底部的插入式刀具，“最小斜坡长度”格外有用。

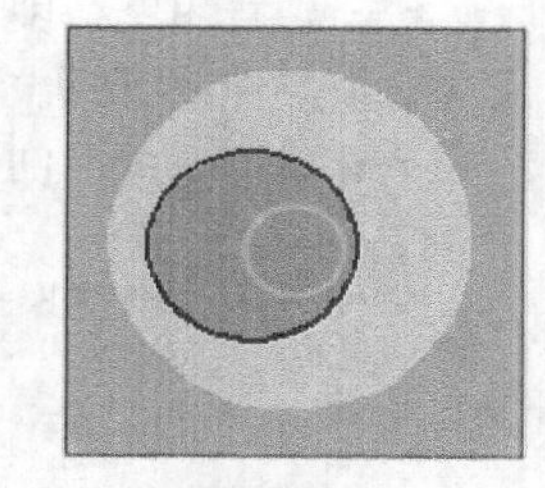

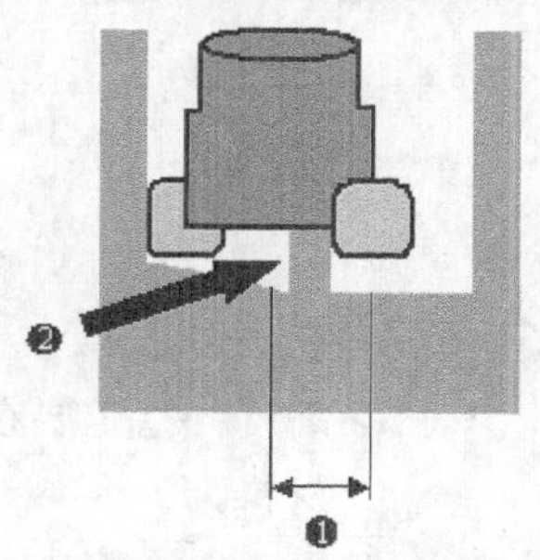

1—最小斜坡长度-直径百分比

2—希望避免的岛或柱状区域

图3-48 最小斜坡长度

如果切削区域太小以至于没有足够的空间用于最小螺旋直径或最小斜坡长度，则会忽略该区域，并显示一条警告消息。这可防止插入式刀具进入太小的区域。此时必须更改进刀参数，或使用不同的刀具来切削这些区域。

■ 开放区域/初始开放区域：开放区域是刀具可悬空进入当前切削层的区域。如果进刀移动处于最小安全距离偏置范围内，则延续移动，以确保进刀位置与部件几何体的距离为最小安全距离。

➢ 进刀类型

✧ 与封闭区域相同：如果没有开放区域进刀，则使用封闭区域进刀。

✧ 线性：“线性”进刀将创建一个线性进刀移动，其方向可以与第一个切削运动相同，也可以与第一个切削运动成一定角度。

✧ 线性-相对于切削：创建与刀轨相切的线性进刀移动。与“线性”进刀相同，但旋转角度始终相对于切削方向。

✧ 圆弧：“圆弧”进刀生成和开始切削运动相切的圆弧进刀。圆弧角度和圆弧半径将确定圆周移动的起点。如果有必要，在距离部件指定的最小安全距离处开始进刀，则添加一个线性移动。

- ✧点：由“点”对话框指定的点作为进刀点，允许移动从指定的点开始，并且添加一圆弧光滑过渡进刀。
- ✧线性-沿矢量：通过“矢量”对话框指定一个矢量来决定进刀方向，输入一个距离值来决定进刀点位置。
- ✧角度 角度 平面：通过“平面”对话框指定一个平面决定进刀点的高度位置，输入两个角度值决定进刀方向。角度可确定进刀运动的方向，平面可确定进刀起点。
- ✧旋转角度：是根据第一刀的方向来测量的。正旋转角度值是在与部件表面相切的平面上，从要加工的第一点处第一刀的切向矢量开始，逆时针方向测量的。
- ✧斜坡角度：是在与包含旋转角度所述矢量的部件表面相垂直的平面上，沿顺时针方向测量的。负倾斜角度值是沿逆时针方向测量的。
- ✧矢量平面：需要通过“矢量”对话框指定一个矢量来决定进（退）刀方向，通过“平面”对话框指定一个平面来决定进（退）刀点，这种进（退）刀运动是直线运动。

- ➢长度：进刀的线性长度。
- ➢旋转角度：即相切于初始切削点的矢量方向的夹角；如果旋转角度为正，则刀具始终远离部件或下一次切削。
- ➢斜坡角度：即垂直于工件表面与初始切削点的矢量方向的夹角，如图3-49所示。

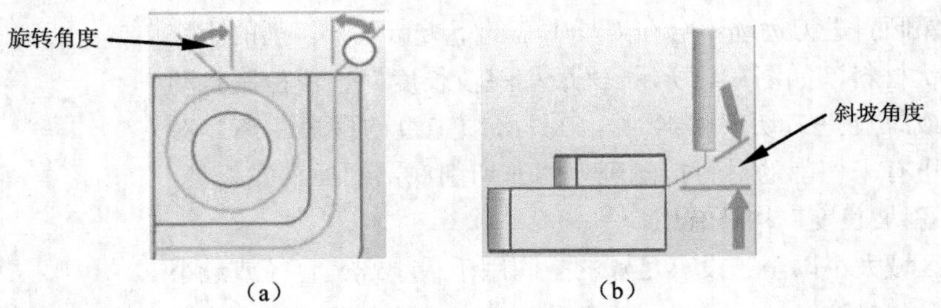

图3-49 “旋转角度”和“斜坡角度”

- ➢高度：指定要在切削层的上方开始进刀的距离，为了避免碰撞，高度值必须大于面上的材料。
- ➢最小安全距离：指定刀具可以逼近不要加工的部件区域的最近距离。选择“修剪和延伸”选项，使用最小安全距离值将未接触部件的运动修剪为最小安全距离，或将穿过部件的运动延伸为最小安全距离；选择“仅延伸”选项，使用最小安全距离值将穿过部件的运动延伸为最小安全距离。
- ➢忽略修剪侧的毛坯：勾选此复选框，忽略修剪边界外的毛坯外形；取消此复选框的勾选，在毛坯形状之外创建安全进刀区域。

（10）在“转移/快速”选项卡中设置“安全设置选项”为“自动平面”，其他采用默认设置，如图3-50所示，单击“确定”按钮，返回“平面铣”对话框。

“转移/快速”选项卡中的选项说明如下：

- 安全设置：刀具在间隙或垂直安全距离的高度做传递运动。
  - 安全设置选项：在下拉列表框中可以选择安全平面的指定方式。
    - 使用继承的：使用在加工几何父节点组MCS指定的安全平面。
    - 无：不使用安全平面。
    - 自动平面：使用零件的高度加上“安全距离”值定义安全平面。加工工序不同，自动平面也不同。
    - 如果是平面铣和平面轮廓铣工序，则自动平面为部件几何体或检查几何体的最高区域，其中平面铣工序必须从工件组继承此几何体。如果是型腔铣，则自动平面为部件几何体、检查几何体、毛坯几何体及毛坯距离或用户定义顶层的最高区域。
    - 平面：使用“平面”对话框定义安全平面。
    - 点：指定要转移到的安全点。可以选择预定义点或使用“点”对话框指定点。
    - 包容圆柱体：指定圆柱形状作为安全几何体，圆柱尺寸由部件形状和指定的安全距离决定。软件通常假设圆柱外的体积为安全距离。
    - 圆柱：指定圆柱形状作为安全几何体，此圆柱的长度是无限的。要创建圆柱体必须输入半径值并指定中心点和刀轴方向。
    - 球：指定球作为安全几何体，球尺寸由半径值决定。
    - 包容块：指定包容块形状作为安全几何体。包容块尺寸由部件形状和指定的安全距离决定。

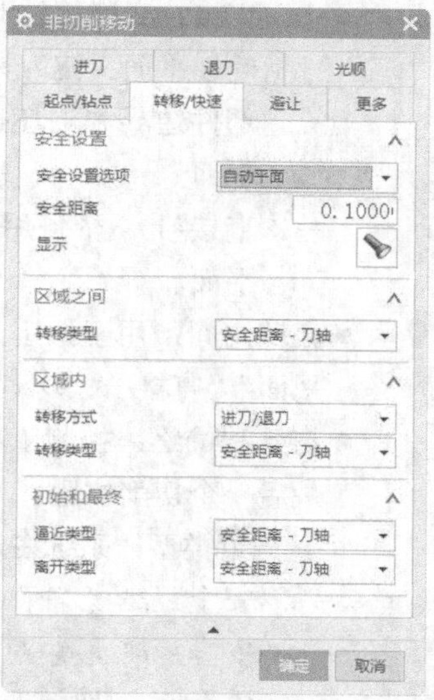

图3-50 “转移/快速”选项卡

- 区域内：控制添加以清除区域内或切削特征各层之间材料的退刀、转移和进刀移动。
  - 转移方式：用于指定刀具如何从一个切削区域转移到下一个切削区域。可通过定义“进刀/退刀”“抬刀和插削”指定“转移方式”。使用“进刀/退刀（默认值）”会添加水平运动，使用“抬刀和插削”会随着竖直运动移刀。
  - 转移类型：指定要将刀具移动到的位置，主要类型介绍如下。
    - 安全距离-最短距离：首先应用直接运动（如果它是无干扰的），否则最短的安全距离使用先前的安全平面。对于平面铣，“安全距离-最短距离”由部件几何体和检查几何体中的较大者定义。对于型腔铣，“安全距离-最短距离”由部件几何体、检查几何体、毛坯几何体加毛坯距离或用户定义顶层中的最大者定义。
    - 安全距离-刀轴：安全平面至毛坯几何体的距离为刀轴长度。
    - 前一平面：所有移动都返回到前一切削层，此层可以安全传刀以使刀具沿平面移动到新的切削区域。但是，如果连接当前位置与下一进刀开始处上方位置的转移运动受到工件形状和检查形状的干扰，则刀具将退回并沿着“安全平面”（如果它处于活动状态）或隐含的安全平面（如果“安全平面”处于非活动状态）运动。

✧ 直接：直接移到下一个区域，而不会为了清除障碍而添加运动。

✧ 毛坯平面：使刀具沿着要除料的上层定义的平面转移。在平面铣中，毛坯平面是指定的部件边界和毛坯边界中最高的平面；在型腔铣中，毛坯平面是指定的切削层中最高的平面。

✧ 直接/上一个备用平面：首先应直接移动，如果移动无过切，则使用前一安全深度加工平面。

■ 区域之间：用于指定刀具在不同的切削区域之间跨越到何处。“转移类型”主要包括“前一平面”“直接”“最小安全值”“毛坯平面”等。各选项的使用方法和功能与“区域内”相同。

■ 初始和最终：控制工序到第一切削区域/第一切削层的初始移动，并使工序的最终移动远离最后一个切削位置。

➢ 逼近类型：系统在进行进刀移动之前添加指定的逼近移动。

✧ 安全距离-刀轴：从已标识的安全平面沿着刀轴方向创建逼近移动。

✧ 安全距离-最短距离：从已标识的安全平面基于最短距离创建逼近移动。

✧ 安全距离-切削平面：根据切削平面创建逼近移动。

✧ 相对平面：在初始进刀点上方定义平面。逼近将从这一平面移动到初始进刀点。

✧ 毛坯平面：沿要除料的上层定义的平面创建逼近移动。

➢ 离开类型：系统在进行退刀移动之前添加指定的离开移动，包括“安全距离-刀轴”“安全距离-最短距离”“安全距离-切削平面”“相对平面”等，各类型的使用方法和功能与“逼近类型”相同。

（11）在“操作”栏中单击“生成”按钮，生成的刀轨如图3-51所示。

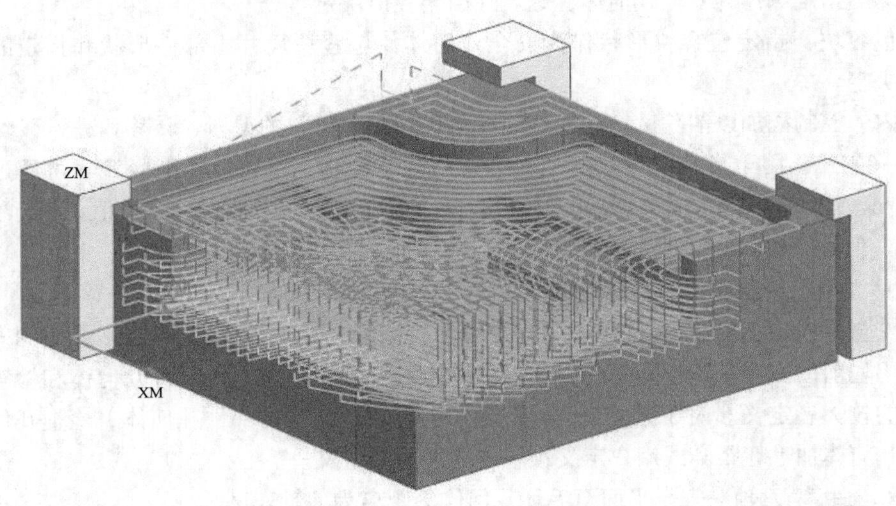

图3-51 刀轨

（12）在“操作”栏中单击“确认”按钮，弹出“刀轨可视化”对话框，显示刀具的刀轨，如图3-52所示。切换至“3D动态”选项卡，调整动画速度，单击“播放”按钮，进行3D模拟加工，如图3-53所示，连续单击“确定”按钮，完成平面铣工序的创建。

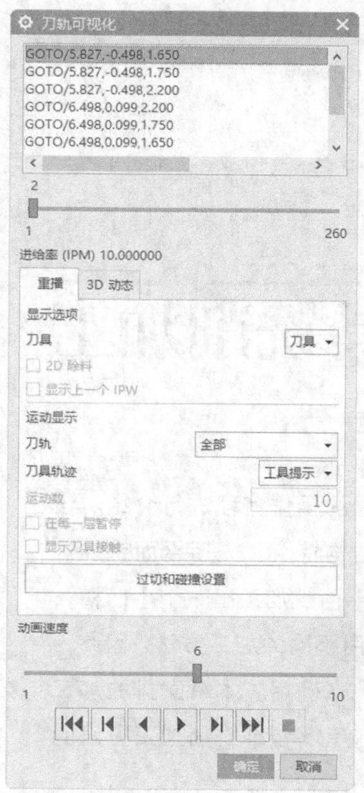

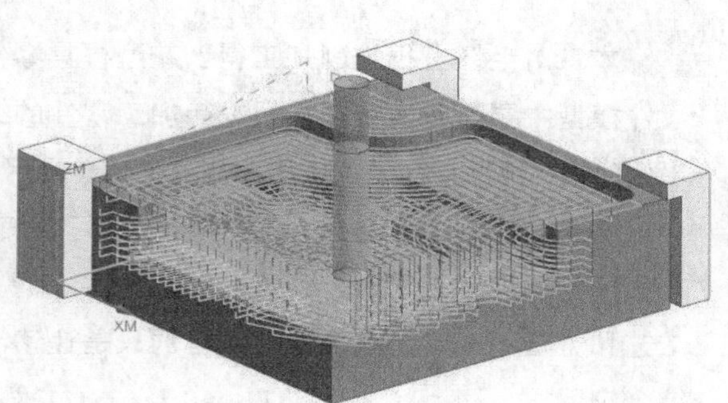

图3-52　刀具的刀轨

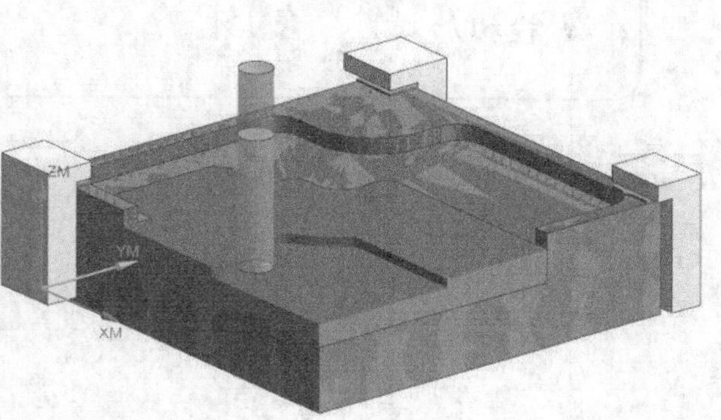

图3-53　3D模拟加工

第4章 花型模具铣削加工

本章对毛坯进行铣削加工得到花型模具零件的操作流程进行介绍。该零件模型主要是凹槽特征。根据待加工零件的结构特点，先用平面铣加工出大凹槽，再用平面铣加工出凹槽底面，最后用平面铣加工出一个小凹槽，通过镜像加工出其他凹槽。零件同一特征可以使用不同的加工方法，因此，在具体安排加工工艺时，读者可以根据实际情况来确定。本章安排的加工工艺和方法不一定是最佳的，其目的只是让读者了解各种铣削加工方法的综合应用。

- 初始设置
- 创建工序
- 模拟加工

4.1 初始设置

选择“文件”→“打开”命令，弹出“打开”对话框，选择“huaxingmoju.prt”，单击“打开”按钮，打开如图4-1所示的待加工部件。

图4-1　待加工部件

4.1.1　创建毛坯

（1）单击“应用模块”选项卡“设计”面板中的“建模”按钮，进入建模环境。

（2）单击“视图”选项卡“可见性”面板中的“图层设置”按钮，弹出如图4-2所示的“图层设置”对话框。在工作层中输入2，按回车键，使图层2作为工作图层，单击“关闭”按钮，关闭对话框。

（3）单击“主页”选项卡“特征”面板中的“拉伸”按钮，弹出图4-3所示的“拉伸”对话框，选择加工部件的底部4条边线作为拉伸截面，“指定矢量”方向为“*ZC*”，输入“开始距离”为0，“结束距离”为30，设置“布尔”为无，其他采用默认设置，单击“确定”按钮，生成毛坯如图4-4所示。

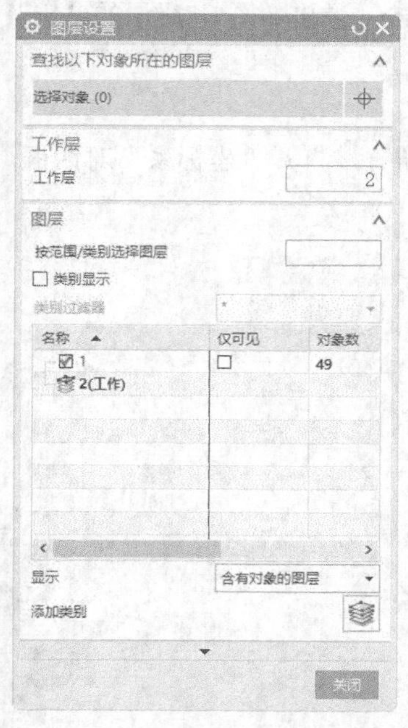

图4-2　“图层设置”对话框

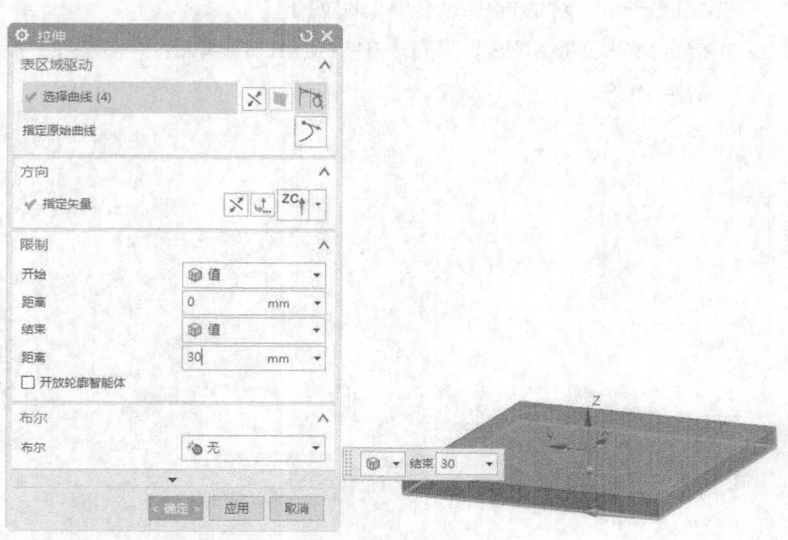

图4-3　“拉伸”对话框

（4）单击“视图”选项卡“可见性”面板中的“图层设置”按钮，弹出如图4-2所示的“图层设置”对话框。双击图层1使其作为工作层，取消图层2的勾选，使图层2不可见，如图4-5所示，单击“关闭”按钮，关闭对话框。

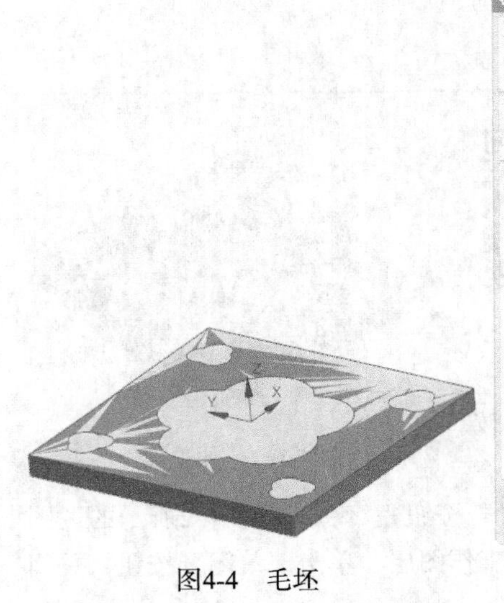

图4-4　毛坯

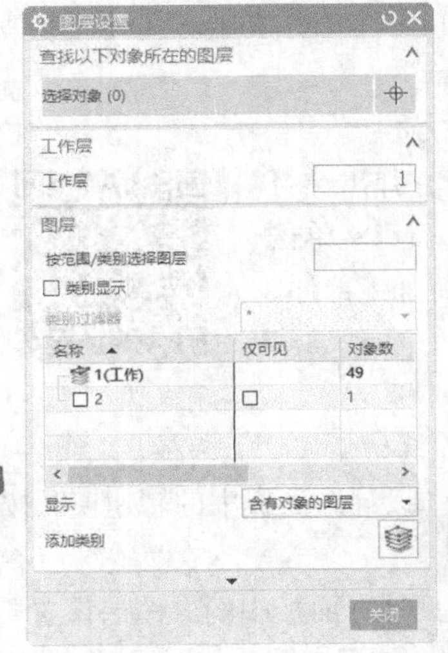

图4-5　隐藏毛坯

4.1.2　编辑坐标系

（1）单击“应用模块”选项卡“加工”面板中的“加工”按钮，进入加工环境。

（2）在上边框条中选择“几何视图”按钮，显示“工序导航器-几何”菜单，如图4-6所示。在“工序导航器-几何”菜单中选择坐标系“MCS_MILL”并双击，弹出如图4-7所示的“Mill Orient”对话框。

“Mill Orient”对话框中的选项说明如下。

■ 指定MCS：在MCS下拉列表中指定MCS或单击“坐标系”按钮，打开“坐标系”对话框，指定MCS。

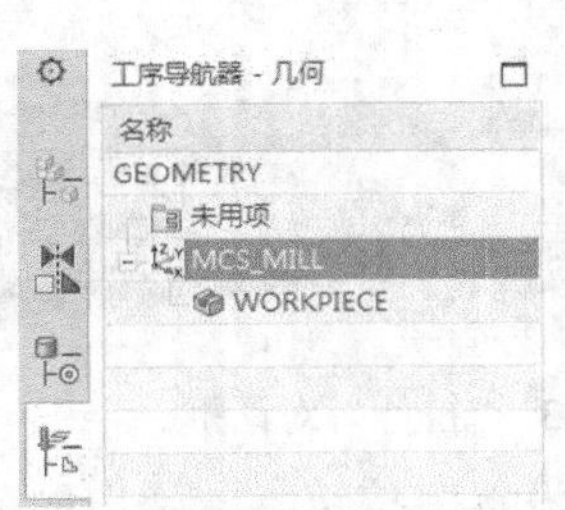

图4-6　“工序导航器-几何”菜单

图4-7　“Mill Orient”对话框

■ 链接RCS与MCS：勾选此复选框，使RCS与MCS处于相同的位置和方向。

■ 指定RCS：在RCS下拉列表中指定MCS或单击“坐标系”按钮，打开“坐标系”对话框，指定RCS。

■ 装夹偏置：基于局部 MCS 坐标输出。后处理器可以将这些坐标与主坐标一起使用，以输出装夹偏置，如 G54。

■ 安全设置：在工序前后以及在任何编程设定的障碍避让过程中，可通过安全平面定义刀具运动的安全距离。

➤ 安全设置选项：在下拉列表中指定安全设置。

✧ 无：不使用安全平面。

✧ 自动平面：按设置的安全距离值清除几何体。

✧ 平面：使用“平面”对话框定义安全平面。

✧ 点：使用“点”对话框指定要转移到的安全点。

✧ 包容圆柱体：指定圆柱形状作为安全几何体。圆柱尺寸由部件形状和指定的安全距离决定。

✧ 圆柱：指定圆柱形状作为安全几何体。此圆柱的长度是无限的。

✧ 球：指定球形作为安全几何体。球尺寸由半径值决定。

✧ 包容块：指定包容块形状作为安全几何体。包容块尺寸由部件形状和指定的安全距离决定。

✧ 使用继承的：使用来自较高级别 MCS 的安全设置定义。

■ 下限选项：指定下限平面。下限平面定义某些工序中切削和非切削刀具运动的下限。

■ 保存图层设置：勾选此复选框，保存当前布局的图层设置及视图信息。

■ 保存布局/图层：保存当前方位的布局和图层设置。

（3）单击“指定MCS”右侧的“坐标系”按钮，打开如图4-8所示的“坐标系”对话框，使加工坐标系与模型坐标系重合，单击“确定”按钮，返回“Mill Orient”对话框。

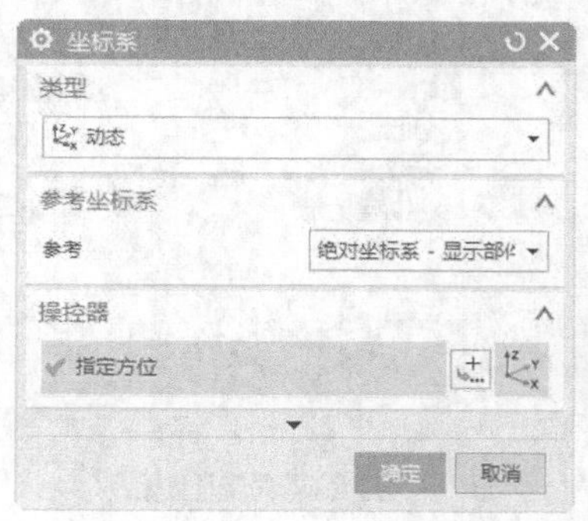

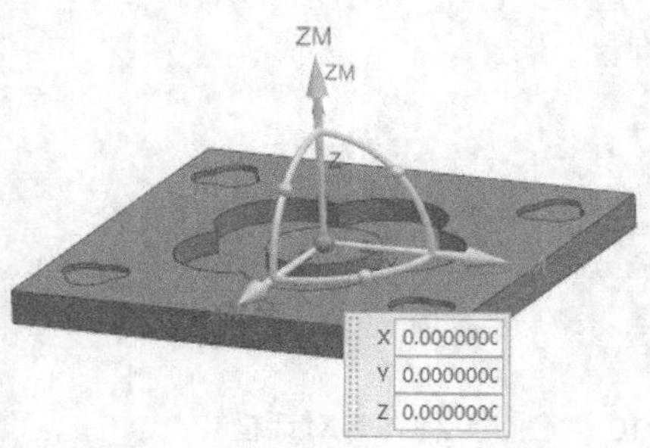

图4-8　调整坐标系

（4）在“安全设置”栏中的“安全设置选项”下拉列表中选择“平面”，单击“指定平面”右侧的“平面对话框”按钮，弹出“平面”对话框，在“类型”下拉列表框中选择“按某一距离”，选择部件的表面为参考平面，如图4-9所示，在“偏置”栏中的“距离”文本框中输入50，连续单击“确定”按钮。

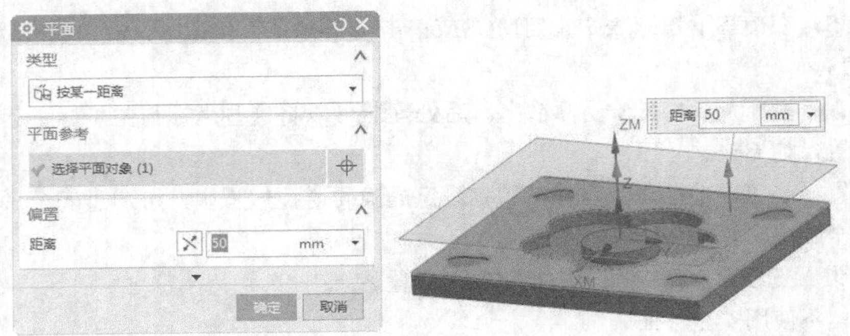

图4-9　指定"安全平面"

4.1.3　建立MILL_BND几何体

（1）单击"主页"选项卡"刀片"面板中"创建几何体"按钮，打开如图4-10所示的"创建几何体"对话框。

（2）在"几何体子类型"栏中选择"MILL_BND"，在"位置"栏的"几何体"下拉列表中选择"WORKPIECE"，在"名称"文本框中输入"MILL_BND"，单击"确定"按钮，弹出图4-11所示"铣削边界"对话框。

图4-10　"创建几何体"对话框

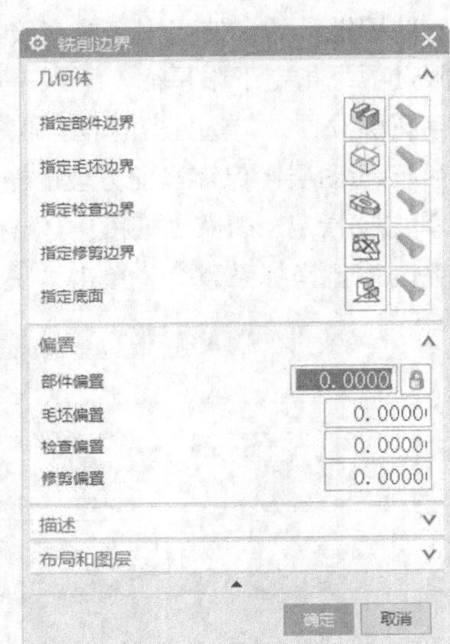

图4-11　"铣削边界"对话框

"铣削边界"对话框中的选项说明如下。

■ 几何体

➢ 指定部件边界：指定代表完成件的几何体。

➢ 指定毛坯边界：指定代表要从中进行切削的材料的几何体，例如锻件或铸件。毛坯几何体不表示最终部件并且可以直接切削或进刀。

➢ 指定检查边界：指定代表加工时要避开的夹具或其他区域的边界。

➢ 指定修剪边界：指定边界以定义工序期间要从切削部分中排除的区域。

➢ 指定底面：使用“平面”对话框指定底面。

■ 偏置：通过选定几何体的边界部件偏置、毛坯偏置、检查偏置、修剪偏置定义边界。

（3）单击“指定部件边界”右侧的“选择或编辑部件边界”按钮，弹出“部件边界”对话框。在“边界”栏的“选择方法”下拉列表框中选择“曲线”，选择“刀具侧”为“内侧”，如图4-12所示，选取如图4-13所示的曲线，然后单击“添加新集”按钮，设置“刀具侧”为“内侧”，选取如图4-14所示的曲线，单击“确定”按钮。

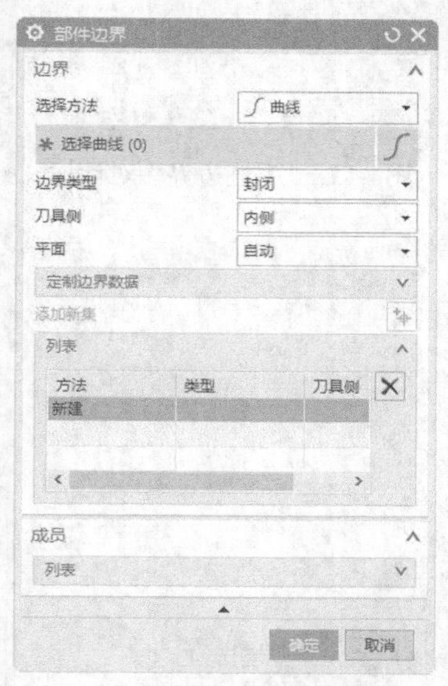

图4-12　“部件边界”对话框

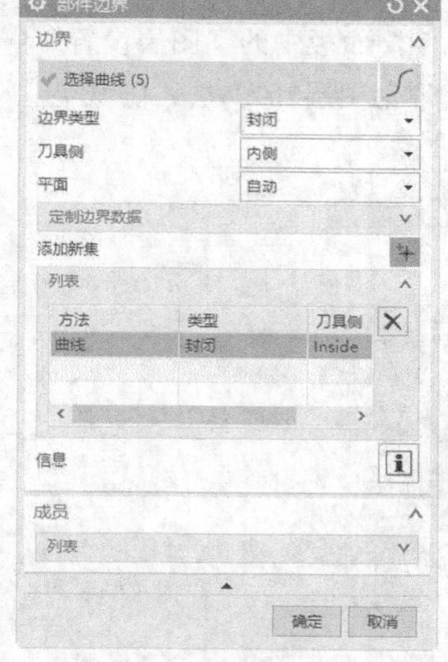

图4-13　指定的部件边界1

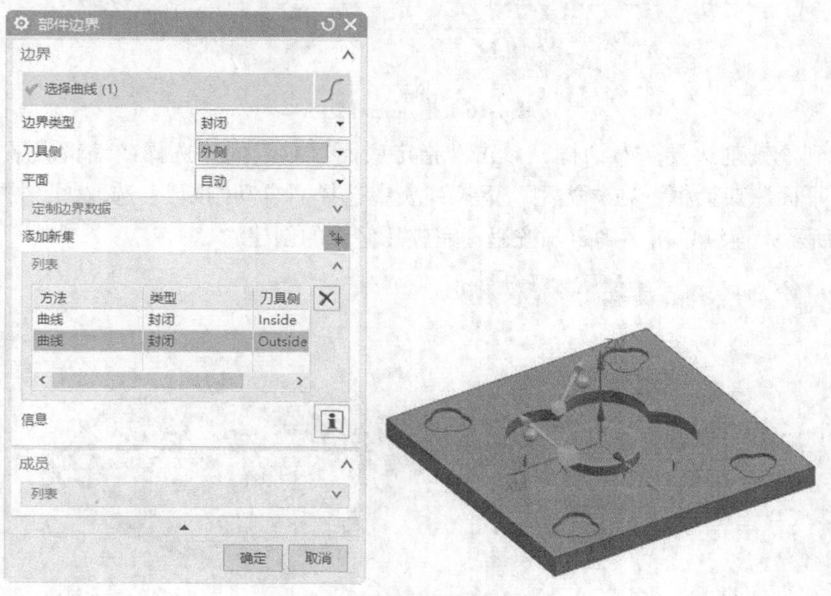

图4-14　指定的部件边界2

（4）返回到“铣削边界”对话框，单击“指定毛坯边界”右侧的“选择或编辑毛坯边界”，弹出图4-15所示的“毛坯边界”对话框，在“边界”栏的“选择方法”下拉列表框中选择“面”，选择“刀具侧”为“内侧”。

（5）单击“视图”选项卡“可见性”面板中的“图层设置”按钮，打开“图层设置”对话框，勾选图层2，显示毛坯，然后关闭对话框，选取毛坯上表面，指定的毛坯边界如图4-16所示，单击“确定”按钮。

（6）单击“视图”选项卡“可见性”面板中的“图层设置”按钮，打开“图层设置”对话框，取消图层2的勾选，隐藏毛坯，然后单击“关闭”按钮，关闭对话框。

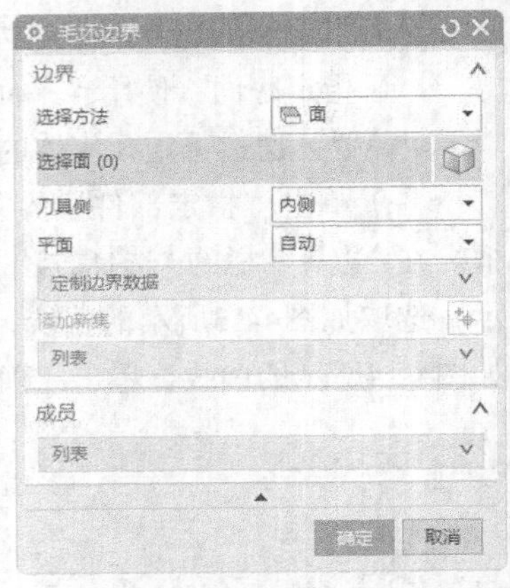

图4-15 “毛坯边界”对话框

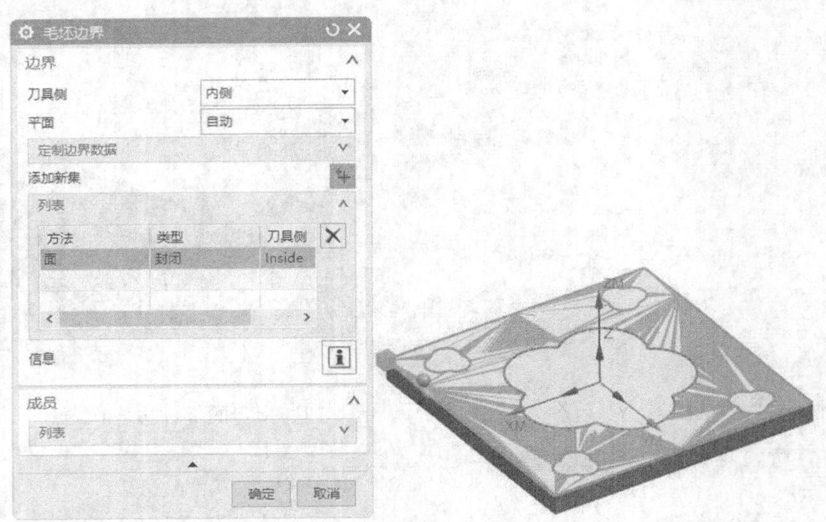

图4-16 指定毛坯边界

（7）返回到“铣削边界”对话框，单击“指定底面”右侧的“选择或编辑底平面几何体”按钮，弹出“平面”对话框，在“类型”下拉列表中选择“自动判断”，选取大凹槽底面，指定的底面如图4-17所示，连续单击“确定”按钮，完成几何体的创建。

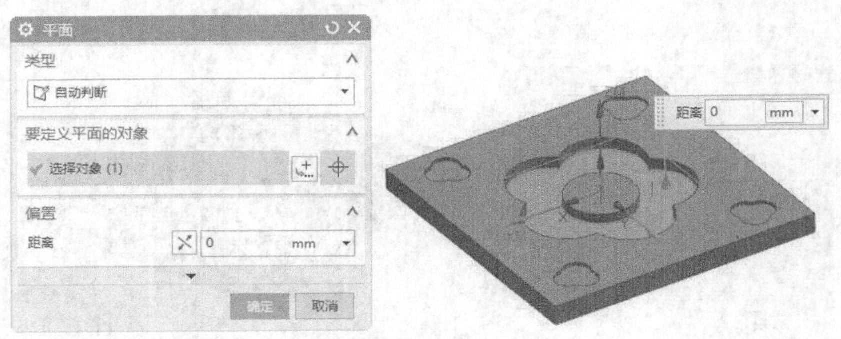

图4-17 指定的底面

注意

在本铣削工序中，需要指定“部件边界”“毛坯边界”及“底面”，作为驱动刀具铣削运动的区域。如果没有“部件边界”和“毛坯边界”将不能产生平面铣工序。

4.1.4　创建刀具

（1）在“主页”选项卡“刀片”组中单击“创建刀具”按钮，弹出“创建刀具”对话框，在“类型”下拉列表框中选择“mill_planar”，在“刀具子类型”栏选择“MILL”，在“名称”文本框中输入END12，其他采用默认设置，如图4-18所示，单击“确定”按钮。

（2）弹出图4-19所示的“铣刀-5参数”对话框，在“尺寸”栏中设置“直径”为12，其他采用默认设置，单击“确定”按钮。

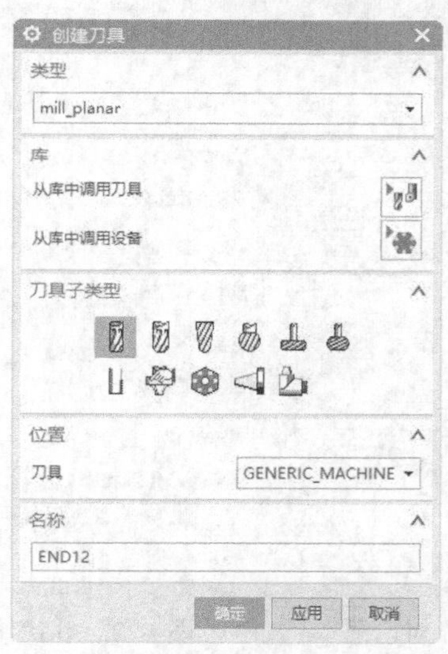

图4-18　“创建刀具”对话框

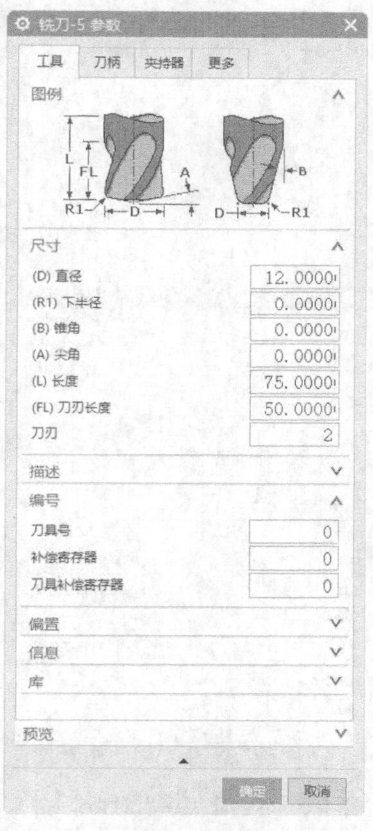

图4-19　“铣刀-5参数”对话框

4.2　创建工序

4.2.1　平面铣大凹槽

（1）单击“主页”选项卡“刀片”面板中“创建工序”按钮，弹出如图4-20所示的“创建工序”对话框。在“工序子类型”栏中选择“平面铣”，在“刀具”下拉列表框中选择“END12”，在“几何体”下拉列表框中选择“MILL_BND”，

在“方法”下拉列表框中选择“MILL_ROUGH”，其他采用默认设置，单击“确定”按钮。

（2）弹出“平面铣”对话框。在“刀轨设置”栏中的“切削模式”下拉列表框中选择“跟随部件”，设置“平面直径百分比”为70，如图4-21所示。

（3）单击“切削层”按钮，弹出“切削层”对话框。在“类型”下拉列表框中选择“用户定义”，设置“公共”为6，其他采用默认设置，如图4-22所示，单击“确定”按钮。

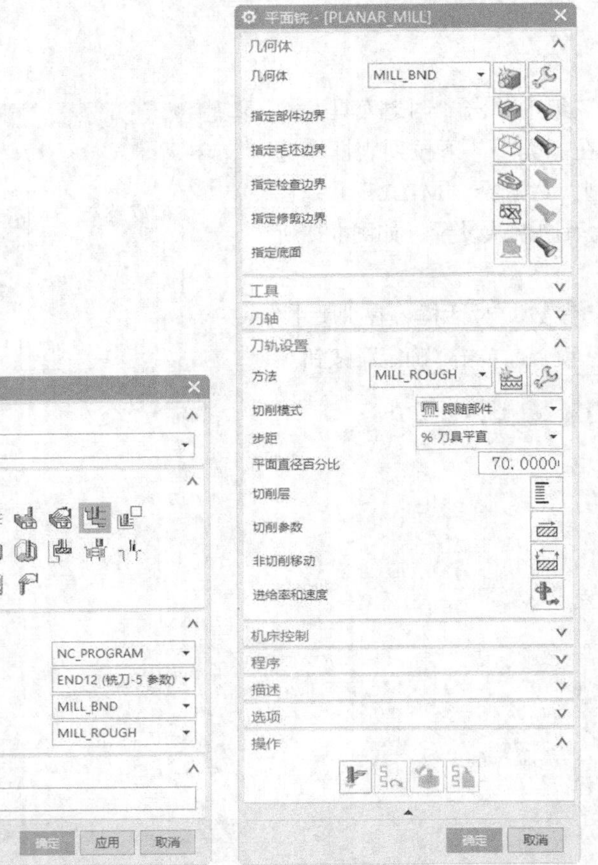

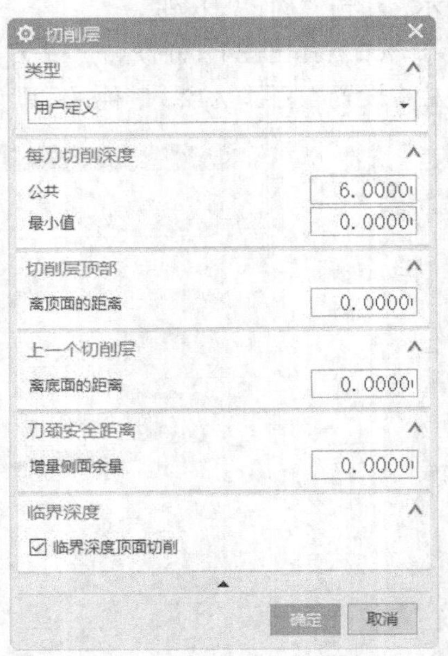

图4-20 “创建工序”对话框　　图4-21 “平面铣”对话框　　图4-22 “切削层”对话框

（4）返回“平面铣”对话框，单击“切削参数”按钮，弹出“切削参数”对话框。在“策略”选项卡中设置“切削顺序”为“深度优先”，其他采用默认设置，如图4-23所示；在“余量”选项卡中设置“部件余量”为0.6，其他采用默认设置，如图4-24所示，单击“确定”按钮。

“余量”选项卡中的主要选项说明如下。

■ 余量

➢ 部件余量：指定加工后剩余的部件材料。

➢ 最终底面余量：设置未切削的材料量值。底面余量从平面测量并沿刀轴偏置。在平面铣中，腔底留有未切削的材料，且刀轨完成后岛位于顶部。

➢ 毛坯余量：是指刀具定位点与所定义的毛坯几何体之间的距离，它应用于具有“相切”条件的毛坯边界或毛坯几何体，如图4-25所示。

➢ 检查余量：指定刀具位置与已定义检查边界的距离。

➢ 修剪余量：指定自定义的修剪边界放置刀具的距离。

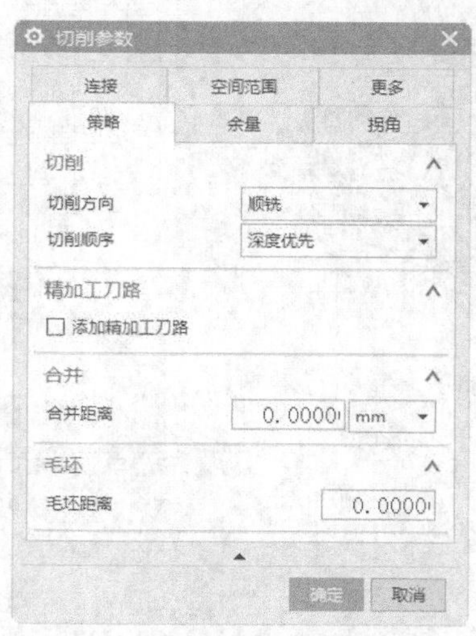

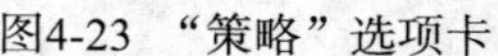

图4-23 “策略”选项卡

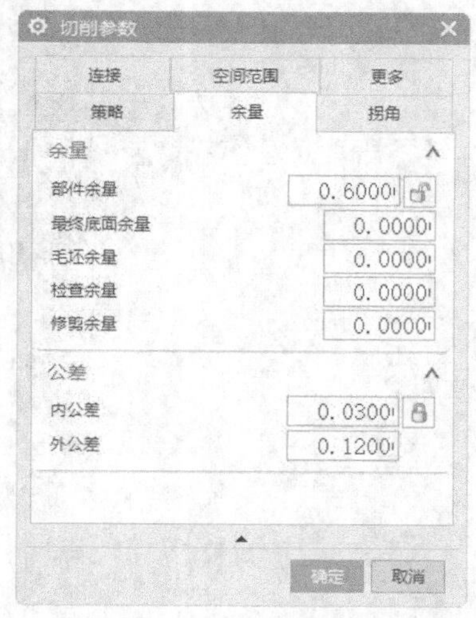

图4-24 “余量”选项卡

■ 公差：指定刀具可以偏离部件表面的距离。内公差和外公差值越小，所允许与曲面的偏离度就越小，并可产生更光顺的轮廓，但是需要更多的处理时间，因为这会产生更多的切削步。请勿将两个值都指定为零。

➢ 内公差：指定刀刃切入部件表面时可以偏离预期刀轨的最大距离。

➢ 外公差：指定刀刃远离部件表面切削时可以偏离预期刀轨的最大距离。

（5）在“平面铣”对话框中的“操作”栏中单击“生成”按钮，生成的平面铣刀轨如图4-26所示。

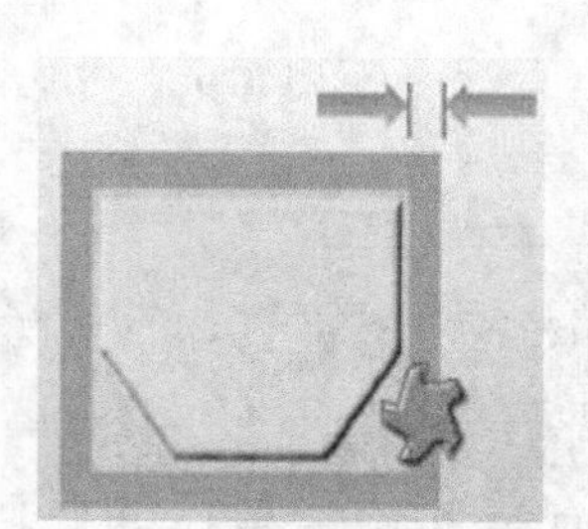

图4-25 “毛坯余量”示意图

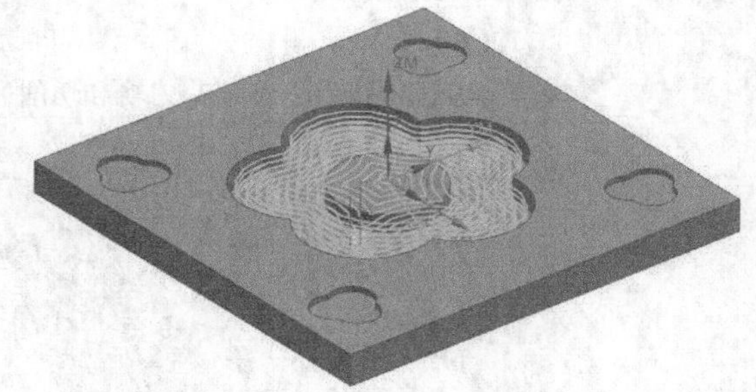

图4-26 平面铣（跟随部件）刀轨

（6）单击“操作”栏中的“确认”按钮，弹出“刀轨可视化”对话框，切换到“3D动态”选项卡，单击“播放”按钮，进行3D模拟加工，如图4-27所示，单击“确定”按钮，关闭对话框。

（7）如果采用“往复”切削模式，单击“生成”按钮，生成的平面铣刀轨和切削后的部件如图4-28所示，不能满足切削要求。

（8）单击“切削参数”按钮，弹出“切削参数”对话框。在“策略”选项卡中设置“壁清理”为“在终点”，其他采用默认设置，如图4-29所示，单击“确定”按钮，返回“平面铣”对话框，单击“生成”按钮，生成的平面铣刀轨和切削后的部件如图4-30所示，满足切削要求。

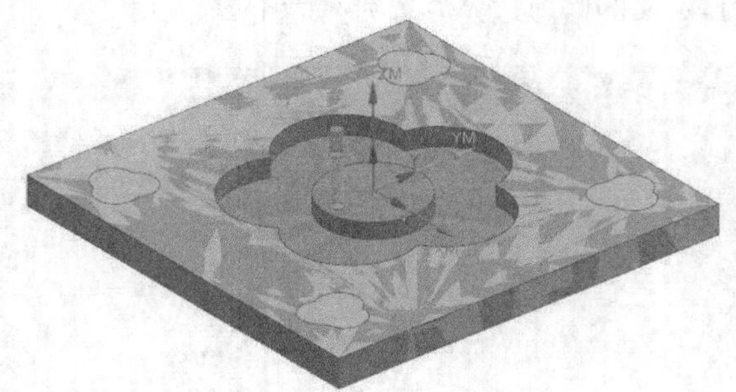

图4-27　3D模拟加工

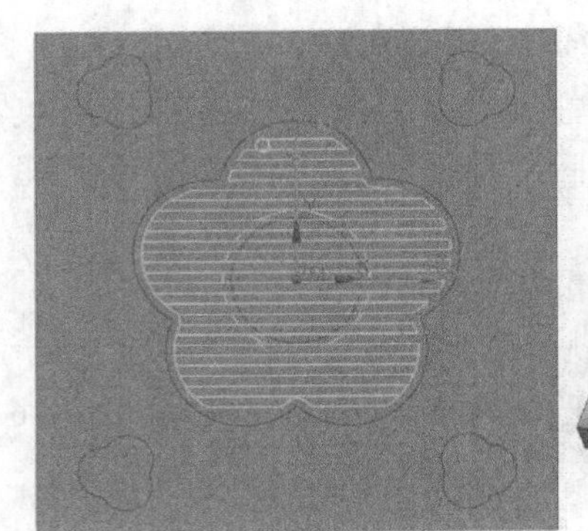

刀轨

切削后部件

图4-28　平面铣（往复）刀轨和切削后的部件

图4-29　“切削参数”对话框

刀轨

切削后部件

图4-30　平面铣（往复、在终点）刀轨和切削后的部件

4.2.2 侧壁铣削

（1）单击“主页”选项卡“刀片”面板中的“创建工序”按钮，弹出图4-31所示“创建工序”对话框。在“工序子类型”栏中选择“平面轮廓铣”，在“刀具”下拉列表框中选择“END12”，在“几何体”下拉列表框中选择“MILL_BND”，在“方法”下拉列表框中选择“MILL_SEMI_FINISH”，其他采用默认设置，单击“确定”按钮。

（2）弹出图4-32所示的“平面轮廓铣”对话框，在“刀轨设置”栏中设置“部件余量”为0.1。“切削深度”为“用户定义”，“公共”为3，如图4-33所示。

图4-31 “创建工序”对话框

图4-32 “平面轮廓铣”对话框

（3）在“操作”栏里点击“生成”按钮，生成的平面轮廓铣刀轨如图4-34所示。

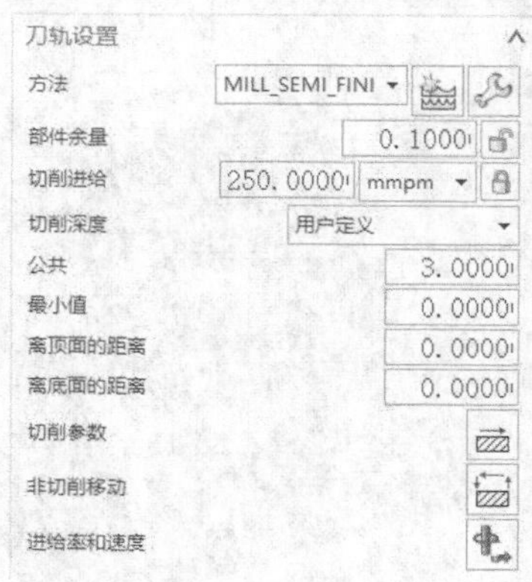

图4-33 “刀轨设置”栏

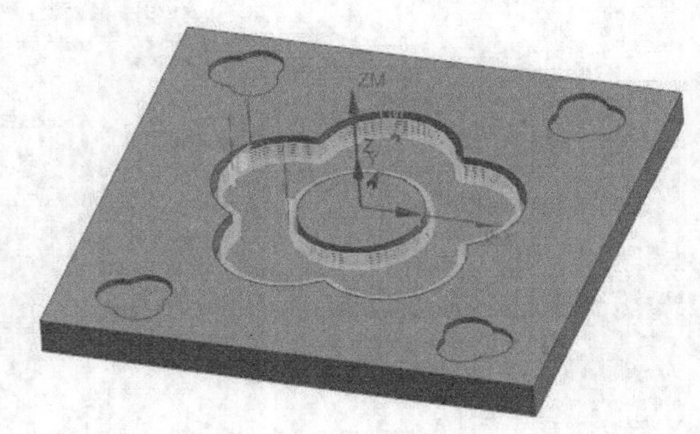

图4-34 平面轮廓铣刀轨

4.2.3 底面铣削

（1）在“工序导航器-几何”菜单中右击PLANAR_MILL，在弹出的快捷菜单中选择“复制”命令，如图4-35所示，复制PLANAR_MILL平面铣操作。

（2）在MILL_BND上右击，在弹出的快捷菜单中选择“内部粘贴”命令，如图4-36所示，粘贴后重命名为PLANAR_MILL_DM。

（3）双击LANAR_MILL_DM节点，打开“平面铣”对话框，在“刀轨设置”栏中将“平面直径百分比”设置为50，切削模式为“跟随部件”，如图4-37所示。

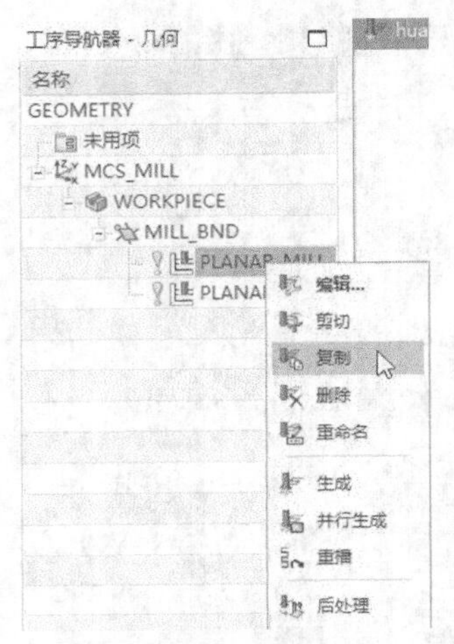

图4-35 复制操作

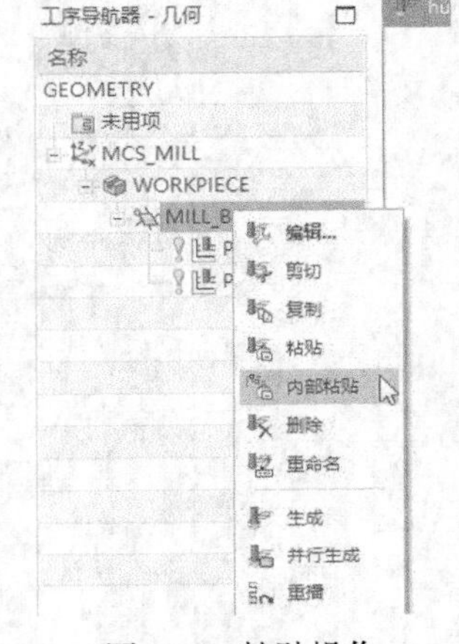

图4-36 粘贴操作

图4-37 “刀轨设置”栏

（4）单击“切削层”按钮，弹出“切削层”对话框，在“类型”下拉列表框中选择“底面及临界深度”，如图4-38所示，单击“确定”按钮。

（5）返回“平面铣”对话框，单击“切削参数”按钮，弹出“切削参数”对话框。将“部件余量”设置为0，“最终底部面余量”设置为0，其余参数保持默认值，如图4-39所示，单击“确定”按钮。

（6）在“操作”栏中单击“生成”按钮，生成的平面铣刀轨如图4-40所示。

图4-38 “切削层”对话框

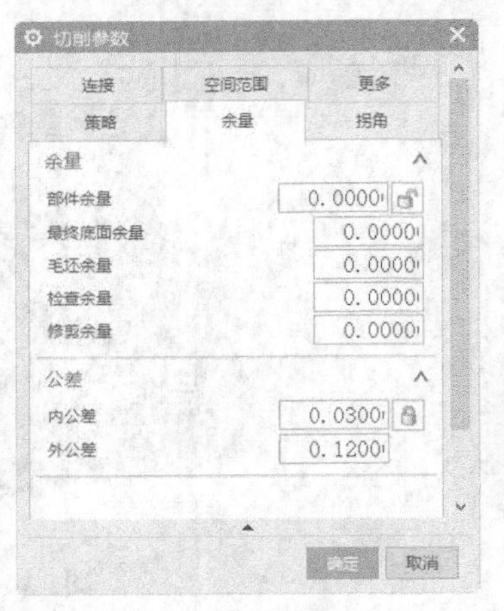

图4-39 “切削参数”对话框

图4-40 平面铣刀轨

4.2.4 平面铣小凹槽

（1）单击“主页”选项卡“刀片”面板中的“创建工序”按钮，弹出“创建工序”对话框，在“类型”下拉列表框中选择“mill_planar”，在“工序子类型”栏中选择“平面铣”，在“几何体”下拉列表框中选择“WORKPLECE”，在“刀具”下拉列表框中选择“END12”，在“方法”下拉列表框中选择“MILL_ROUGH”，在“名称”文本框中输入“PLANAR_MILL_X”，其他采用默认设置，如图4-41所示，单击“确定”按钮。

（2）弹出“平面铣”对话框，单击“指定部件边界”右侧的“选择或编辑部件边界”按钮，弹出“部件边界”对话框，在“选择方法”下拉列表框中选择“曲线”，选择如图4-42所示的曲线边界，设置刀具侧为“内侧”，如图4-42所示，单击“确定”按钮，返回到“平面铣”对话框。

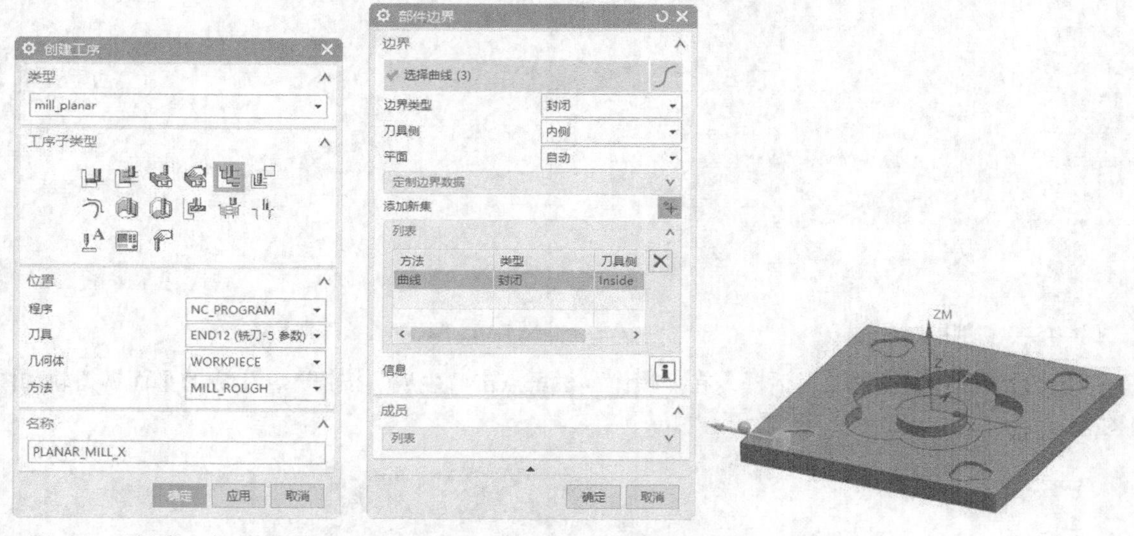

图4-41 “创建工序”对话框　　　图4-42 指定部件边界

（3）单击“指定底面”右侧的“选择或编辑底平面几何体”按钮，弹出“平面”对话框，选择图4-43所示的底面，单击“确定”按钮。

（4）返回到“平面铣”对话框，在“刀轨设置”栏中设置“切削模式”为跟随部件，“平面直径百分比”为50，如图4-44所示。

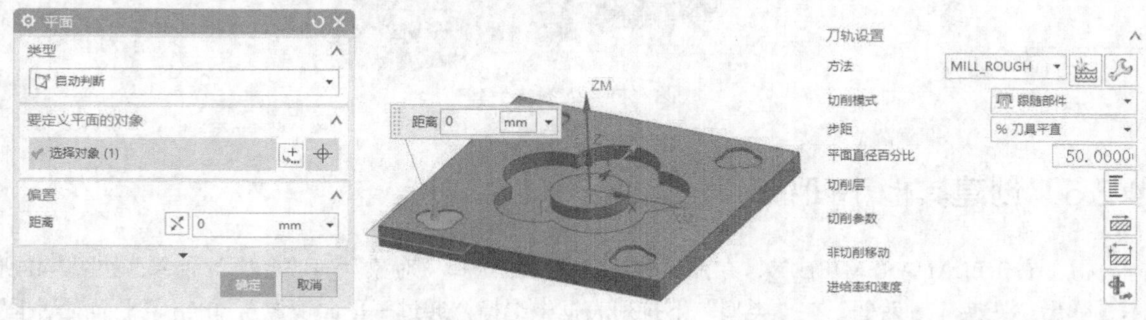

图4-43 指定底面　　　图4-44 “刀轨设置”栏

（5）单击“切削层”按钮，弹出图4-45所示“切削层”对话框，设置“类型”选择“用户定义”，“公共”为3，单击“确定”按钮。

（6）返回到“平面铣”对话框，单击“切削参数”按钮，弹出图4-46所示“切削参数”对话框。在“策略”选项卡中设置“切削顺序”为“深度优先”，在“余量”选项卡中设置“部件余量”为0.6，单击“确定”按钮。

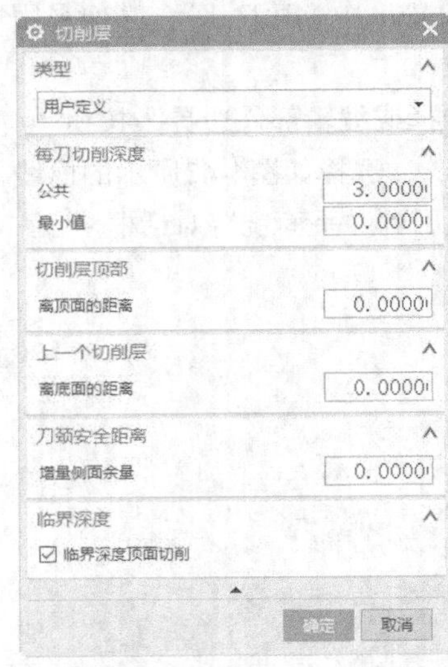

图4-45 “切削层”对话框

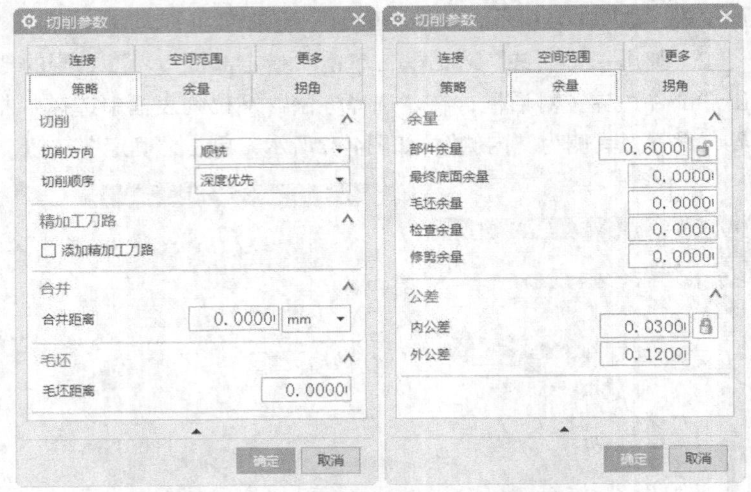

图4-46 “切削参数”对话框

（7）返回到“平面铣”对话框，在“操作”栏里点击“生成”按钮，生成的平面铣刀轨如图4-47所示。

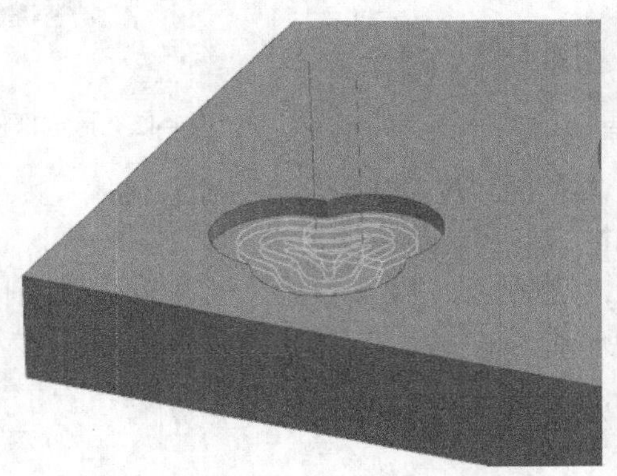

图4-47 平面铣刀轨

4.2.5 创建其他小凹槽

（1）右击PLANAR_MILL_X，在弹出的快捷菜单中选择“对象”→“变换”命令，如图4-48所示，弹出“变换”对话框，在“类型”下拉列表框中选择“通过一平面镜像”，单击“平面对话框”按钮，打开“平面”对话框，在“类型”下拉列表框中选择“*XC-ZC*平面”，如图4-49所示，单击“确定”按钮。

图4-48　快捷菜单

图4-49　指定镜像平面

（2）返回到“变换”对话框，选择“复制”单选按钮，如图4-50所示，单击“确定”按钮，此时可发现在“工序导航器-几何”中生成“PLANAR_MILL_X”工序的复制副本“PLANAR_MILL_X_COPY”，如图4-51所示。

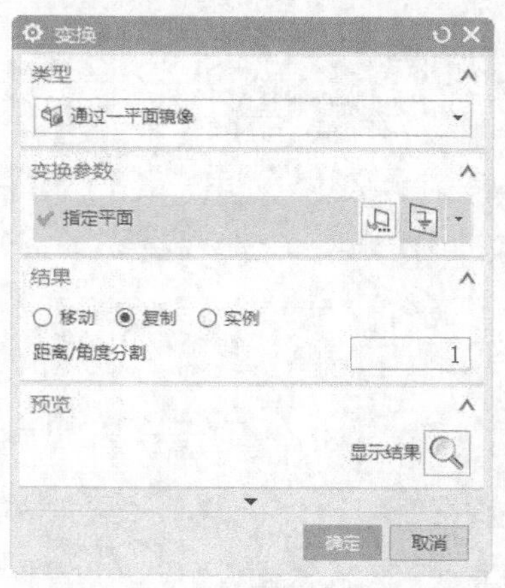

图4-50　“变换”对话框

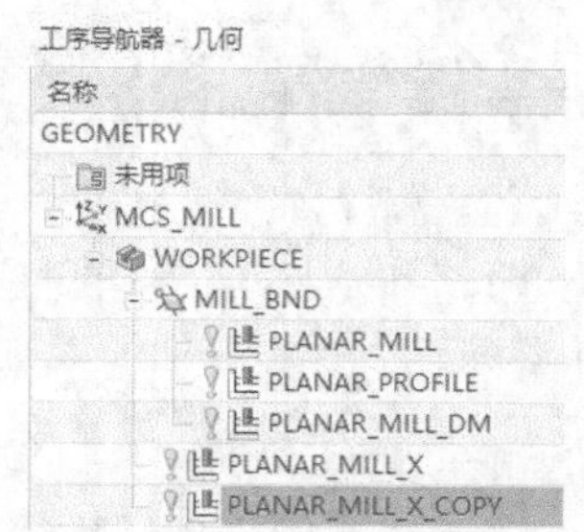

图4-51　生成副本1

（3）选取PLANAR_MILL_X 和PLANAR_MILL_X_COPY工序，单击鼠标右键，在弹出的快捷菜单中选择“对象”→“变换”命令，弹出“变换”对话框，在“类型”下拉列表框中选择“通过一平面镜像”，单击“平面对话框”按钮，打开“平面”对话框，在“类型”下拉列表框中选择“*YC-ZC*平面”，单击“确定”按钮，生成工序副本，如图4-52所示。

（4）右击PLANAR_MILL_X_COPY工序，在弹出的快捷菜单中选择“重命名”命令，重新命名工序名称为PLANAR_MILL_X1，采用相同的方法，对复制后的工序名称进行重命名，结果如图4-53所示。

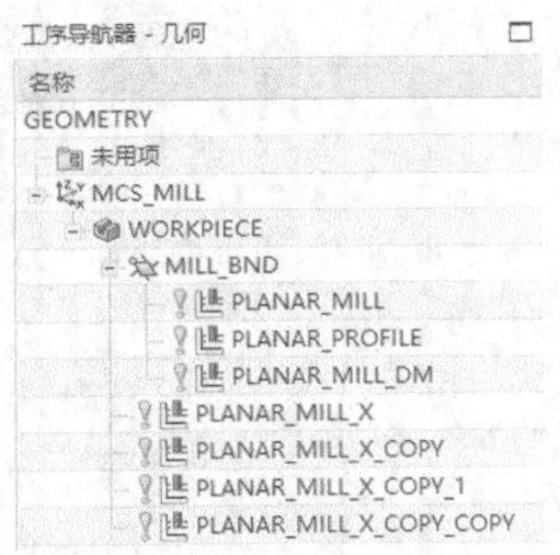

图4-52　生成副本2

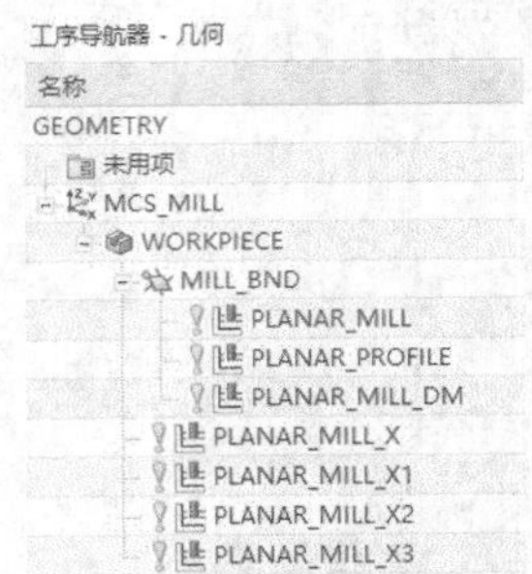

图4-53　重命名工序名称

4.3 模拟加工

（1）在“工序导航器-几何”菜单中选中“MCS_MILL”，单击鼠标右键，在弹出的快捷菜单中选择“刀轨”→“确认”命令，如图4-54所示；或单击“主页”选项卡“工序”面板中的“确认刀轨”按钮。

（2）弹出图4-55所示的“刀轨可视化”对话框，选择“3D动态”选项卡，调整播放速度，单击“播放”按钮，弹出如图4-56所示的“无毛坯”对话框，单击“确定”按钮，打开“毛坯几何体”对话框，选择“包容块”类型，其他采用默认设置，指定毛坯几何体如图4-57所示，在“毛坯几何体”对话框中单击“确定”按钮，进行3D模拟加工，如图4-58所示。

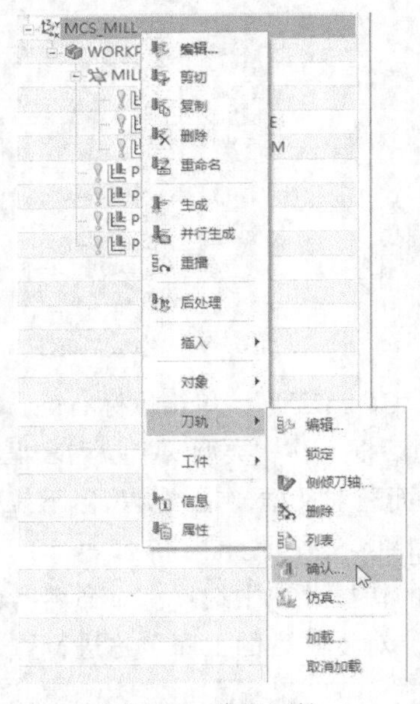

图4-54　确认刀轨

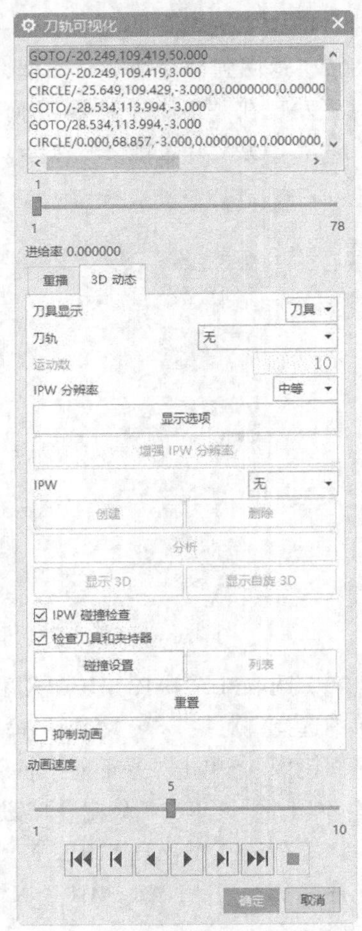

图4-55 “刀轨可视化”对话框

图4-56　“无毛坯”对话框

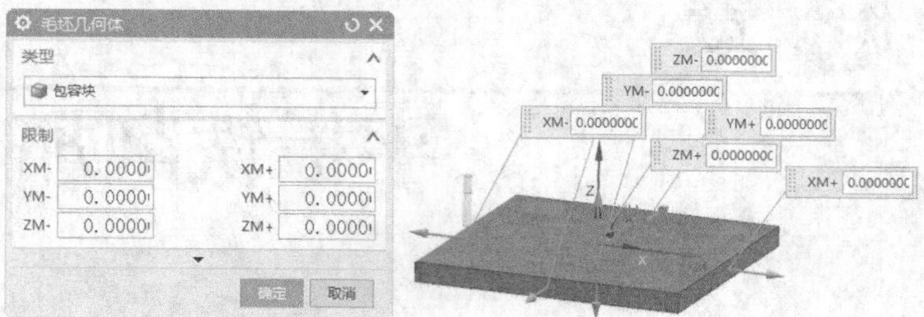

图4-57　指定毛坯几何体

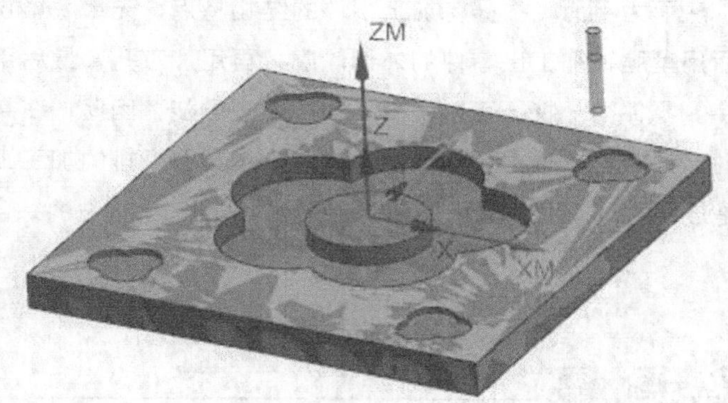

图4-58　3D模拟加工

第 5 章

平板铣削加工

本章对平板铣削加工的操作流程进行介绍。该零件模型包括多个凹槽、孔等特征，底面为平面。根据待加工零件的结构特点，先用底壁铣精加工顶面，然后用型腔铣加工出零件的外形轮廓，再用加工孔，最后用平面文本加工文字。零件同一特征可以使用不同的加工方法，因此，在具体安排加工工艺时，读者可以根据实际情况来确定。本实例安排的加工工艺和方法不一定是最佳的，其目的只是让读者了解各种铣削加工方法的综合应用。

- 初始设置
- 面精加工
- 腔体加工
- 孔加工
- 加工平面文本

5.1 初始设置

1. 打开文件

选择“文件”→“打开”命令，弹出“打开”对话框，选择“pingban.prt”，单击“打开”按钮，打开如图5-1所示的待加工的平板部件。

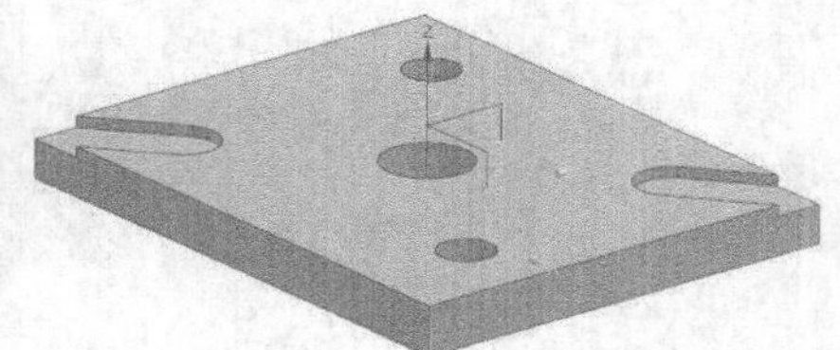

图5-1　平板

2. 进入加工环境

单击“文件”→“新建”命令，弹出“新建”对话框，在“加工”选项卡中设置“单位”为“毫米”，选择“机械”模板，输入名称为pingban_finish.prt，其他采用默认设置，如图5-2所示，单击“确定”按钮，进入加工环境。

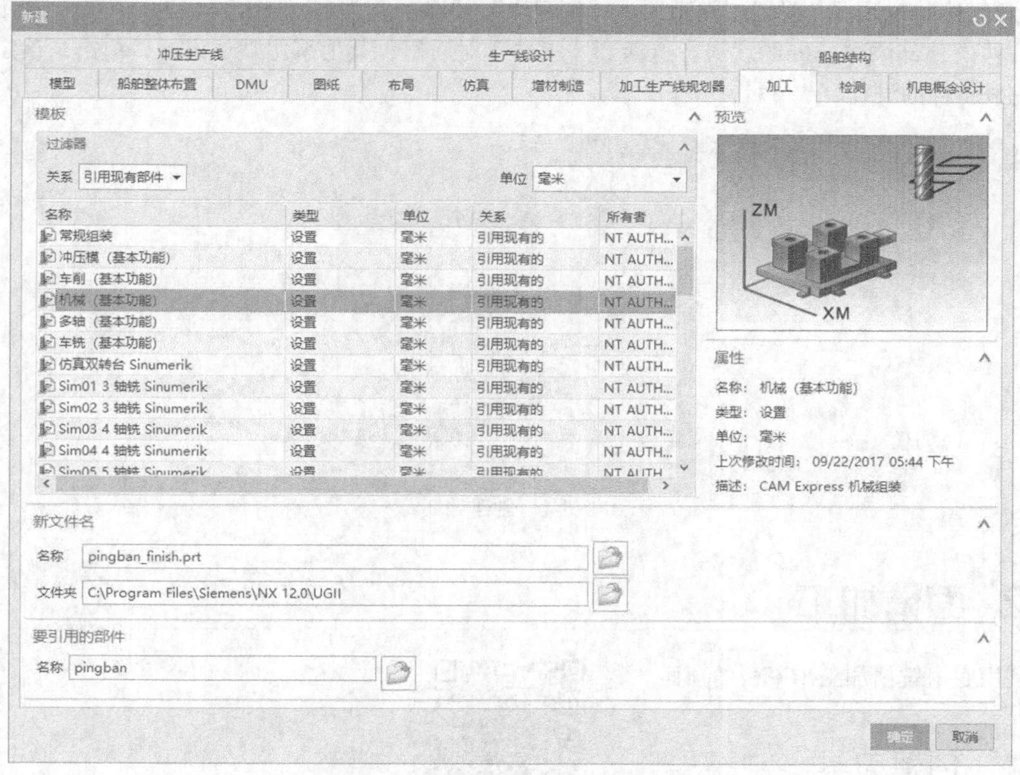

图5-2　“新建”对话框

3. 创建几何体

（1）在上边框条中单击“几何视图”图标，显示“工序导航器-几何”菜单，在“MCS_MILL”节点下双击“WORKPIECE”，弹出“工件”对话框。

（2）在对话框中单击“指定部件”右侧的“选择或编辑部件几何体”按钮，弹出“部件几何体”对话框，选择图5-3所示的部件，单击“确定”按钮，返回到“工件”对话框。

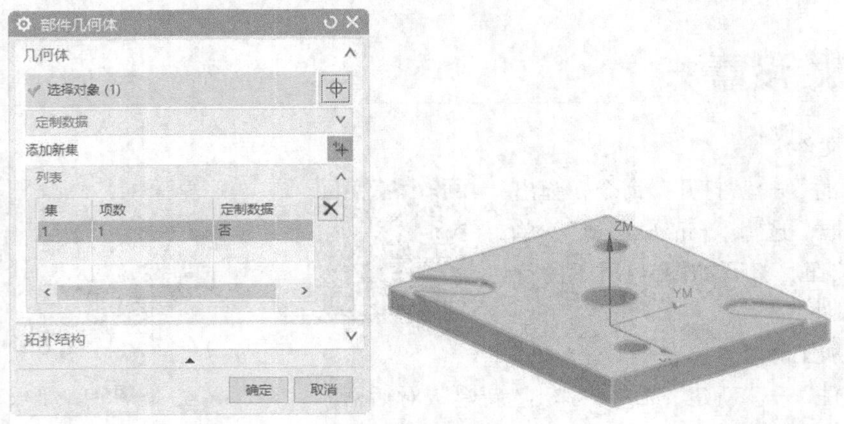

图5-3　指定部件

（3）在“工件”对话框中单击“指定毛坯”右侧的“选择或编辑毛坯几何体”按钮，弹出“毛坯几何体”对话框，设置“类型”为“包容块”，“*ZM*+”为1，如图5-4所示，单击“确定”按钮，在块的顶部添加1mm的坯料。返回到“工件”对话框，其他采用默认设置，单击“确定”按钮，完成工件的设置。

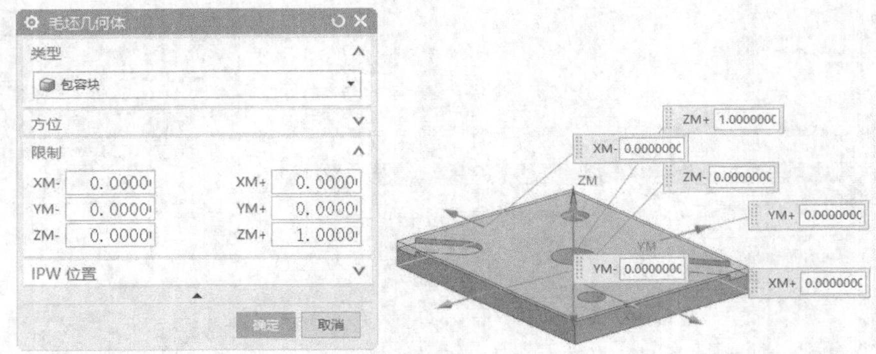

图5-4　创建毛坯

5.2 面精加工

利用底壁铣精加工出平板的顶面。

5.2.1　创建刀具

（1）单击“主页”选项卡“刀片”面板中的“创建刀具”按钮，弹出“创建刀具”对话框，在“位置”栏的“刀具”下拉列表中选择“POCKET_01”，如图5-5所示。

（2）单击“从库中调用刀具”按钮，弹出“库类选择”对话框，选择“铣”→“面铣刀”，如图5-6所示，单击“确定”按钮，关闭当前对话框。

（3）弹出图5-7所示“搜索准则”对话框，采用默认设置，单击“确定”按钮。弹出“搜索结果”对话框，选择库号为“ugt0212_002”，其他采用默认设置，如图5-8所示，单击“确定”按钮，完成刀具的调用，返回到“创建刀具”对话框，单击“取消”按钮，关闭对话框。

图5-5 “创建刀具”对话框

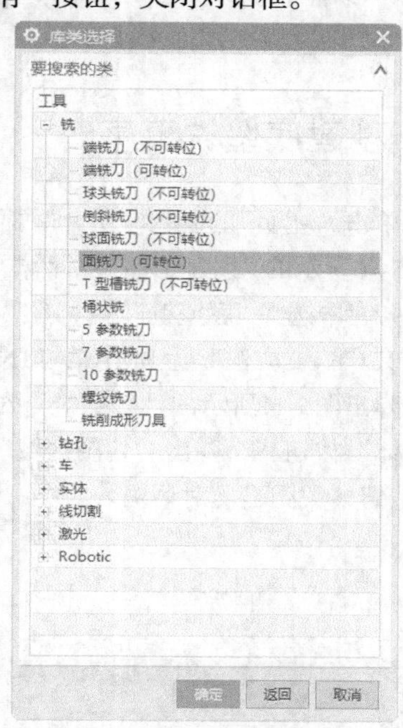

图5-6 “库类选择”对话框

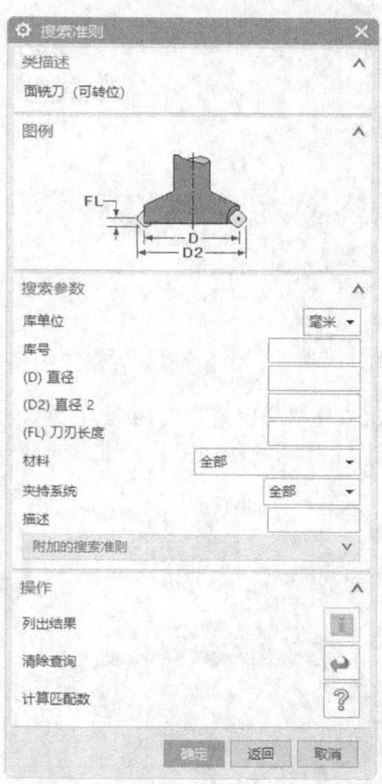

图5-7 “搜索准则”对话框

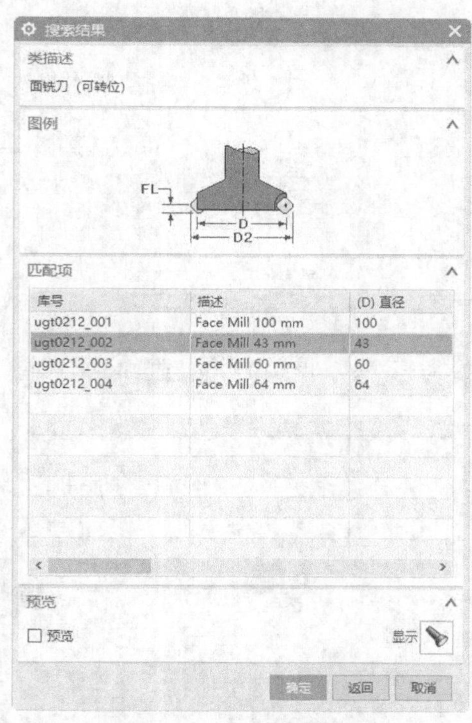

图5-8 “搜索结果”对话框

（4）在上边框条中单击“机床视图”图标，显示“工序导航器-机床”菜单，展开“CARRIER”→“POCKET_01”节点，如图5-9所示，可以看出刀具已指派给第一个可用刀槽。

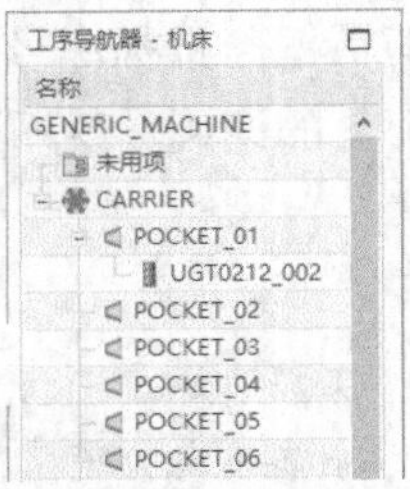

图5-9 “工序导航器-机床”菜单

5.2.2 创建底壁铣工序

（1）单击“主页”选项卡“刀片”面板中“创建工序”按钮，弹出如图5-10所示的“创建工序”对话框，在“类型”下拉列表框中选择“Machinery_Exp”，在“工序子类型”栏中选择“底壁铣”，在“位置”栏中设置“刀具”为“UGT0212_002”，“几何体”为“WORKPIECE”，“方法”为“MILL_FINISH”，输入名称为“FACE”，单击“确定”按钮。

（2）弹出图5-11所示的“底壁铣”对话框，单击“指定切削区底面”右侧的“选择或编辑切削区域几何体”按钮，弹出“切削区域”对话框，选择部件顶面为切削区域，如图5-12所示，单击“确定”按钮，关闭当前对话框。

图5-10 “创建工序”对话框

图5-11 “底壁铣”对话框

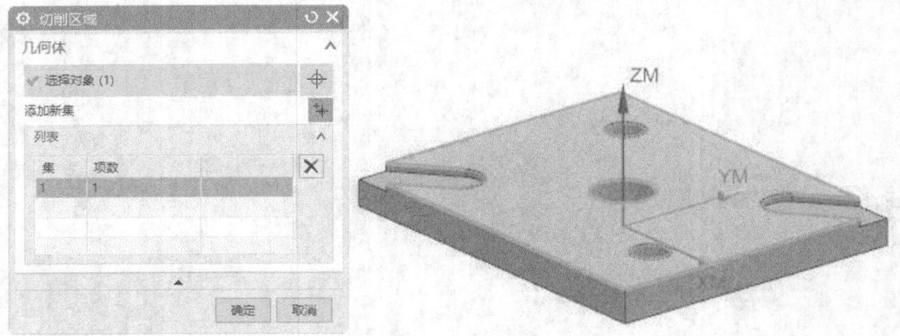

图5-12 指定切削区域

（3）返回到“底壁铣”对话框，在“刀轨设置”栏中单击“进给率和速度”按钮，弹出“进给率和速度”对话框，输入表面速度为500，每齿进给量为0.08，单击“计算器”按钮，计算出主轴速度和进给率，如图5-13所示，单击“确定”按钮，关闭当前对话框。

图5-13 “进给率和速度”对话框

“进给率和速度”对话框中的选项说明如下。

■ 自动设置

➢ 表面速度：刀具的切削速度。它在各个齿的切削边处测量，测量单位是每分钟曲面英尺或米。在计算“主轴速度”时，系统使用此值。

➢ 每齿进给量：每齿去除的材料量，以英寸或毫米为单位。在计算“切削进给率”时，系统使用此值。

■ 主轴速度：“主轴速度”是一个计算得到的值，它决定刀具转动的速度，单位为“rpm”。主轴输出模式可从以下选项中进行选择。

➢ rpm：按每分钟转数定义主轴速度。

➢ sfm：按每分钟曲面英尺定义主轴速度。

➢ smm：按每分钟曲面米定义主轴速度。

■ 进给率：进给率控制刀具对工件的切削速度，即刀具随主轴高速旋转。

➢ 逼近：为从“开始点”到“进刀点”的刀具运动指定的进给率。在使用多个层的“平面铣”和“型腔铣”工序中，使用“逼近”进给率可控制从一个层到下一个层的进给。当“逼近”进给率为0时，系统将使用快速进给率。

➢ 进刀：为从“进刀”到初始切削位置的刀具运动指定的进给率。当刀具抬起后返回工件时，此进给率也可用于返回“进给率”。当“进刀”进给率为0时，系统将使用“切削”进给率。

➢ 第一刀切削：为初始切削刀路指定的进给率（后续的刀路按“切削”进给率值进给）。当此进给率为0时，系统将使用“切削”进给率。

➢ 步进：刀具移向下一平行刀轨时的“进给率”。如果刀具从工作表面抬起，则“步进”不适用。因此，“步进”进给率只适用于允许“往复”刀轨的模块。零“进给率”可以使系统使用“切削”进给率。

➢ 移刀：运动到下一切削位置时的进给率，或移动到最小安全距离（如果已在切削参数中设置）时的进给率。

➢ 退刀：为从退刀位置到最终刀轨切削位置的刀具运动指定的进给率。

➢ 离开：刀具移至返回点的进给率。当“离开”进给率为 0时，将使刀具以“快速”进给率移动。

■ 单位

➢ 设置非切削单位：可将所有的“非切削进给率”单位设置为mmpr、mmpm或none。

➢ 设置切削单位：可将所有的“切削进给率”单位设置为mmpr、mmpm或none。

（4）返回到“底壁铣”对话框，在“刀轨设置”栏中设置切削区域空间范围为“底面”，切削模式为“单向”，步距为“%刀具平直”，平面直径百分比为50，底面毛坯厚度为1，其他采用默认设置，如图5-14所示。

（5）单击“操作”栏中的“生成”按钮，生成如图5-15所示的底壁铣刀轨，单击“确定”按钮，关闭对话框。

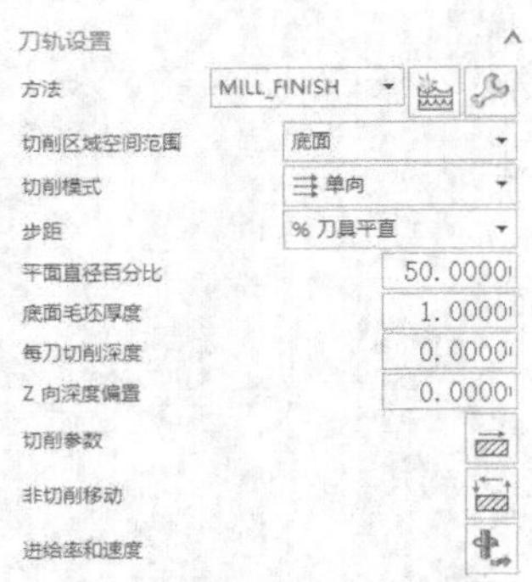

图5-14 “刀轨设置”栏

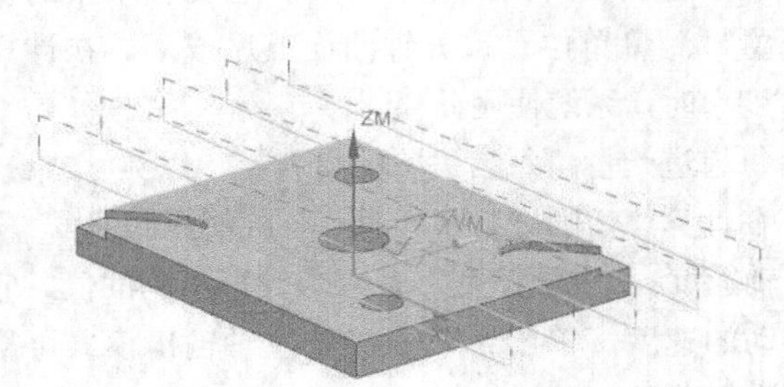

图5-15 底壁铣刀轨

5.3 腔体加工

型腔铣粗加工腔体，然后利用底壁铣精加工腔体底面。

5.3.1 创建刀具

（1）单击“主页”选项卡“刀片”面板中的“创建刀具”按钮，弹出“创建刀具”对话框，在“刀具子类型”栏选择“MILL”，在“位置”栏的“刀具”下拉列表中选择“POCKET_02”，输入名称为END6。单击“确定”按钮。

（2）弹出“铣刀-5参数”对话框，在“工具”选项卡的“尺寸”栏中输入直径为6，长度为50，其他采用默认设置，如图5-16所示。在图5-17所示的“夹持器”选项卡“库”栏中单击“从库中调用夹持器”按钮，弹出“库类选择”对话框，选择“Milling_Drilling”夹持器，如图5-18所示，单击“确定”按钮。

（3）弹出图5-19所示“搜索准则”对话框，采用默认设置，单击“确定”按钮。弹出“搜索结果”对话框，选择“库号”为“HLD001_00012”，其他采用默认设置，如图5-20所示，单击“确定”按钮，完成夹持器的调用。

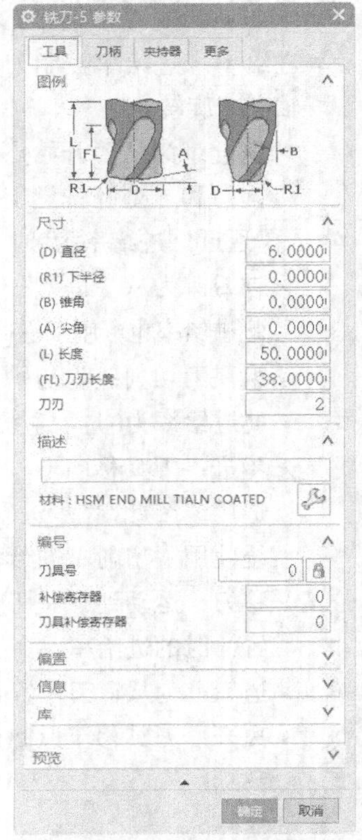

图5-16 “工具”选项卡

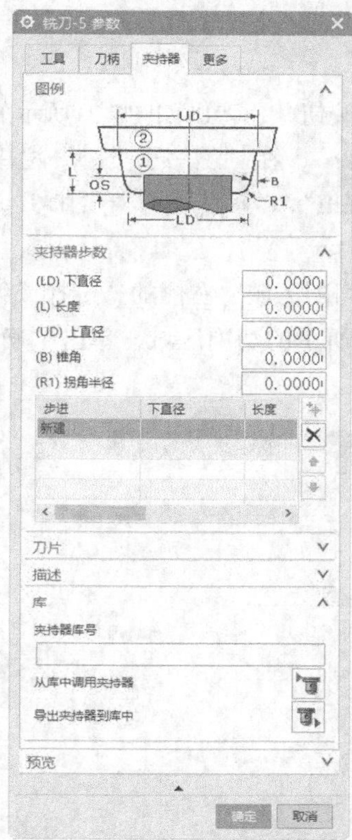

图5-17　“夹持器”选项卡

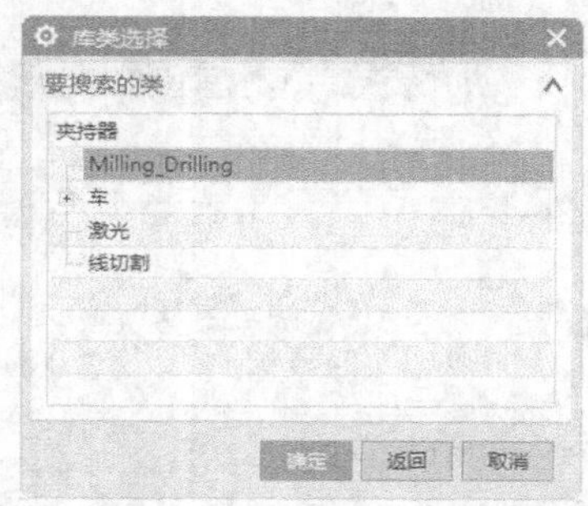

图5-18　“库类选择”对话框

图5-19　“搜索准则”对话框

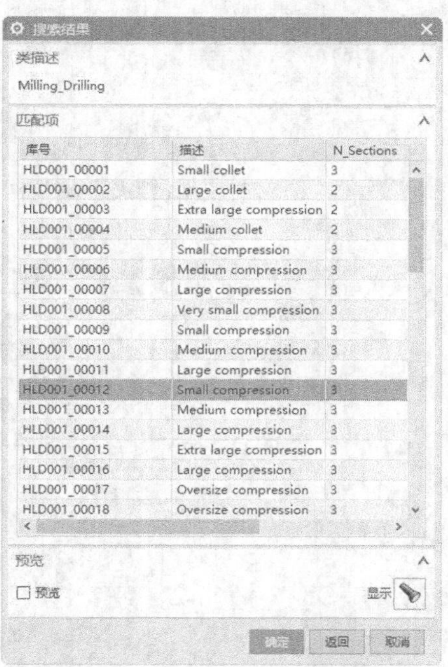

图5-20　“搜索结果”对话框

5.3.2 创建粗加工型腔铣工序

（1）单击“主页”选项卡“刀片”面板中“创建工序”按钮，弹出如图5-21所示的“创建工序”对话框，在“类型”下拉列表框中选择“Machinery_Exp”，在“工序子类型”栏中选择“型腔铣”，在“位置”栏中设置“几何体”为“WORKPIECE”，“刀具”为“END6”“方法”为“MILL_ROUGH”，其他采用默认设置，单击“确定”按钮。

（2）弹出图5-22所示的“型腔铣”对话框，单击“指定切削区域”右侧的“选择或编辑切削区域几何体”按钮，弹出“切削区域”对话框，选择图5-23所示的切削区域，单击“确定”按钮，关闭当前对话框。

图5-21 “创建工序”对话框

图5-22 “型腔铣”对话框

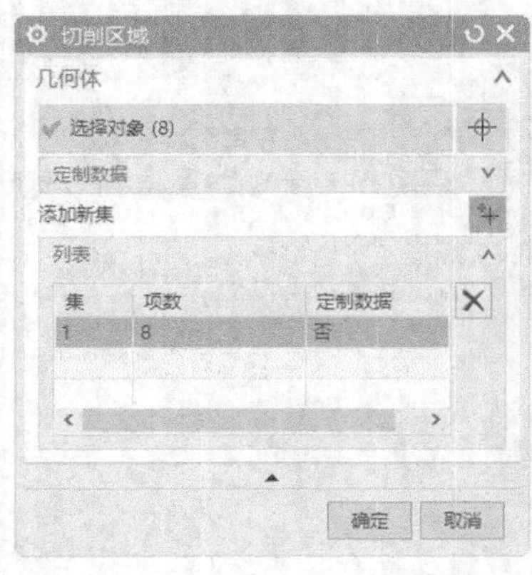

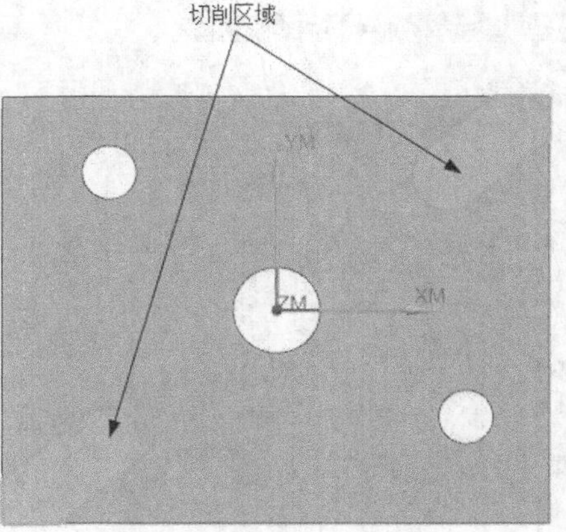

图5-23 指定切削区域

（3）返回“型腔铣”对话框，在“刀轨设置”栏中单击“进给率和速度”按钮，弹出“进给率和速度”对话框，输入表面速度为500，每齿进给量为0.08，单击“计算器”按钮，计算出主轴速度和进给率，如图5-24所示，单击“确定”按钮，关闭当前对话框。

（4）在“刀轨设置”栏中单击“切削参数”按钮，弹出“切削参数”对话框，切换至“余量”选项卡，取消“使底面余量和侧面余量一致”复选框，设置“部件侧面余量”为0，“部件底面余量”为0.2，其他采用默认设置，如图5-25所示，单击“确定”按钮。

图5-24　“进给率和速度”对话框

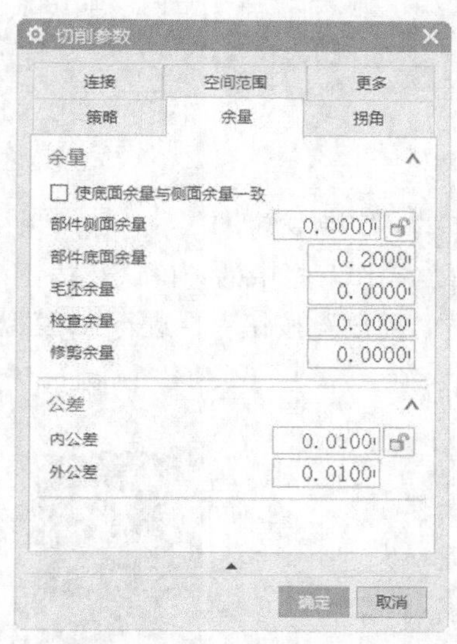

图5-25　“切削参数”对话框

“余量”选项卡中的主要选项说明如下。

- 使底面余量与侧面余量一致：勾选此复选框，将底面余量设置为与部件侧面余量值相等。
- 部件侧面余量：指壁上剩余的部件材料。它是在每个切削层上沿垂直于刀具轴的方向（水平）测量的，如图5-26所示。它可以应用在所有能够进行水平测量的部件表面上（平面、非平面、垂直、倾斜等）。

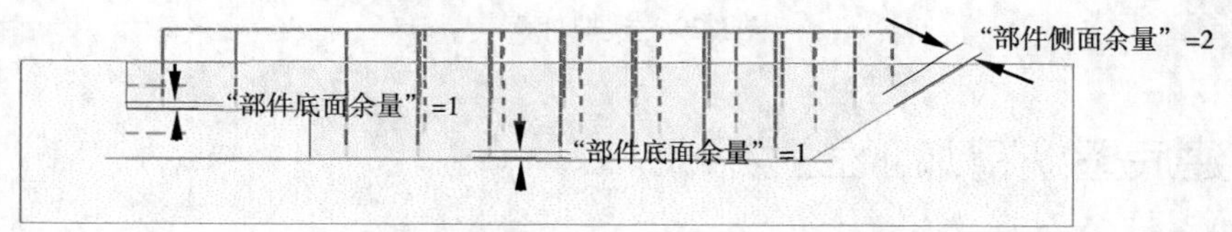

图5-26　“部件底面余量”和“部件侧面余量”设置

- 部件底面余量：指底面上剩余的部件材料。该余量是沿刀具轴（竖直）测量的，如图5-26所示。该选项所应用的部件表面必须满足以下条件：用于定义切削层、表面为平面、表面垂直于刀具轴（曲面法向矢量平行于刀具轴）。

（5）返回“型腔铣”对话框，在“刀轨设置”栏中设置切削模式为“跟随部件”，步距为“%刀具平直”，平面直径百分比为50，公共每刀切削深度为恒定，最大距离为1，其他采用默认设置，如图5-27所示。

（6）单击“操作”栏中的“生成”按钮，生成图5-28所示的型腔铣刀轨。

图5-27 “刀轨设置”栏

图5-28 型腔铣刀轨

（7）单击“操作”栏中的“确认”按钮，弹出“刀轨可视化”对话框，切换到“3D动态”选项卡，单击“播放”按钮，进行3D模拟加工，如图5-29所示，单击“确定”按钮，关闭对话框。

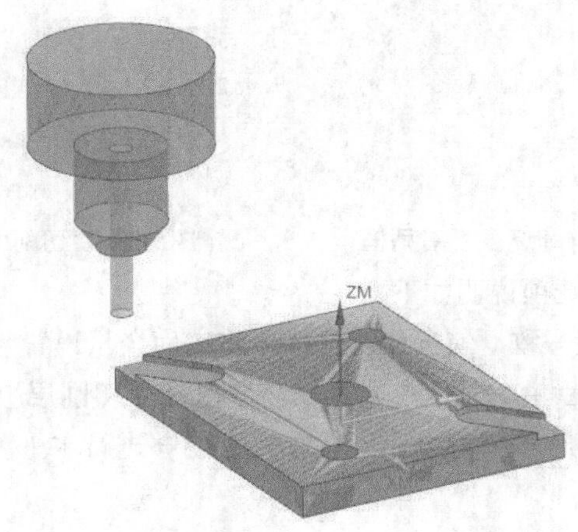

图5-29 模拟加工

5.3.3 创建底壁铣精加工工序

（1）单击“主页”选项卡“刀片”面板中“创建工序”按钮，弹出如图5-21所示的“创建工序”对话框，在“类型”下拉列表框中选择“Machinery_Exp”，在“工序子类型”栏中选择“底壁铣”，在“位置”栏中设置“刀具”为“END6”，“几何体”为WORKPIECE，“方法”为“MILL_FINISH”，单击“确定”按钮。

（2）弹出“底壁铣”对话框，单击“指定切削区底面”右侧的“选择或编辑切削区域几何体”按钮，弹出“切削区域”对话框，选择凹槽底面为切削区域，如图5-30所示，单击“确定”按钮，关闭当前对话框。

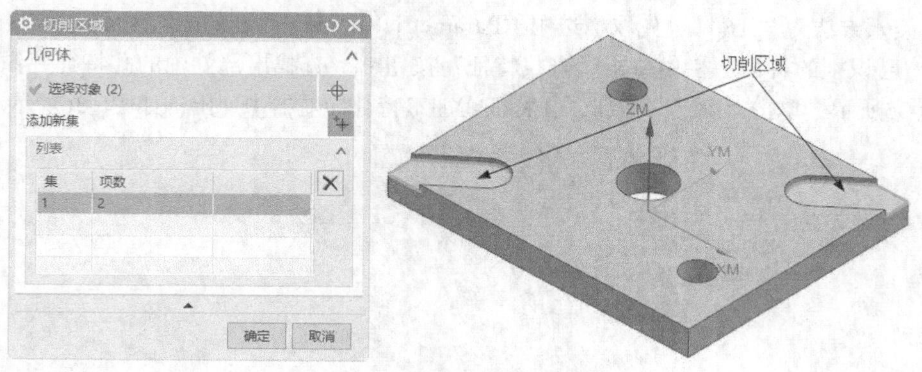

图5-30　指定切削区域

（3）返回到“底壁铣”对话框，在“几何体”栏中勾选“自动壁”复选框，系统自动使用与底面相邻的面作为壁几何体。在“刀轨设置”栏中设置“切削模式”为“跟随周边”，“步距”为“%刀具平直”，“平面直径百分比”为50，“底面毛坯厚度”为0.2，其他采用默认设置，如图5-31所示。

（4）单击“操作”栏中的“生成”按钮和“确认”按钮，生成如图5-32所示的底壁铣刀轨，单击“确定”按钮，关闭对话框。

图5-31　“刀轨设置”栏

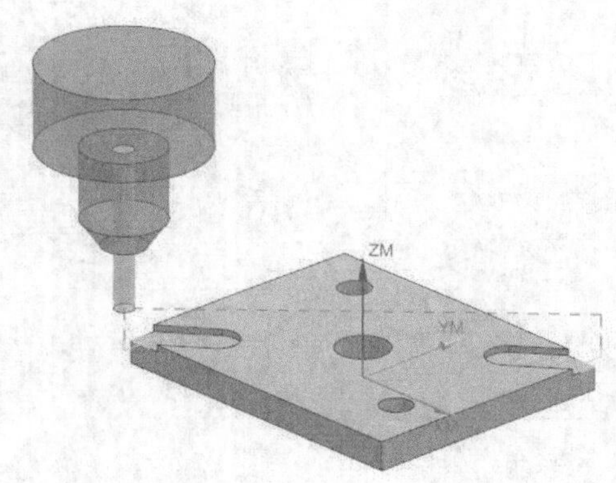

图5-32　底壁铣刀轨

5.4 孔加工

5.4.1　识别特征

（1）在“资源条”上单击图标，打开图5-33所示的“加工特征导航器-特征”菜单。

（2）在“加工特征导航器-特征”菜单上的空白处单击鼠标右键，弹出图5-34所示的快捷菜单，选择“查找特征”选项。

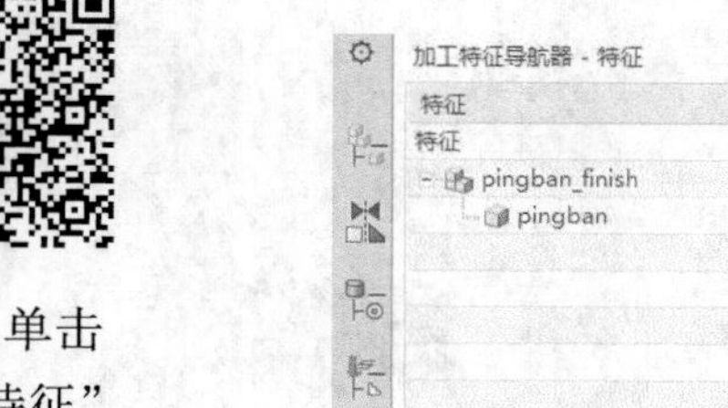

图5-33　“加工特征导航器-特征”菜单

（3）弹出“查找特征”对话框，设置“类型”为“参数化识别”，搜索方法为“工件”，先取消选中“ParametricFeatures”复选框，然后选中“STEPS”复选框，在“已识别的特征”栏中单击“查找特征”按钮，查找出部件中的孔特征并添加到列表中，如图5-35所示，单击“确定”按钮，孔特征在加工特征导航器中列出，如图5-36所示。

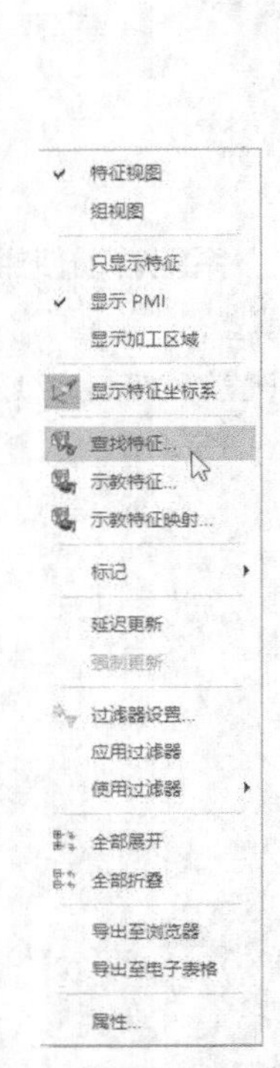

图5-34　快捷菜单

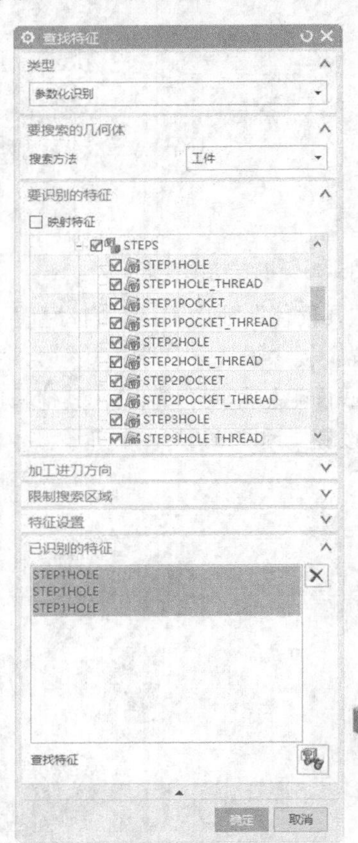

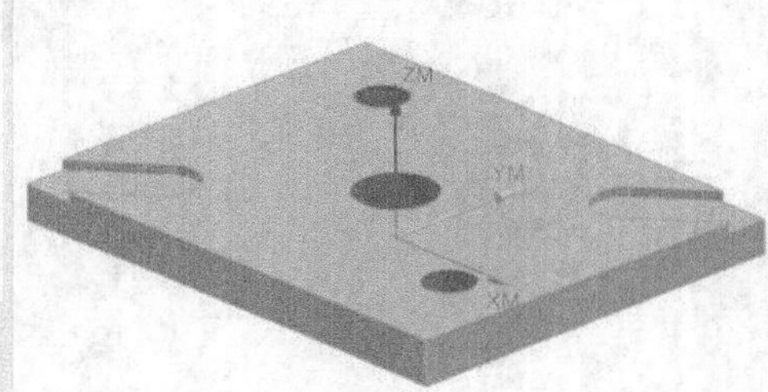

图5-35　“查找特征”对话框

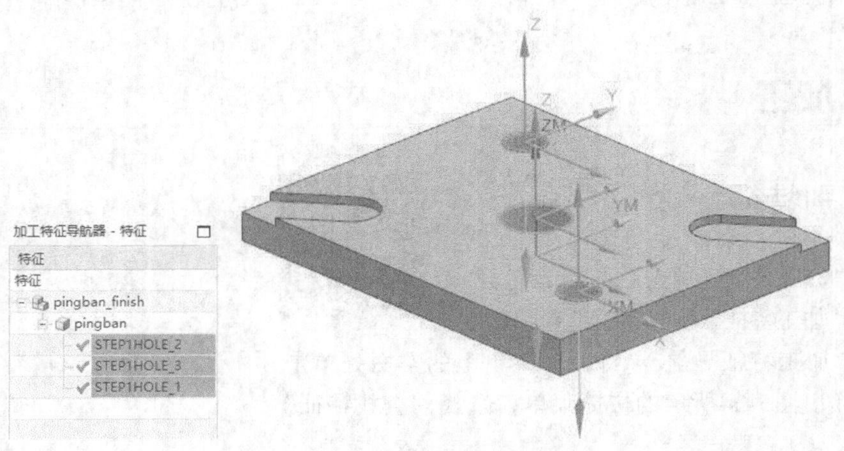

图5-36　列出孔特征

5.4.2 创建孔工序

（1）在加工特征导航器的孔特征上单击鼠标右键，弹出图5-37所示的快捷菜单，选择“创建特征工艺”选项。

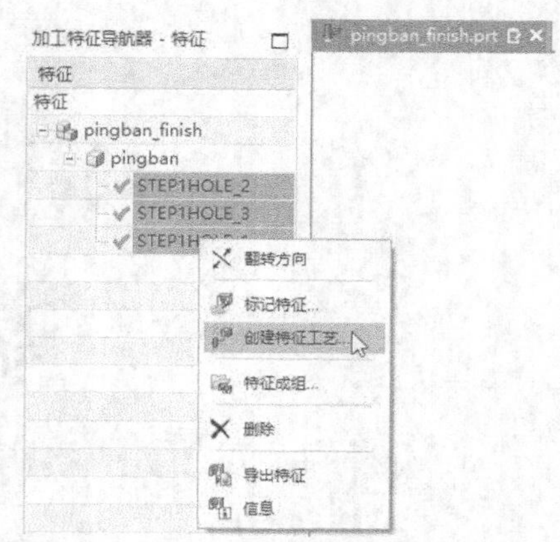

图5-37 快捷菜单

（2）弹出“创建特征工艺”对话框，设置“类型”为“基于规则”，在“知识库”列表中勾选“MillDrill”复选框，在“位置”栏中设置“几何体”为“WORKPIECE”，如图5-38所示，单击“确定”按钮，关闭当前对话框。

（3）生成刀轨。

① 在上边框条中单击“程序顺序视图”图标，显示“工序导航器-程序顺序”菜单，在1234程序上单击鼠标右键，弹出图5-39所示的快捷菜单，选择“生成”选项，弹出图5-40所示的“生成刀轨”对话框，单击“接受刀轨”按钮，生成刀轨。

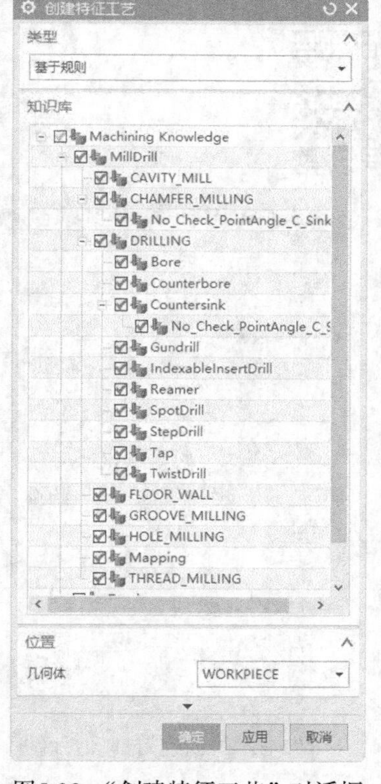

图5-38 “创建特征工艺”对话框

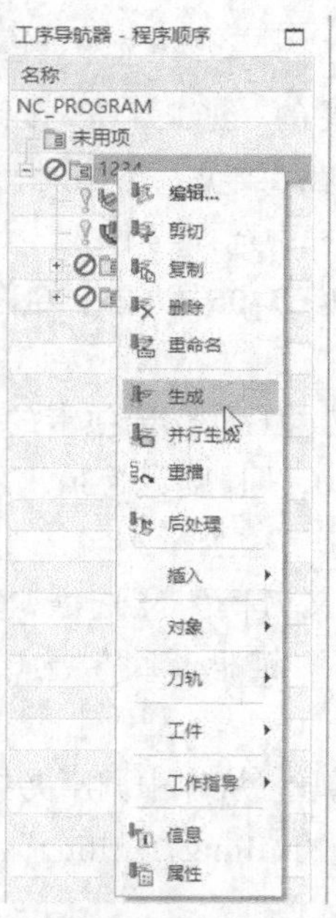

图5-39 快捷菜单

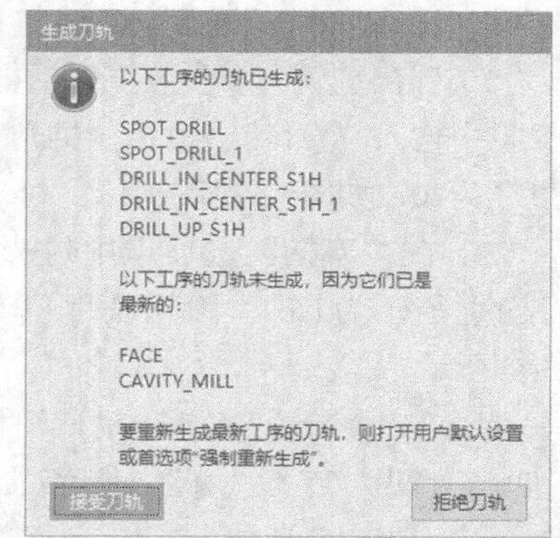

图5-40 “生成刀轨”对话框

② 单击“主页”选项卡“工序”面板中的“确认刀轨”按钮，弹出“刀轨可视化”对话框，切换到“3D动态”选项卡，单击“播放”按钮，进行3D模拟加工，如图5-41所示，单击“确定”按钮，关闭对话框。

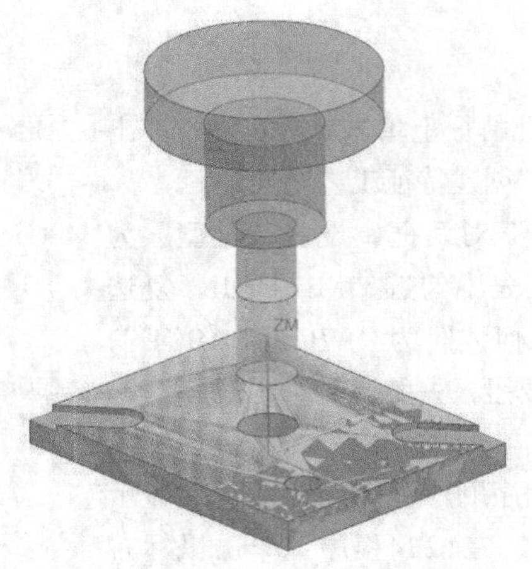

图5-41　模拟加工

5.5 加工平面文本

先插入文本注释，然后利用平面文本工序雕刻文字。

5.5.1　创建刀具

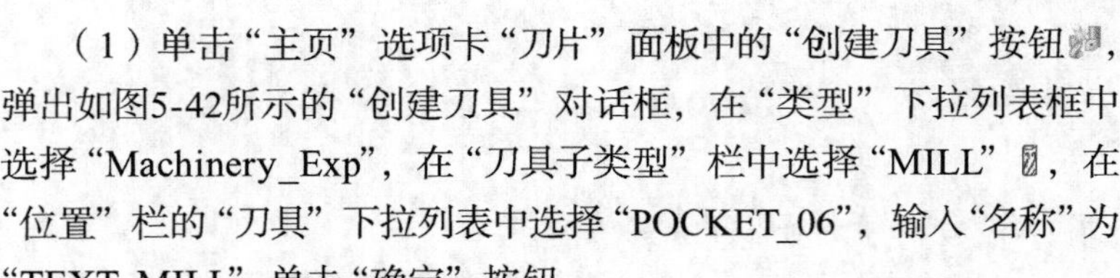

（1）单击“主页”选项卡“刀片”面板中的“创建刀具”按钮，弹出如图5-42所示的“创建刀具”对话框，在“类型”下拉列表框中选择“Machinery_Exp”，在“刀具子类型”栏中选择“MILL”，在“位置”栏的“刀具”下拉列表中选择“POCKET_06”，输入“名称”为“TEXT_MILL”。单击“确定”按钮。

图5-42 “创建刀具”对话框

（2）弹出“铣刀-5参数”对话框，在“工具”选项卡的“尺寸”栏中输入“直径”为0.5，“锥角”为10，“长度”为30，“刀刃长度”为20，如图5-43所示。

（3）在“刀柄”选项卡中勾选“定义刀柄”复选框，输入“刀柄直径”为15，“刀柄长度”为30，“锥柄长度”为0，如图5-44所示。

（4）在“夹持器”选项卡“库”栏中单击“从库中调用夹持器”按钮，弹出“库类选择”对话框，选择“Milling_Drilling”夹持器，单击“确定”按钮。

（5）弹出“搜索准则”对话框，采用默认设置，单击“确定”按钮。弹出“搜索结果”对话框，选择“库号”为“HLD001_00008”，其他采用默认设置，单击“确定”按钮，完成夹持器的调用，返回到“铣刀-5参数”对话框。

（6）在“夹持器”选项卡“刀片”栏中输入偏置为25，如图5-45所示，单击“确定”按钮，完成刀具定义。

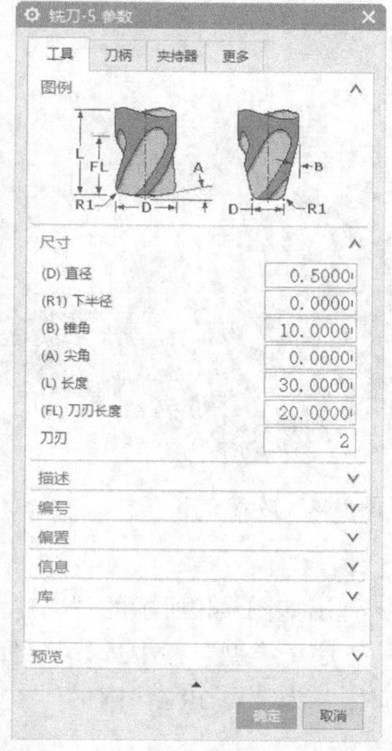

图5-43 “工具”选项卡

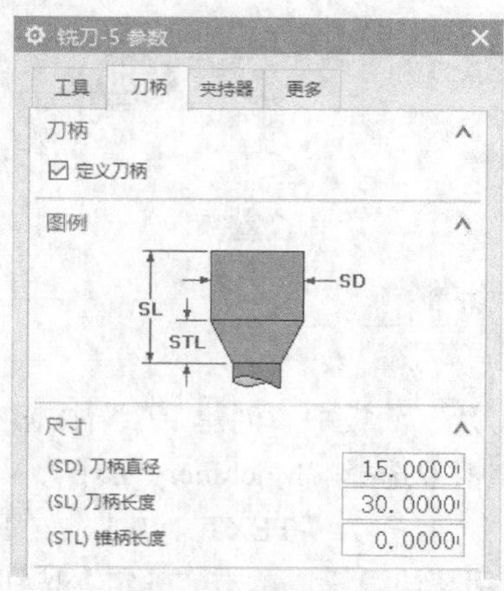

图5-44 “刀柄”选项卡

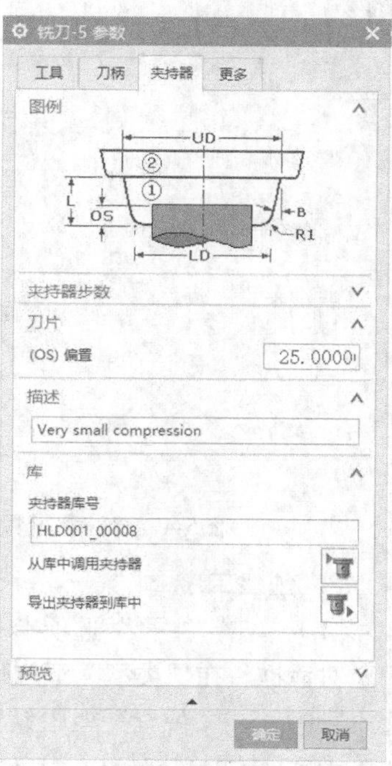

图5-45 “夹持器”选项卡

5.5.2　创建平面文本工序

在创建此工序之前必须创建制图文本。

1. 插入文本

（1）单击“菜单”→“插入”→“注释”命令，弹出图5-46所示“注释”对话框，在“文本输入”栏的文本框中输入“MADE IN CHINA”，单击“设置”按钮，弹出“注释设置”对话框如图5-47所示，设置高度为3，字体为“chinesef”，宽度为“Aa正常宽”，单击“关闭”按钮，关闭对话框，返回到“注释”对话框，其他采用默认设置。

（2）单击部件表面放置文字，如图5-48所示。单击“关闭”按钮，退出对话框。

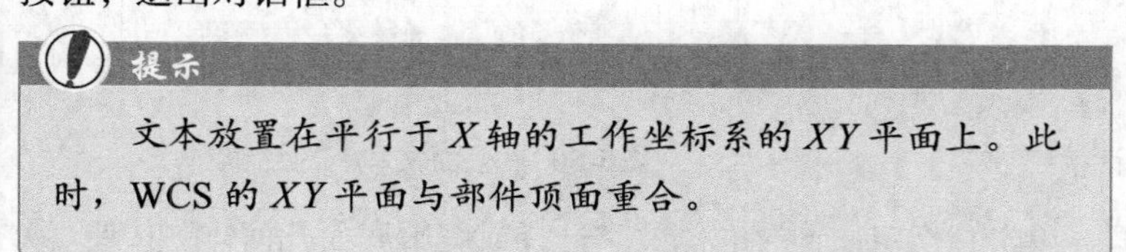

提示

文本放置在平行于 X 轴的工作坐标系的 XY 平面上。此时，WCS 的 XY 平面与部件顶面重合。

图5-46 “注释”对话框

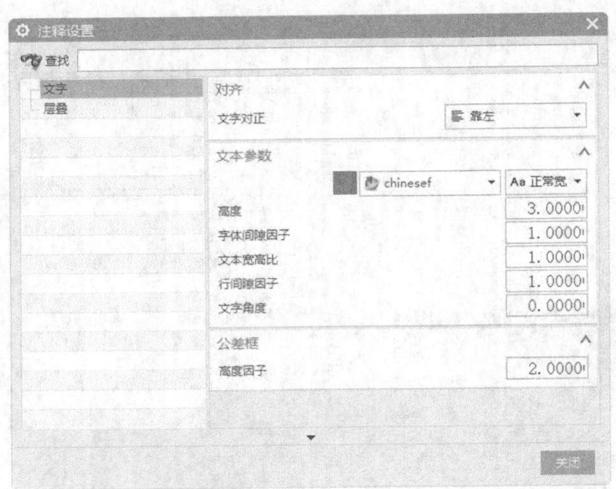

图5-47 “注释设置”对话框

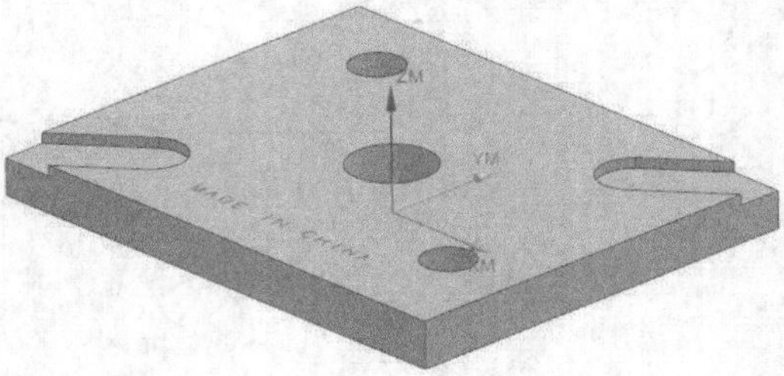

图5-48 放置文字

2. 创建工序

(1)单击“主页”选项卡“刀片”面板中“创建工序”按钮，弹出如图5-49所示的“创建工序”对话框，在“类型”下拉列表框中选择“Machinery_Exp”，在“工序子类型”栏中选择“平面文本”，在“位置”栏中设置“刀具”为“TEXT_MILL”，“几何体”为“WORKPIECE”，“方法”为“MILL_FINISH”，其他采用默认设置，单击“确定”按钮。

(2)弹出图5-50所示“平面文本”对话框，单击“指定制图文本”右侧的“选择或编辑制图文本几何体”按钮，弹出“文本几何体”对话框，选择制图文本，如图5-51所示，单击“确定”按钮，关闭当前对话框。

图5-49 “创建工序”对话框

图5-50 “平面文本”对话框

(3)返回“平面文本”对话框，单击“指定底面”右侧的“选择或编辑底面几何体”按钮，弹出“平面”对话框，设置“类型”为“自动判断”，选择部件顶面作为底面，如图5-52所示，单击“确定”按钮，关闭当前对话框。

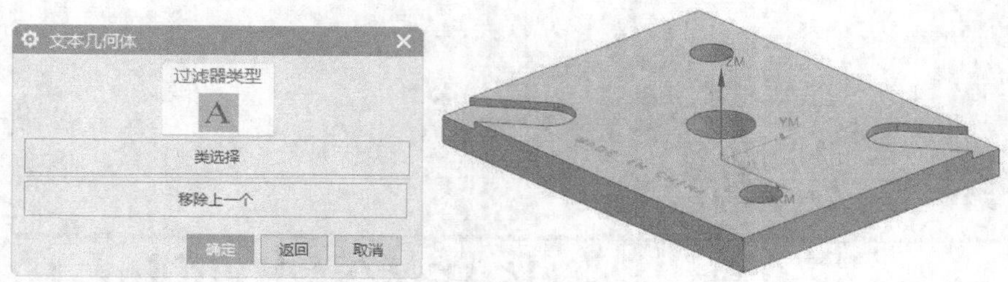

图5-51　指定文本

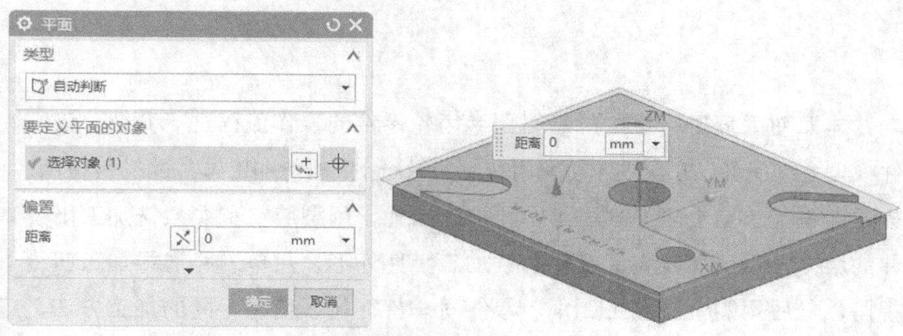

图5-52　指定底面

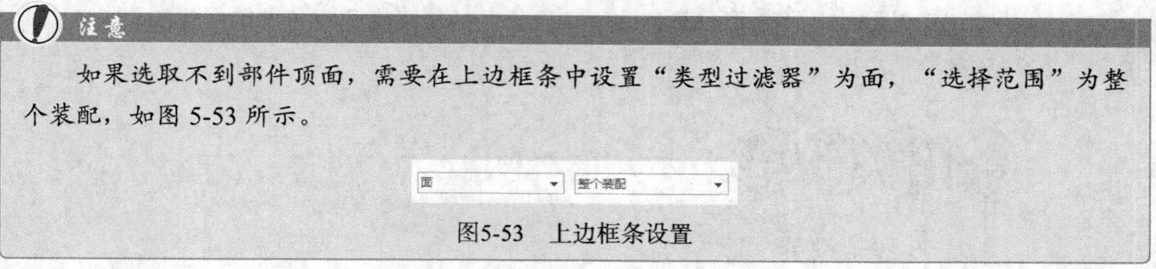

注意

如果选取不到部件顶面，需要在上边框条中设置“类型过滤器”为面，“选择范围”为整个装配，如图 5-53 所示。

图5-53　上边框条设置

（4）返回“平面文本”对话框，在“刀轨设置”栏中设置“文本深度”为1，单击“操作”栏中的“生成”按钮，生成图5-54所示的加工文本刀轨，单击“确定”按钮，关闭对话框。

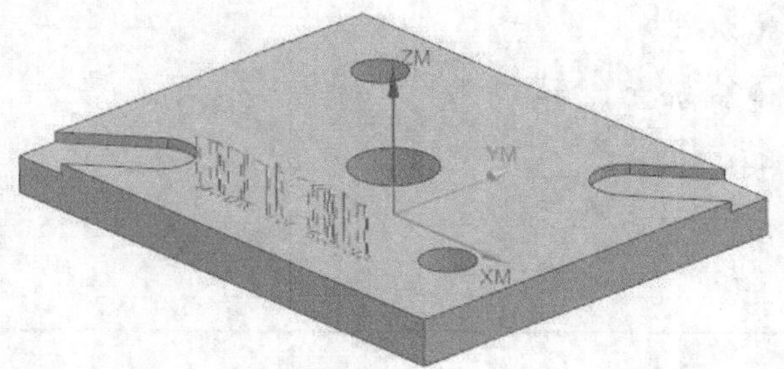

图5-54　加工文本刀轨

第 6 章

半齿轮铣削加工

本章对毛坯进行铣削加工得到半齿轮零件的操作流程进行介绍。该零件模型主要有孔、凹槽、腔体、轮齿和倒角特征。根据待加工零件的结构特点，先用面铣加工出上表面，再用钻孔加工出孔，用型腔铣和剩余铣加工出零件的腔体，再用插铣和深度轮廓铣加工零件外形，用单刀路清根加工凹槽拐角，最后用剩余铣加工倒角。零件同一特征可以使用不同的加工方法，因此，在具体安排加工工艺时，读者可以根据实际情况来确定。本章安排的加工工艺和方法不一定是最佳的，其目的只是让读者了解各种铣削加工方法的综合应用。

- 初始设置
- 面精加工
- 孔加工
- 腔体加工
- 外轮廓加工
- 清根
- 倒角加工

6.1 初始设置

选择“文件”→“打开”命令，弹出“打开”对话框，选择“banchilun.prt”，单击“打开”按钮，打开图6-1所示的待加工部件。

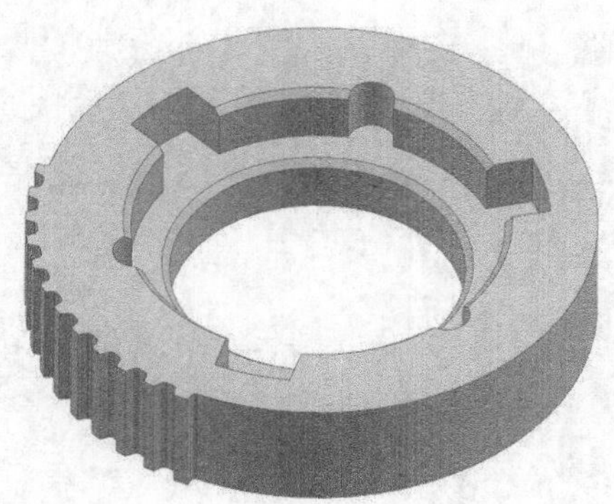

图6-1 待加工部件

6.1.1 创建毛坯

（1）在建模环境中，单击“视图”选项卡“可见性”面板中的“图层设置”按钮，弹出图6-2所示的“图层设置”对话框。在工作层中输入2，按回车键，使图层2作为工作图层，单击“关闭”按钮，关闭对话框。

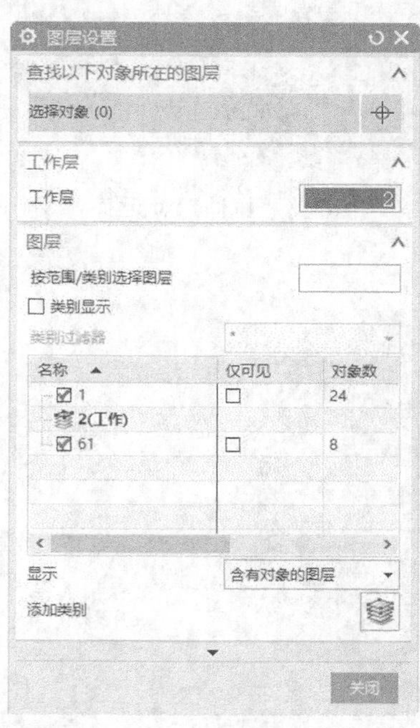

图6-2 “图层设置”对话框

（2）单击“主页”选项卡“特征”面板中的“拉伸”按钮，弹出“拉伸”对话框，单击“绘制截面”按钮，打开“创建草图”对话框，设置“平面方法”为“自动判断”，“参考”为“水平”，“原点方法”为“使用工作部件原点”，其他采用默认设置，如图6-3所示，单击“确定”按钮，进入草图绘制环境。

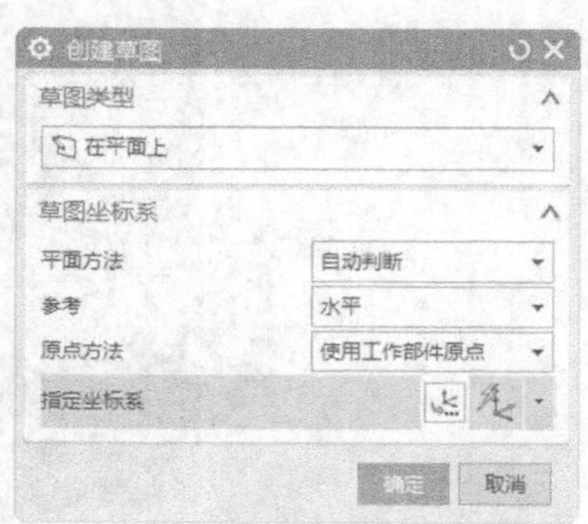

图6-3 “创建草图”对话框

（3）单击“主页”选项卡“曲线”面板中的“圆”按钮○，绘制直径为385和180的同心圆，如图6-4所示，单击“完成”按钮，退出草图绘制环境。

（4）返回到“拉伸”对话框，如图6-5所示，“指定矢量”方向为“*ZC*”，输入开始“距离”为0，结束“距离”为90，设置“布尔”为“无”，其他采用默认设置，单击“确定”按钮，生成毛坯如图6-6所示。

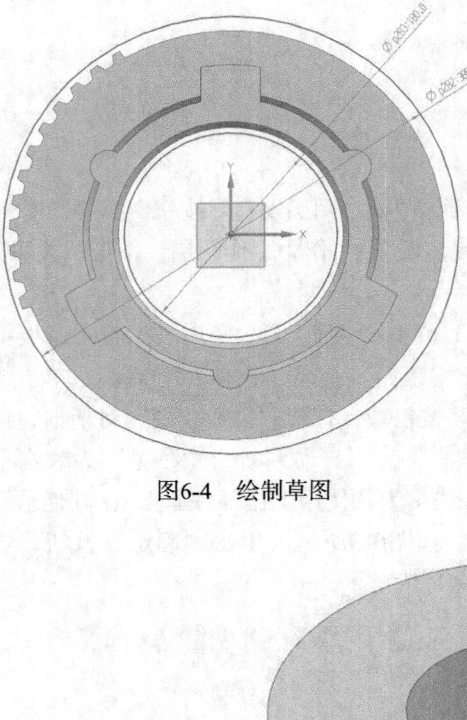

图6-4 绘制草图

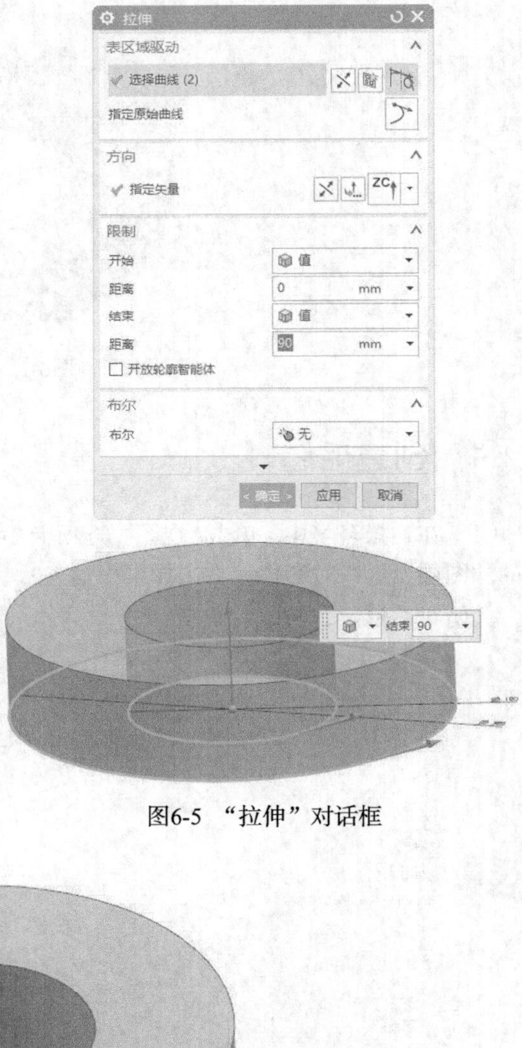

图6-5 “拉伸”对话框

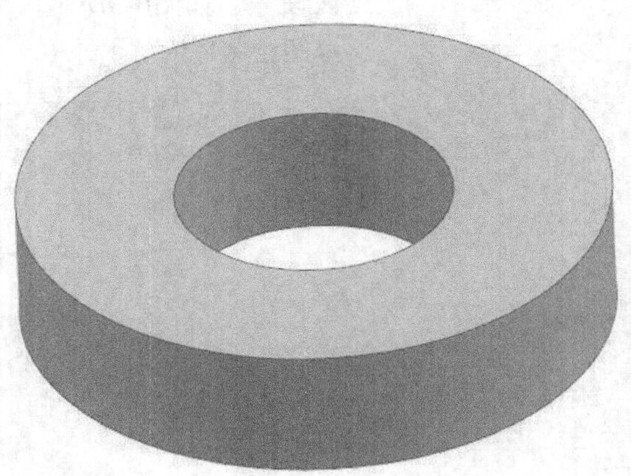

图6-6 毛坯

6.1.2　创建几何体

（1）单击“应用模块”选项卡“加工”面板中的“加工”按钮，打开图6-7所示的“加工环境”对话框，在“CAM会话配置”菜单中选择“cam_general”，在“要创建的CAM组装”菜单中选择“mill_contour”，单击“确定”按钮，进入加工环境。

（2）在上边框条中选择“几何视图”按钮，显示“工序导航器-几何”菜单，在“MCS_MILL”节点下双击“WORKPIECE”选项。

（3）弹出“工件”对话框，单击“指定部件”右侧的“选择和编辑部件几何体”按钮，弹出“部件几何体”对话框，选择图6-8所示待加工部件几何体，单击“确定”按钮，返回“工件”对话框。

图6-7 “加工环境”对话框

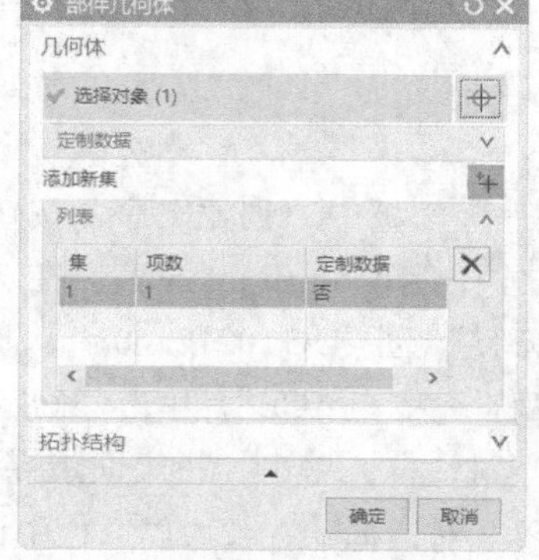

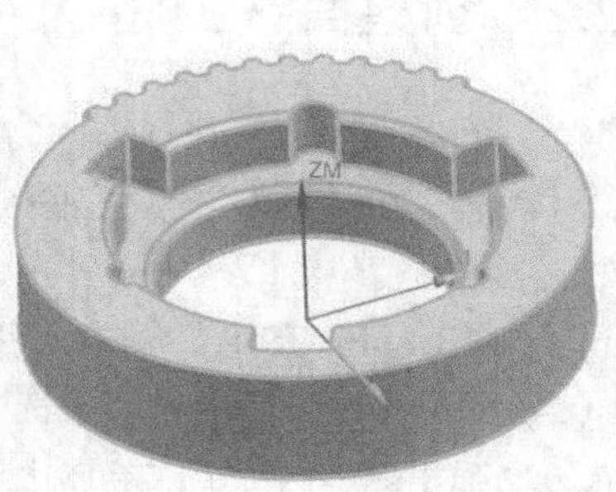

图6-8　选取部件几何体

（4）单击“指定毛坯”右侧的“选择和编辑毛坯几何体”按钮，弹出“毛坯几何体”对话框，选择如图6-9所示的毛坯几何体，连续单击“确定”按钮，完成工件设置。

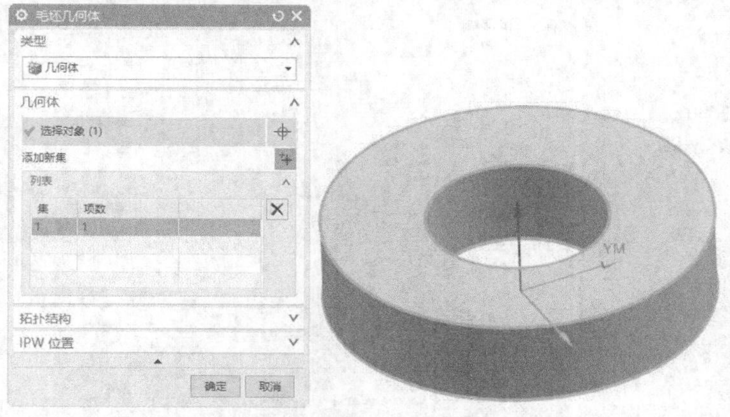

图6-9　选取毛坯几何体

（5）单击“视图”选项卡“可见性”面板中的“图层设置”按钮，弹出“图层设置”对话框。双击图层1作为工作图层，并取消图层2的勾选，隐藏毛坯，单击“关闭”按钮，关闭对话框。

6.2 面精加工

利用面铣精加工出半齿轮的顶面。

6.2.1 创建刀具

（1）单击“主页”选项卡“刀片”面板中的“创建刀具”按钮，弹出“创建刀具”对话框，在“类型”下拉列表框中选择“mill_planar”，单击“从库中调用刀具”按钮，弹出“库类选择”对话框，选择“铣”→“面铣刀”，单击“确定”按钮，关闭当前对话框。

（2）弹出“搜索准则”对话框，采用默认设置，单击“确定”按钮。弹出“搜索结果”对话框，选择库号为“ugt0212_003”，其他采用默认设置，单击“确定”按钮，完成刀具的调用，返回到“创建刀具”对话框，单击“取消”按钮，关闭对话框。

6.2.2 创建面铣工序

（1）单击“主页”选项卡“刀片”面板中“创建工序”按钮，弹出图6-10所示的“创建工序”对话框，在“类型”下拉列表框中选择“mill_planar”，在“工序子类型”栏中选择“带边界面铣”，在“位置”栏中设置“刀具”为“UGT0212_003”，“几何体”为“WORKPIECE”，“方法”为“MILL_FINISH”，输入“名称”为“FACE”，单击“确定”按钮。

（2）弹出图6-11所示的“面铣”对话框，单击“指定面边界”右侧的“选择或编辑面几何体”按钮，弹出图6-12所示“毛坯边界”对话框，在“边界”栏中设置“选择方法”为“面”，“刀具侧”为“内侧”，选择部件顶面为边界，如图6-13所示，单击“确定”按钮，关闭当前对话框。

图6-10 “创建工序”对话框

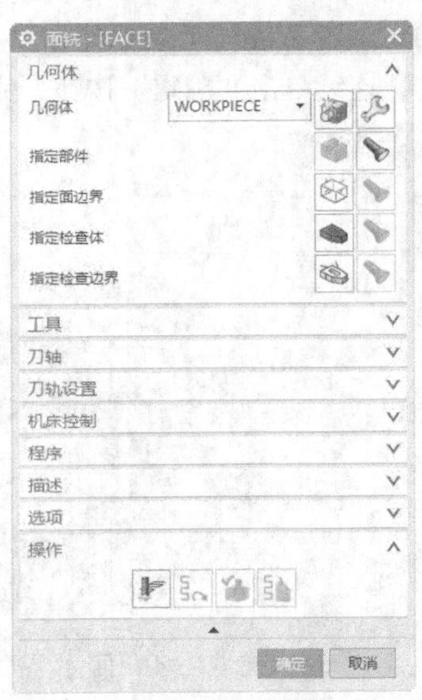

图6-11 “面铣”对话框

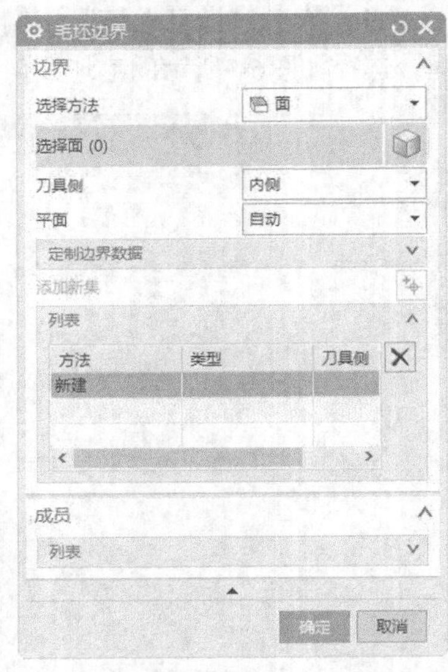

图6-12 “毛坯边界”对话框

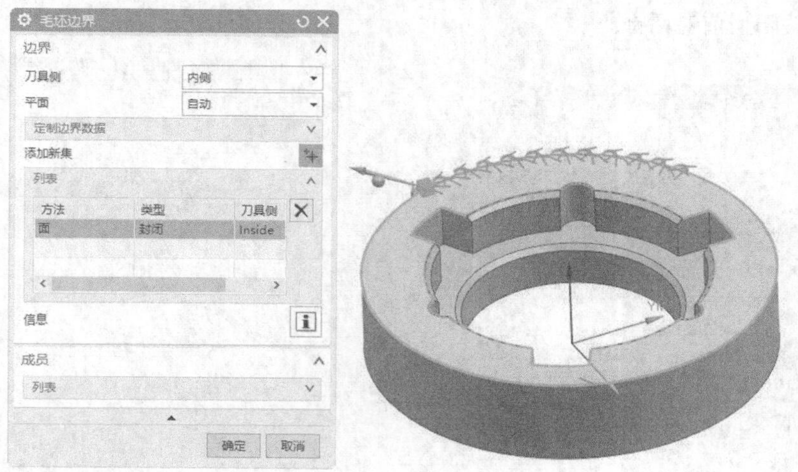

图6-13　指定边界

（3）返回到“面铣”对话框，在“刀轨设置”栏中设置“切削模式”为“单向”，“步距”为“%刀具平直”，“平面直径百分比”为50，“毛坯距离”为3，其他采用默认设置，如图6-14所示。

（4）返回“面铣”对话框，单击“操作”栏中的“生成”按钮，生成图6-15所示的面铣刀轨。

（5）单击“操作”栏中的“确认”按钮，弹出“刀轨可视化”对话框，切换到“3D动态”选项卡，单击“播放”按钮，进行3D模拟加工，如图6-16所示，单击“确定”按钮，关闭对话框。

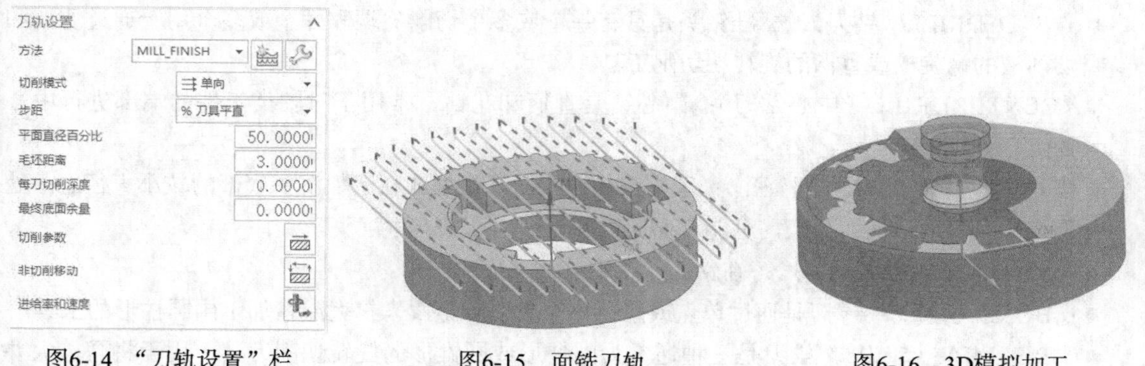

图6-14　“刀轨设置”栏　　图6-15　面铣刀轨　　图6-16　3D模拟加工

6.3 孔加工

6.3.1　创建刀具

（1）单击“主页”选项卡“刀片”面板中的“创建刀具”按钮，弹出“创建刀具”对话框，在“类型”下拉列表框中选择“hole_making”，如图6-17所示，单击“从库中调用刀具”按钮，弹出“库类选择”对话框，选择“钻孔”→“麻花钻”，如图6-18所示，单击

“确定”按钮，关闭当前对话框。

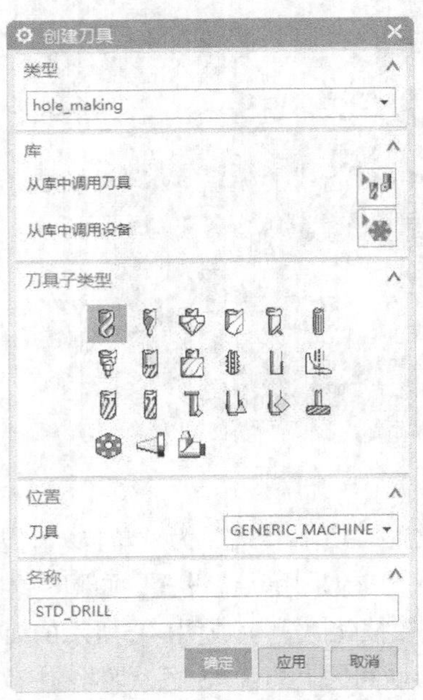

图6-17 “创建刀具”对话框

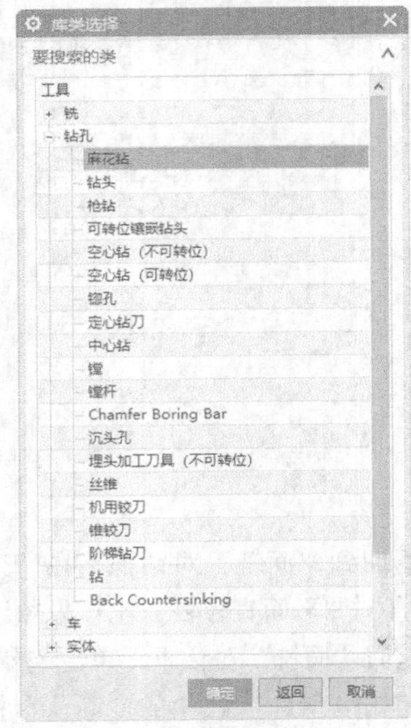

图6-18 “库类选择”对话框

“创建刀具”对话框“刀具子类型”中的说明如下。

- STD_DRILL（钻刀）：标准钻头是具有一个或多个切削尖端和一个或多个用于通过切屑和切削液的螺旋槽或直槽的旋转端切削工具。
- CENTERDRILL（中心钻刀）：中心钻是直柄麻花钻，常用于对轴类工件的端部进行中心加工。
- COUNTER_SINK（埋头孔）：埋头工具在孔的开口处或在诸如沉头底部的较小直径之一处形成锥形斜面。在大孔上，可能需要通过圆铣削斜面来产生沉头。
- SPOT_DRILL（定心钻）：在钻前，使用点钻来形成倒角。
- BORE（镗刀）：镗刀是通过单点或多刃口刀具去除金属来扩大或精加工内圆柱形的工具。
- REAMER（铰刀）：铰刀是一种通常为圆柱形或圆锥形的旋转切削刀具，用于将孔扩大并精加工到精确的尺寸。
- STEP_DRILL（阶梯钻刀）：一般来说，这个钻头是2根长笛式的，尽管可能有3到4个长笛阶梯钻头。阶梯的不同直径从彼此切割边缘分离。阶梯钻通常用于钻孔，以达到公差要求，有时可以消除后续扩孔操作的需求。
- CORE_DRILL（空心钻刀）：空心钻刀使用点角和点长度参数来确定钻尖的大小。
- COUNTER_BORE（沉头孔）：用于扩大有限深度的孔。
- TAP（丝锥）：切削丝锥具有一组螺旋形的切削刃，当刀具进入孔时，这些刃在孔中切削螺纹。丝锥是用来形成特定的螺纹尺寸和形状的。
- THREAD_MILL（螺纹铣刀）：螺纹铣刀是单点或多点铣刀，用于通过以螺旋运动移动旋转工具，使其中心线平行于孔的中心线来铣削或产生螺纹。该工具的形状和间距与要加工的螺纹相同。

（2）弹出“搜索准则”对话框，采用默认设置，单击“确定”按钮。弹出“搜索结果”对话框，选择库号为“ugt0301_008”，其他采用默认设置，如图6-19所示，单击“确定”按钮，完成刀具的调用，返回到“创建刀具”对话框，单击“取消”按钮，关闭对话框。

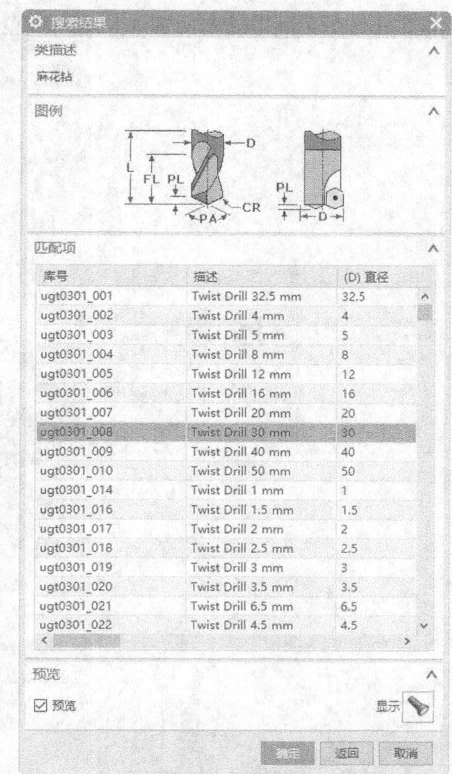

图6-19 “搜索结果”对话框

6.3.2 创建钻孔工序

（1）单击“主页”选项卡“刀片”面板中“创建工序”按钮，弹出如图6-20所示的“创建工序”对话框，在“类型”下拉列表框中选择“hole_making”，在“工序子类型”栏中选择“钻孔”，在“位置”栏中设置“刀具”为“UGT0301_008”，“几何体”为“WORKPIECE”，“方法”为“DRILL_METHOD”，其他采用默认设置，单击“确定”按钮。

图6-20 “创建工序”对话框

“创建工序”对话框中“工序子类型”说明如下。

- 定心钻：主要用来钻定位孔，是带有停留的钻孔循环。
- 钻孔：钻孔加工的基本操作，一般情况下利用该加工类型即可满足点位加工的要求。
- 钻深孔：可以手动钻深孔。
- 钻埋头孔：可以钻埋头孔。钻孔直径大于孔直径。如果倒角未基于孔特征建模系统将估计初始值。
- 背面埋头钻孔：可以对选定的孔手动钻埋头孔。
- 攻丝：在孔中切割螺纹。攻丝工具的大直径必须等于要切割的特征的直径。
- 孔铣：使用平面螺旋或螺旋切削来加工盲孔和通孔。
- 孔倒斜铣：使用圆弧模式对孔倒斜角。
- 顺序钻：可以对选定的断孔进行手动钻孔。
- 凸台铣：使用平面螺旋或螺旋切削来加工圆柱台。
- 螺纹铣：使用螺旋切削铣削螺纹孔。
- 凸台螺纹铣：加工圆柱台螺纹。
- 径向槽铣：使用圆弧模式加工径向槽。

（2）弹出如图6-21所示的“钻孔”对话框。在“几何体”栏中单击“选择或编辑特征几何体”图标，打开“特征几何体”对话框，设置“深度限制”为“盲孔”，在视图中选取直径为30mm的孔，选取的孔添加到列表中，如图6-22所示。

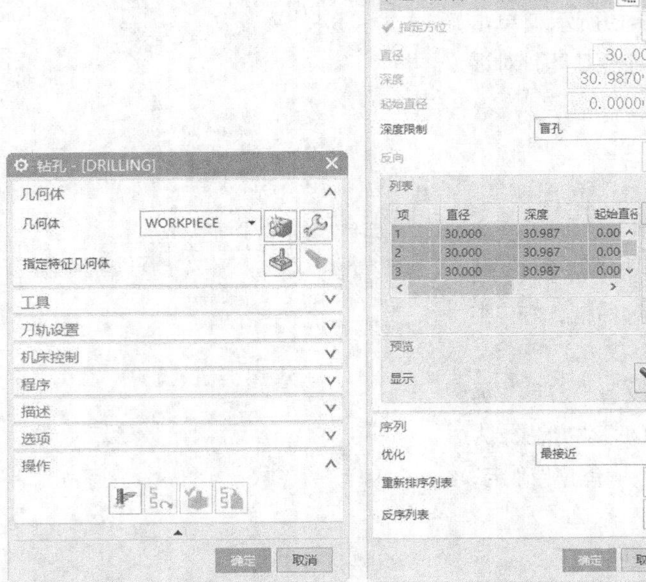

图6-21 “钻孔”对话框

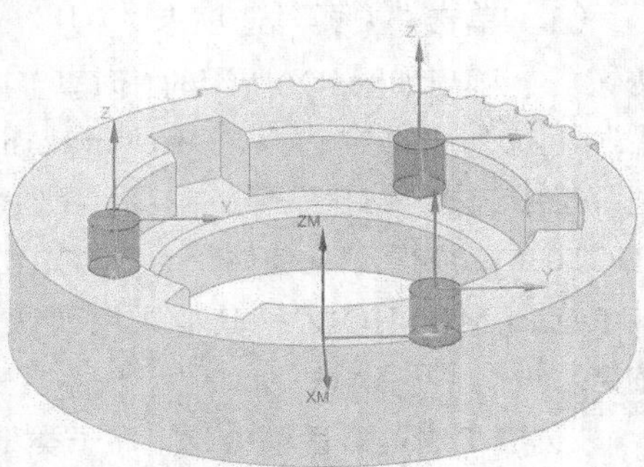

图6-22 选取孔

（3）单击“显示”按钮，显示钻孔路径，如图6-23所示，单击“确定”按钮，返回“钻孔”对话框。

“特征几何体”对话框中的选项说明如下。

■ 公共参数

➢ 过程工件：控制NX如何计算过程特征。包括无、使用3D和局部3种。

✧ 无：如果操作使用加工特征作为几何体，则从选定面或从加工区域计算要加工的体积。如果选择点或圆弧，可以手动输入深度。系统将特征起点的CSYS定位在所选对象的顶部。

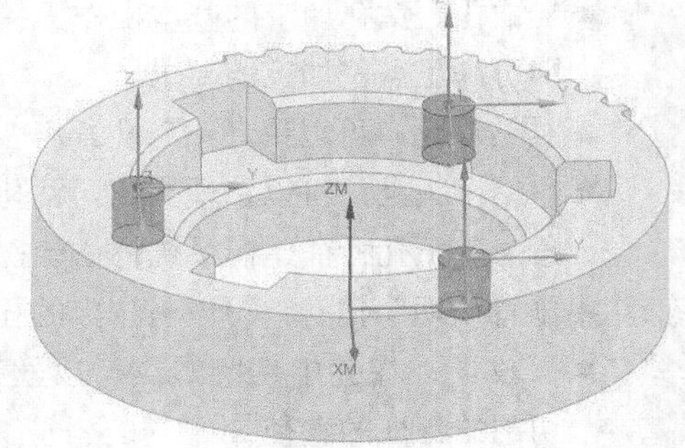

图6-23 钻孔路径

✧ 使用3D：通过从3D IPW体积中减去加工区域体积来计算要加工的体积。系统将CSYS向上移动到3D IPW的起点，并将深度延伸到3D IPW的底部。

✧ 局部：通过从局部加工特征内减去加工区域的体积来计算要加工的体积。如果为几何体选择加工特征，系统将包括倒角和半径。

➢ 加工区域：在下拉列表中列出可用于当前进行加工的加工区域。

➢ 切削参数：通过从特征中减去零件边料和底料确定体积。

✧ 控制点：确定钻孔循环的起点。

过程特征：将控制点定位在当前特征的顶部。

加工特征：将控制点定位在孔特征的顶部。

✧使用预定义深度：勾选此选项，将操作中所有要素的深度设置为指定的深度值。可以指定距离值、刀具直径的百分比或凹槽长度的百分比。

✧底部余量：设置加工盲孔时的底部余量。

✧刀具驱动点：用于选择刀具接触点是在刀尖还是在刀肩处。

✧相交策略：控制系统如何计算进程内功能。

■ 特征：此工序可以使用特征组中定义的孔几何体，也可以通过选择模型中的几何体来定义孔几何体。

➢ 选择对象：用于选择模型中的孔几何体。

➢ 深度限制：通过此选项来选取通孔和盲孔。

➢ 列表：显示已定义的孔几何体集。

■ 序列

➢ 优化：用于安排刀轨中各加工位置的加工顺序以实现最快刀轨或限制刀轨。“优化”可将刀轨限制在水平或垂直的带状区域内，以适应夹具位置、机床行程，工作台尺寸等情况下的约束，包括最短刀轨、最接近和主方向。

✧最短刀轨：指定系统以最短路径来优化刀轨。在加工点的数量很大并且需要使用可变刀轴时，该方法常被用作首选方法。但这种方法比其他优化方法可能需要更多的处理时间。

✧主方向：在用户指定的方向区域内优化刀具路径。

✧最接近：指定从每个位置移动到下一个最近位置的路径。

➢ 重新排序列表：系统将按照选择的优化对列表进行重新排序。

➢ 反向列表：用于使前面已选择的加工位置的加工顺序颠倒。

（4）在“刀轨设置”栏中选择“钻”循环，勾选“切削碰撞检查”和“过切检查”复选框，如图6-24所示。

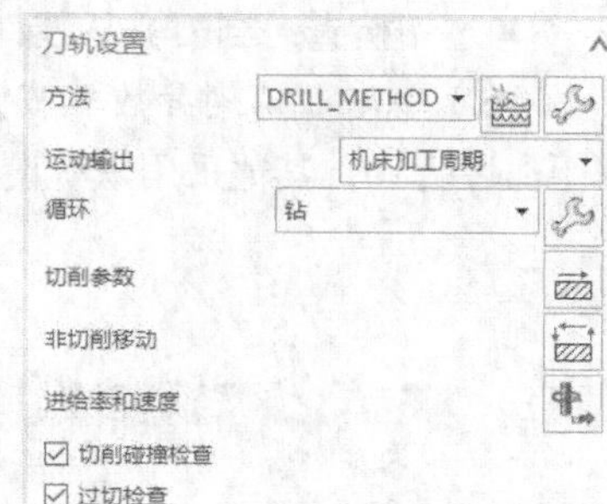

图6-24 “刀轨设置”栏

“刀轨设置”栏中的主要选项说明如下。

■ 循环：可用的循环取决于运动输出设置。

➢ 钻：使系统在每个选定加工点处生成标准钻循环。

➢ 钻，埋头孔：使系统在每个选定的加工点处生成标准埋孔钻循环。一个埋头孔序列包含进刀至指定深度，该深度根据埋头直径和刀顶角计算获得，然后沿刀具轴以快速进给率退刀。

➢ 钻，深孔：在每个选定的加工点处生成标准深钻循环。一个典型的深钻序列包含以一系列增量进刀至指定深度，刀具到达每个新的增量深度后以快速进给率从孔中退出。一个典型的深钻序列包含以一系列增量将刀具进给到指定深度，刀具到达每个新的增量深度后以快速进给率从孔中退出。

➢ 钻，深孔，断屑：在每个选定的加工点处生成标准断屑钻孔循环。一个典型的断屑钻孔序列包含使用一系列增量进刀至指定深度，完成每个增量后退刀至安全间隙距离，刀具钻至最终深度后以快速进给率从孔中退刀。

- 钻，攻丝：在每个选定的切削点处生成一个标准攻螺纹循环。一个典型的攻螺纹序列包含进刀至指定深度，主轴反向，然后从孔中退刀。
- 钻，镗：在每个选定的加工点处激活标准镗孔循环。一个典型的镗孔序列包含进刀至指定深度，然后从孔中退刀。
- 钻，镗，拖动：在每个选定的CL点处激活一个带有非旋转主轴退刀的标准镗孔循环。一个典型的“钻，镗，拖动”序列包含进刀至指定深度，主轴停止和以快速进给率从孔中退刀。
- 钻，镗，不拖动：在每个选定的加工点处生成一个带有主轴停止和定向的标准镗孔循环。一个典型的“钻，镗，不拖动”序列包含进刀至指定深度、主轴停止和定位、垂直于刀轴和沿主轴定位方向的偏置运动、快速从孔中退刀。也就是说，在刀具退刀前主轴先停止在指定位置上，然后在垂直于刀轴方向和沿主轴定位方向上进行偏置运动，最后快速退刀。
- 钻，镗，背镗：返回在每个选定的加工点处生成标准返回镗孔循环。一个典型的标准背镗序列包含主轴的停止和定位、垂直于刀轴的偏置运动、沿主轴定位方向的偏置运动、静止主轴的进孔、回到孔中心的偏置运动、主轴启动和退出孔外。
- 钻，镗，手工：在每个选定的加工点处生成带有手动主轴退刀的标准镗孔循环。一个典型的标准镗，手工退刀序列包含进刀至指定深度，主轴停止和程序停止，以允许操作人员手动从孔中退出主轴等。
- 钻，文本：选择此选项，弹出图6-25所示的“循环参数”对话框，可在对话框的文本框中输入一个由1～20个数字或字母字符组成的字符串（不包含空格）。

■ 切削碰撞检查：当刀具的非切削部件接触零件或检查几何图形时，会发生碰撞检查。

■ 过切检查：当刀具从零件几何体或检查几何体中移除不应移除的材料时，会发生过切检查。

（5）单击“切削参数”按钮，弹出“切削参数”对话框，设置“顶偏置”为“距离”，输入“距离”为10，其他采用默认设置，如图6-26所示，单击“确定”按钮。

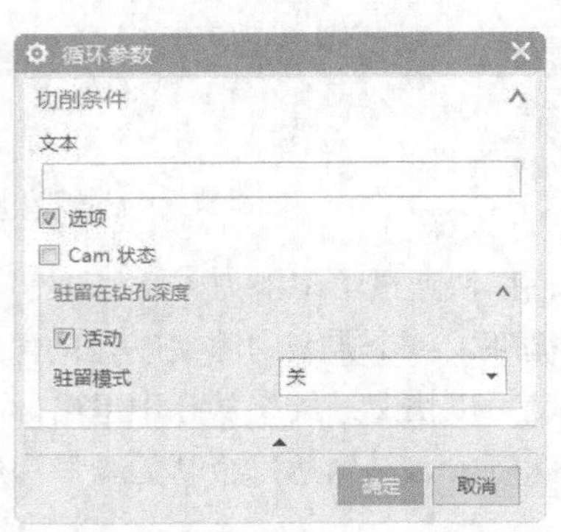

图6-25 “循环参数”对话框

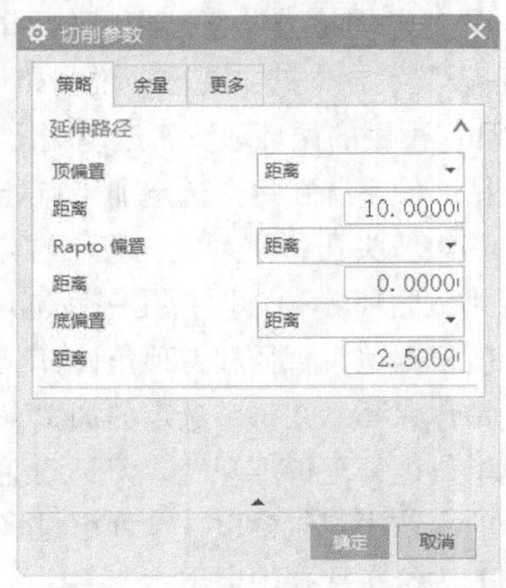

图6-26 “切削参数”对话框

“切削参数”对话框“策略”选项卡中的选项说明如下。

- 顶偏置：允许在任一方向从物理几何体顶面延伸或修剪刀轨总长。
  - 距离：设置从顶面偏置的长度。对于钻工序，只能指定一个正值。对于其他工序，可指定正值或负值。
  - 牙数：适用于螺纹铣和凸台螺纹铣工序。根据刀具牙数设置从顶面开始偏置的长度。
- Rapto偏置：适用于手动钻孔工序。定义从最小逼近安全平面开始的距离，以启动钻孔周期。
  - 距离：用于指定距离值。
  - 自动：自动为沉头孔或埋头孔钻孔计算值，并将其提供给对应的后处理命令。
- 底偏置：可以在任一方向从物理螺纹几何体底面延伸或修剪刀轨总长。

（6）返回“钻孔”对话框，单击“操作”栏中的“生成”按钮，生成图6-27所示的钻孔刀轨。

（7）单击“操作”栏中的“确认”按钮，弹出“刀轨可视化”对话框，切换到“3D动态”选项卡，单击“播放”按钮，进行3D模拟加工，如图6-28所示，单击“确定”按钮，关闭对话框。

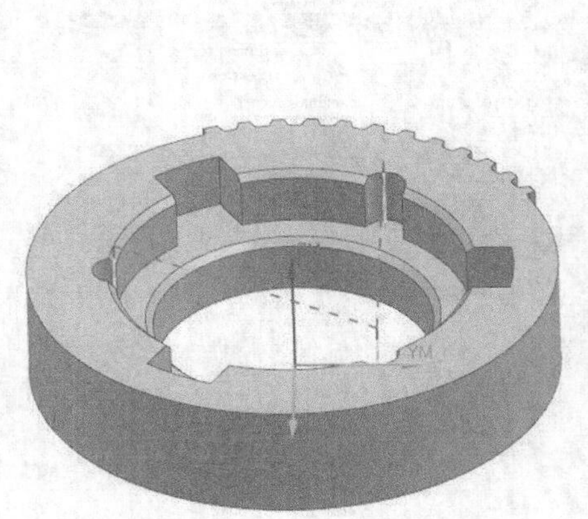

图6-27　钻孔刀轨

图6-28　3D模拟加工

6.4 腔体加工

先用型腔铣粗加工腔体，然后利用剩余铣精加工腔体。

6.4.1　创建刀具

（1）单击“主页”选项卡“刀片”面板中的“创建刀具”按钮，弹出“创建刀具”对话框，在“类型”下拉列表框中选择“mill_contour”，在“刀具子类型”栏选择“MILL”，输入“名称”为“END20”，单击“确定”按钮。

（2）弹出“铣刀-5参数”对话框，在“工具”选项卡的“尺寸”栏中输入“直径”为20，“长度”为120，“刀刃长度”为75，其他采用默认设置，如图6-29所示。在“夹持器”选项卡“库”栏中单击“从库中调用夹持器”按钮，弹出“库类选择”对话框，选择“Milling_Drilling”夹持器，单击“确定”按钮。

（3）弹出“搜索准则”对话框，采用默认设置，单击“确定”按钮。弹出“搜索结果”对话框，选择库号为“HLD001_00012”，其他采用默认设置，如图6-30所示，单击“确定”按钮，完成夹持器的调用。

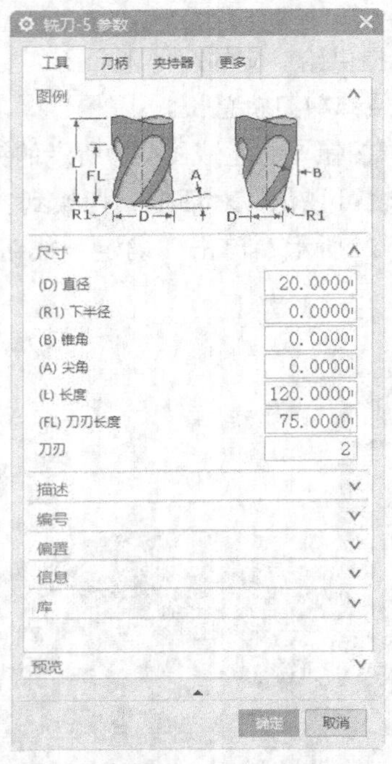

图6-29 “工具”选项卡

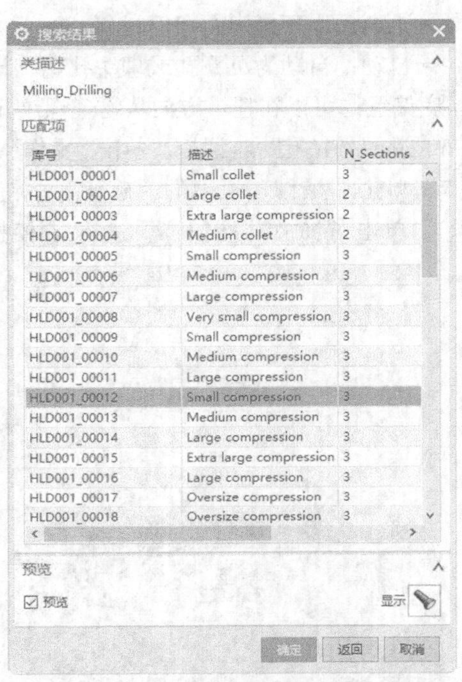

图6-30 “搜索结果”对话框

6.4.2 创建粗加工型腔铣工序

（1）单击“主页”选项卡“刀片”面板中“创建工序”按钮，弹出如图6-31所示的“创建工序”对话框，在“类型”下拉列表中选择“mill_contour”，在“工序子类型”栏中选择“型腔铣”，在“位置”栏中设置“几何体”为“WORKPIECE”，“刀具”为“END20”，“方法”为“MILL_ROUGH”，其他采用默认设置，单击“确定”按钮。

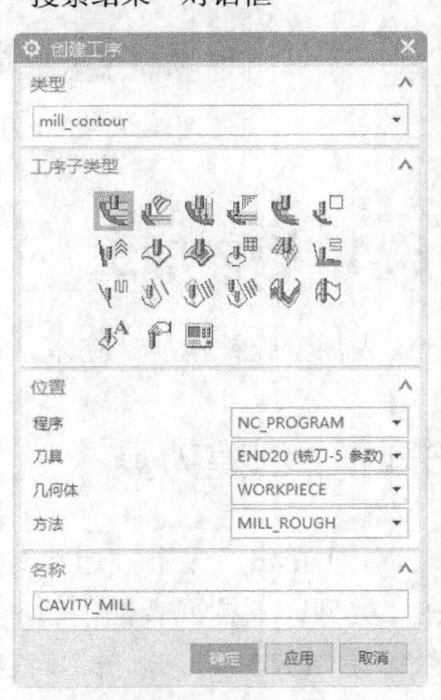

图6-31 “创建工序”对话框

在“工序子类型”栏中一共列出了21种子类型，各项含义介绍如下。

■ 型腔铣：基本的型腔铣工序，用于去除毛坯或IPW及部件所定义的一定量的材料，带有许多平面切削模式，常用于粗加工。

- ■自适应铣削：在垂直于固定轴的平面切削层使用自适应切削模式对一定量的材料进行粗加工，同时维持刀具进刀一致。
- ■插铣：特殊的铣加工工序，主要用于需要长刀具的较深区域。插铣对难以到达的深壁使用长细刀具进行精铣非常有利。
- ■拐角粗加工：切削拐角中的剩余材料，这些材料因前一刀具的直径和拐角半径关系而无法去除。
- ■剩余铣：清除粗加工后剩余加工余量较大的角落以保证后续工序均匀的加工余量。
- ■深度轮廓铣：基本的Z级铣削，用于以平面切削方式对部件或切削区域进行轮廓铣。
- ■深度加工拐角：精加工前一刀具因直径和拐角半径关系而无法到达的拐角区域。
- ■固定轮廓铣：用于以各种驱动方式、空间范围和切削模式的部件或切削区域进行轮廓铣的基础固定轴曲面轮廓铣工序。刀具轴是+*ZM*。
- ■区域轮廓铣：区域铣削驱动，用于以各种切削模式切削选定的面或切削区域。常用于半精加工和精加工。
- ■曲面区域轮廓铣：默认为曲面区域驱动方法的固定轴铣。
- ■流线：用于流线铣削面或切削区域。
- ■非陡峭区域轮廓铣：与区域轮廓铣相同，但只切削非陡峭区域。经常与深度轮廓铣一起使用，以便在精加工切削区域时控制残余高度。
- ■陡峭区域轮廓铣：区域铣削驱动，用于以切削方向为基础，只切削非陡峭区域。或与区域轮廓铣一起使用，以便通过前一往复切削来降低残余高度。
- ■单刀路清根：自动清根驱动方式，清根驱动方法中选择单路径，用于精加工或减轻角及谷。
- ■多刀路清根：自动清根驱动方式，清根驱动方法中选择路径，用于精加工或减轻角及谷。
- ■清根参考刀具：使用清根驱动方法在指定参考刀具确定的切削区域中创建多刀路，用于铣削剩下的角和谷。
- ■实体轮廓3D：特殊的三维轮廓铣切削类型，其深度取决于边界中的边或曲线。常用于修边。
- ■轮廓3D：特殊的三维轮廓铣切削类型，其深度取决于边界中的边或曲线。常用于修边。
- ■轮廓文本：切削制图注释中的文字，用于三维雕刻。
- ■用户定义铣：此刀轨由用户定制的NX Open程序生成。
- ■铣削控制：只包含机床控制事件。

（2）弹出“型腔铣”对话框，单击“指定切削区域”右侧的“选择或编辑切削区域几何体”按钮，弹出“切削区域”对话框，选择图6-32所示的切削区域，单击“确定”按钮，关闭当前对话框。

（3）返回“型腔铣”对话框，在“刀轨设置”栏中单击“切削参数”按钮，弹出“切削参数”对话框，切换至“余量”选项卡，勾选“使底面余量和侧面余量一致”复选框，设置“部件侧面余量”为2，其他采用默认设置，如图6-33所示，单击“确定”按钮。

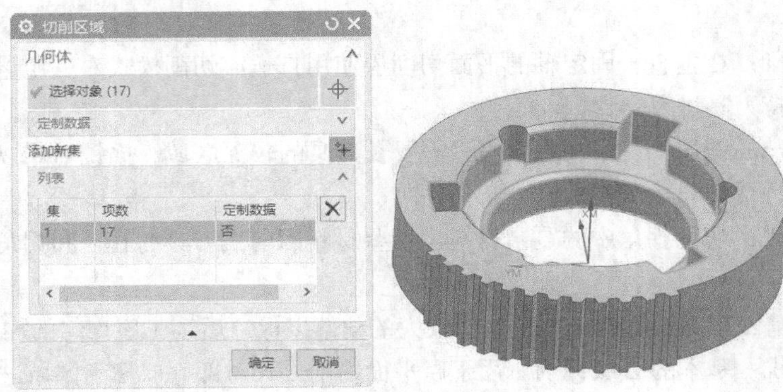

图6-32 指定切削区域

（4）返回“型腔铣”对话框，在“刀轨设置”栏中设置“切削模式”为“跟随部件”，“步距”为“%刀具平直”，“平面直径百分比”为50，“公共每刀切削深度”为“恒定”，“最大距离”为10mm，其他采用默认设置，如图6-34所示。

（5）单击“操作”栏中的“生成”按钮，生成图6-35所示的粗加工腔体刀轨。

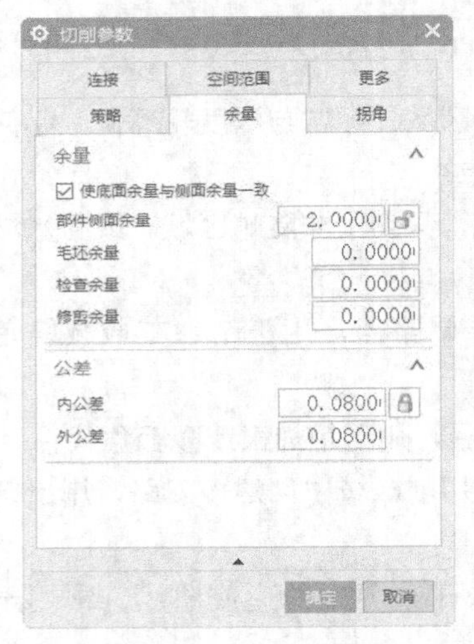

图6-33 “切削参数”对话框

图6-34 “刀轨设置”栏

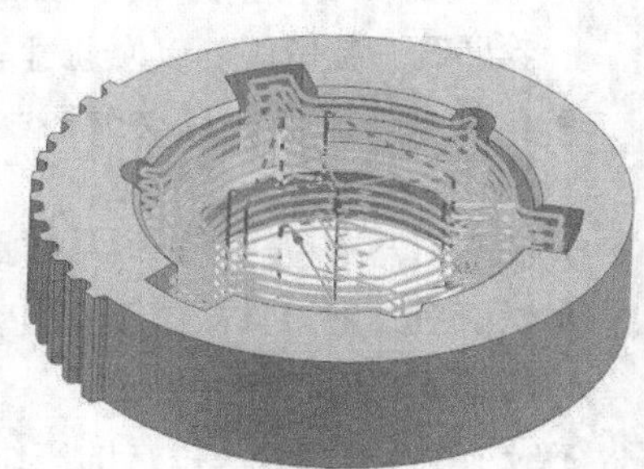

图6-35 粗加工腔体刀轨

（6）单击“操作”栏中的“确认”按钮，弹出“刀轨可视化”对话框，切换到“3D动态”选项卡，单击“播放”按钮，进行3D模拟加工，如图6-36所示，单击“确定”按钮，关闭对话框。

图6-36 3D模拟加工

6.4.3 创建剩余铣精加工工序

（1）单击“主页”选项卡“刀片”面板中“创建工序”按钮，弹出“创建工序”对话框，在“类型”下拉列表框中选择“mill_contour”，在“工序子类型”栏中选择“剩余铣”，在“位置”栏中设置“刀具”为“END20”，“几何体”为“WORKPIECE”，“方法”为“MILL_FINISH”，如图6-37所示，单击“确定”按钮。

（2）弹出如图6-38所示的“剩余铣”对话框，单击“指定切削区域”右侧的“选择或编辑切削区域几何体”按钮，弹出“切削区域”对话框，选择腔体内表面为切削区域，如图6-39所示，单击“确定”按钮，关闭当前对话框。

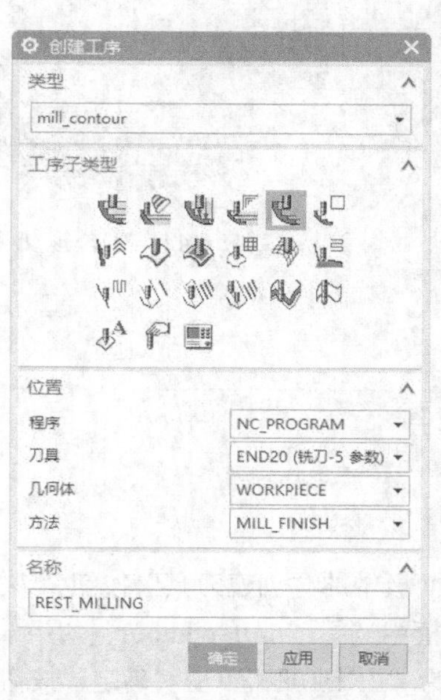

图6-37 “创建工序”对话框

图6-38 “剩余铣”对话框

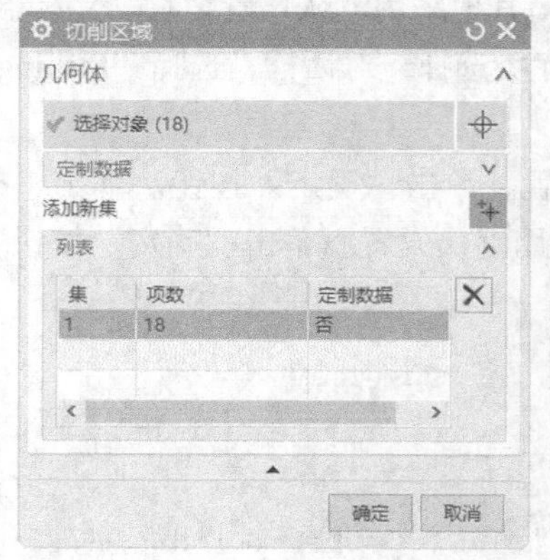

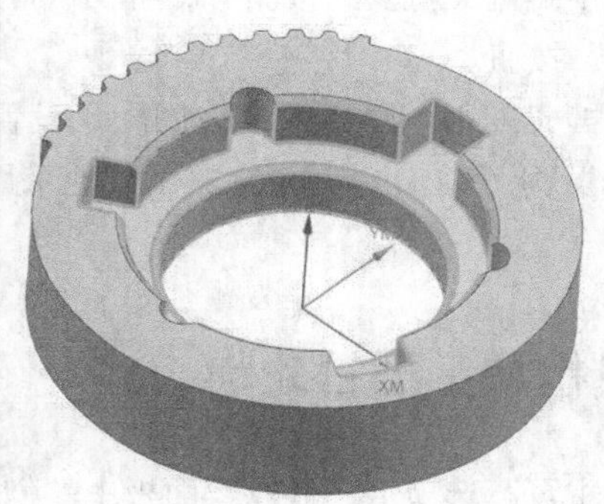

图6-39 指定切削区域

（3）返回到“剩余铣”对话框，在“刀轨设置”栏中设置“切削模式”为“跟随部件”，“步距”为“%刀具平直”，“平面直径百分比”为20，“最大距离”为10，其他采用默认设置，如图6-40所示。

（4）单击“操作”栏中的“生成”按钮，生成图6-41所示的精加工腔体刀轨。

（5）单击“操作”栏中的“确认”按钮，弹出“刀轨可视化”对话框，切换到“3D动态”

选项卡，单击“播放”按钮▶，进行3D模拟加工，如图6-42所示，单击“确定”按钮，关闭对话框。

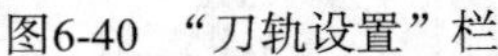
图6-40 “刀轨设置”栏

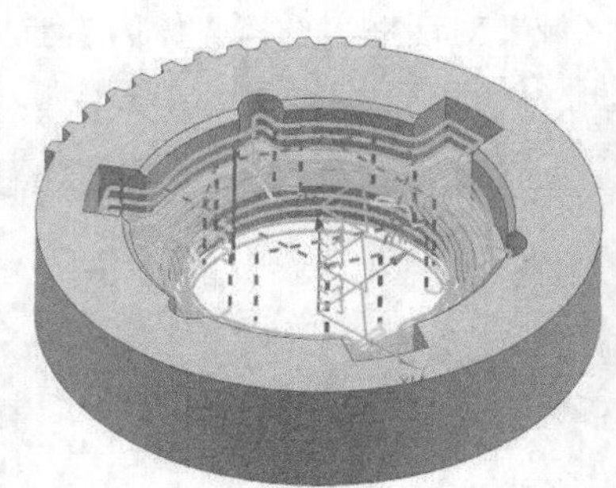
图6-41 精加工腔体刀轨

图6-42 3D模拟加工

6.5 外轮廓加工

6.5.1 创建刀具

（1）单击“主页”选项卡“刀片”面板中的“创建刀具”按钮，弹出“创建刀具”对话框，在“类型”下拉列表框中选择“mill_contour”，在“刀具子类型”栏选择“MILL”，输入“名称”为“END10”，单击“确定”按钮。

（2）弹出“铣刀-5参数”对话框，在“工具”选项卡的“尺寸”栏中输入“直径”为10，“长度”为120，“刀刃长度”为75，其他采用默认设置。在“夹持器”选项卡“库”栏中单击“从库中调用夹持器”按钮，弹出“库类选择”对话框，选择“Milling_Drilling”夹持器，单击“确定”按钮。

（3）弹出“搜索准则”对话框，采用默认设置，单击“确定”按钮。弹出“搜索结果”对话框，选择“库号”为“HLD001_00012”，其他采用默认设置，单击“确定”按钮，完成夹持器的调用。

6.5.2 创建粗加工插铣轮齿工序

（1）单击“主页”选项卡“刀片”面板中“创建工序”按钮，弹出“创建工序”对话框，在“类型”下拉列表框中选择“mill_contour”，在“工序子类型”栏中选择“插铣”，在“位置”栏中设置“几何体”为“WORKPIECE”，“刀具”为“END10”，“方法”为“MILL_ROUGH”，其他采用默认设置，如图6-43所示，单击“确定”按钮，关闭当前对话框。

（2）打开图6-44所示的“插铣”对话框，单击“选择或编辑铣削几何体”按钮，打开“切削区域”对话框，选择轮齿曲面为切削区域，如图6-45所示，单击“确定”按钮。

（3）在“刀轨设置”栏中设置“切削模式”为“轮廓”，“向前步距”为“25%刀具”，“向上步距”为“25%刀具”，“最大切削宽度”为“50%刀具”，“转移方法”为“安全平面”，“退刀距离”为3，“退刀角”为45，如图6-46所示。

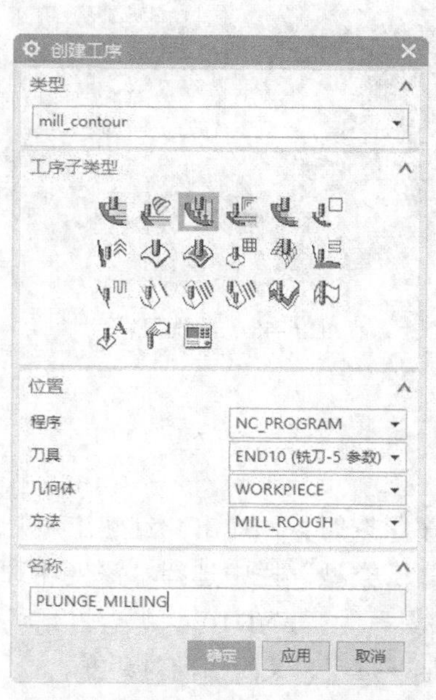

图6-43　“创建工序”对话框

图6-44　“插铣”对话框

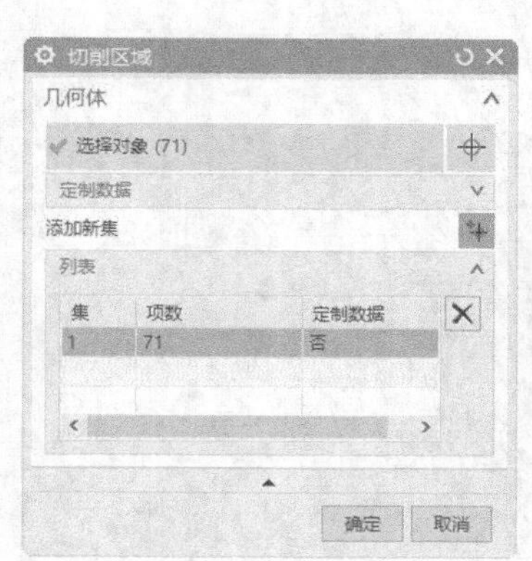

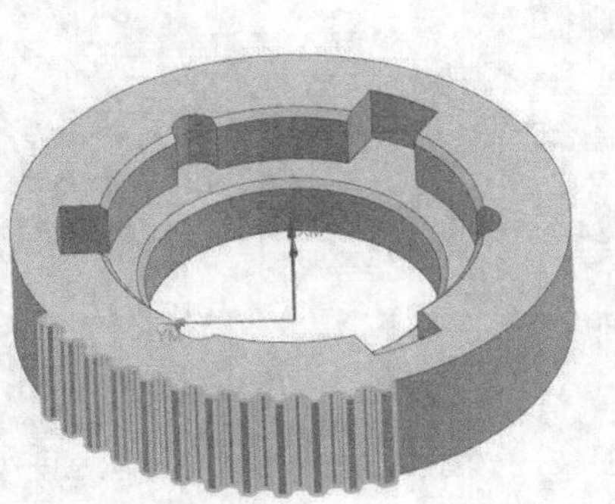

图6-45　选取切削区域

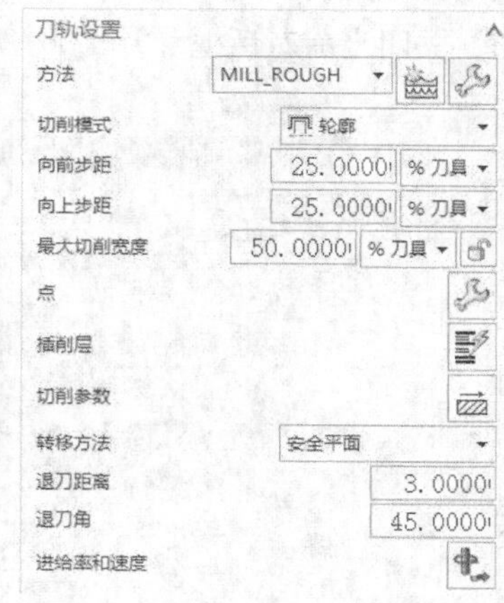

图6-46　“刀轨设置”栏

（4）在“刀轨设置”栏中单击“切削参数”按钮，弹出“切削参数”对话框，在“余量”选项卡的“余量”栏中设置“部件侧面余量”为2，在“公差”栏中设置“内公差”和“外公差”为0.03，其他采用默认设置，如图6-47所示，单击“确定”按钮，关闭当前对话框。

（5）在“插铣”对话框的“操作”栏中单击“生成”按钮，生成如图6-48所示的插铣刀轨。单击“确定”按钮，完成齿形粗加工。

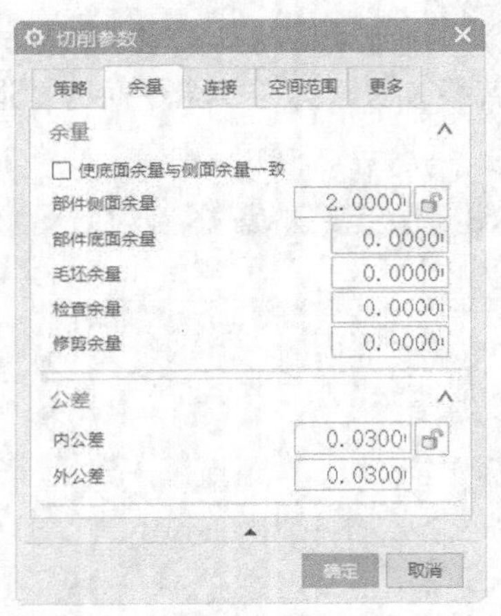

图6-47 “切削参数”对话框

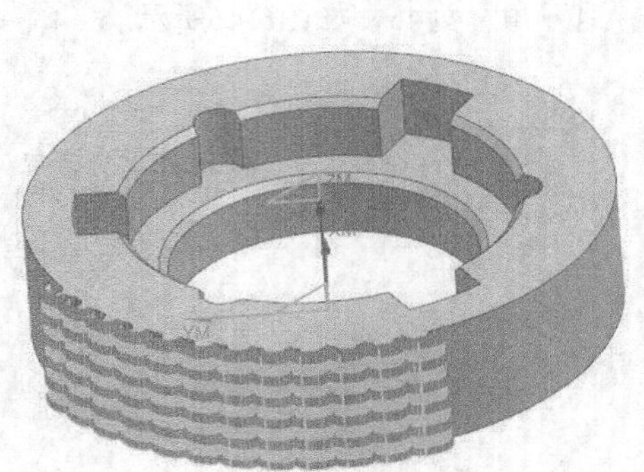

图6-48 插铣刀轨

6.5.3 创建粗加工外圆柱面工序

（1）单击“主页”选项卡“刀片”面板中“创建工序”按钮，弹出“创建工序”对话框，在“类型”下拉列表框中选择“mill_contour”，在“工序子类型”栏中选择“深度轮廓铣”，在“位置”栏中设置“几何体”为“WORKPIECE”，“刀具”为“END10”，“方法”为“MILL_ROUGH”，其他采用默认设置，如图6-49所示，单击“确定”按钮，关闭当前对话框。

（2）弹出图6-50所示的“深度轮廓铣”对话框，单击“指定切削区域”右侧的“选择或编辑切削区域几何体”按钮，弹出“切削区域”对话框，选择图6-51所示切削区域，单击“确定”按钮，关闭当前对话框。

图6-49 “创建工序”对话框

图6-50 “深度轮廓铣”对话框

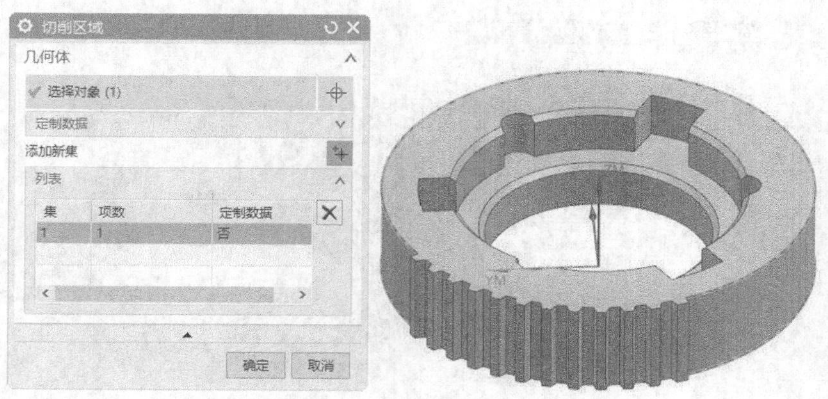

图6-51　指定切削区域

（3）在“刀轨设置”栏中单击“切削参数”按钮，弹出“切削参数”对话框，在“余量”选项卡的“余量”栏中设置“部件侧面余量”为2，在“公差”栏中设置“内公差”和“外公差”为0.03，其他采用默认设置，单击“确定”按钮，关闭当前对话框。

（4）返回到“深度轮廓铣”对话框，在“刀轨设置”栏中设置“公共每刀切削深度”为“恒定”，“最大距离”为10mm，其他采用默认设置，如图6-52所示。

（5）返回到“深度轮廓铣”对话框，单击“操作”栏中的“生成”按钮，生成如图6-53所示的深度轮廓铣刀轨。

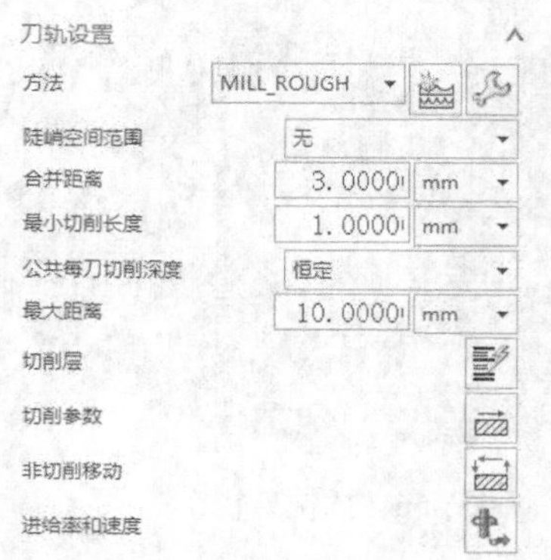

图6-52　“刀轨设置”栏

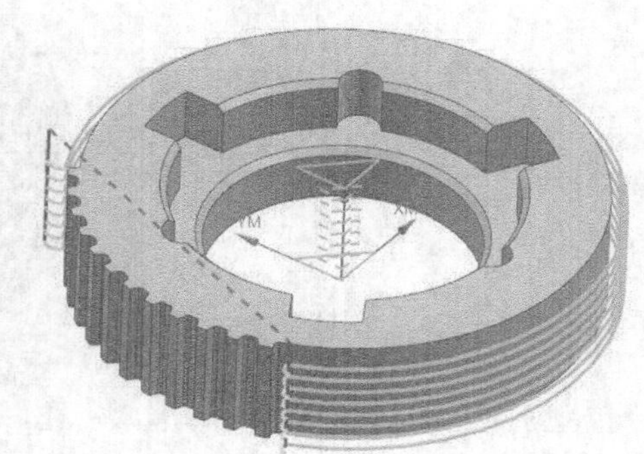

图6-53　深度轮廓铣刀轨

6.5.4　创建精加工插铣外形工序

（1）单击“主页”选项卡“刀片”面板中“创建工序”按钮，弹出“创建工序”对话框，在“类型”下拉列表框中选择“mill_contour”，在“工序子类型”栏中选择“插铣”，在“位置”栏中设置“几何体”为“WORKPIECE”，“刀具”为“END10”，“方法”为“MILL_FINISH”，其他采用默认设置，单击“确定”按钮，关闭当前对话框。

（2）打开“插铣”对话框，单击“选择或编辑铣削几何体”按钮，打开“切削区域”对话框，选择轮齿曲面外圆面为切削区域，如图6-54所示，单击“确定”按钮。

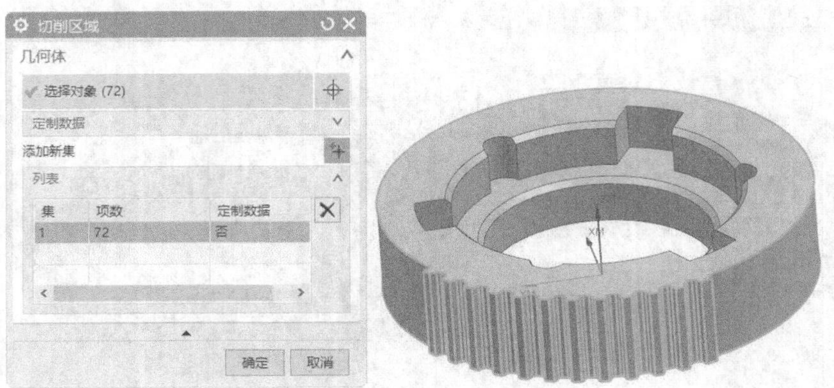

图6-54　选取切削区域

（3）在“刀轨设置”栏中设置“切削模式”为“轮廓”，“向前步距”为“25%刀具”，“向上步距”为“25%刀具”，“最大切削宽度”为“50%刀具”，其他采用默认设置，如图6-55所示。

（4）在“插铣”对话框的“操作”栏中单击“生成”按钮，生成如图6-56所示的插铣刀轨。单击“确定”按钮，完成齿形精加工。

图6-55　“刀轨设置”栏

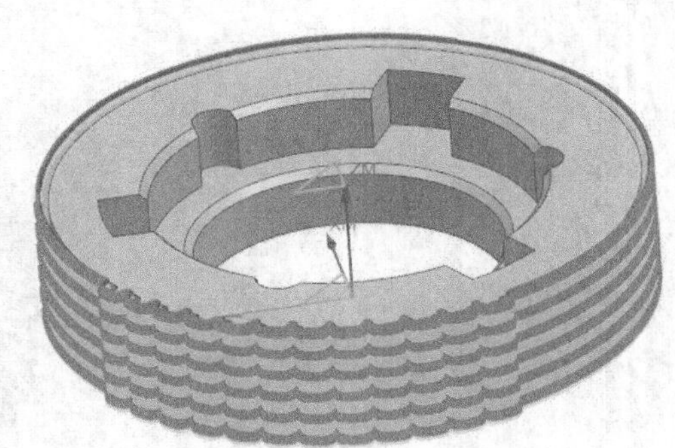

图6-56　插铣刀轨

6.6 清根

先创建其中一个凹槽的清根加工工序，然后实例化该工序以对其他凹槽进行清根。

6.6.1 创建单个凹槽清根工序

（1）单击“主页”选项卡“刀片”面板中“创建工序”按钮，弹出“创建工序”对话框，在“类型”下拉列表框中选择“mill_contour”，在“工序子类型”栏中选择“单刀路清根”，在“位置”栏中设置“几何体”为“WORKPIECE”，“刀具”为“END10”，“方法”为“MILL_FINISH”，其他采用默认设置，如图6-57所示，单

击“确定”按钮，关闭当前对话框。

（2）弹出如图6-58所示的“单刀路清根”对话框，单击“指定切削区域”右侧的“选择或编辑切削区域几何体”按钮，弹出“切削区域”对话框，选择如图6-59所示切削区域，单击“确定”按钮，关闭当前对话框。

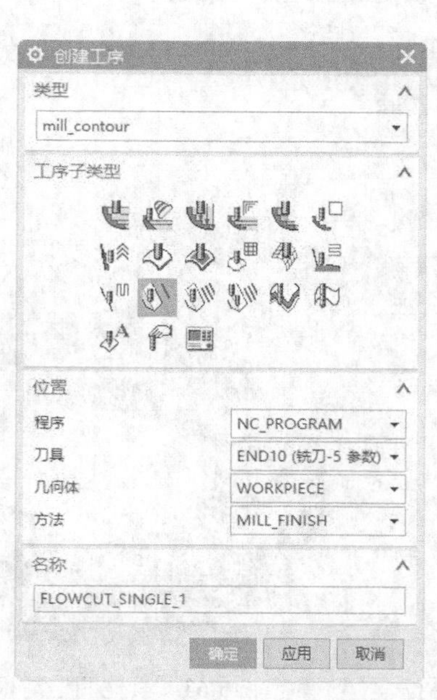

图6-57　“创建工序”对话框

图6-58　“单刀路清根”对话框

（3）返回到“单刀路清根”对话框，单击“操作”栏中的“生成”按钮，生成图6-60所示的单刀路清根刀轨，单击“确定”按钮，关闭对话框。

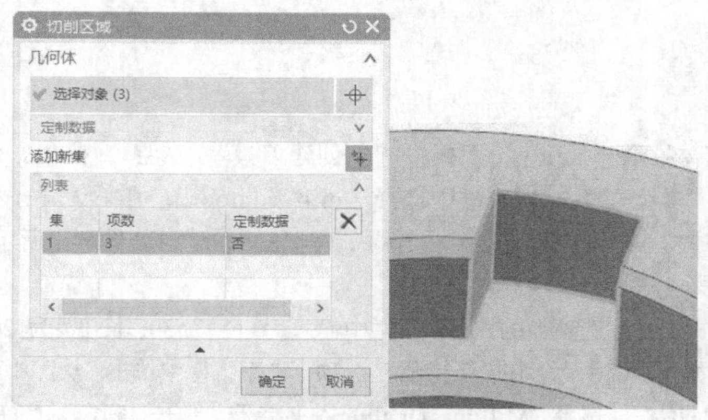

图6-59　指定切削区域

图6-60　单刀路清根刀轨

6.6.2 创建其他凹槽清根工序

（1）在上节创建的单刀路清根铣工序（FLOWCUT_SINGLE）上单击鼠标右键，在弹出的快捷菜单上选择“对象”→“变换”选项，如图6-61所示。

（2）弹出“变换”对话框，在“类型”下拉列表中选择“绕直线旋转”，在“变换参数”栏中设置“直线方法”为“点和矢量”，指定坐标原点（0，0，0），在“指定矢量”下拉列表中选择“*ZC*”轴，输入“角度”为120（直接输入360/3），在“结果”栏选择“实例”选项，输入“实例数”为2，其他采用默认设置，如图6-62所示，单击“确定”按钮，完成其他凹槽清根工序的创建，其他凹槽清根刀轨如图6-63所示。

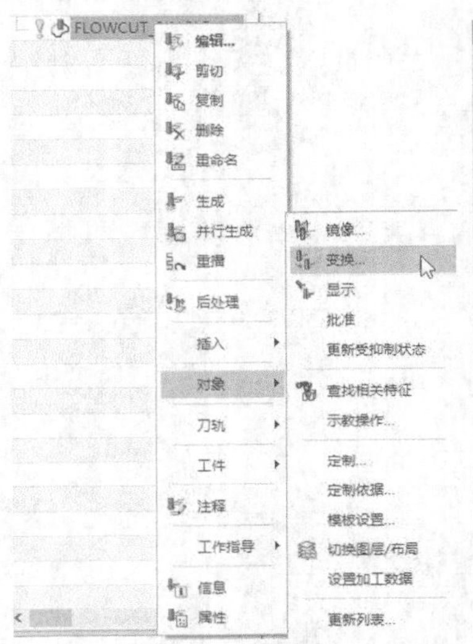

图6-61 快捷菜单

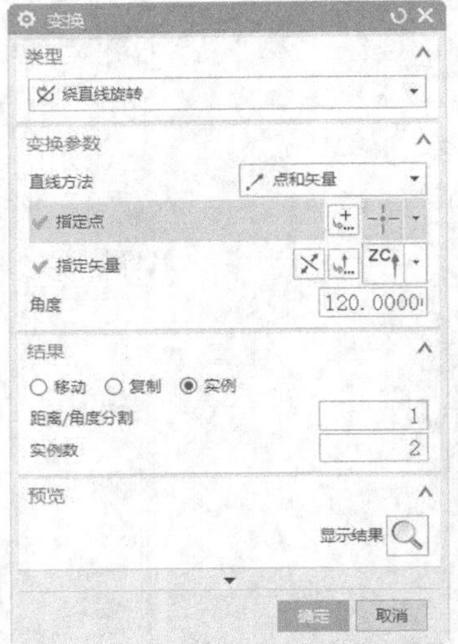

图6-62 “变换”对话框

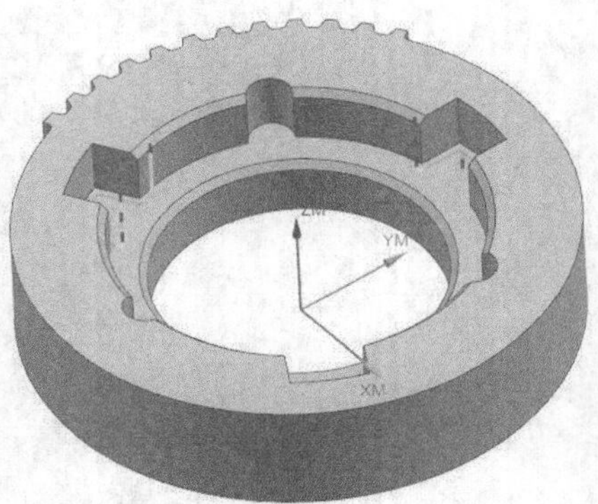

图6-63 其他凹槽清根刀轨

6.7 倒角加工

6.7.1 创建刀具

（1）单击“主页”选项卡“刀片”面板中的“创建刀具”按钮，弹出“创建刀具”对话框，在“类型”下拉列表框中选择“mill_contour”，在“刀具子类型”栏选择“CHAMFER_MILL”，输入“名称”为“END30”，如图6-64所示，单击“确定”按钮。

（2）弹出“倒斜铣刀”对话框，在“工具”选项卡的“尺寸”栏中输入“直径”为30，“长度”为120，“刀刃长度”为75，其他采用默认设置，如图6-65所示。在“夹持器”选项卡“库”栏中单击“从库中调用夹持器”按钮，弹出“库类选择”对话框，选择“Milling_Drilling”夹持器，单击“确定”按钮。

（3）弹出“搜索准则”对话框，采用默认设置，单击“确定”按钮。弹出“搜索结果”对话框，选择“库号”为“HLD001_00012”，其他采用默认设置，单击“确定”按钮，完成夹持器的调用。

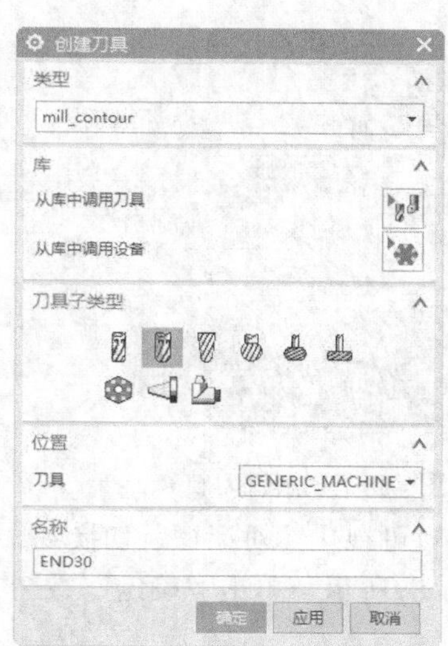

图6-64　“创建刀具”对话框

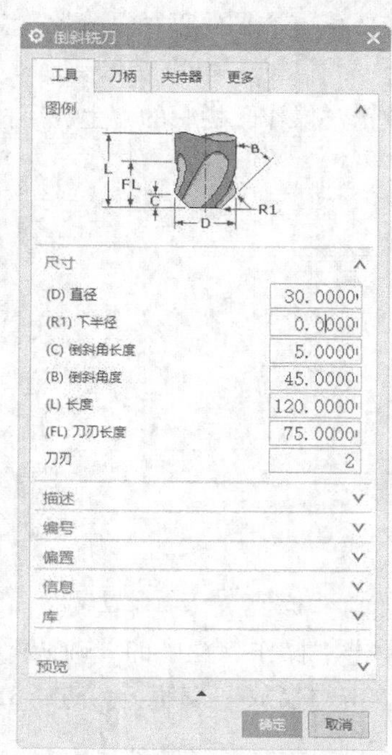

图6-65　“工具”选项卡

6.7.2　创建剩余铣倒角工序

（1）单击“主页”选项卡“刀片”面板中“创建工序”按钮，弹出“创建工序”对话框，在“类型”下拉列表框中选择“mill_contour”，在“工序子类型”栏中选择“剩余铣”，在“位置”栏中设置“刀具”为“END30”，“几何体”为“WORKPIECE”，“方法”为“MILL_FINISH”，单击“确定”按钮。

（2）弹出“剩余铣”对话框，单击“指定切削区域”右侧的“选择或编辑切削区域几何体”按钮，弹出“切削区域”对话框，选择倒角面为切削区域，如图6-66所示，单击“确定”按钮，关闭当前对话框。

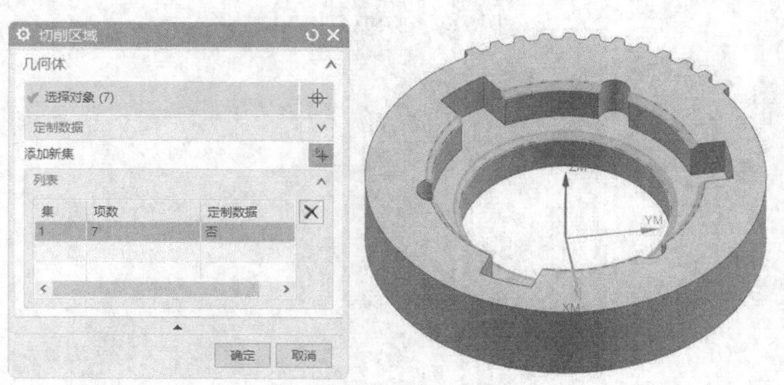

图6-66　指定切削区域

（3）返回到“剩余铣”对话框，在“刀轨设置”栏中设置“切削模式”为“轮廓”，“步距”为“%刀具平直”，“平面直径百分比”为20，“最大距离”为5mm，其他采用默认设置，如图6-67所示。

（4）单击“操作”栏中的“生成”按钮，生成图6-68所示的剩余铣刀轨。

图6-67 “刀轨设置”栏

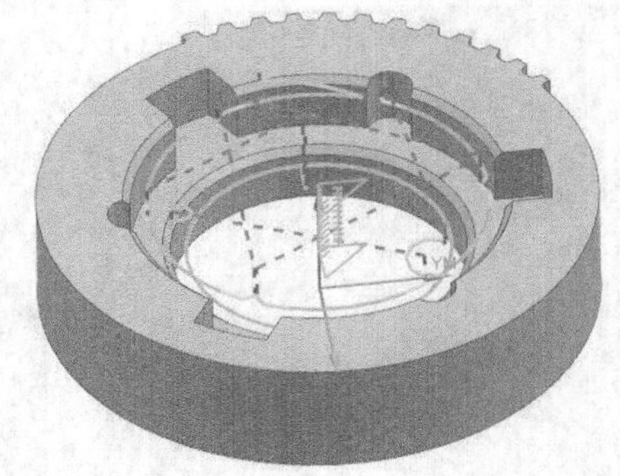

图6-68 剩余铣刀轨

（5）单击“操作”栏中的“确认”按钮，弹出“刀轨可视化”对话框，切换到“3D动态”选项卡，单击“播放”按钮，进行3D模拟加工，如图6-69所示，单击“确定”按钮，关闭对话框。

图6-69 3D模拟加工

第 7 章

凹模铣削加工

本章对毛坯进行铣削加工得到凹模零件的操作流程进行介绍。该零件模型主要有凹槽特征。根据待加工零件的结构特点，先用型腔铣粗加工出零件的凹槽，再用非陡峭区域轮廓铣加工凹槽底面，用深度轮廓铣加工凹槽侧壁，最后用固定轮廓铣精加工凹槽曲面。零件同一特征可以使用不同的加工方法，因此，在具体安排加工工艺时，读者可以根据实际情况来确定。本章安排的加工工艺和方法不一定是最佳的，其目的只是让读者了解各种铣削加工方法的综合应用。

- 初始设置
- 创建工序

7.1 初始设置

选择“文件”→“打开”命令，弹出“打开”对话框，选择“aomo.prt”，单击“打开”按钮，打开如图7-1所示的待加工部件。

图7-1 待加工部件

7.1.1 创建几何体

（1）单击“主页”选项卡“刀片”面板中的“创建几何体”按钮，弹出“创建几何体”对话框，在“类型”下拉列表框中选择“mill_contour”，在“几何体子类型”栏中选择“WORKPIECE”，在“位置”栏“几何体”下拉列表框中选择“MCS_MILL”，其他采用默认设置，如图7-2所示，单击“确定”按钮，关闭当前对话框。

（2）弹出“工件”对话框，单击“指定部件”右侧的“选择或编辑部件几何体”按钮，弹出“部件几何体”对话框，选择图7-3所示部件，单击“确定”按钮，返回“工件”对话框。

图7-2 “创建几何体”对话框

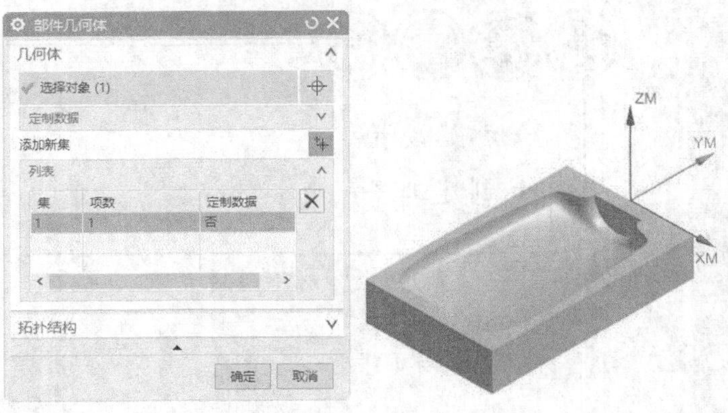

图7-3 指定部件几何体

（3）在“工件”对话框中单击“指定毛坯”右侧的“选择或编辑毛坯几何体”按钮，弹出“毛坯几何体”对话框，设置“类型”为“包容块”，其他采用默认设置，如图7-4所示，单击“确定”按钮，返回到“工件”对话框，其他采用默认设置，单击“确定”按钮，完成工件的设置。

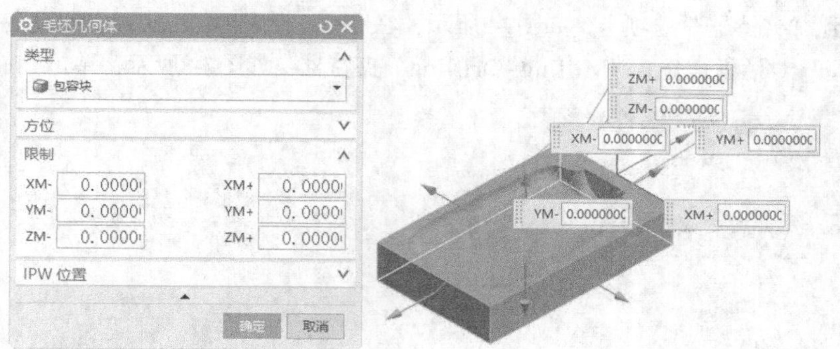

图7-4　创建毛坯

7.1.2　创建刀具

（1）单击“主页”选项卡“刀片”组中的“创建刀具”按钮，弹出如图7-5所示的“创建刀具”对话框，在“类型”下拉列表框中选择“mill_contour”，在“刀具子类型”栏中选择“MILL”，在“名称”文本框中输入“T1”，其他采用默认设置，单击“确定”按钮。

（2）弹出“铣刀-5参数”对话框，在“尺寸”栏中设置“直径”为0.25，“下半径”为0.125，“长度”为2，“锥角”和“尖角”为0，“刀刃长度”为1，“刀刃”为2，其他采用默认设置，如图7-6所示。

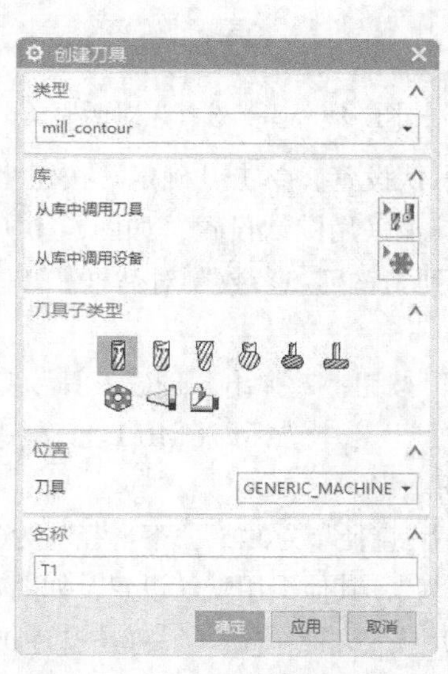

图7-5　“创建刀具”对话框

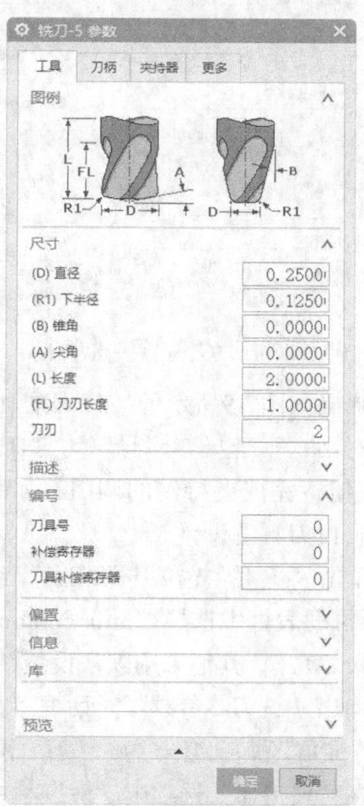

图7-6　“铣刀-5 参数”对话框

（3）切换到“夹持器”选项卡，如图7-7所示，在“库”栏中单击“从库中调用夹持器”按钮，弹出“库类选择”对话框，选择“Milling_Drilling”夹持器，如图7-8所示，单击“确定”按钮。

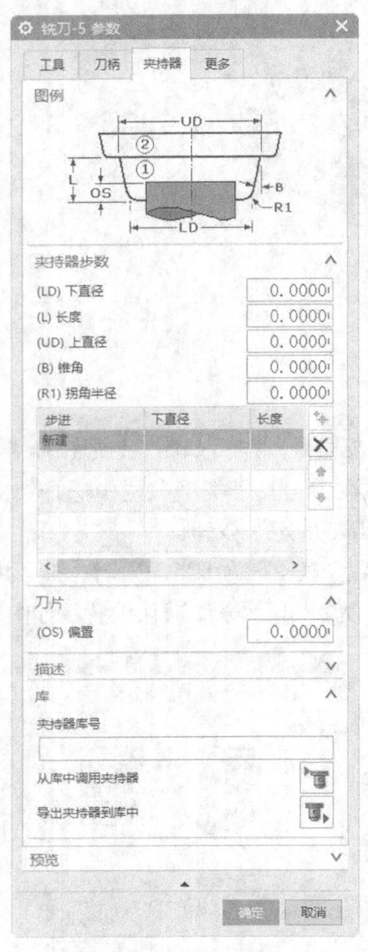

图7-7 “夹持器”选项卡

图7-8 “库类选择”对话框

（4）弹出如图7-9所示的“搜索准则”对话框，采用默认设置，单击“确定”按钮。弹出“搜索结果”对话框，选择“库号”为“HLD001_00012”，其他采用默认设置，如图7-10所示，单击“确定”按钮，完成夹持器的调用，如图7-11所示，返回到“铣刀-5参数”对话框，单击“确定”按钮，完成T1刀具的设置。

（5）单击“主页”选项卡“刀片”组中的“创建刀具”按钮，弹出“创建刀具”对话框，在“类型”下拉列表框中选择“mill_contour”，在“刀具子类型”栏中选择（MILL），在“名称”文本框中输入“T2”，其他采用默认设置，单击“确定”按钮。

（6）弹出“铣刀-5参数”对话框，在“尺寸”栏中设置“直径”为0.15，“下半径”为0.075，“长度”为2，“锥角”和“尖角”为0，“刀刃长度”为1，“刀刃”为2，其他采用默认设置，如图7-12所示。

（7）在“夹持器”选项卡“库”栏中单击“从库中调用夹持器”按钮，弹出“库类选择”对话框，选择“Milling_Drilling”夹持器，单击“确定”按钮。

图7-9　“搜索准则”对话框

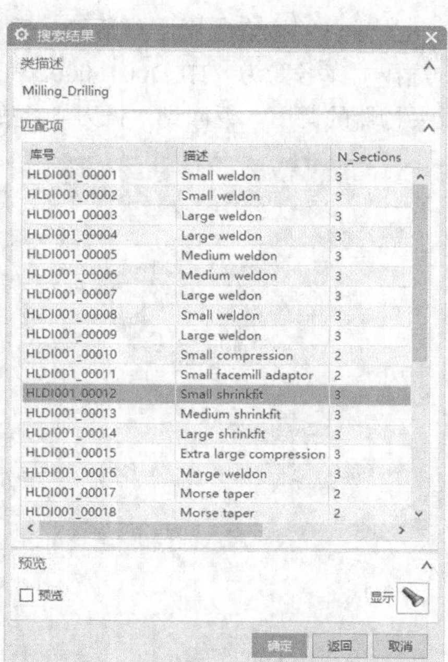

图7-10　“搜索结果”对话框

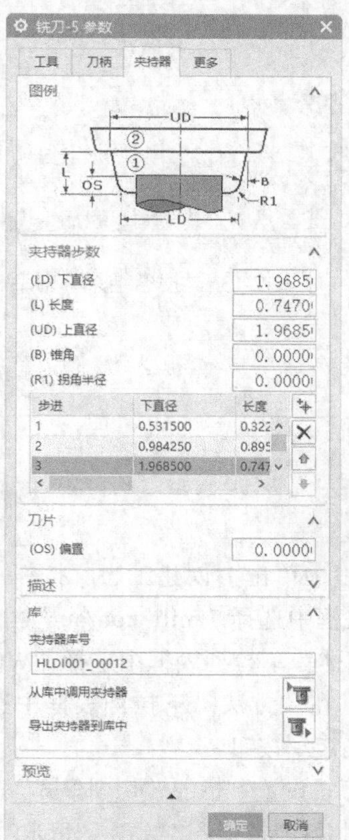

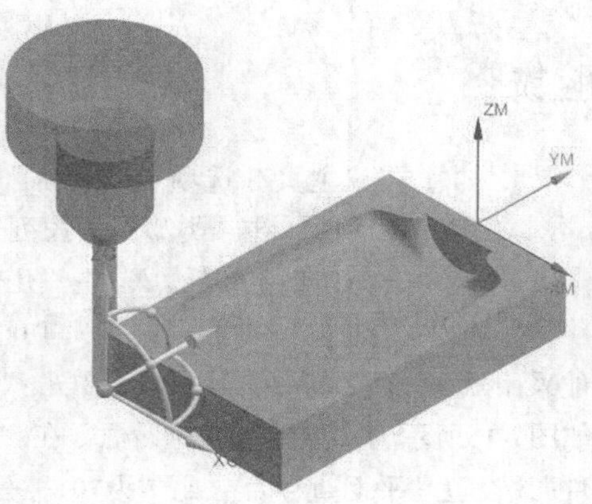

图7-11　调用夹持器

（8）弹出“搜索准则”对话框，采用默认设置，单击“确定”按钮。弹出“搜索结果”对话框，选择“库号”为“HLD001_00020”，其他采用默认设置，如图7-13所示，单击“确定”按钮，完成夹持器的调用。返回到“铣刀-5参数”对话框，单击“确定”按钮，完成T2刀具的设置。

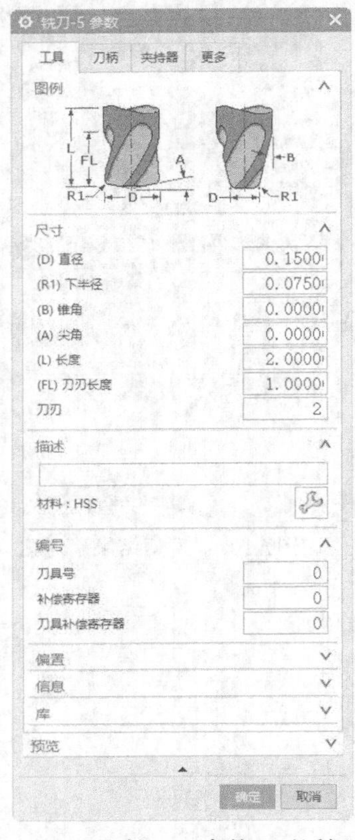

图7-12 “铣刀-5 参数”对话框

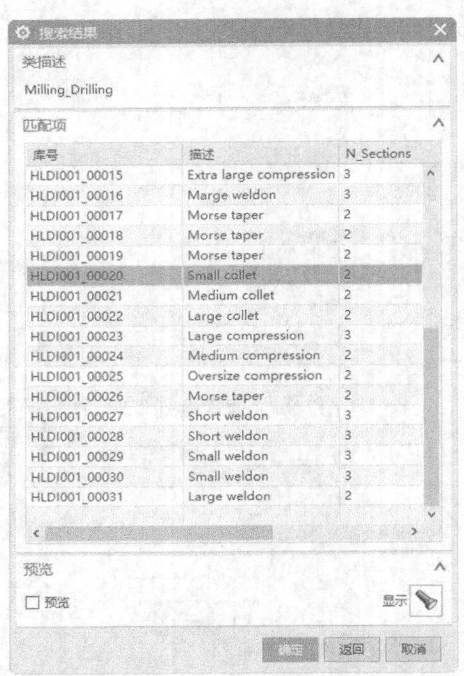

图7-13 “搜索结果”对话框

7.2 创建工序

7.2.1 型腔铣

（1）在“主页”选项卡“刀片”组中单击“创建工序”按钮，弹出“创建工序”对话框，在“类型”下拉列表框中选择“mill_contour”，在“工序子类型”栏中选择“型腔铣”，在“几何体”下拉列表框中选择“WORKPIECE”，在“刀具”下拉列表框中选择“T1”，在“方法”下拉列表框中选择“MILL_ROUGH”，其他采用默认设置，如图7-14所示，单击“确定”按钮。

（2）弹出如图7-15所示的“型腔铣”对话框，在“刀轨设置”栏的“切削模式”下拉列表框中选择“跟随部件”，设置“平面直径百分比”为70，“公共每刀切削深度”为“恒定”，“最大距离”为0.05in，如图7-16所示。

图7-14　“创建工序”对话框　　图7-15　“型腔铣”对话框　　图7-16　“刀轨设置”栏

（3）单击“切削层”按钮，弹出图7-17所示的“切削层”对话框。设置“范围类型”为“用户定义”，“切削层”为“恒定”，“测量开始位置”为“顶层”，“范围深度”为0.76，“每刀切削深度”为0.05，单击“确定”按钮。

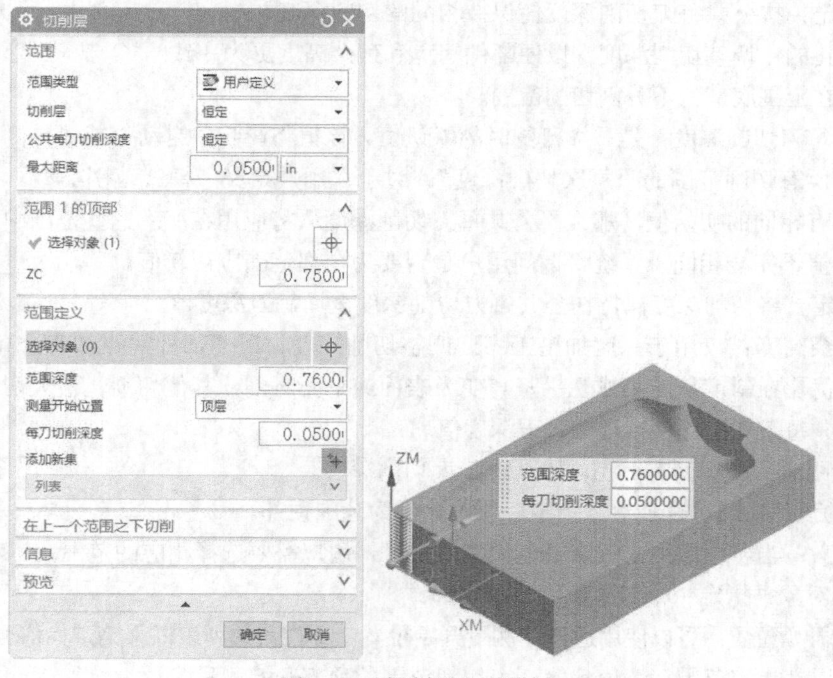

图7-17　“切削层”对话框

“切削层”对话框中的选项说明如下。

■ 范围

➢ 范围类型：指定如何定义范围。系统标识切削层的方式为大三角形标识范围顶部、范围底部和关键深度，小三角形标识切削深度。

✧ 自动：即将范围设置为与任何平面对齐，这些设置将决定部件的切削层的关键深度，图7-18中的大三角形即为关键深度。只要用户没有添加或修改局部范围，切削层将保持与部件的关联性。软件将检测部件上的新的水平表面，并添加关键层与之匹配，如图7-18所示。

✧ 用户定义：允许用户通过定义每个新范围的底面来创建范围。通过选择面定义的范围将保持与部件的关联性，但不会检测新的水平表面。

✧ 单侧：将根据部件和毛坯几何体设置一个切削范围，如图7-19所示。

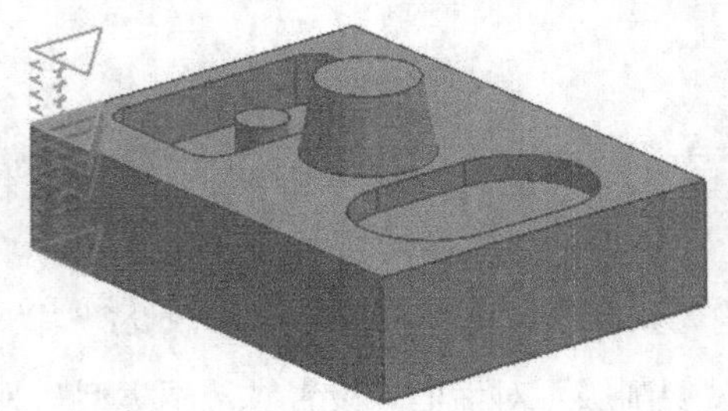

图7-18　自动生成

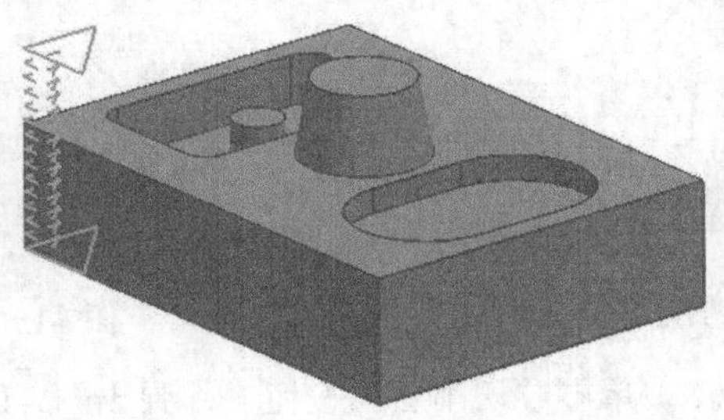

图7-19　切削层“单侧”设置

➢ 切削层：指定如何再分割切削层。

✧ 恒定：按公共每刀切削深度值保持相同的切削深度。

✧ 优化的：调整切削深度，以便部件间隔和残余高度更为一致。

✧ 仅在范围底部：不分割切削范围。

➢ 公共每刀切削深度：是添加范围时的默认值。该值将影响“自动”或“单侧”模式范围类型中所有切削范围的“每次切削深度”。对于“用户定义”模式范围类型，如果全部范围都具有相同的初始值，那么“公共每刀切削深度”将应用在所有这些范围中。如果它们的初始值不完全相同，系统将询问用户是否要为全部范围应用新值。

✧ 恒定：将切削深度保持在公共每刀切削深度全局每刀深度值。

✧ 残余高度：仅用于深度加工工序。调整切削深度，以便部件间距和残余高度更加一致。最优化在斜度从陡峭或几乎竖直变为表面或平面时创建其他切削，最大切削深度不超过公共每刀切削深度全局的每刀深度值。

➢ 最大距离：指定所有范围内默认的最大切削深度。

■ 范围1的顶部：通过选择对象指定一个对象作为范围顶部。

■ 范围定义：当希望添加、编辑或删除切削层时，用户需要选择相应的范围。

➢ 选择对象：指定一个对象作为范围底部。

➢ 测量开始位置：可以使用通过“测量开始位置”下拉菜单列表框来确定如何测量范围参数。

✧ 顶层：指定范围深度值从第一个切削范围的顶部开始测量。

✧当前范围顶部：指定范围深度从当前突出显示的范围的顶部开始测量。

✧当前范围底部：指定范围深度从当前突出显示的范围的底部开始测量，也可使用滑尺来修改范围底部的位置。

✧WCS原点：指定范围深度从工作坐标系原点处开始测量。

➢范围深度：可以输入“范围深度”值来定义新范围的底部或编辑已有范围的底部。这一距离是从指定的参考平面（顶层、范围顶部、范围底部、工作坐标系原点）开始测量的。使用正值或负值来定义范围在参考平面之上或之下。所添加的范围将从指定的深度延伸到范围的底部，但不与其接触。而所修改的范围将延伸到指定的深度处，即使先前定义的范围已从过程中删除。

➢每刀切削深度：与“公共每刀切削深度”类似，但前者将影响单个范围中的每次切削的最大深度。通过为每个范围指定不同的切削深度，可以创建具有如下特点的切削层，即在某些区域内每个切削层将切削下较多的材料，而在另一些区域内每个切削层只切削下较少的材料。

➢添加新集：在当前活动范围之下添加新的范围。

➢列表：在提供范围深度和每刀切削深度信息的表格中将各切削范围显示为一行。

（4）返回到“型腔铣”对话框，单击“非切削移动”按钮，弹出“非切削移动”对话框。

① 在“进刀”选项卡的“封闭区域”栏中，设置“进刀类型”为“螺旋”，“直径”为“90%刀具”，“斜坡角度”为15，“高度”为0.1in，“最小安全距离”为0in，“最小斜坡长度”为0%刀具；在“开放区域”栏中设置“进刀类型”为“圆弧”，“半径”为0.25in，“圆弧角度”为90，“高度”为0.1in，“最小安全距离”为0.1in，如图7-20所示。

② 在“起点/钻点”选项卡中设置“重叠距离”为0.15in，在“区域起点”栏中设置“有效距离”为“指定”，“距离”为“300%刀具”。

③ 在“转移/快速”选项卡中的“安全设置”栏中设置“安全设置选项”为“自动平面”，“安全距离”为0.1，如图7-21所示。

④ 在“避让”选项卡中设置各选项为“无”，如图7-22所示，单击“确定”按钮。

“避让”选项卡中的选项说明如下。

■ 出发点：指定新刀轨开始处的初始刀具位置。

➢点选项：包括指定和无选项。

✧指定：可以选择预定义点或使用“点”对话框设置出发点位置。

✧无：不使用指定的出发点。

➢刀轴：包括指定和无选项。

✧无：将刀轴出发点设置为（0，0，1）。

✧指定：可以选择几何体或使用“矢量”对话框设置刀轴方位。

■ 起点/返回点

➢起点：为可用于避让几何体或装夹组件的起始序列指定一个刀具位置。

✧指定：可以选择预定义点或使用“点”对话框设置起点位置。

✧无：不使用指定的起点位置。

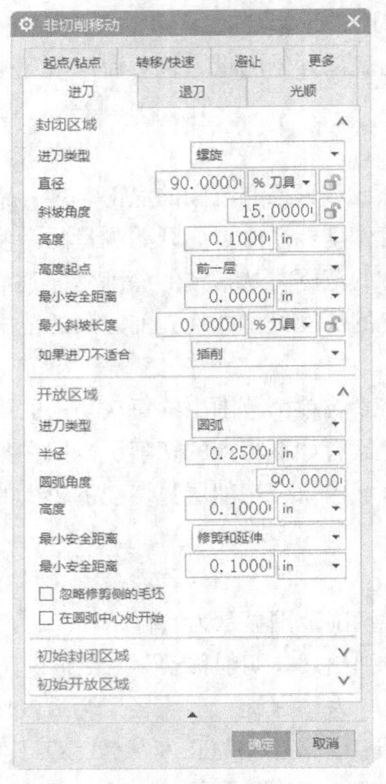

图7-20 “进刀”选项卡

图7-21 “转移/快速”选项卡

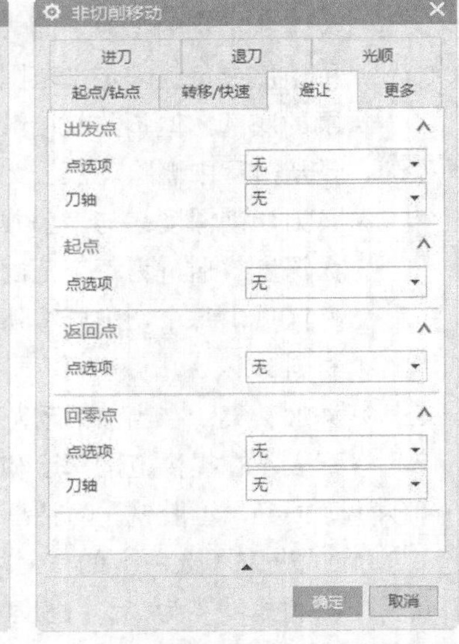

图7-22 “避让”选项卡

➢ 返回点：指定切削序列结束时离开部件的刀具位置。

✧ 指定：可以选择预定义点或使用“点”对话框设置返回点位置。

✧ 无：不使用指定的返回点位置。

■ 回零点：指定最终刀具位置。经常使用出发点作为此位置。

➢ 点选项：包括无、与起点相同、回零-没有点和指定4个选项。

✧ 无：不使用指定的回零点位置。

✧ 与起点相同：使用指定的出发点位置作为回零点位置。

✧ 回零-没有点：使用默认机床的刀具位置作为回零点的位置。

✧ 指定：可以选择预定义点或使用“点”对话框设置回零点位置。

➢ 刀轴：包括指定和无选项。

✧ 无：使用当前刀轴方位。

✧ 指定：可以选择几何体或使用“矢量”对话框设置刀轴方位。

（5）返回到“型腔铣”对话框，单击“切削参数”按钮，弹出图7-23所示的“切削参数”对话框。

① 在“策略”选项卡的“切削”栏中设置“切削方向”为“顺铣”，“切削顺序”为“层优先”，“精加工刀路”栏中勾选“添加精加工刀路”复选框，设置“刀路数”为1，“精加工步距”为“5%刀具”。

② 在“余量”选项卡中勾选“使底面余量与侧面余量一致”复选框，设置“部件侧面余量”

为0.06，如图7-24所示。

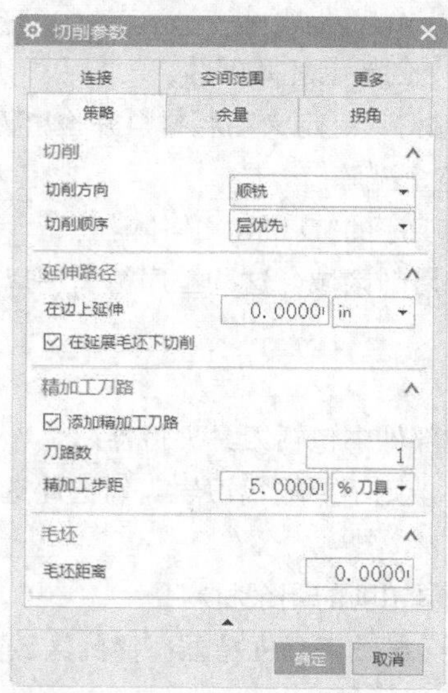

图7-23　“策略”选项卡

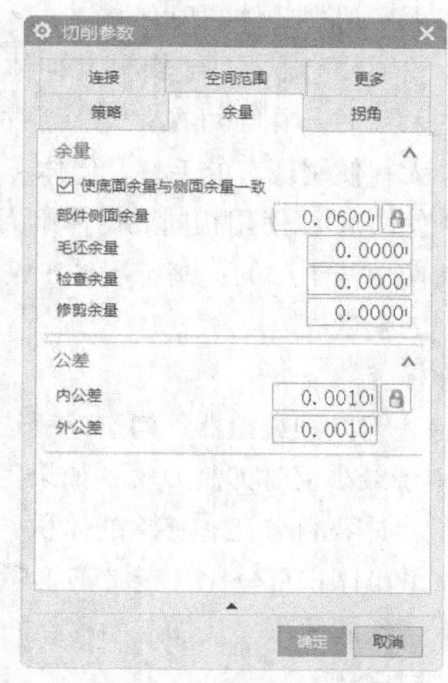

图7-24　“余量”选项卡

③ 在“连接”选项卡中设置“区域排序”为“优化”，勾选“跟随检查几何体”复选框，如图7-25所示。

④ 在“空间范围”选项卡的“毛坯”栏中设置“修剪方式”为“无”，如图7-26所示。

⑤ 在“更多”选项卡的“最小间隙”栏中设置“刀具夹持器”为0.1in，如图7-27所示，单击“确定”按钮。

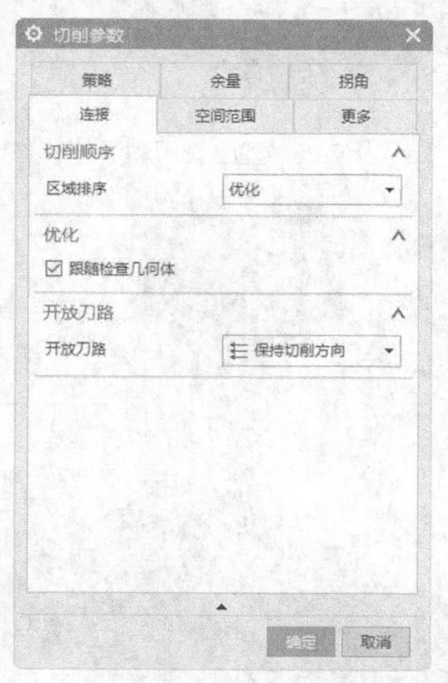

图7-25　“连接”选项卡

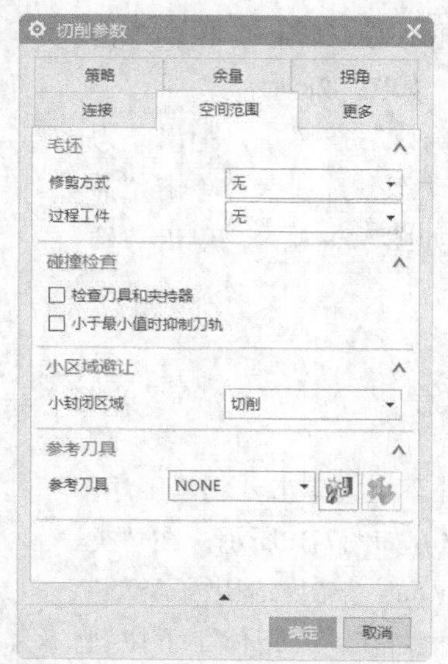

图7-26　“空间范围”选项卡

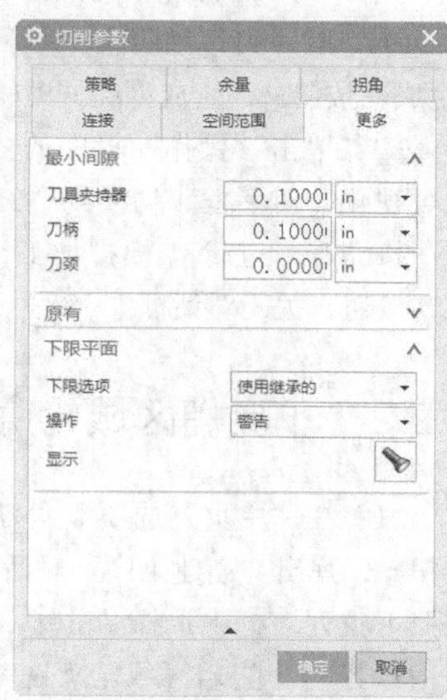

图7-27　“更多”选项卡

“空间范围”选项卡中的选项说明如下。

■ 毛坯：毛坯用于移除不接触材料的切削运动，精加工工序不考虑毛坯。

➢ 修剪方式：定义和生成可加工的切削区域。
 ✧ 无：切削部件的现有形状。
 ✧ 轮廓线：根据所选部件几何体的外边缘（轮廓线）创建毛坯几何体。
➢ 过程工件：用于可视化先前工序遗留的材料（剩余材料）、定义毛坯材料并检查刀具碰撞。
 ✧ 无：使用现有的毛坯几何体（如果有），或切削整个型腔。
 ✧ 使用3D：使用相同几何体组而非初始毛坯中先前工序的3D IPW几何体。
 ✧ 使用基于层的：基于层的IPW使用先前工序的2D切削区域，这些工序被引用以标识剩余的余量。

■ 碰撞检查
➢ 检查刀具和夹持器：勾选此复选框，在碰撞检查的部件中包括刀具夹持器。
➢ 小于最小值时抑制刀轨：如果工序仅移动少量材料，则不要输出刀轨。勾选此选项，显示最小体积百分比和移除的体积。
 ✧ 最小体积百分比：定义某工序为输出其刀轨而必须切削的剩余材料量。
 ✧ 移除的体积：从加工中移除的区域包括那些可能会导致刀具夹持器碰撞的区域。

■ 小区域避让
➢ 小封闭区域：指定如何处理腔或孔之类的小特征。
 ✧ 切削：只要刀具适合，即可切削小封闭区域。
 ✧ 忽略：忽略小封闭区域。刀具在该区域上方切削。

■ 参考刀具：在没有材料的地方消除刀具运动。创建新工序时如果使用的较小刀具参考了较大的刀具，则较小刀具仅移除较大刀具未切削的材料。

（6）返回到“型腔铣”对话框，在“操作”栏中单击“生成”按钮，生成型腔铣刀轨，如图7-28所示。

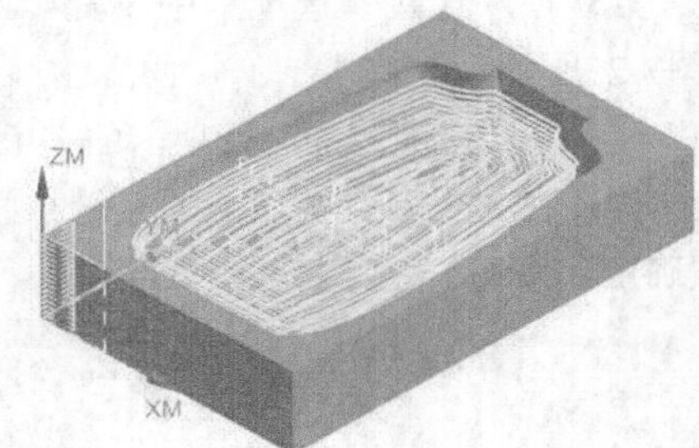

图7-28 型腔铣刀轨

（7）单击“操作”栏中的“确认”按钮，弹出“刀轨可视化”对话框，切换到“3D动态”选项卡，单击“播放”按钮，进行3D模拟加工，如图7-29所示，单击“确定”按钮，关闭对话框。

7.2.2 非陡峭区域轮廓铣

（1）在“主页”选项卡“刀片”组中单击“创建工序”按钮，弹出“创建工序”对话框，如图7-30所示，在“类型”下拉列表框中选择“mill_contour”，在“工序子类型”栏中选择“非陡峭区域轮廓铣”，在“几何体”下拉列表框中选择“WORKPIECE”，在“刀具”下拉列表框中选择“T2”，在“方法”下拉列表框中选择“MILL_FINISH”，其他采用默认设置，单击“确定”按钮。

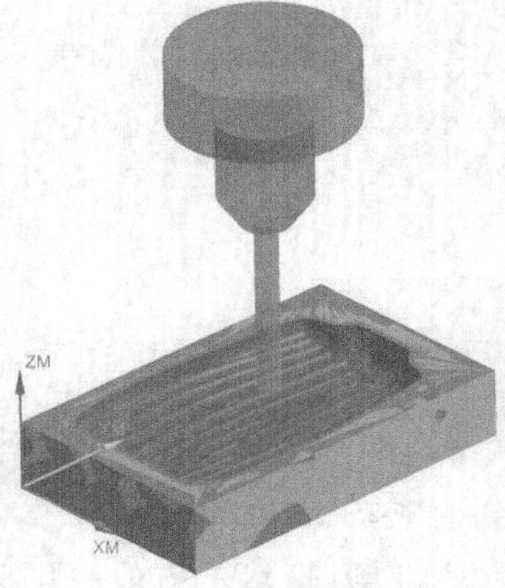

图7-29 3D模拟加工

（2）弹出图7-31所示的“非陡峭区域轮廓铣”对话框，单击“指定切削区域”右侧的“选择或编辑切削区域几何体”按钮，弹出“切削区域”对话框，选定图7-32所示的“切削区域”，单击“确定”按钮。

图7-30　“创建工序”对话框

图7-31　“非陡峭区域轮廓铣”对话框

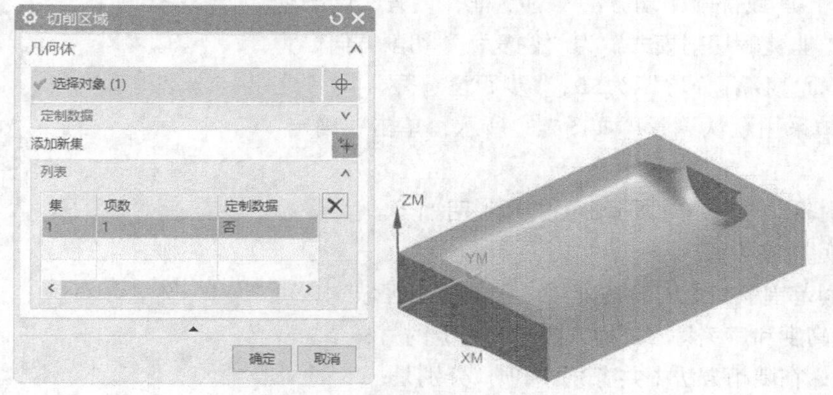

图7-32　选定的切削区域

“驱动方法”栏中的选项说明如下。

- 区域铣削：是沿着轮廓铣面创建固定轴刀轨。区域铣削驱动方法可以沿着选定的面创建驱动点，然后使用此驱动点跟随部件几何体。切削区域必须包括在部件几何体中。
- 曲线/点：通过指定点和选择曲线来定义驱动几何体。指定点后，驱动路径生成为指定点之间的线段；指定曲线后，驱动点沿着所选择的曲线生成。在这两种情况下，驱动几何体投影到部件表面上，然后在此部件表面上生成刀轨。曲线可以是开放或闭合的、连续或非连续的以及平面或非平面的。
- 螺旋：定义从指定的中心点向外螺旋生成驱动点的驱动方法。驱动点在垂直于投影矢量并包含中心点的平面上创建，然后沿着投影矢量投影到所选择的部件表面上。
- 边界：通过指定“边界”和空间范围“环”定义切削区域。切削区域由“边界”“环”或二者的组合定义。
- 区域铣削：是沿着轮廓铣面创建固定轴刀轨。区域铣削驱动方法可以沿着选定的面创建驱动点，然后使用此驱动点跟随部件几何体。切削区域必须包括在部件几何体中。
- 径向切削：可使用指定的“步距”“条带”和“切削模式”生成沿着并垂直于给定边界的驱动路径，此驱动方法可用于创建清理操作。
- 曲面区域：用于创建一个位于驱动曲面栅格内的驱动点阵列。当加工需要刀轴可变的复杂曲面时，这种驱动方法是很有用的。
- 清根：沿着部件表面形成的凹角和凹部一次生成一层刀轨。生成的刀轨可以进行优化，方法是使刀具与部件尽可能保持接触并最小化非切削移动。
- 流线：根据选中的几何体来构建隐式驱动面。流线可以灵活地创建刀轨，规则面栅格无须进行整齐排列。
- 刀轨：沿着刀位置源文件（CLSF）的“刀轨”定义“驱动点”，以在当前工序中创建类似的“曲面轮廓铣刀轨”。

（3）返回“非陡峭区域轮廓铣”对话框，在“驱动方法”栏的“方法”下拉列表框中选择“区域铣削”，单击“编辑”按钮。打开“区域铣削驱动方法”对话框，设置“陡峭壁角度”为70，“非陡峭切削模式”为“往复”，“切削方向”为“顺铣”，“平面直径百分比”为50，“步距已应用”为“在平面上”，其他采用默认设置，如图7-33所示，单击“确定”按钮。

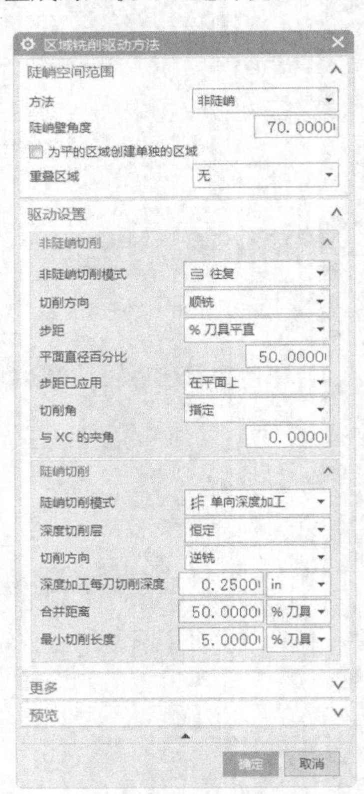

图7-33 “区域铣削驱动方法”对话框

“区域铣削驱动方法”对话框中的选项说明如下。

- 陡峭空间范围

“陡峭空间范围”根据刀轨的陡峭度限制切削区域。它可用于控制残余高度和避免将刀具插入陡峭曲面上的材料中。

  - 方法：在陡峭方法中共有3个选项，分别是：
    - 无：切削整个区域。在刀具轨迹上不使用陡峭约束，允许加工整个工件表面。

- ✧非陡峭：切削非陡峭区域，用于切削平缓的区域，而不切削陡峭区域。通常可作为等高轮廓铣的补充。
- ✧定向陡峭：定向切削陡峭区域，只加工部件表面角度大于陡峭壁角度值的切削区域。
- ✧陡峭和非陡峭：系统为陡峭和非陡峭区域创建单独的切削区域。

➢陡峭壁角度：用于确定系统何时将部件表面识别为陡峭的。例如，平缓曲面的陡峭壁角度为0°，而竖直壁的陡峭壁角度为90°。软件计算接触点的部件曲面角度，并将其与陡峭壁角度进行比较。只要实际曲面角度超出用户指定的陡峭壁角度，软件就认为曲面是陡峭的。

➢为平的区域创建单独的区域：勾选此复选框，平面区域被指派给平面空间范围类型；取消此复选框勾选，平面区域被指派为非陡峭空间范围类型。

➢重叠区域：包含无和距离两个选项。

- ✧无：相邻区域之间没有重叠。
- ✧距离：可以为重叠指定刀具直径百分比或固定距离。大多数情况下，这样可以得到更平滑的加工面。

➢区域排序：当方法设置为陡峭和非陡峭时，激活此选项，包括先陡、自上而下层优先和自上而下深度优先。

- ✧先陡：系统首先切削符合陡峭准则的区域。
- ✧自上而下层优先：系统首先切削各组面中的最高区域，然后逐层递进，直至切削到最低层。
- ✧自上而下深度优先：首先在一组面中从最高区域切削至最低区域，然后移至下一组面。

■ 驱动设置

➢切削模式：切削模式可定义刀轨的形状。某些模式可切削整个区域，而其他模式仅围绕区域的周界进行切削，如图7-34所示。

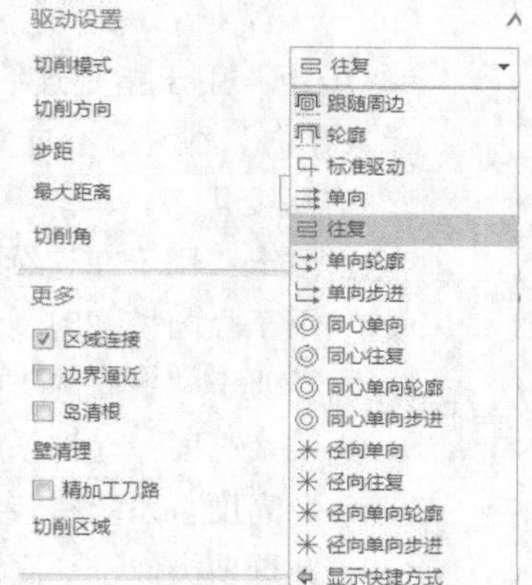

图7-34 “切削模式”下拉列表

- ✧跟随周边：沿着与由部件或毛坯几何体定义的最外层边所成的偏置进行切削。
- ✧轮廓：此切削模式仅用于沿着边界进行切削，选择此切削模式激活“附加刀路”选项，用来移除指定数目的连续步距中的材料。
- ✧标准驱动：此切削模式不适用区域铣削。标准驱动可创建类似于“轮廓”切削模式，但是与“轮廓”切削模式不同的是，“标准驱动”切削模式不会修改刀轨以防止自相交或过切部件。“标准驱动”切削模式可使用刀精确跟随指定的边界。
- ✧平行模式：包括单向、往复、单向轮廓、单向步进。创建由一系列平行刀路定义的切削模式。
- ✧同心模式：包括同心单向、同心往复、同心单向轮廓、同心单向步进。从用户指定的或系统计算的最佳中心点创建逐渐增大或逐渐减小的圆形切削刀轨，如图7-35所示。在整圆模式无法延伸到的区域，例如在拐角处，系统在刀具移动至下一个拐角继续切削之前会创建并连接同心圆弧。

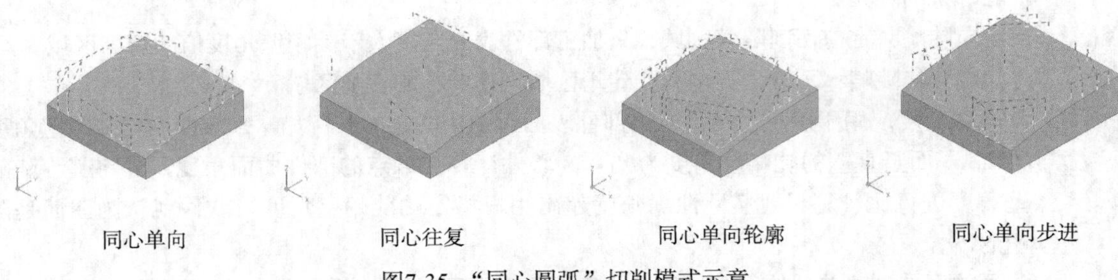

图7-35 “同心圆弧”切削模式示意

✧ 径向模式：径向单向、径向往复、径向单向轮廓、径向单向步进。从用户指定的或系统计算的最优中心点创建线性切削刀轨，如图7-36所示。

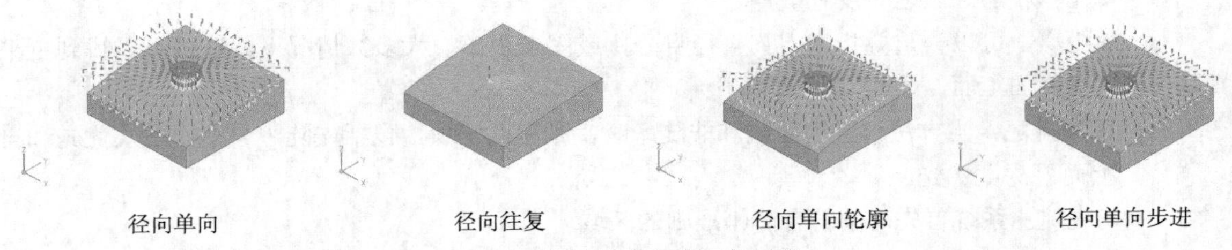

图7-36 “径向线”切削刀轨示意

➢ 步距：用于指定连续切削刀轨之间的距离。可用的“步距”选项由指定的“切削模式”（单向、往复、径向等）确定。定义步距所需的数值将根据所选的“步距”选项的不同而有所变化。

✧ 恒定：用于在连续的切削刀轨间指定固定距离。步距在驱动轨迹的切削刀轨之间测量。用于径向模式时，“恒定”距离从距离圆心最远的边界点处沿着弧长进行测量。此选项类似于“平面铣”中的“恒定”选项。

✧ 残余高度：允许系统根据所输入的残余高度确定步距。系统将针对“驱动轨迹”计算残余高度。系统将步距的大小限制为略小于2/3的刀具直径，不管指定的残余高度的大小。此选项类似于平面铣中的“残余高度”选项。

✧ %刀具平直：用于根据有效刀具直径的百分比定义步距。有效刀具直径是指实际接触到腔体底部的刀具的直径。对于球头铣刀，系统将其整个直径用作有效刀具直径。此选项类似于平面铣中的“刀具直径”选项。

✧ 角度：用于从键盘输入角度来定义常量步距。此选项仅可以和径向模式结合使用。通过指定角度作为恒定的步距，即辐射线间的夹角。

➢ 步距已应用：有两个选项分别为“在平面上”（见图7-37）和“在部件上”（见图7-38）。

✧ 在平面上：在平面上测量垂直于刀轴的平面上的步距，它适用于非陡峭区域。如果将此刀轨应用至具有陡峭壁的部件，那么此部件上的步距与实际的步距不相等，如图7-37所示。

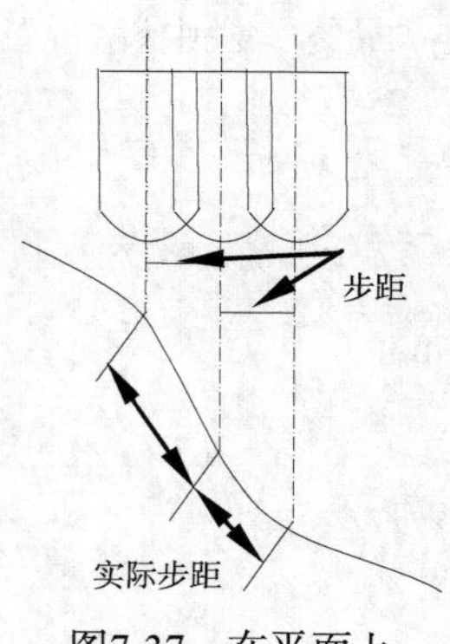

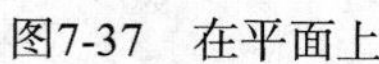
图7-37　在平面上

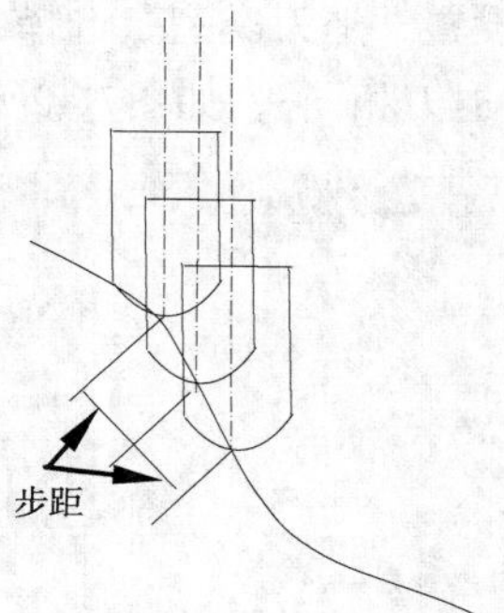

图7-38　在部件上

✧ 在部件上：适用于具有陡峭壁的部件，通过对部件几何体较陡峭的部分维持更紧密的步进，可以实现对残余波峰的附加控制，步距是相等的。

➢ 切削角：是指相对于WCS旋转刀轨的角度，包含自动、指定、最长的边和矢量选项。

✧ 自动：计算每个切削区域形状，并确定高效的切削角，以便在对区域进行切削时最小化内部进刀移动。

✧ 指定：设置切削角，该角是相对于WCS的*XC-YC*平面中的*X*轴进行测量并投影到底平面。

✧ 最长的边：确定与周边边界中最长的线段平行的切削角。如果周边边界不包含线段，系统将在内边界中搜索最长的线段。

✧ 矢量：可以指定一个3D矢量作为切削方向。

➢ 陡峭切削模式：指定用于陡峭切削区域进行加工的深度加工切削模式。

➢ 深度切削层：包含恒定和优化两个选项。

✧ 恒定：指定一个值，使连续切削层之间的距离保持恒定。

✧ 优化：系统可确定连续切削层之间的切削深度，从而实现最佳清理效果。切削非陡峭区域时，可能会减少切削深度，以保证残余高度更均匀。

➢ 深度加工每刀切削深度：按刀具直径百分比或按距离值，为陡峭区域切削层指定切削深度。

■ 更多

➢ 区域连接：最小化发生在一个部件的不同切削区域之间的进刀、退刀和移刀移动数。

➢ 精加工刀路：在正常切削工序结束处添加精加工切削刀路，以在边界周围进行追踪。

➢ 切削区域

✧ 选项：可定义切削区域起点。

✧ 显示：显示指定陡峭空间范围设置的切削区域的大致预览。

（4）返回“非陡峭区域轮廓铣”对话框，单击“非切削移动”按钮，弹出“非切削移动”对话框，下面进行参数设置。

① 在“进刀”选项卡的“开放区域”栏中设置“进刀类型”为“插削”，“高度”为“200%刀具”，在“根据部件/检查”栏中设置“进刀类型”为“与开放区域相同”，在“初始”栏中设置“进刀类型”为“与开放区域相同”，如图7-39所示。

② 在“退刀”选项卡的“开放区域”栏中设置“退刀类型”为“与进刀相同”，在“根据部件/

检查”栏中设置“退刀类型”选择“与开放区域退刀相同”，在“最终”栏中设置“退刀类型”为“与开放区域退刀相同”，如图7-40所示。

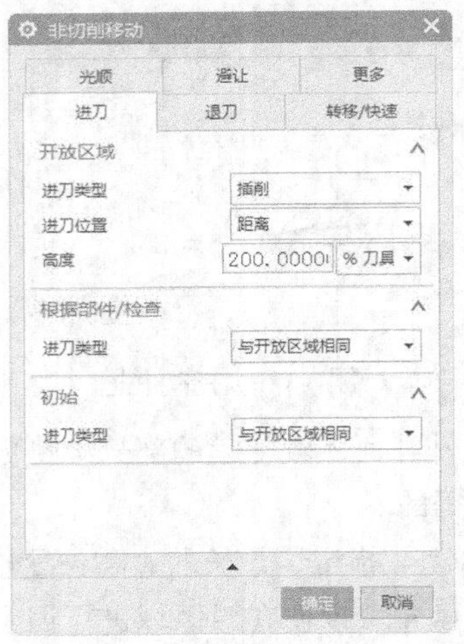

图7-39 “进刀”选项卡

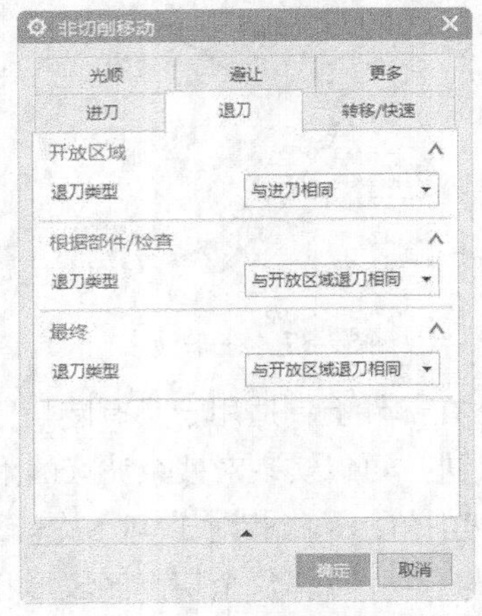

图7-40 “退刀”选项卡

③ 在“转移/快速”选项卡的“区域距离”栏中设置“区域距离”为“200%刀具”，在“区域之间”栏中设置“逼近方法”为“安全距离-刀轴”，“安全设置选项”为“自动平面”，“安全距离”为0.1；在“离开”栏中设置“离开方法”为“安全距离-最短距离”，“安全设置选项”为“自动平面”，“安全距离”为0.1，在“移刀”栏中设置“移刀类型”为“直接”，如图7-41所示，单击“确定”按钮。

（5）返回“非陡峭区域轮廓铣”对话框，在“操作”栏中单击“生成”按钮，生成非陡峭区域轮廓铣刀轨，如图7-42所示。

（6）单击“操作”栏中的“确认”按钮，弹出“刀轨可视化”对话框，切换到“3D动态”选项卡，单击“播放”按钮，进行3D模拟加工，如图7-43所示，单击“确定”按钮，关闭对话框。

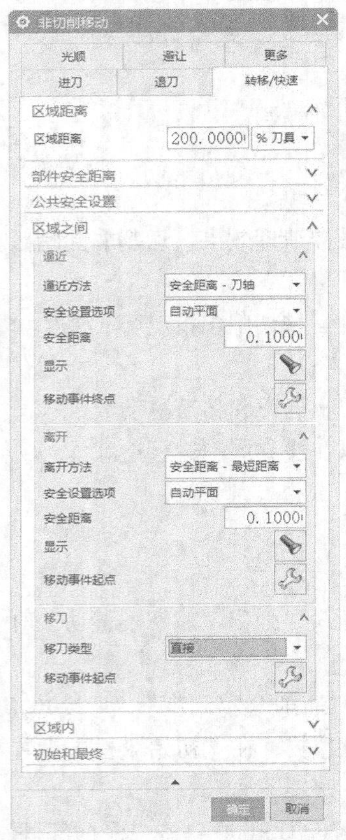

图7-41 “转移/快速”选项卡

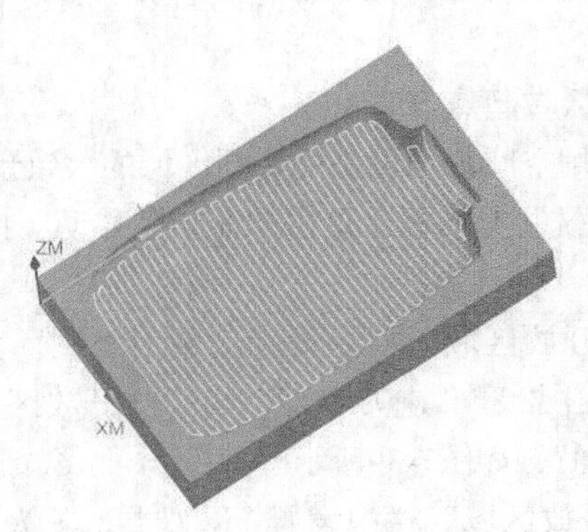

图7-42 非陡峭区域轮廓铣刀轨

图7-43 3D模拟加工

7.2.3 深度轮廓铣

（1）在“主页”选项卡“刀片”组中单击“创建工序”按钮，弹出“创建工序”对话框，在“类型”下拉列表框中选择“mill_contour”，在“工序子类型”栏中选择“深度轮廓铣”，在“几何体”下拉列表框中选择“WORKPIECE”，在“刀具”下拉列表框中选择“T2”，在“方法”下拉列表框中选择“MILL_FINISH”，其他采用默认设置，如图7-44所示，单击“确定”按钮。

（2）弹出图7-45所示的“深度轮廓铣”对话框，单击“指定切削区域”右侧的“选择或编辑切削区域几何体”图标，弹出“切削区域”对话框，选择图7-46所示的“切削区域”，单击“确定”按钮。

图7-44 “创建工序”对话框

图7-45 “深度轮廓铣”对话框

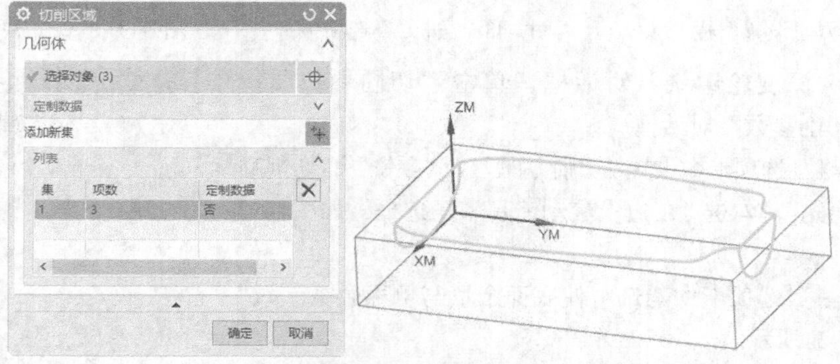

图7-46 “深度加工轮廓”切削区域

（3）返回“深度轮廓铣”对话框，在“刀轨设置”栏中设置“陡峭空间范围”选择“仅陡峭的”，“角度”为55，“合并距离”为0.1in，“最小切削长度”为0.03in，“公共每刀切削深度”为“恒定”，“最大距离”为0.05in，如图7-47所示。

（4）单击“非切削移动”按钮，弹出“非切削移动”对话框。

① 在“进刀”选项卡的“封闭区域”栏中设置“进刀类型”为“沿形状斜进刀”，“斜坡角度”为30，“高度”为0.1in；在“开放区域”栏中设置“进刀类型”为“圆弧”，“半径”为0.25in，“圆弧角度”为90，“高度”为0.1in，“最小安全距离”为0.1in，如图7-48所示。

② 在“退刀”选项卡中设置“退刀类型”为“与进刀相同”。

③ 在“转移/快速”选项卡中设置“安全设置选项”为“自动平面”，“安全距离”为0.2，如图7-49所示，单击“确定”按钮。

图7-47 “刀轨设置”栏

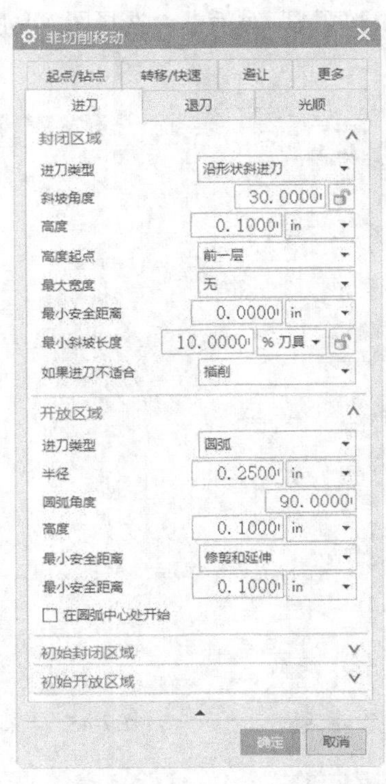

图7-48 “进刀”选项卡

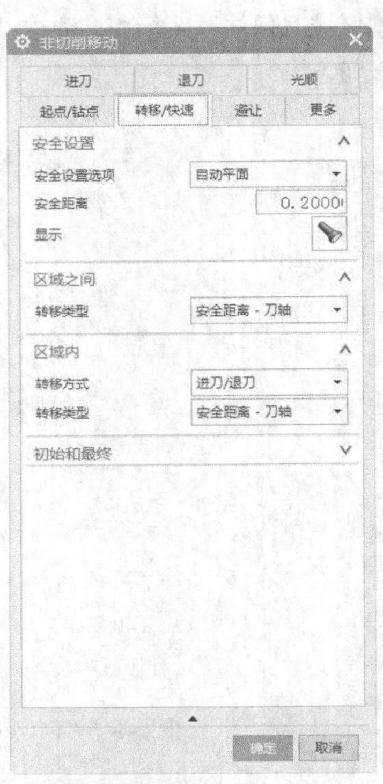

图7-49 “转移/快速”选项卡

（5）返回“深度轮廓铣”对话框，单击“切削参数”按钮，弹出“切削参数”对话框。

① 在“策略”选项卡中设置“切削方向”为“顺铣”，“切削顺序”为“深度优先”，勾选“在边上滚动刀具”复选框，如图7-50所示。

② 在“余量”选项卡中勾选“使底面余量与侧面余量一致”复选框，如图7-51所示。

③ 在“连接”选项卡中设置“层到层”为“使用转移方法”，如图7-52所示。

④ 在“空间范围”选项卡中设置“修剪方式”为“轮廓线”，如图7-53所示，单击“确定”按钮。

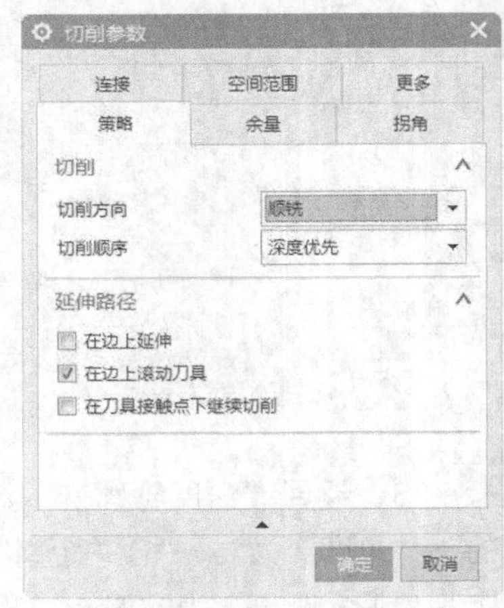

图7-50 “策略”选项卡

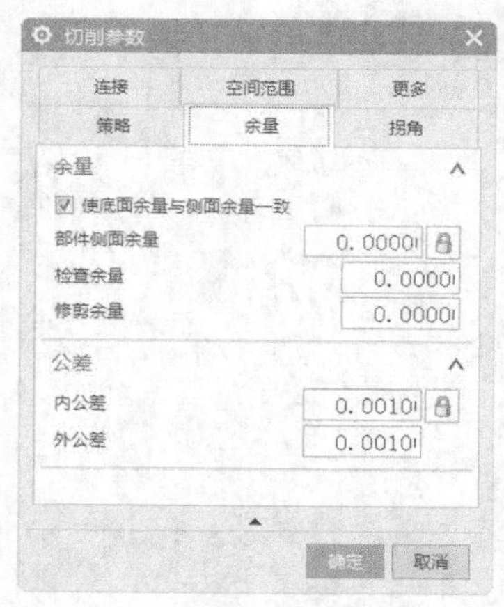

图7-51 “余量”选项卡

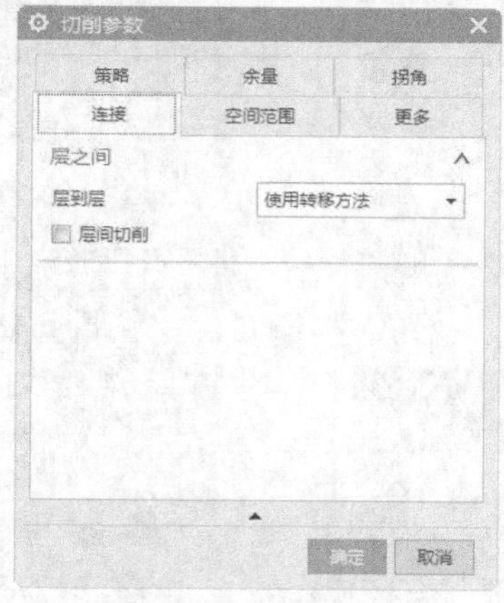

图7-52 “连接”选项卡

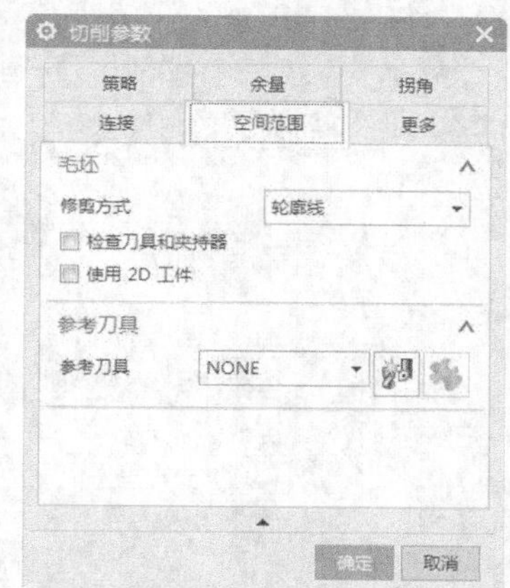

图7-53 “空间范围”选项卡

（6）返回“深度轮廓铣”对话框，在“操作”栏中单击“生成”图标，生成深度轮廓铣刀轨，如图7-54所示。

（7）单击“操作”栏中的“确认”按钮，弹出“刀轨可视化”对话框，切换到“3D动态”选项卡，单击“播放”按钮，进行3D模拟加工，如图7-55所示，单击“确定”按钮，关闭对话框。

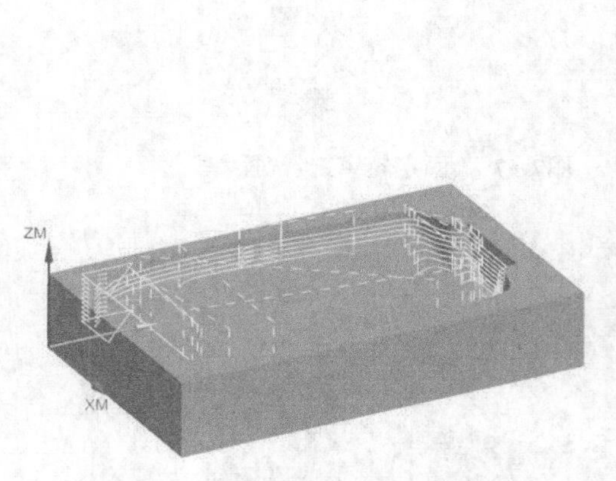

图7-54　深度轮廓铣刀轨

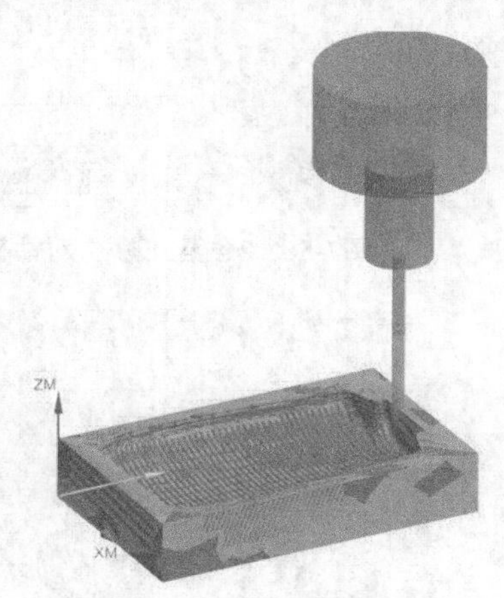

图7-55　3D模拟加工

7.2.4　固定轮廓铣

（1）在“主页”选项卡“刀片”组中单击“创建工序”按钮，弹出“创建工序”对话框，在“类型”下拉列表框中选择“mill_contour”，在“工序子类型”栏中选择“固定轮廓铣”，在“几何体”下拉列表框中选择“WORKPIECE”，在“刀具”下拉列表框中选择“T2”，在“方法”下拉列表框中选择“MILL_FINISH”，其他采用默认设置，如图7-56所示，单击“确定”按钮。

（2）弹出图7-57所示的“固定轮廓铣”对话框，单击“指定切削区域”右侧的“选择或编辑切削区域几何体”按钮，弹出“切削区域”对话框，指定的切削区域如图7-58所示，单击“确定”按钮。

图7-56 “创建工序”对话框

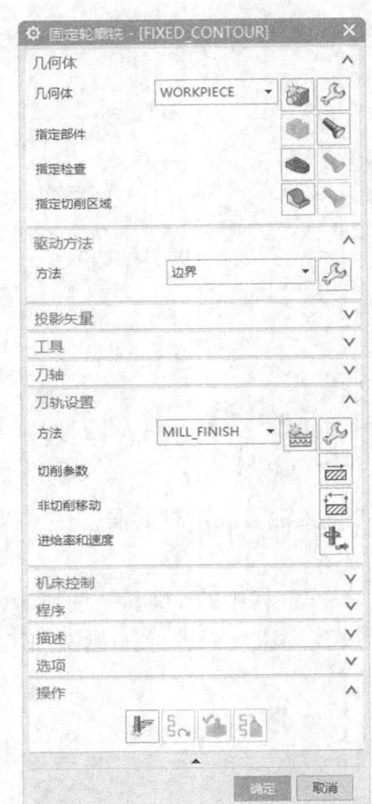

图7-57 “固定轮廓铣”对话框

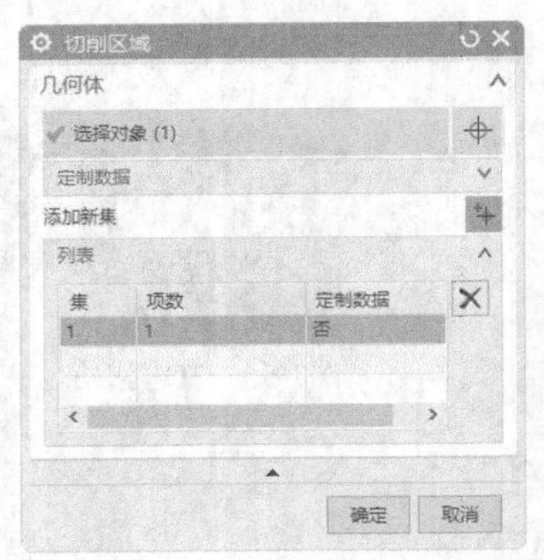

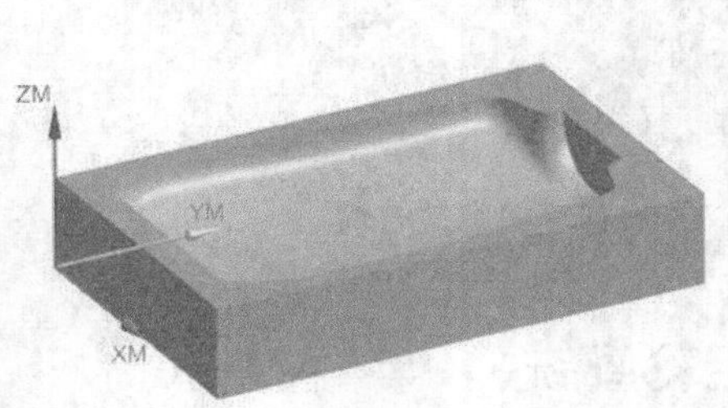

图7-58 “固定轮廓铣”切削区域

（3）在“驱动方法”栏中设置“方法”为“边界”，单击“编辑”按钮，打开图7-59所示的“边界驱动方法”对话框，单击“指定驱动几何体”右侧的“选择或编辑驱动几何体”按钮，弹出图7-60所示的“边界几何体”对话框，设置材料侧为“外部/右”，选择“模式”为“边界”，弹出“创建边界”对话框，设置“材料侧”为“外侧”，选取凹槽的上部边线，指定的驱动边界如图7-61所示，连续单击“确定”按钮。返回到“边界驱动方法”对话框，在“驱动设置”栏中设置“切削模式”为“往复”，“平面直径百分比”为20，“切削角”为“自动”，单击“确定”按钮。

图7-59　“边界驱动方法”对话框

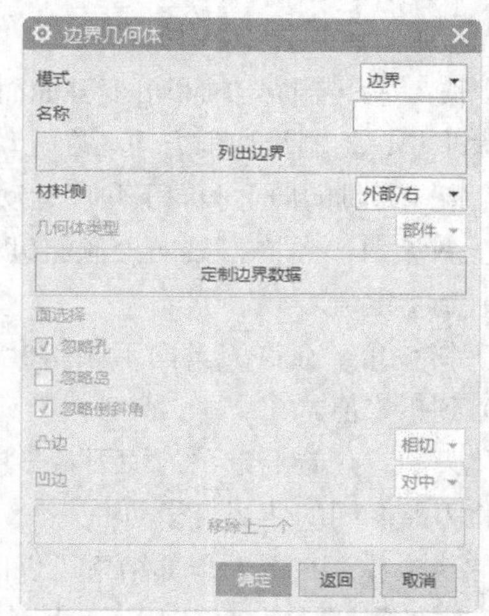

图7-60　“边界几何体”对话框

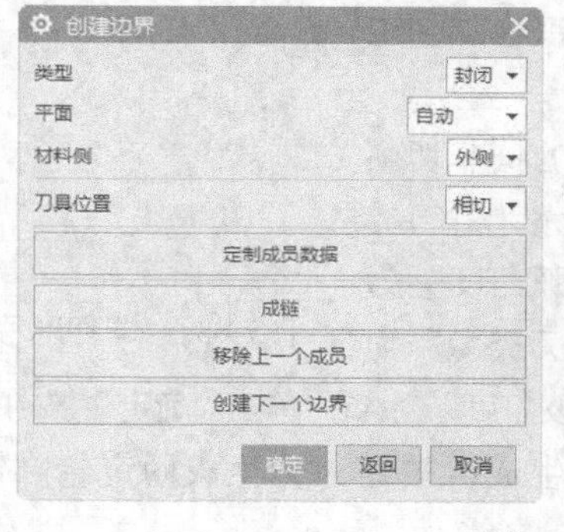

图7-61　指定的驱动边界

“边界驱动方法”对话框中的主要选项说明如下。

- 驱动几何体：单击“指定驱动几何体”右侧的“选择或编辑驱动几何体”按钮，弹出图7-60所示的“边界几何体”对话框，进行边界定义。
- 空间范围：部件空间范围通过沿着所选部件表面和表面区域的外部边界创建环来定义切削区域。
- 更多
  - 边界逼近：通过转换、弯曲和切削将刀路变为更长的线段以减少处理时间。
  - 岛清根：绕岛插入一个附加刀路以移除可能遗留下来的所有多余材料。
  - 壁清理：移除沿部件壁出现的凸部。

（4）返回到“固定轮廓铣”对话框，单击“切削参数”按钮，弹出图7-62所示的“切削参数”对话框，在“更多”选项卡中设置“最大步长”为“30%刀具”，“向上斜坡角”为90，“向下斜

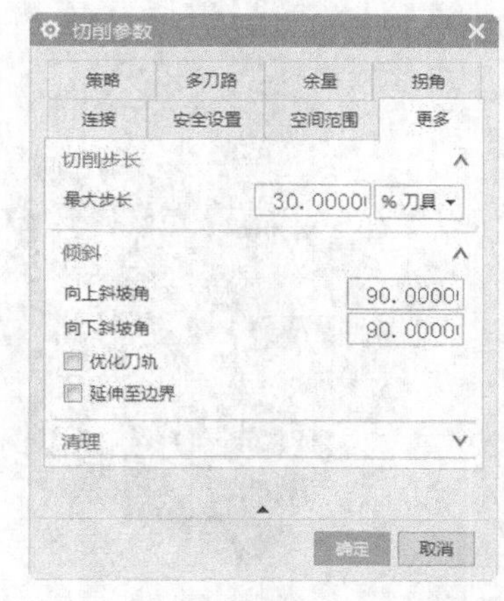

图7-62　“切削参数”对话框

坡角”为90，其余保持默认设置，单击“确定”按钮。

“更多”选项卡中的选项说明如下。

■ 切削步长：适用于固定轴和可变轴曲面轮廓铣工序。

➢ 最大步长：控制沿切削方向、在驱动轨迹的驱动点之间测量的线性距离。

■ 倾斜：指定刀具的向上和向下角度运动限制。角度是从垂直于刀轴的平面测量的。

➢ 向上斜坡角：允许刀具向上倾斜0度（平面垂直于固定刀轴）到指定值。

➢ 向下斜坡角：允许刀具向下倾斜0度（平面垂直于固定刀轴）到指定值。

➢ 优化刀轨：勾选此选项，使刀具尽可能多地接触部件并最小化刀路之间的非切削移动。

➢ 延伸至边界：在部件顶部结束“仅向上”切削的刀路，或者在部件底部结束“仅向下”切削的刀路。

■ 清理

➢ 清理几何体：用于创建点、边界和曲线，以标识含有加工后剩余未切削材料的凹部和陡面。

（5）单击“非切削移动”按钮，弹出图7-63所示的“非切削移动”对话框，在“进刀”选项卡的“开放区域”栏中设置“进刀类型”为“圆弧-平行于刀轴”，“半径”为“50%刀具”，“圆弧角度”为90，“旋转角度”为0。在“根据部件/检查”栏中设置“进刀类型”为“线性”，“长度”为“80%刀具”，“旋转角度”为180，“斜坡角度”为45，单击“确定”按钮。

图7-63 “非切削移动”对话框

（6）完成以上全部设置后，在“操作”栏中单击“生成”按钮，生成固定轮廓铣刀轨，如图7-64所示。

（7）单击“操作”栏中的“确认”按钮，弹出“刀轨可视化”对话框，切换到“3D动态”选项卡，单击“播放”按钮，进行3D模拟加工，如图7-65所示，单击“确定”按钮，关闭对话框。

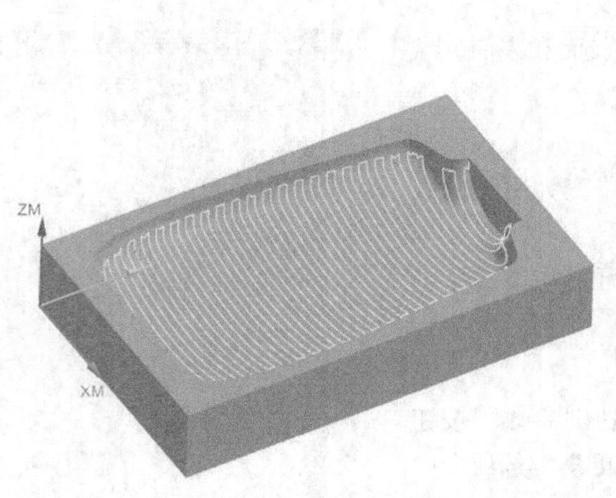

图7-64 固定轮廓铣刀轨

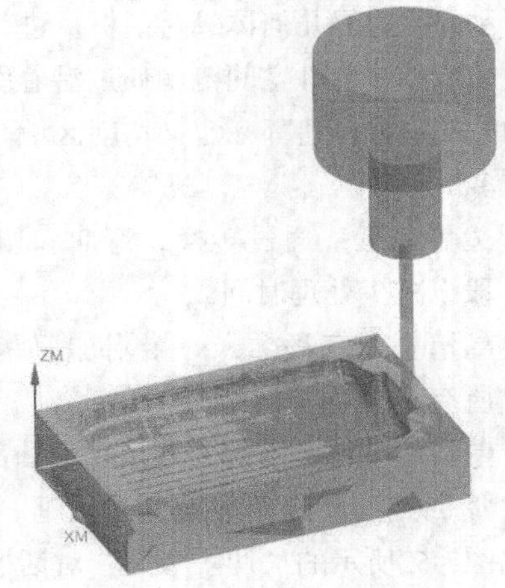

图7-65 3D模拟加工

第 8 章

凸模铣削加工

本章对毛坯进行铣削加工得到凸模零件的操作流程进行介绍。该零件模型包括凸台、曲面等特征。根据待加工零件的结构特点，先用型腔铣粗加工出零件的外形轮廓，再用非陡峭区域轮廓铣加工外表面和平面，用深度轮廓铣加工零件外形，最后用可变轮廓铣加工曲面。零件同一特征可以使用不同的加工方法，因此，在具体安排加工工艺时，读者可以根据实际情况来确定。本章安排的加工工艺和方法不一定是最佳的，其目的只是让读者了解各种铣削加工方法的综合应用。

- 初始设置
- 创建工序

8.1 初始设置

选择“文件”→“打开”命令，弹出“打开”对话框，选择“tumo.prt”，单击“打开”按钮，打开图8-1所示的待加工部件。

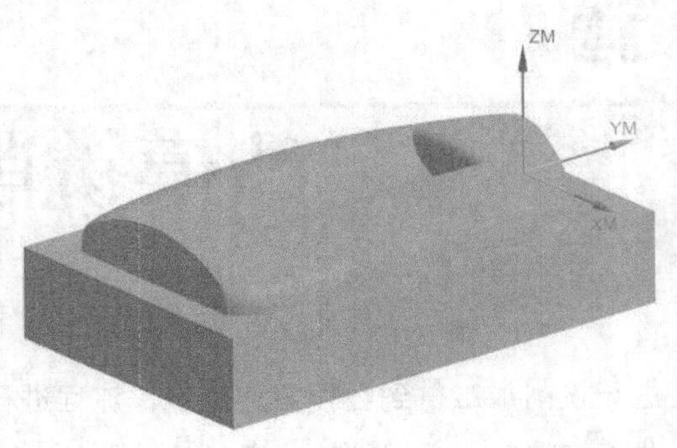

图8-1 待加工部件

8.1.1 创建几何体

（1）单击“主页”选项卡“刀片”面板中的“创建几何体”按钮，弹出“创建几何体”对话框，在“类型”下拉列表框中选择“mill_contour”，在“几何体子类型”栏中选择“WRKPIECE”，在“位置”栏“几何体”下拉列表框中选择“MCS”，其他采用默认设置，如图8-2所示，单击“确定”按钮，关闭当前对话框。

（2）弹出“工件”对话框，单击“指定部件”右侧的“选择或编辑部件几何体”按钮，弹出“部件几何体”对话框，选择图8-3所示的部件几何体，单击“确定”按钮，返回“工件”对话框。

图8-2 “创建几何体”对话框

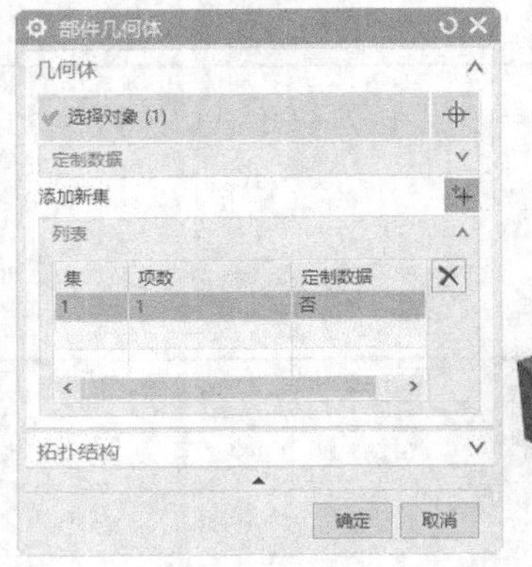

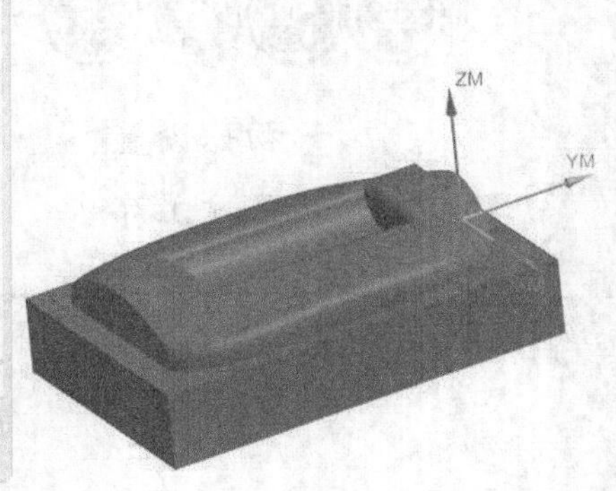

图8-3 指定部件几何体

（3）在“工件”对话框中单击“指定毛坯”右侧的“选择或编辑毛坯几何体”按钮，弹出“毛坯几何体”对话框，设置“类型”为“包容块”，“*ZM+*”为0.1，如图8-4所示，单击“确定”按钮，在块的顶部添加0.1in的坯料。返回到“工件”对话框，其他采用默认设置，单击“确定”按钮，完成工件的设置。

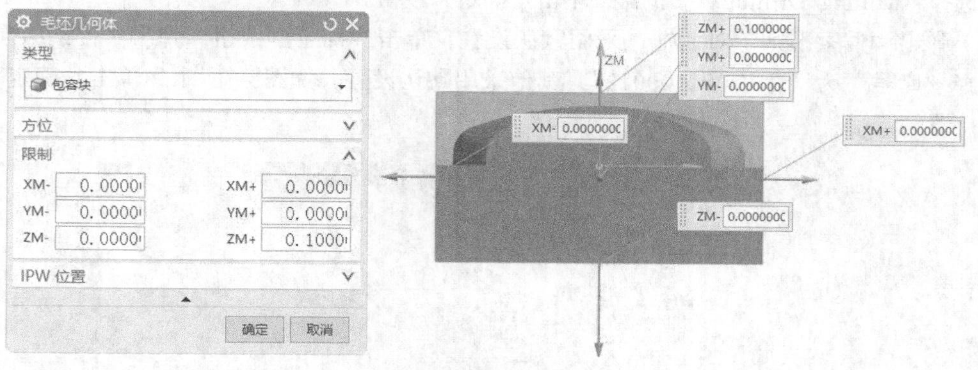

图8-4　创建毛坯

8.1.2　创建刀具

（1）单击“主页”选项卡“刀片”组中的“创建刀具”按钮，弹出图8-5所示的“创建刀具”对话框，在“类型”下拉列表框中选择“mill_contour”，在“刀具子类型”栏中选择“MILL”，在“名称”文本框中输入END.25，其他采用默认设置，单击“确定”按钮。

（2）弹出“铣刀-5参数”对话框，在“尺寸”栏中设置“直径”为0.25，“下半径”为0.125，“长度”为2，“刀刃长度”为1.0，“刀刃”为2，其他采用默认设置，如图8-6所示。

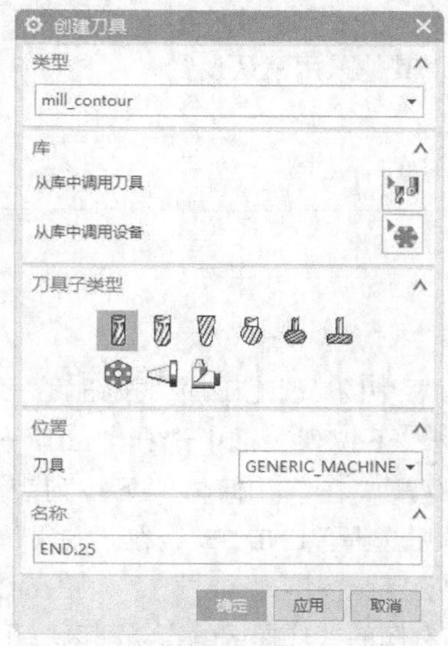

图8-5　“创建刀具”对话框

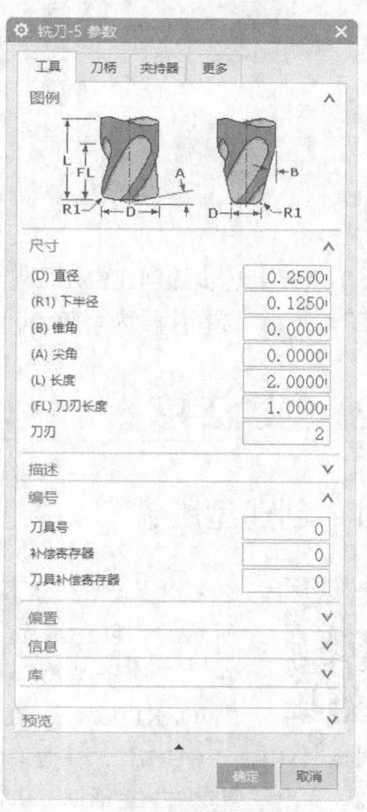

图8-6　“铣刀-5 参数”对话框

（3）在“夹持器”选项卡“库”栏中单击“从库中调用夹持器”按钮，弹出“库类选择”对话框，选择“Milling_Drilling”夹持器，单击“确定”按钮。

（4）弹出“搜索准则”对话框，采用默认设置，单击“确定”按钮。弹出“搜索结果”对话框，选择“库号”为“HLD001_00012”，其他采用默认设置，如图8-7所示，单击“确定”按钮，完成夹持器的调用。

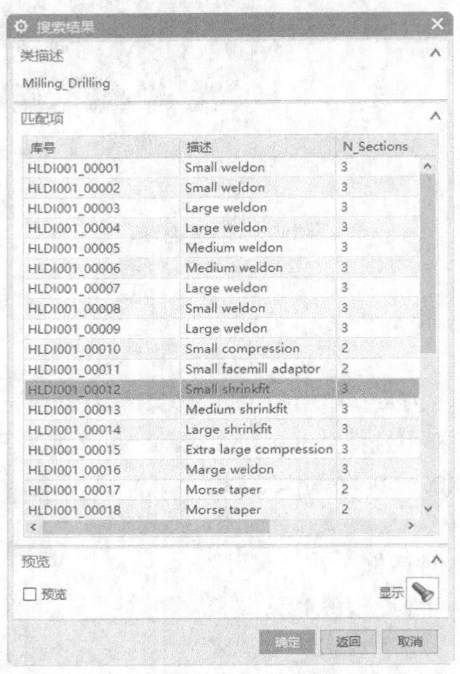

图8-7 “搜索结果”对话框

（5）重复上述步骤创建END.15，设置“直径”为0.15，“下半径”为0.075，“长度”为1，“刀刃长度”为0.5，选择库号为“HLD001_00012”的夹持器，其他采用默认设置。

8.2 创建工序

8.2.1 创建型腔铣

（1）单击“主页”选项卡“刀片”面板中的“创建工序”按钮，弹出图8-8所示的“创建工序”对话框，在“类型”下拉列表框中选择“mill_contour”，在“工序子类型”栏中选择“型腔铣”，在“几何体”下拉列表框中选择“WORKPIECE”，在“刀具”下拉列表框中选择“END.25”，在“方法”下拉列表框中选择“MILL_ROUGH”，其他采用默认设置，单击“确定”按钮。

（2）弹出“型腔铣”对话框，单击“指定切削区域”右侧的“选择或编辑切削区域几何体”按钮，弹出“切削区域”对话框，选定图8-9所示的切削区域，单击“确定”按钮。

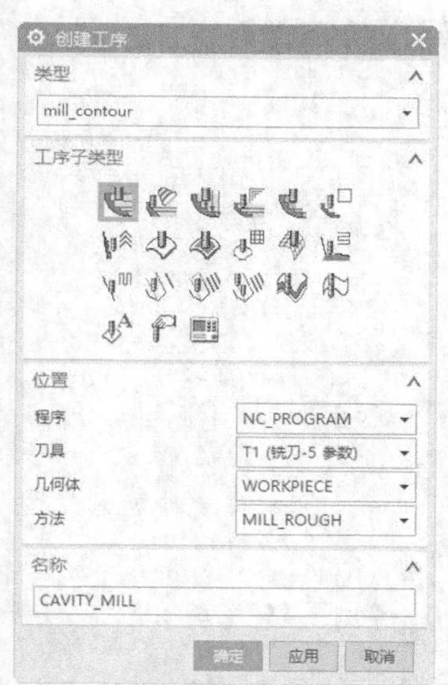

图8-8 “创建工序”对话框

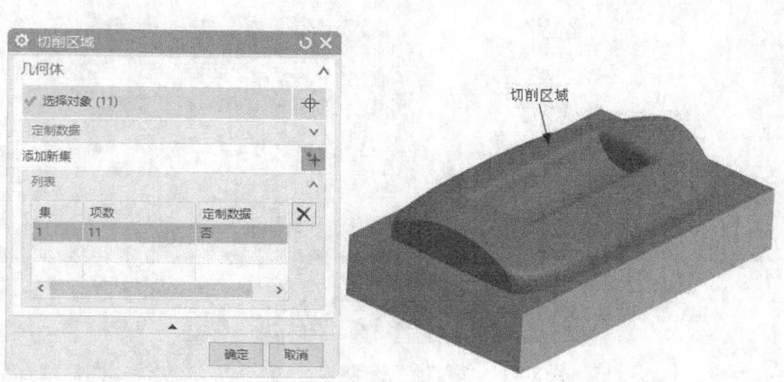

图8-9 指定的切削区域

（3）单击“切削层”按钮，弹出“切削层”对话框，设置“切削层”为“恒定”，“公共每刀切削深度”为“恒定”，“最大距离”为0.05 in，其他采用默认设置，如图8-10所示，单击“确定”按钮。

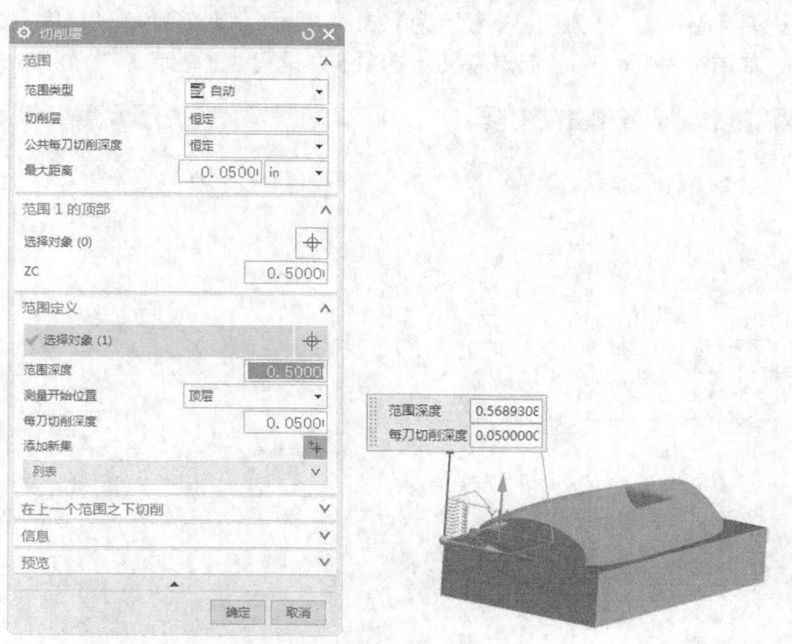

图8-10 “切削层”对话框

（4）单击“切削参数”按钮，弹出“切削参数”对话框，在“策略”选项卡中设置“切削方向”为“顺铣”，勾选“添加精加工刀路”复选框，“刀路数”为1，“精加工步距”为“5%刀具”，如图8-11所示。在“余量”选项卡中勾选“使底面余量和侧面余量一致”复选框，设置“部件侧面余量”为0.03，如图8-12所示，单击“确定”按钮。

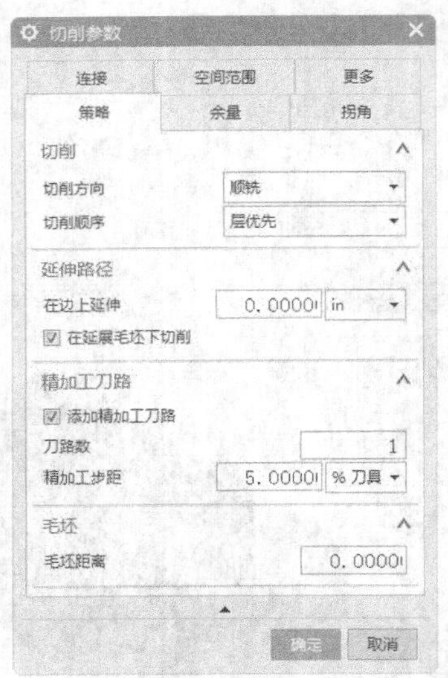

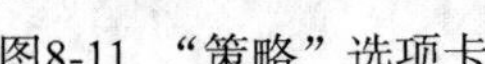
图8-11 “策略”选项卡

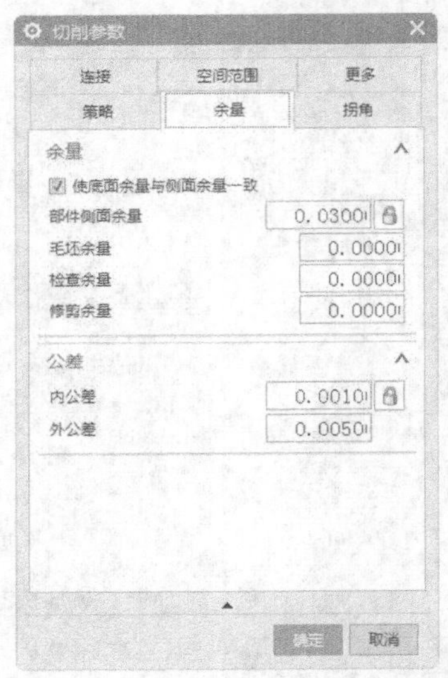

图8-12 “余量”选项卡

（5）返回“型腔铣”对话框，单击“非切削移动”按钮，弹出“非切削移动”对话框，在“进刀”选项卡的“封闭区域”栏中设置“进刀类型”为“螺旋”，“直径”为“90%刀具”，“斜坡角度”为15，“高度”为0.1in，“最小安全距离”为0in，“最小斜坡长度”为“0%刀具”。在“开放区域”栏中设置“进刀类型”为“圆弧”，“半径”为0.25in，“圆弧角度”为90，“高度”为0.1in，“最小安全距离”为0.1in，如图8-13所示。在“起点/钻点”选项卡中设置“重叠距离”为0.15in，如图8-14所示。

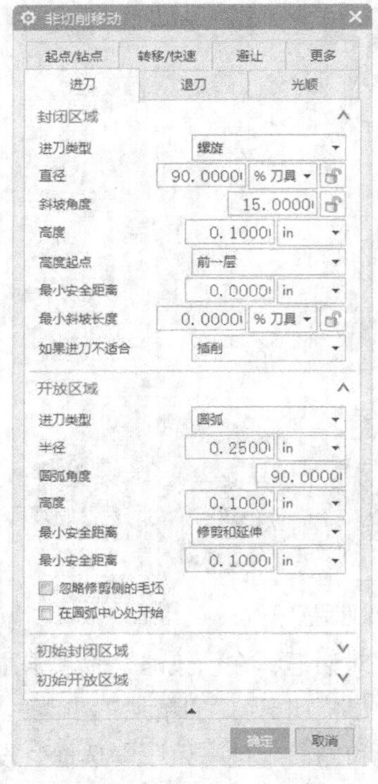

图8-13 “进刀”选项卡

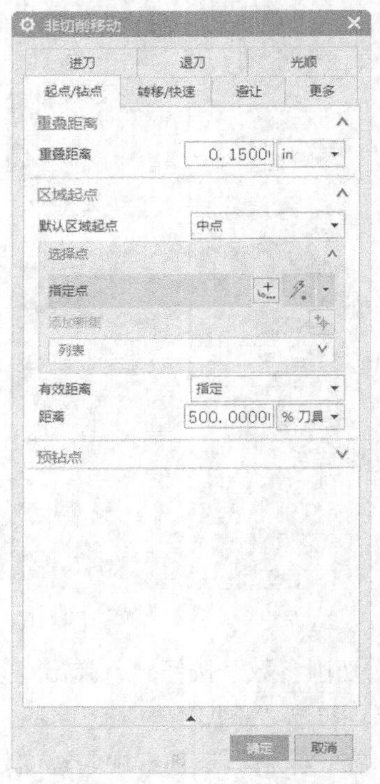

图8-14 “起点/钻点”选项卡

“起点/钻点”选项卡中的选项说明如下。

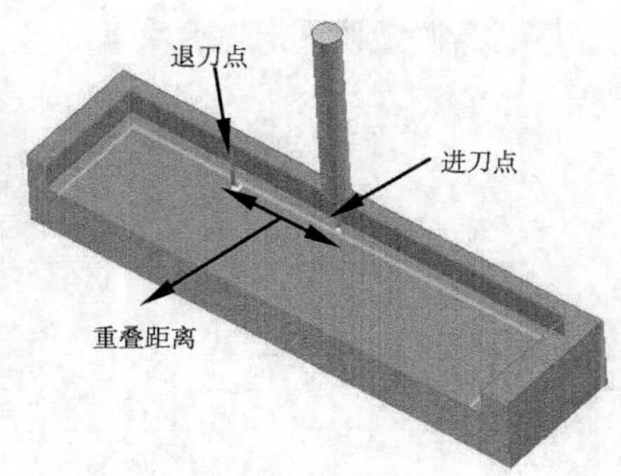

图8-15　自动进刀和退刀的重叠距离

■ 重叠距离：是指在切削过程中刀轨进刀点与退刀点重合的刀轨长度，可提高切入部位的表面质量，如图8-15所示。此选项确保刀轨在发生进刀和退刀移动的点进行完全清理。

■ 区域起点：是指定义切削区域开始点来定义进刀位置和横向进给方向。在“默认区域起点”下拉列表框中有“中点”和“拐角”两个选项。自定义“区域起点”可以通过“点”对话框进行选择指定，指定的自定义点在下面的“列表”下拉列表框中列出，亦可在“列表”下拉列表框中删除。

➤ 中点：在切削区域内最长的线性中点开始刀轨。如果没有线性边，则使用最长的段。在型腔铣和深度轮廓铣工序中切削封闭形状时，系统会尝试在最长直线段上定位中点为起点，以获得每个切削层的可加工区域形状。如果系统找不到最长的线段，则它会寻找最长的段，这为圆周进刀和退刀提供了更多空间，并降低了在拐角处开始的可能性。

➤ 拐角：从指定边界的起点开始。

■ 预钻点

“预钻点”允许指定“毛坯”材料中先前钻好的孔内或其他空缺内的进刀位置。所定义的点沿着刀轴投影到用来定位刀具的“安全平面”上。然后刀具向下移动直至进入空缺处，在此空缺处，刀具可以直接移动到每个层上处理器定义的起点。该功能在“轮廓”和“标准驱动”切削模式下不可用。

在做平面铣挖槽加工时，经常是在整块实心毛坯上铣削。在铣削之前，可在毛坯上每个切削区的适当位置预先钻一个孔，用于铣削时进刀。在执行平面铣的挖槽操作时，通过指定钻进刀点来控制刀具在预钻孔位置进刀。刀具在安全平面或最小安全间隙开始沿刀轴方向对准预钻进刀点垂直进刀切削完各切削层。

如果在一个切削区域指定了多个预钻点，只有最接近这个区域的切削刀轨起始点的那一个有效。对于“轮廓”和“标准驱动”切削模式，预钻点无效。设定预钻点必须指定孔的位置和孔的深度。

（6）在“转移/快速”选项卡“安全设置”栏中设置“安全设置选项”为“平面”，指定加工部件的上表面为安全平面，如图8-16所示，在“区域之间”栏中设置“转移类型”为“前一平面”，“安全距离”为0.1in，在“区域内”栏中设置“转移方式”为“进刀/退刀”，“转移类型”为“前一平面”，“安全距离”为0.1in，单击“确定”按钮。

（7）返回“型腔铣”对话框，在“刀轨设置”栏中设置“切削模式”为“跟随部件”，“平面直径百分比”为50，“公共每刀切削深度”为“恒定”，“最大距离”为0.05in，如图8-17所示。

（8）完成以上设置后，在“操作”栏中单击“生成”按钮，生成型腔铣刀轨，如图8-18所示。

（9）单击“操作”栏中的“确认”按钮，弹出“刀轨可视化”对话框，切换到“3D动态”选项卡，单击“播放”按钮，进行3D模拟加工，如图8-19所示，单击“确定”按钮，关闭对话框。

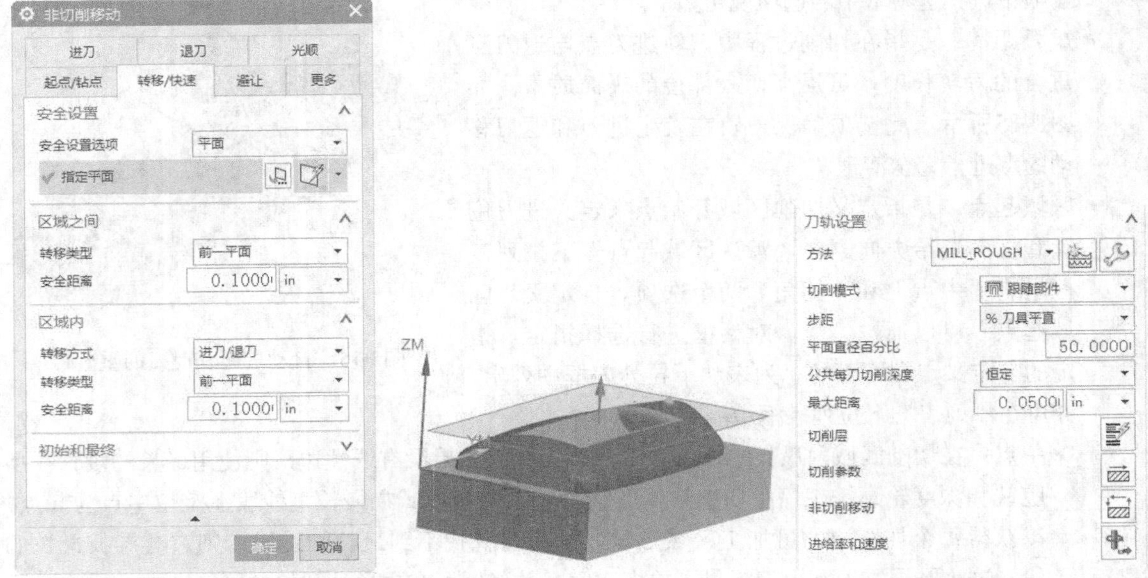

图8-16 “转移/快速”选项卡　　图8-17 “刀轨设置”栏

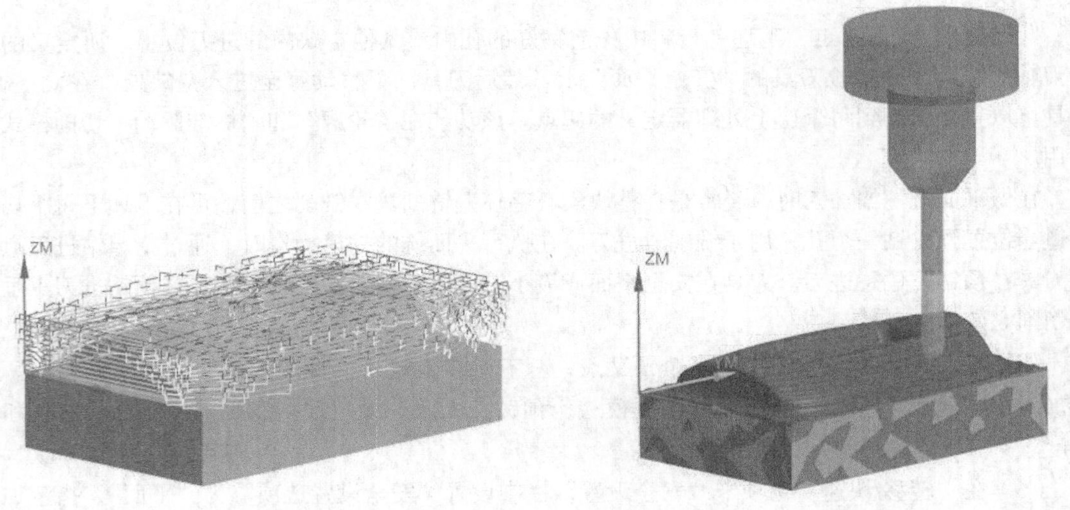

图8-18 型腔铣刀轨　　图8-19 3D模拟加工

8.2.2 创建非陡峭区域轮廓铣

（1）单击“主页”选项卡“刀片”面板中的“创建工序”按钮，弹出“创建工序”对话框，在“类型”下拉列表框中选择“mill_contour”，在“工序子类型”栏中选择“非陡峭区域轮廓铣”，在“几何体”下拉列表框中选择“WORKPIECE”，在“刀具”下拉列表框中选择“END.15”，在“方法”下拉列表框中选择“MILL_ROUGH”，其他采用默认设置，单击“确定”

按钮。

（2）弹出图8-20所示的“非陡峭区域轮廓铣”对话框，在“驱动方法”栏“方法”下拉列表框中选择“区域铣削”，单击“编辑”按钮，弹出图8-21所示的“区域铣削驱动方法”对话框，在“陡峭空间范围”栏中设置“方法”为“非陡峭”，“陡峭壁角度”为35。在“驱动设置”栏中设置“非陡峭切削模式”为“往复”，“切削方向”为“顺铣”，“平面直径百分比”为50，“步距已应用”为“在平面上”，单击“确定”按钮。

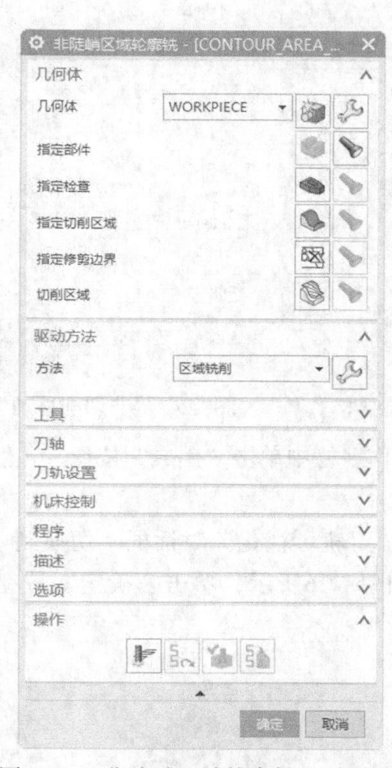

图8-20　“非陡峭区域轮廓铣”对话框

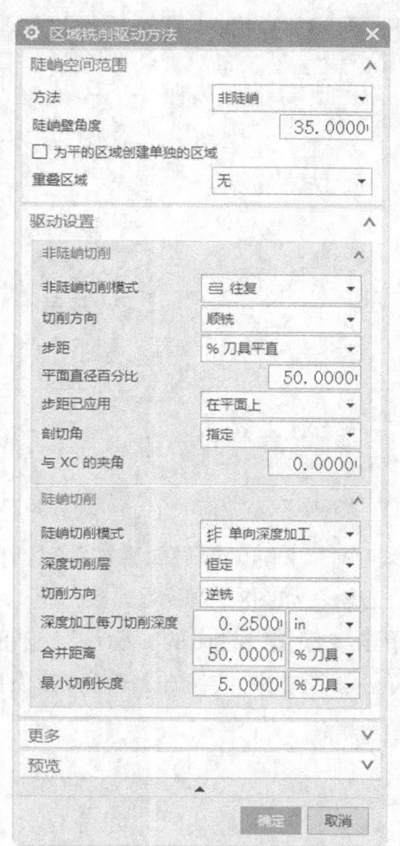

图8-21　“区域铣削驱动方法”对话框

（3）返回“非陡峭区域轮廓铣”对话框，在“刀轨设置”栏中单击“切削参数”按钮，弹出“切削参数”对话框，在“策略”选项卡中勾选“在边上滚动刀具”复选框，如图8-22所示。在“更多”选项卡中设置“最大步长”为“100%刀具”，如图8-23所示，单击“确定”按钮。

“策略”选项卡中的选项说明如下。

■ 在凸角上延伸：勾选此选项，在切削运动通过内凸边时提供对刀轨的额外控制，以防止刀具驻留在这些边上。取消此选项的勾选，在切削运动通过内凸边时不提供对刀轨的额外控制，以防止刀具驻留在这些边上。

■ 在边上延伸：勾选此选项，使刀具超出切削区域外部边缘以加工部件周围的多余材料。

■ 跨底切延伸：在刀具由于部件中的底切而不能切削的区域中，对刀轨提供控制。

■ 在边上滚动刀具：控制刀轨超出部件表面边缘时，是否允许刀具在边缘滚动。

（4）返回“非陡峭区域轮廓铣”对话框，单击“非切削运动”按钮，弹出“非切削移动”对话框，在“进刀”选项卡的“开放区域”栏中设置“进刀类型”为“插削”，“高度”为“200%刀具”；在“根据部件/检查”栏中设置“进刀类型”为“线性”，“长度”为“80%刀具”，“旋转角度”为180，“斜坡角度”为45，如图8-24所示，单击“确定”按钮。

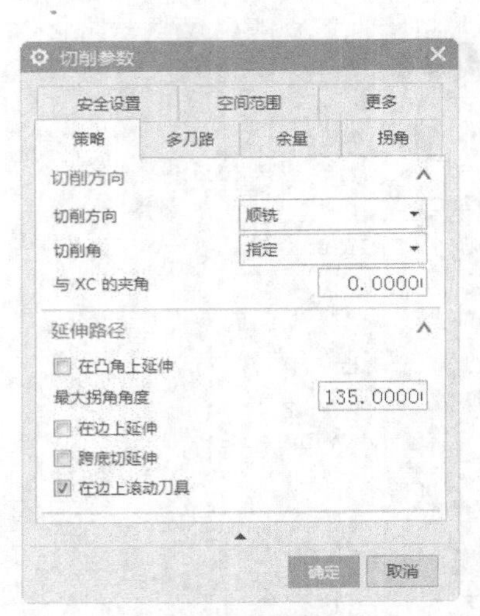

图8-22 “策略”选项卡

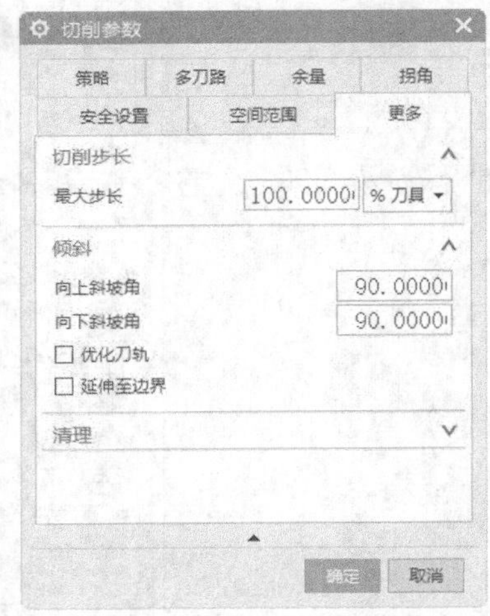

图8-23 “更多”选项卡

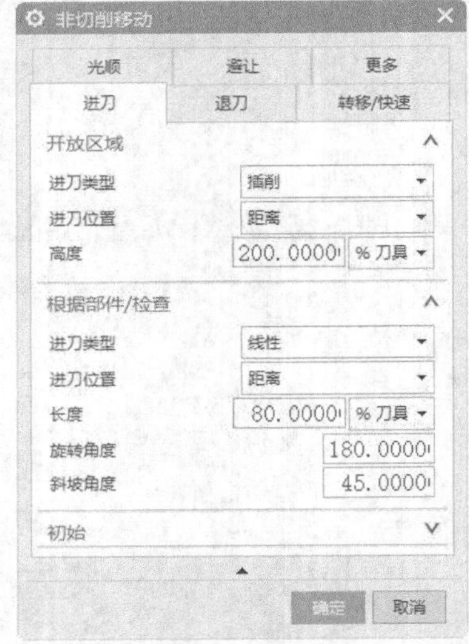

图8-24 “非切削移动”对话框

（5）返回到“非陡峭区域轮廓铣”对话框，在“操作”栏中单击“生成”按钮，生成非陡峭区域轮廓铣刀轨，如图8-25所示。

（6）单击“操作”栏中的“确认”按钮，弹出“刀轨可视化”对话框，切换到“3D动态”选项卡，单击“播放”按钮，进行3D模拟加工，如图8-26所示，单击“确定”按钮，关闭对话框。

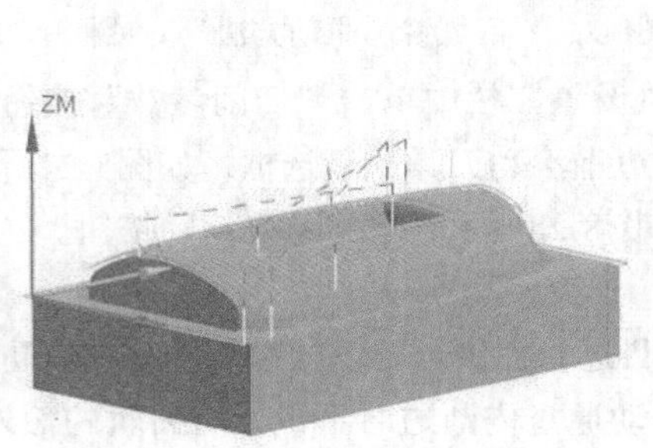

图8-25 非陡峭区域轮廓铣刀轨

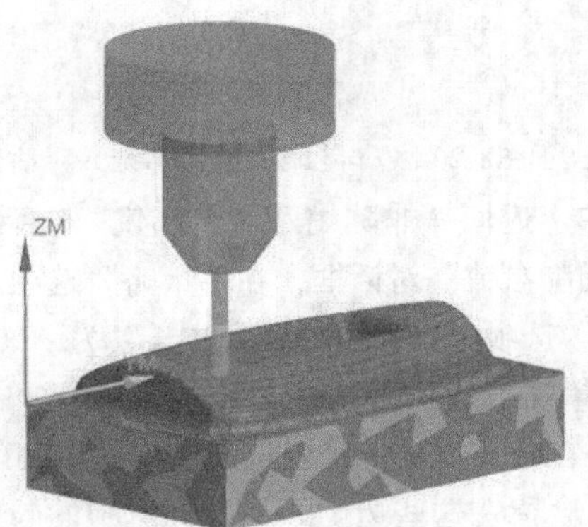

图8-26 3D模拟加工

8.2.3　创建深度轮廓铣

（1）单击“主页”选项卡“刀片”面板中的“创建工序”按钮，弹出“创建工序”对话框，在“类型”下拉列表框中选择“mill_contour”，在“工序子类型”中选择“深度轮廓铣”，在“几何体”下拉列表框中选择“WORKPIECE”，在“刀具”下拉列表框中选择“END.15”，在“方法”下拉列表框中选择“MILL_SEMI_FINISH”，其他采用默认设置，单击“确定”按钮。

（2）弹出“深度轮廓铣”对话框，如图8-27所示，在“刀轨设置”栏中设置“陡峭空间范围”为“仅陡峭的”，“角度”为35，“合并距离”为0.1in，“最小切削深度”为0.03in，“公共每刀切削深度”为“恒定”，“最大距离”为0.25in。

（3）单击“切削参数”按钮，弹出“切削参数”对话框，在“策略”选项卡中设置“切削方向”为“顺铣”，“切削顺序”为“深度优先”，勾选“在边上滚动刀具”复选框，如图8-28所示。在“余量”选项卡中勾选“使底面余量和侧面余量一致”复选框，设置“部件侧面余量”为0.01，如图8-29所示，单击“确定”按钮。

图8-27　“深度轮廓铣”对话框

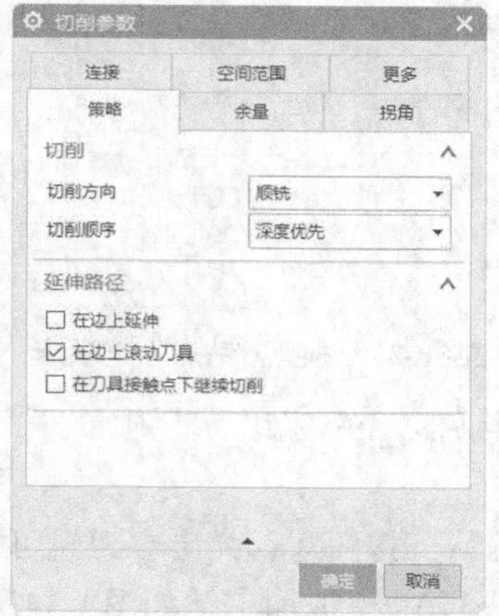

图8-28　“策略”选项卡

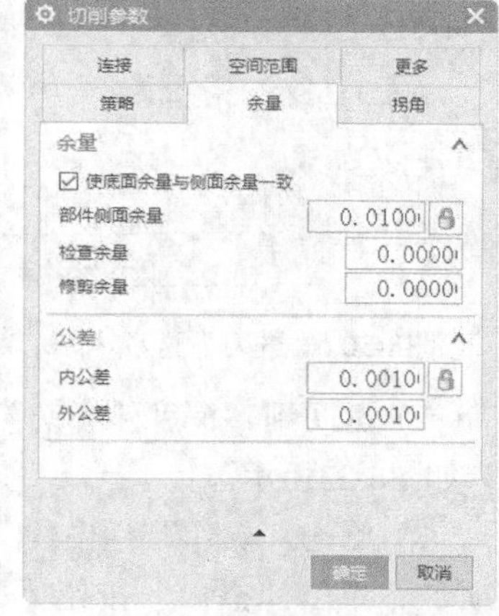

图8-29　“余量”选项卡

“策略”选项卡中的选项说明如下。

■ 在刀具接触点下继续切削：勾选此复选框，继续在刀具失去与部件表面接触的层下面加工部件轮廓线。

（4）返回“深度轮廓铣”对话框，单击“非切削运动”按钮，弹出“非切削移动”对话框。

① 在“进刀”选项卡的“封闭区域”栏中设置“进刀类型”为“沿形状斜进刀”，“斜坡角度”为30，“高度”为0.1in，“最小安全距离”为0in，“最小斜坡长度”为0%刀具。在“开放区域”栏中设置“进刀类型”为“圆弧”，“半径”为0.25in，“圆弧角度”为90，“高度”为0.1in，“最小安全距离”为0.1in，如图8-30所示。

② 在“起点/钻点”选项卡的“重叠距离”栏中设置“重叠距离”为0.15in，在“区域起点”栏中设置“有效距离”为“指定”，“距离”为“300%刀具”，如图8-31所示；

③ 在“转移/快速”选项卡的“安全设置”栏中设置“安全设置选项”为“自动平面”，“安全距离”为0.2，在“区域之间”栏中设置“转移类型”为“安全距离-刀轴”，在“区域内”栏中设

置“转移方式”为“进刀/退刀”，“转移类型”为“安全距离-刀轴”，如图8-32所示，单击“确定”按钮。

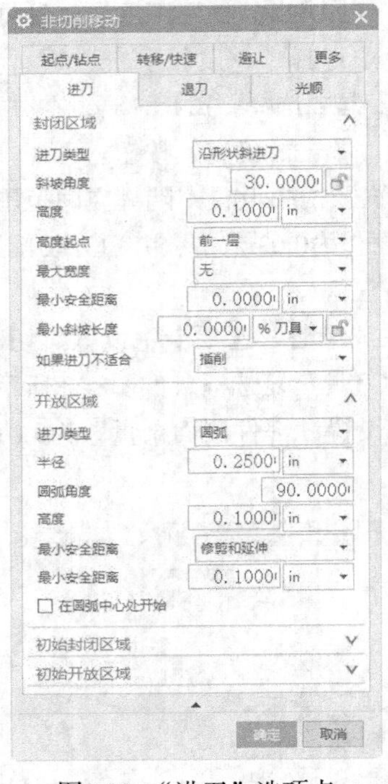

图8-30 “进刀”选项卡

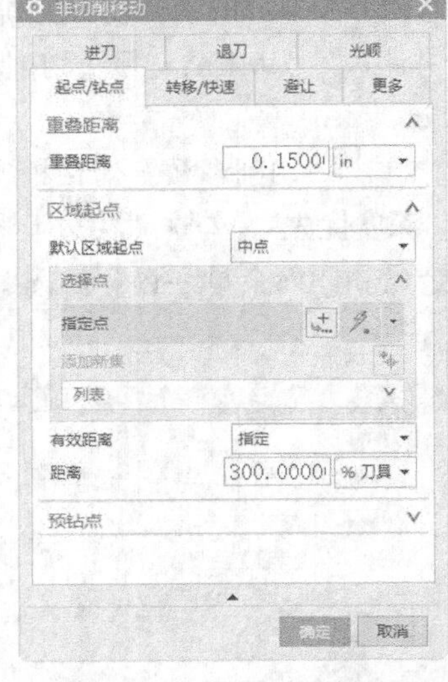

图8-31 “起点/钻点”选项卡

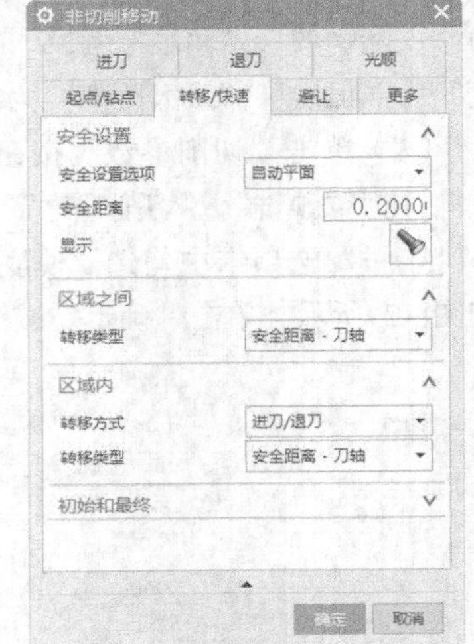

图8-32 “转移/快速”选项卡

（5）返回到“深度轮廓铣”对话框，在“操作”栏中单击“生成”按钮，生成深度轮廓铣刀轨，如图8-33所示。

（6）单击“操作”栏中的“确认”按钮，弹出“刀轨可视化”对话框，切换到“3D动态”选项卡，单击“播放”按钮，进行3D模拟加工，如图8-34所示，单击“确定”按钮，关闭对话框。

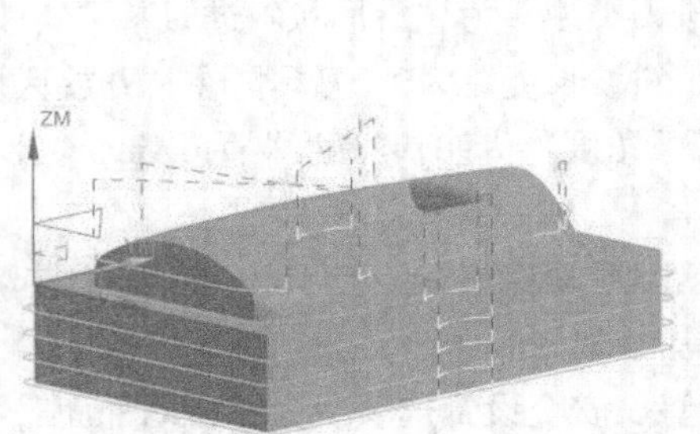

图8-33 深度轮廓铣刀轨

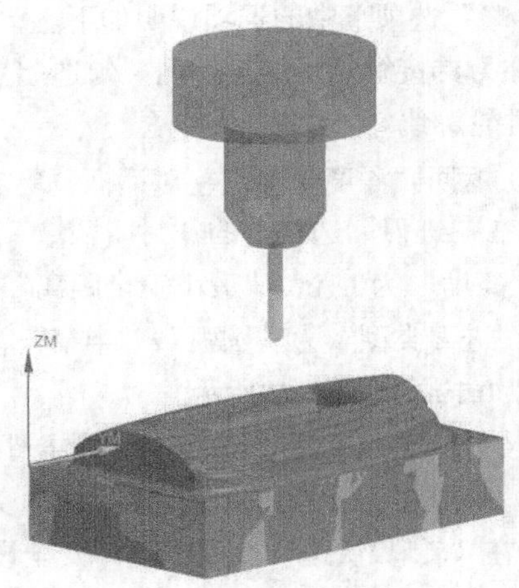

图8-34 3D模拟加工

8.2.4　创建可变轮廓铣

（1）单击“主页”选项卡“刀片”面板中的“创建工序”按钮，弹出图8-35所示的“创建工序”对话框，在“类型”下拉列表框中选择“mill_multi-axis”，在“工序子类型”栏中选择“可变轮廓铣”，在“几何体”下拉列表框中选择“MCS”，在“刀具”下拉列表框中选择“END.15”，在“方法”下拉列表框中选择“MILL_SEMI_FINISH”，其他采用默认设置，单击“确定”按钮。

“创建工序”对话框中的“工序子类型”说明如下。

- 可变轮廓铣：用于以各种驱动方法、空间范围和切削模式对部件或切削区域进行轮廓铣。对于刀轴控制，有多种选项。
- 可变流线铣：可以以相对较短的刀具路径获得较为满意的加工效果。
- 外形轮廓铣：采用外形轮廓铣驱动方法。通过选择底部面，使用这种铣削方法可借助刀具侧面来加工斜壁。
- 固定轮廓铣：用于以各种驱动方法、空间范围和切削模式对部件或切削区域进行轮廓铣。刀轴可以设置为用户定义矢量。
- 深度五轴铣：用一把较短的刀具精加工陡峭的深壁和带小圆角的拐角，而不是像固定轴操作中那样要求使用较长的小直径刀具。刀具越短，进给率和切削载荷越高，生产效率越高。
- 顺序铣：刀具是借助部件曲面、检查曲面和驱动曲面来驱动的。当需要对刀具运动、刀轴和循环进行全面控制时，则使用这种铣削方法。

（2）弹出图8-36所示的“可变轮廓铣”对话框，单击“指定部件”右侧的“选择或编辑部件几何体”按钮，弹出“部件几何体”对话框，选择图8-37所示的部件，单击“确定”按钮，返回“可变轮廓铣”对话框，单击“指定切削区域”右侧的“选择或编辑部件几何体”按钮，弹出“切削区域”对话框，选择图8-38所示的切削区域，单击“确定”按钮。

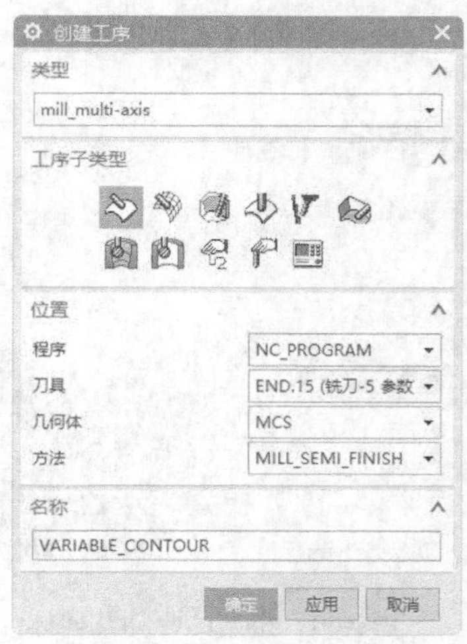

图8-35　“创建工序”对话框

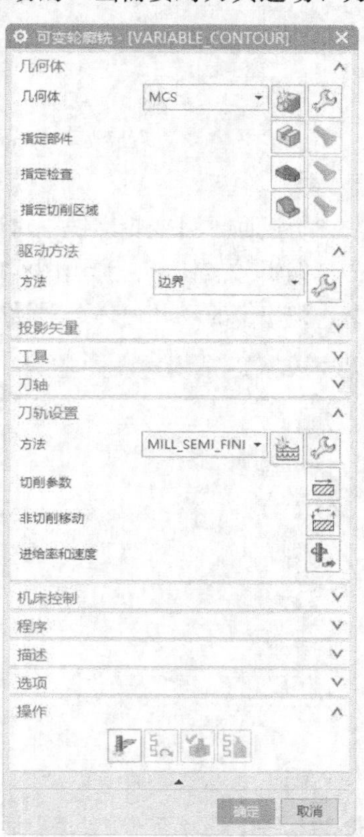

图8-36　“可变轮廓铣”对话框

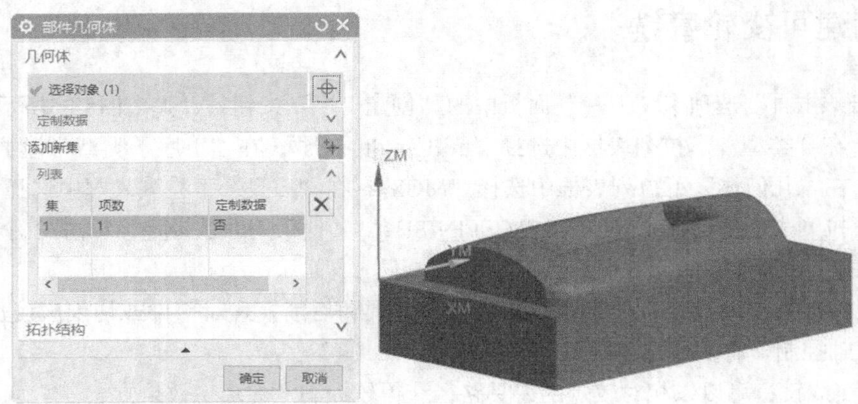

图8-37 指定部件

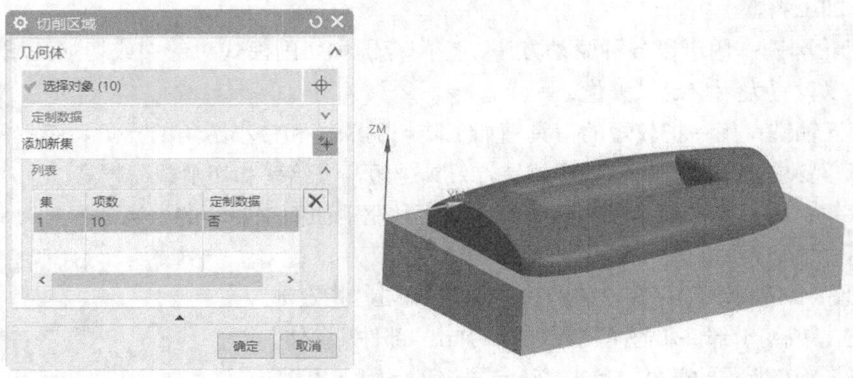

图8-38 指定切削区域

（3）返回“可变轮廓铣”对话框，在“驱动方法”栏“方法”下拉列表框中选择“曲面区域”，单击“编辑”按钮，弹出图8-39所示“曲面区域驱动方法”对话框，单击“指定驱动几何体”按钮，弹出“驱动几何体”对话框，选择图8-40所示的驱动几何体，单击“确定”按钮。

图8-39 “曲面区域驱动方法”对话框

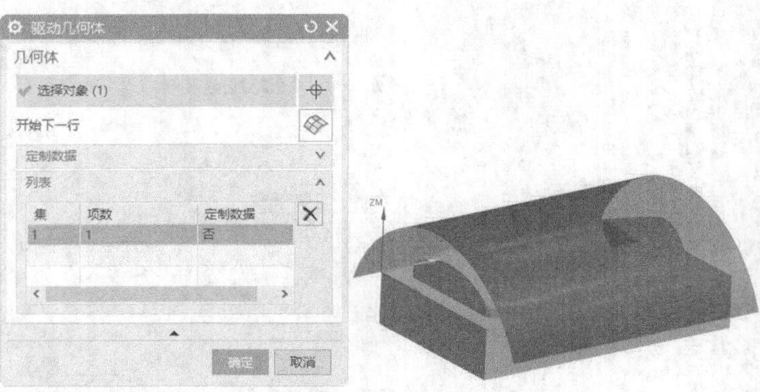

图8-40 指定的驱动几何体

提示

如果没有显示曲面，则在部件导航器中选取“直纹”特征，单击鼠标右键，在打开的快捷菜单中单击“显示”选项，显示曲面。

（4）在“曲面区域驱动方法”对话框中设置“切削区域”为“曲面%”，“刀具位置”为“相切”，单击“切削方向”按钮，显示切削方向，如图8-41所示，单击“材料反向”按钮，调整材料方向，如图8-42所示。

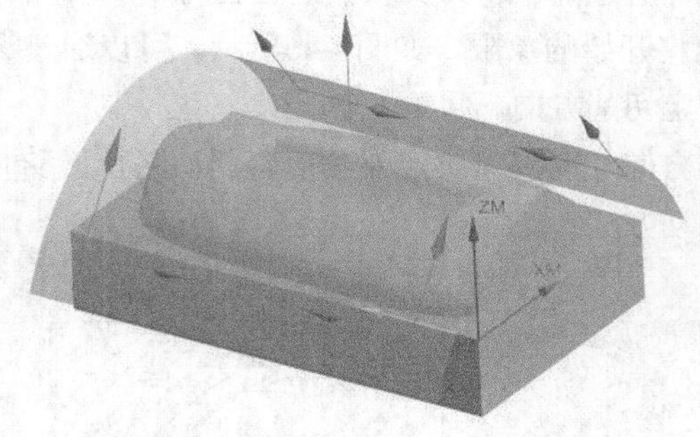

图8-41　切削方向（*YM*方向）

图8-42　材料反向

（5）在“驱动设置”栏中设置“切削模式”为“往复”，“步距”为“数量”，“步距数”为50，单击“显示接触点”按钮，进行接触点显示，如图8-43所示。

（6）在“更多”栏设置“切削步长”为“数量”，“第一刀切削”为10，“最后一刀切削”为10，如图8-44所示，单击“确定”按钮。

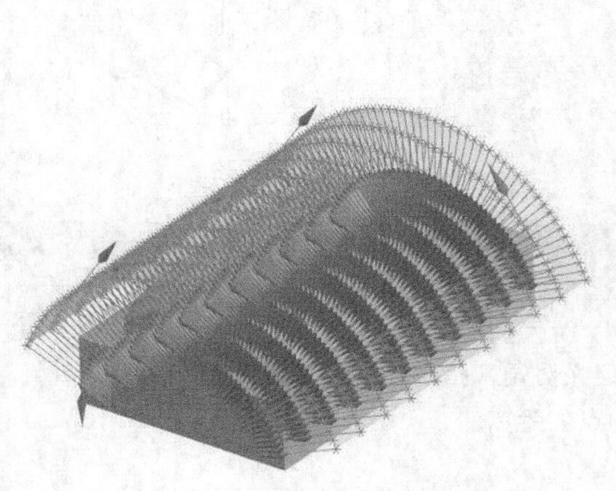

图8-43　接触点显示

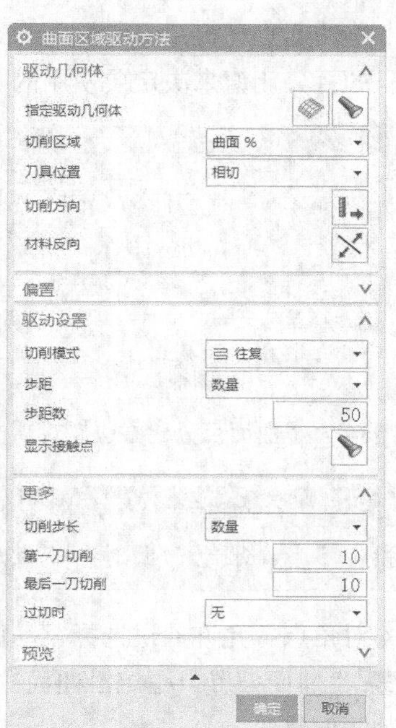

图8-44　设置驱动参数

“曲面区域驱动方法”对话框的主要选项如下。

■ 驱动几何体

➢ 指定驱动几何体：单击“选择或编辑驱动几何体”按钮◈，弹出“驱动几何体”对话框，定义驱动曲面栅格的面。

➢ 刀具位置：决定系统如何计算部件表面上的接触点，如图8-45所示。

➢ 相切：在将刀轨沿指定的投影矢量投影到部件上之前，定位刀具使其在每个驱动点上相切于驱动曲面。

➢ 对中：在将刀轨沿指定的投影矢量投影到部件上之前，将刀尖直接定位在每个驱动点。

➢ 切削方向：用于指定切削方向和第一个切削将开始的象限，如图8-46所示。可以通过选择在曲面拐角处成对出现的矢量箭头之一来指定切削方向。

➢ 材料反向：反向驱动曲面材料侧法向矢量的方向。此矢量决定刀具沿着驱动路径移动时接触驱动曲面的哪一侧（仅用于“曲面区域驱动方法”）。

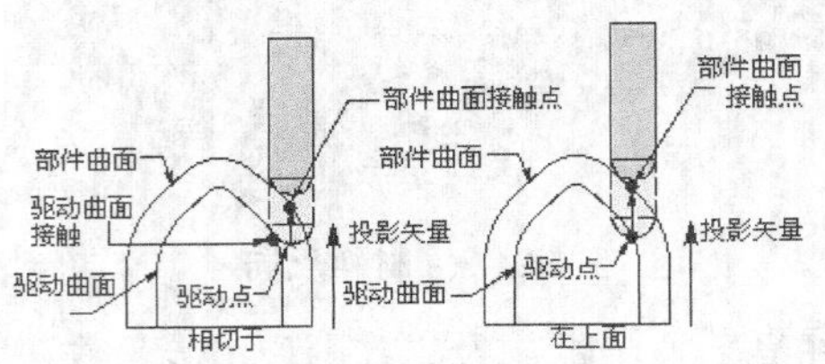

图8-45 “相切”和“对中”刀具位置

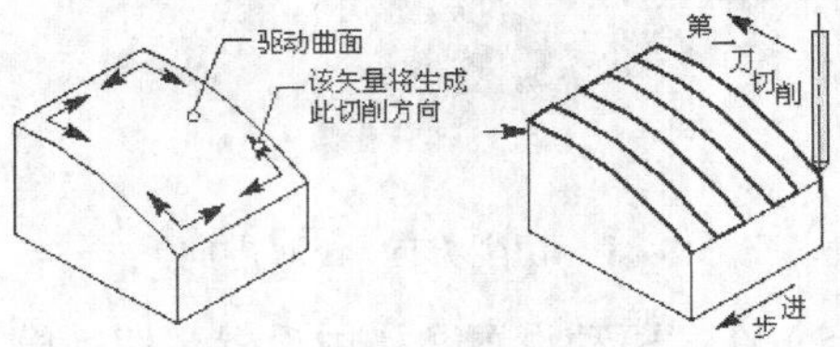

图8-46 所选矢量指定切削方向

➢ 切削区域：用于定义在工序中要使用多大的驱动曲面区域，包括“曲面%”或“对角点”。

✧ 曲面%：选择此选项，弹出图8-47所示的“曲面百分比方法”对话框。通过为第一个刀路的起点和终点、最后一个刀路的起点和终点、起始步长及结束步长输入一个正的或负的百分比值来决定要使用的驱动曲面区域的大小，如图8-48所示。

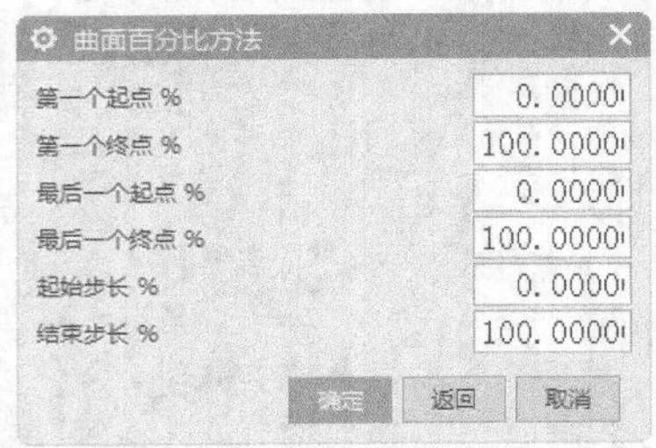

图8-47 “曲面百分比方法”对话框

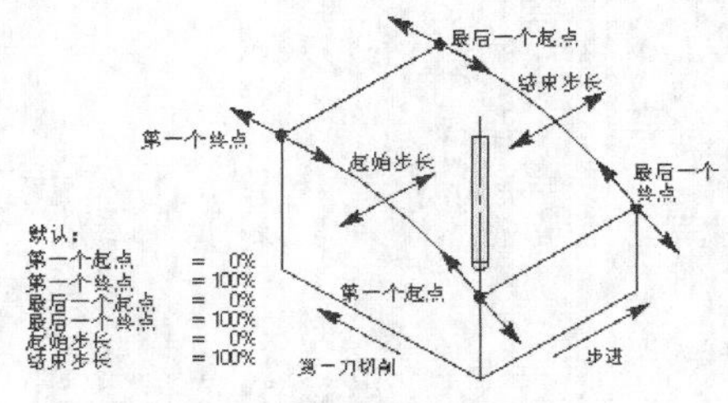

图8-48 曲面%

注意

当指定了多个驱动曲面时，“最后一个起点 %”和“最后一个终点 %”不可用。

✧ 对角点：允许通过选择驱动面上的点以定义对角来指定切削区域。

■ 偏置：“曲面偏置”指定沿曲面法向偏置驱动点的距离。

■ 驱动几何体

➢ 步距：控制连续切削刀路之间的距离。

✧数量：指定步距的总数。或者指定步距之间的最大距离。

✧残余高度：指定最大许用残余高度。

最大残余高度：指定垂直于驱动曲面测出的最大许用残余高度。

竖直限制：将平行于投影矢量的刀具运动限制在刀具直径的百分比内。

水平限制：将垂直于投影矢量的刀具运动限制在刀具直径的百分比内。

➢ 显示接触点：显示此工序生成的各驱动点的曲面法向矢量。

■ 更多

➢ 切削步长：控制驱动点之间的距离。

✧数量：指定系统对驱动曲面进行分割的等长段数，以创建驱动点。

✧公差：可以指定内公差和外公差值，以定义驱动曲面与两个连续驱动点间延伸线之间的最大许用法向距离。

➢ 第一刀切削：指定沿第一个切削刀路的分段数。

➢ 最后一刀切削：指定沿最后一个切削刀路的分段数。

➢ 过切时：指定在切削移动过程中当刀具过切驱动曲面时软件的响应方式。

✧无：请勿更改刀轨以避免过切，请勿将警告消息发送到刀轨或 CLSF。

✧警告：请勿更改刀轨以避免过切，但务必将警告消息发送到刀轨和 CLSF。

✧跳过：通过仅移除引起过切的刀具位置，更改刀轨。结果将是从过切前的最后位置到不再过切时的第一个位置的直线刀具运动。

✧退刀：通过使用非切削移动对话框中定义的进刀和退刀参数，避免过切。

（7）返回“可变轮廓铣”对话框，在“投影矢量”栏“矢量”下拉列表框中选择“指定矢量”，指定的投影矢量方向如图8-49所示。

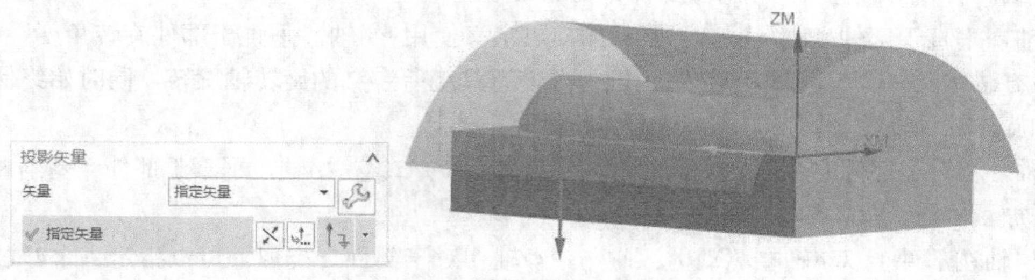

图8-49　投影矢量方向

（8）在“刀轴”栏“轴”下拉列表框中选择“双4轴在部件上”，如图8-50所示，单击“编辑”按钮，弹出“双4轴，相对于部件”对话框，在“单向切削”选项卡中设置“旋转角度”为15，如图8-51所示，单击“确定”按钮。

“刀轴”栏中选项说明如下。

■ 远离点：可定义偏离焦点的“可变刀轴”，刀轴离开一点，允许刀尖在零件垂直侧壁面切削。用户可以使用“点”对话框来指定点。

■ 朝向点：定义向焦点收敛的可变刀轴，刀轴指向一点，允许刀尖在限制空间切削。用户可以使用“点”对话框来指定点。

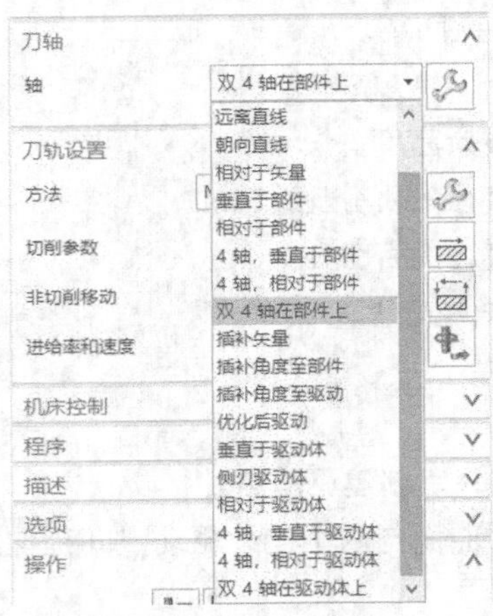

图8-50 “轴”下拉列表框

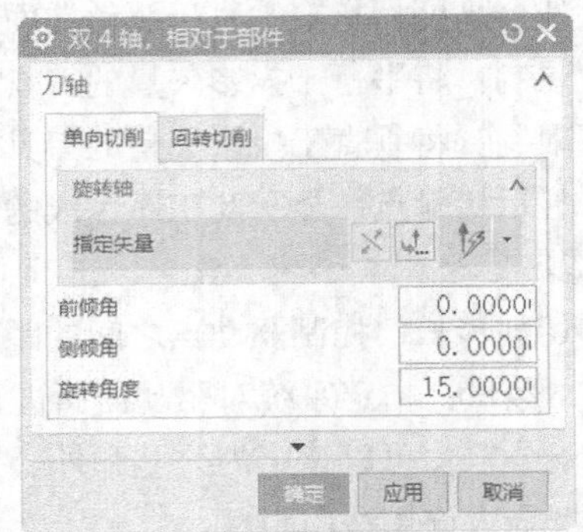

图8-51 “双4轴，相对于部件”对话框

- 远离直线：可定义偏离聚焦线的可变刀轴。刀轴沿聚焦线移动并与该聚焦线保持垂直。
- 朝向直线：定义向聚焦线收敛的可变刀轴。刀轴沿聚焦线移动并与该聚焦线保持垂直。
- 相对于矢量：可定义相对于带有指定“前倾角”和“侧倾角”矢量的可变刀轴。
- 垂直于部件：定义在每个接触点处垂直于部件表面的刀轴，它是刀轴始终与加工零件表面垂直的一种精加工方法。
- 垂直于驱动体：定义在每个驱动点处垂直于驱动曲面的可变刀轴。此选项需要用到一个驱动曲面，因此它只在使用了“曲面区域驱动方法”后才可用。
- 相对于部件：定义一个可变刀轴，它相对工件的方法基于垂直于工件来实现。
- 相对于驱动体：定义一个可变刀轴，它相对于驱动曲面的另一垂直“刀轴”向前、向后、向左或向右倾斜。它与“相对于部件”功能相同。
- 4轴，垂直于部件/4轴，垂直于驱动体：可定义使用“4轴，垂直于部件旋转角度”的刀轴。该方法定义一个旋转轴和旋转角4轴方向使刀具绕所定义的旋转轴旋转，同时始终保持刀具和旋转轴垂直。
- 4轴，相对于部件/4轴，相对于驱动体：它的工作方式与“4轴，垂直于部件”基本相同，但增加了“前倾角”和“侧倾角”。
- 双4轴在部件上/双4轴在驱动上：它与“4 轴相对于部件”类似。可以指定一个4轴旋转角、一个前倾角和一个侧倾角。
- 插补矢量：可通过矢量控制特定点处的刀轴，用于控制由非常复杂的驱动或部件几何体引起的刀轴过大变化，不需要创建其他的刀轴控制几何体。一般用于加工如叶轮之类的零件，刀具运动受到空间的限制，必须有效控制刀轴的方向以免出现干涉情况。

“双4轴，相对于部件”对话框中的选项说明如下。

- 旋转轴：定义了单向和回转平面，刀具将在这两个平面间运动。
- 前倾角：定义了刀轴沿刀轨前倾或后倾的角度。正的前倾角值表示刀具相对于刀轨方向向前倾斜，负的前倾角值表示刀具相对于刀轨方向向后倾斜。
- 侧倾角：定义了刀轴从一侧到另一侧的角度。正值将使刀具向右倾斜（按照切削方向），负值将使刀具向左倾斜。

- 旋转角度：在“前倾角”基础上进行叠加运算。“旋转角度”始终保持在同一方向，“前倾角”随着加工方向变换方向。

（9）返回“可变轮廓铣”对话框，单击“切削参数”按钮，弹出“切削参数”对话框，在“策略”选项卡中勾选“在边上滚动刀具”复选框，如图8-52所示。在“更多”选项卡中设置“最大步长”为“30%刀具”，如图8-53所示，单击“确定”按钮。

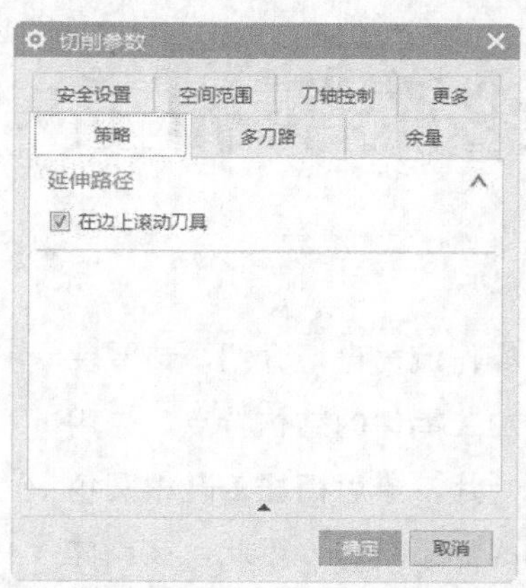

图8-52 “策略”选项卡

图8-53 “更多”选项卡

（10）返回“可变轮廓铣”对话框，在“操作栏”中单击“生成”按钮，生成（沿*YM*方向）切削刀轨如图8-54所示。

（11）如果将“切削方向”改为沿*XM*方向（注意箭头上的小圆圈），如图8-55所示，则生成图8-56所示的切削刀轨。

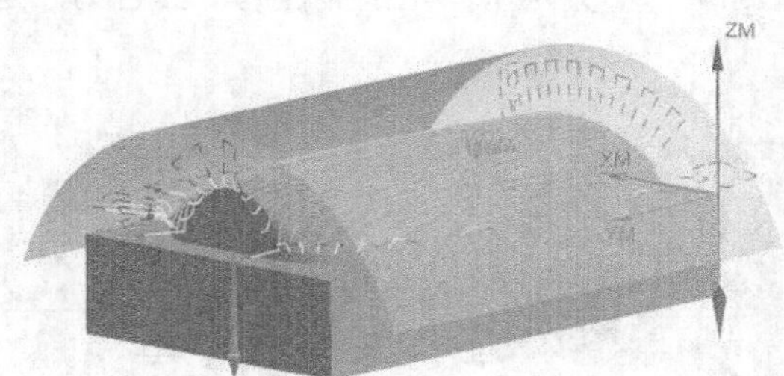

图8-54 切削刀轨（沿*YM*方向）

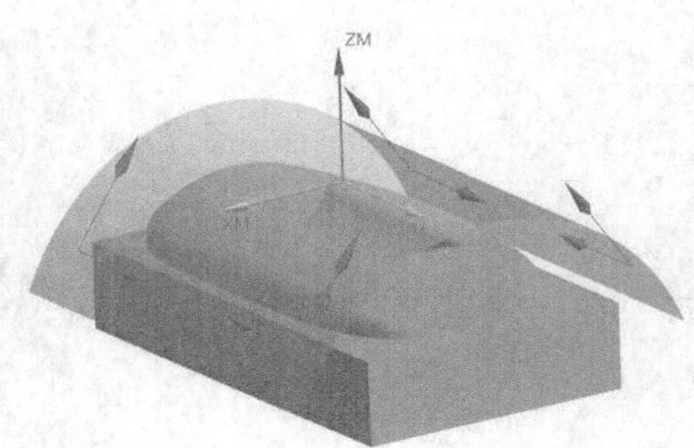

图8-55 切削方向（沿*XM*方向）

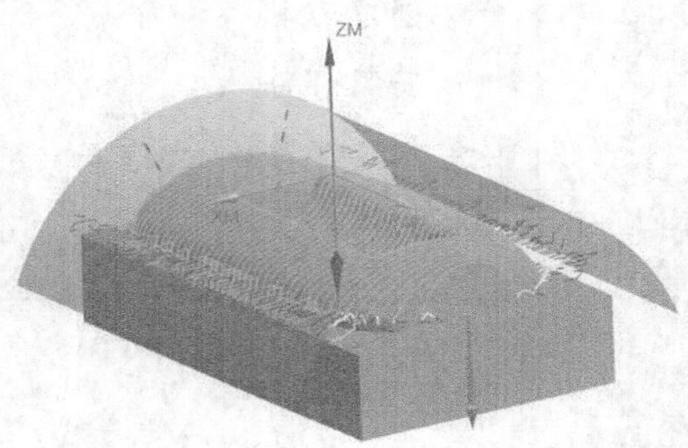

图8-56 切削刀轨（沿*XM*方向）

第 9 章

叶轮铣削加工

本章对毛坯进行铣削加工得到叶轮零件的操作流程进行介绍。该零件模型包括多个叶片和分流叶片等特征。根据待加工零件的结构特点，先用粗加工叶片和分流叶片，再精加工叶片和分流叶片，最后精加工叶根圆角和分流叶片圆角。零件同一特征可以使用不同的加工方法，因此，在具体安排加工工艺时，读者可以根据实际情况来确定。本实例安排的加工工艺和方法不一定是最佳的，其目的只是让读者了解各种铣削加工方法的综合应用。

- 初始设置
- 创建刀具
- 安装部件
- 创建工序
- 机床仿真

9.1 初始设置

选择“文件”→“打开”命令，弹出“打开”对话框，选择“yelun.prt”，单击“打开”按钮，打开图9-1所示的待加工部件。

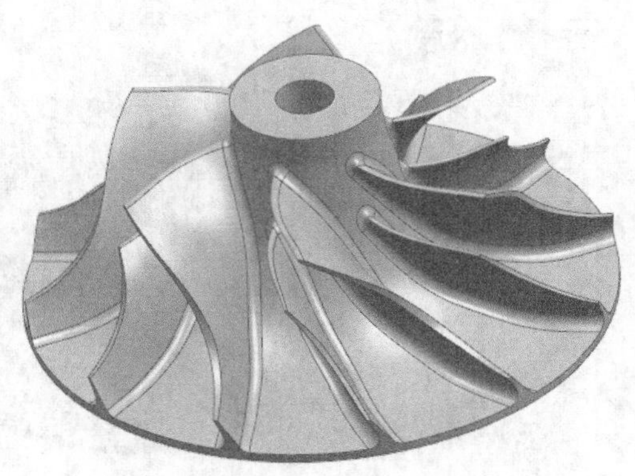

图9-1　待加工部件

9.1.1　创建毛坯体

（1）在建模环境中，单击“视图”选项卡“可见性”面板中的“图层设置”按钮，弹出“图层设置”对话框。双击图层2，使图层2作为工作图层，单击“关闭”按钮，关闭对话框。

（2）单击“曲线”选项卡“曲线”面板中的“直线”按钮，弹出图9-2所示的“直线”对话框，单击开始栏中的“点对话框”按钮，弹出“点”对话框，在“类型”下拉列表中选择“曲线/边上的点”，选取叶轮上端孔边线，如图9-3所示，单击“确定”按钮。

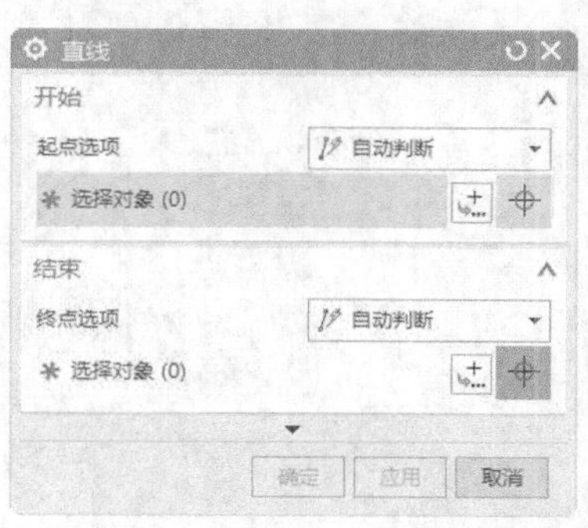

图9-2 “直线”对话框

（3）返回到“直线”对话框，在结束栏的“终点”选项下拉列表中选择“*YC*沿*YC*”，然后在视图中拖动直线的端点，调整直线长度，如图9-4所示，单击“确定”按钮，绘制沿*YC*轴的直线。

（4）单击“曲线”选项卡“曲线”面板中的“直线”按钮，弹出“直线”对话框，捕捉叶片上圆弧端点为起点，单击结束栏中的“点对话框”按钮，弹出“点”对话框，在“类型”下拉列表中选择“曲线/边上的点”，选取上步绘制的直线，单击“确定”按钮，绘制的直线如图9-5所示。

（5）单击“曲线”选项卡“编辑曲线”面板中的“修剪曲线”按钮，弹出“修剪曲线”对话框，选取步骤（3）绘制的水平直线为要修剪的曲线，选取竖直线为边界对象，设置“操作”为“修剪”，如图9-6所示，单击“确定”按钮，修剪多余的线段。

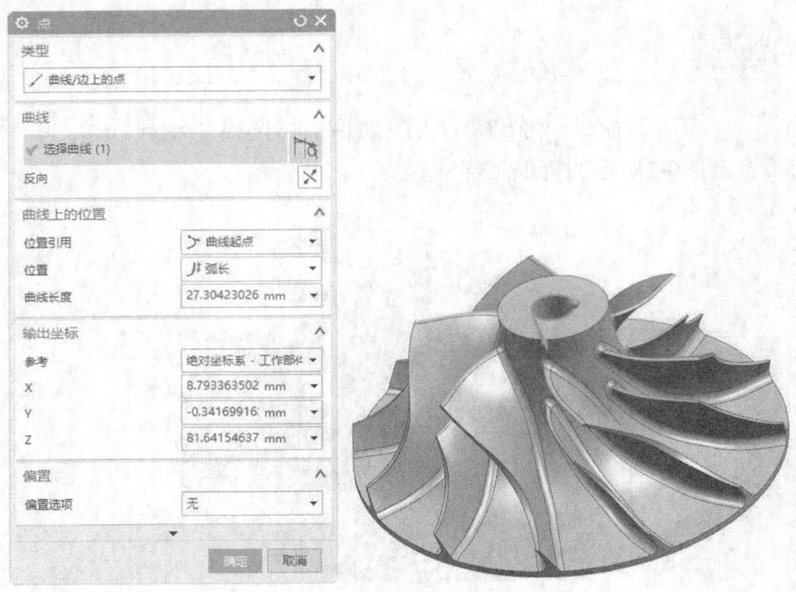

图9-3　选取曲线

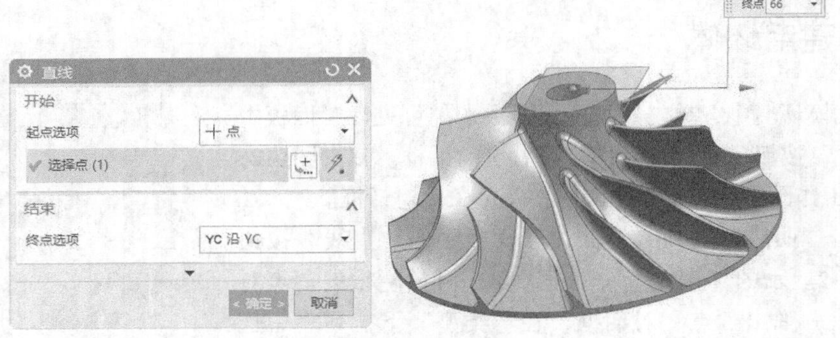

图9-4　绘制直线

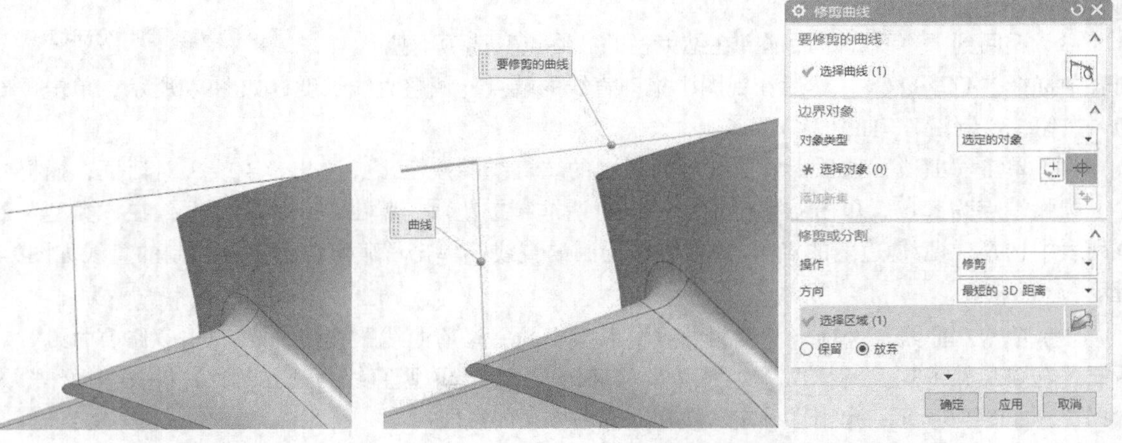

图9-5　绘制直线　　图9-6　修剪曲线

（6）单击“曲线”选项卡“曲线”面板中的“直线”按钮，弹出“直线”对话框，捕捉叶片下圆弧端点为起点，单击结束栏中的“点对话框”按钮，弹出“点”对话框，在“类型”下拉列表中选择“曲线/边上的点”，选取底端外边线，单击“确定”按钮，绘制的直线如图9-7所示。

图9-7　绘制直线

（7）单击“主页”选项卡“特征”面板中的“旋转”按钮，弹出“旋转”对话框，选取绘制的直线以及叶片的外侧曲线为旋转截面，指定矢量方向为*ZC*，捕捉孔的圆心为旋转基点，输入开始角度为0，结束角度为360，设置布尔为无，其他采用默认设置，如图9-8所示，单击“确定”按钮，生成毛坯如图9-9所示。

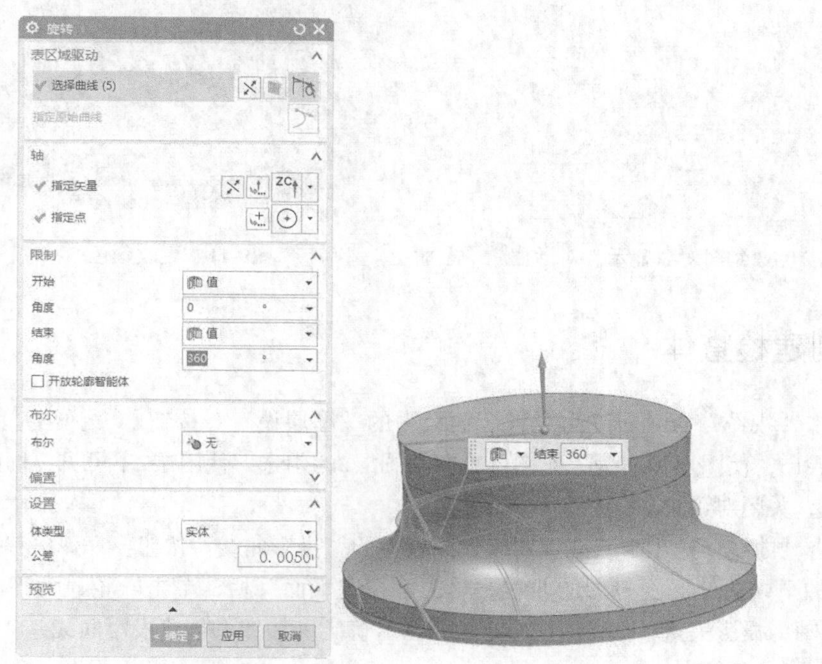

图9-8　“旋转”对话框

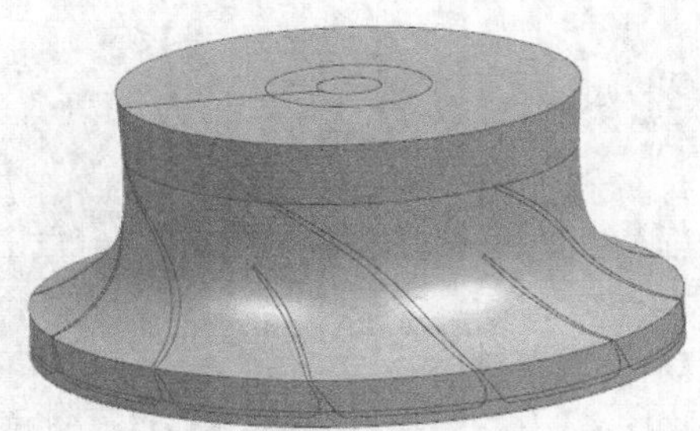

图9-9　毛坯

（8）为了区分毛坯和待加工部件，更改检查体的颜色。选取旋转体，单击“菜单”→“编辑”→“对象显示”命令，弹出“编辑对象显示”对话框，设置“颜色”为“蓝色”，“透明度”为30，其他采用默认设置，如图9-10所示，单击“确定”按钮，完成旋转体颜色的更改，如图9-11所示。

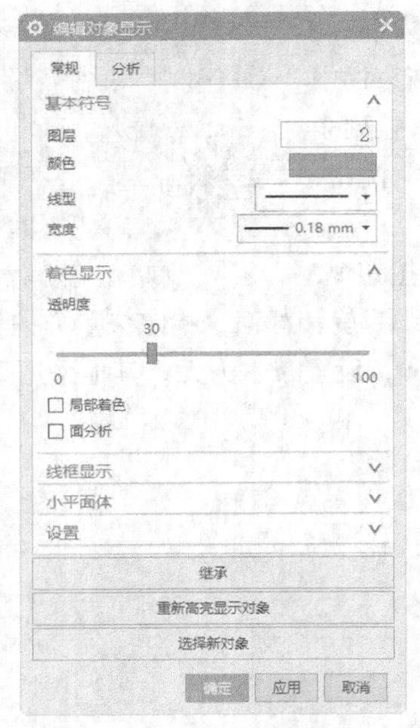

图9-10 “编辑对象显示”对话框

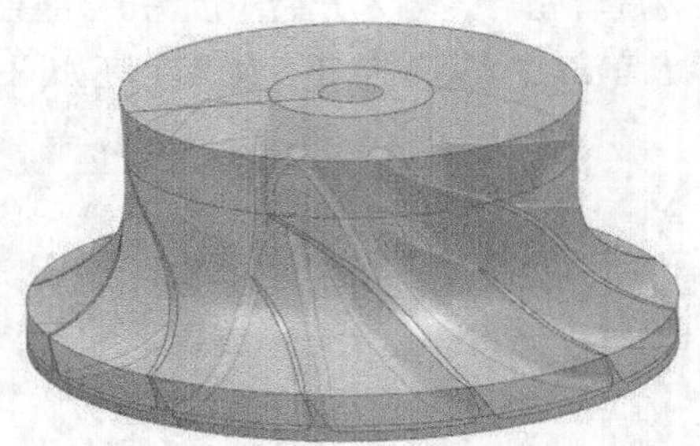

图9-11 更改颜色

9.1.2 创建检查体

（1）单击“视图”选项卡“可见性”面板中的“图层设置”按钮，弹出“图层设置”对话框。双击图层15，使图层15作为工作图层，取消图层2的勾选，使图层2不可见，即隐藏毛坯，单击“关闭”按钮，关闭对话框。

（2）单击“曲线”选项卡“派生曲线”面板中的“投影曲线”按钮，弹出“投影曲线”对话框，选取孔的下端边线为要投影的曲线，单击“指定平面”栏，单击叶轮最大平面为要投影的对象，指定*ZC*轴为投影矢量，如图9-12所示，单击“确定”按钮，创建投影曲线。

图9-12 投影曲线

（3）单击“主页”选项卡“特征”面板中的“拉伸”按钮，弹出“拉伸”对话框，如图9-13所示，选取投影曲线和底部边线为拉伸截面，指定矢量方向为“-*ZC*”，输入开始距离为0，结束距离为150，布尔为无，其他采用默认设置，单击“确定”按钮，生成检查体。

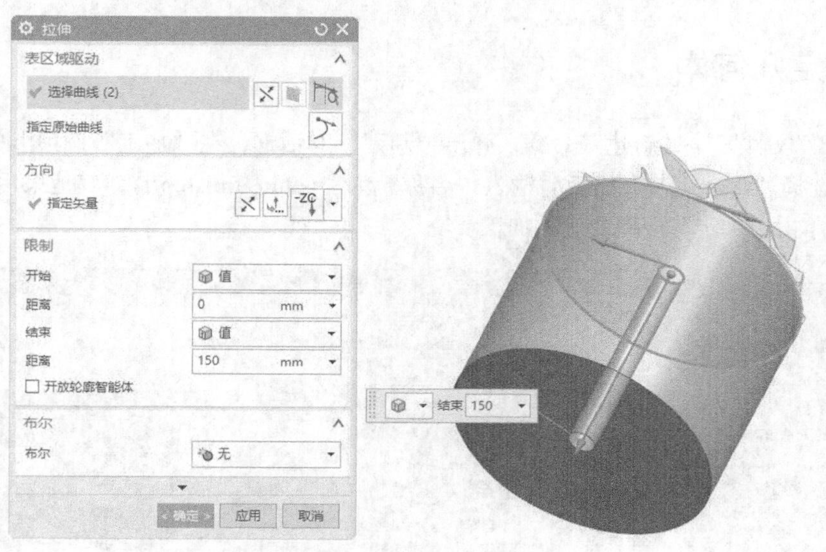

图9-13 “拉伸”对话框

（4）为了区分检查体和待加工部件，更改检查体的颜色。选取检查体，单击鼠标右键，在弹出的快捷菜单中选择“指派特征颜色”选项，如图9-14所示。弹出“指派特征面颜色”对话框，选择“指定颜色”选项，设置颜色为绿色，如图9-15所示，单击“确定”按钮，完成特征颜色的指派。

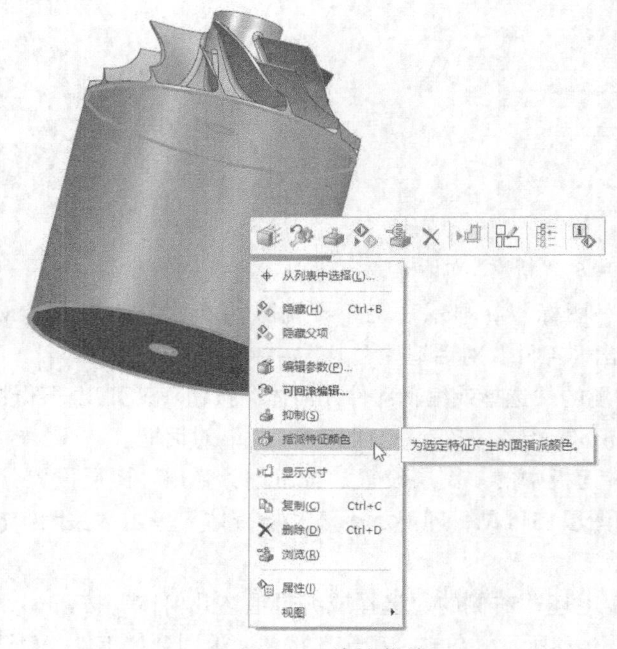

图9-14 快捷菜单

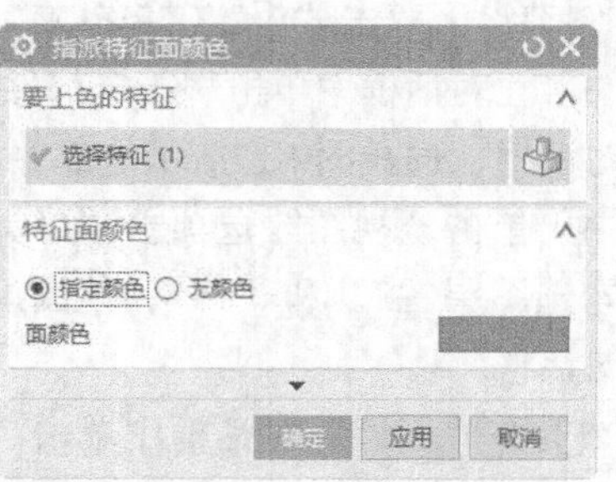

图9-15 “指派特征面颜色”对话框

（5）单击“视图”选项卡“可见性”面板中的“图层设置”按钮，弹出“图层设置”对话框。双击图层1，使图层1作为工作图层，勾选图层2，使图层2可见，单击“关闭”按钮，关闭对话框。

9.1.3 指定几何体

（1）单击“文件”→“新建”命令，弹出“新建”对话框，在“加工”选项卡中设置“单位”为“毫米”，选择“常规组装”模板，输入“名称”为“yelun_finish.prt”，其他采用默认设置，如图9-16所示，单击“确定”按钮，进入加工环境。

图9-16 “新建”对话框

（2）在上边框条中单击“几何视图”图标，显示“工序导航器-几何”菜单，在“MCS_MILL”节点下双击“WORKPIECE”，弹出“工件”对话框。

（3）在对话框中单击“指定部件”右侧的“选择或编辑部件几何体”按钮，弹出“部件几何体”对话框，选择图9-17所示的部件，单击“确定”按钮，返回到“工件”对话框。

（4）单击“视图”选项卡“可见性”面板中的“图层设置”按钮，弹出“图层设置”对话框。勾选图层“2”和“15”，使图层2和图层15可见，即显示毛坯和检查体，单击“关闭”按钮，关闭对话框。

（5）在“工件”对话框中单击“指定毛坯”右侧的“选择或编辑毛坯几何体”按钮，弹出“毛坯几何体”对话框，选取毛坯体，如图9-18所示，单击“确定”按钮，返回到“工件”对话框。

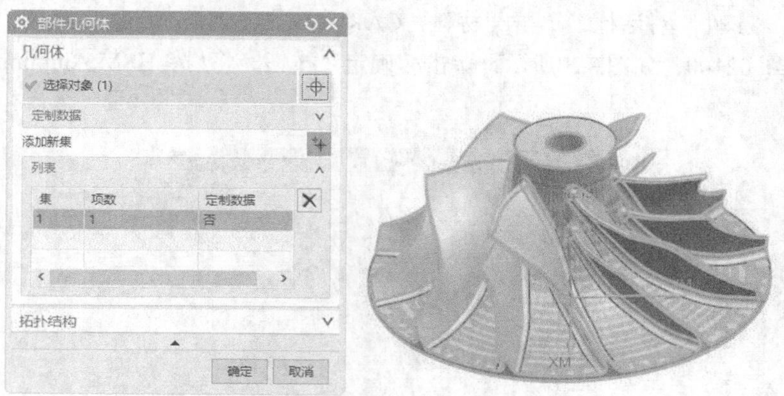

图9-17 指定部件

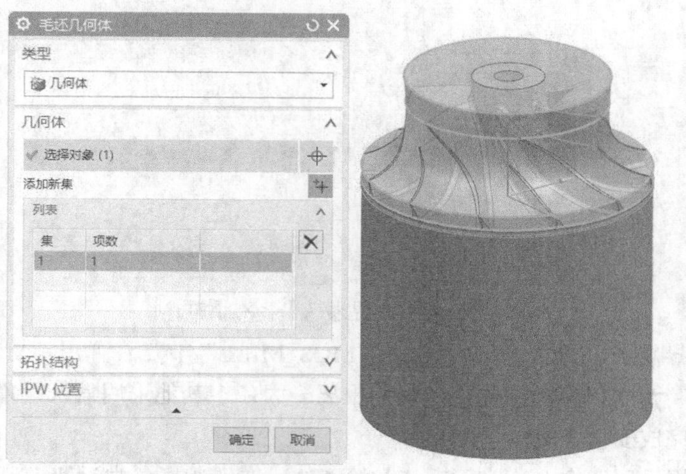

图9-18 指定毛坯几何体

（6）在“工件”对话框中单击“指定检查”右侧的“选择或编辑检查几何体”按钮，弹出“检查几何体”对话框，选取检查体，如图9-19所示，单击“确定”按钮。

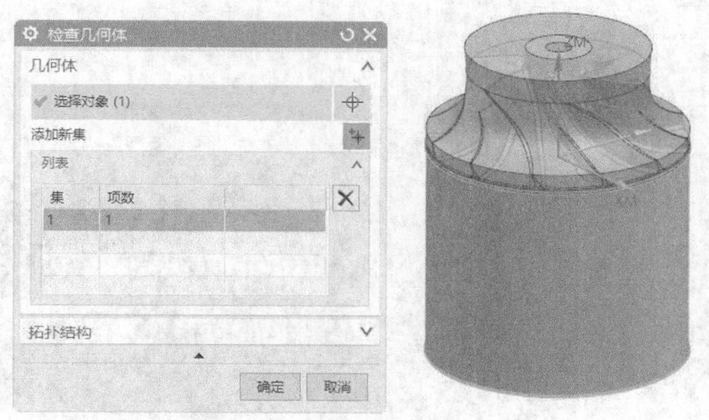

图9-19 指定检查几何体

（7）返回到“工件”对话框，单击“材料：CARBON STEEL”按钮，弹出“搜索结果”对话框，选择MAT0_02100，如图9-20所示，单击“确定”按钮，将材料HSM Aluminium指定给部件，完成工件设置。

图9-20 “搜索结果”对话框

（8）在“工序导航器-几何”菜单中双击“MCS_MILL”节点，弹出“MCS铣削”对话框，设置“安全设置选项”为“包容圆柱体”，“安全距离”为12，其他采用默认设置，如图9-21所示，单击“确定”按钮，完成安全距离的设置。

（9）利于“图层设置”命令，隐藏毛坯和检查体。在上边框条中设置“过滤类型”为“片体”，在视图中选取部件上的片体如图9-22所示，单击“菜单”→“编辑”→“显示和隐藏”→“隐藏”命令，隐藏选中的片体。

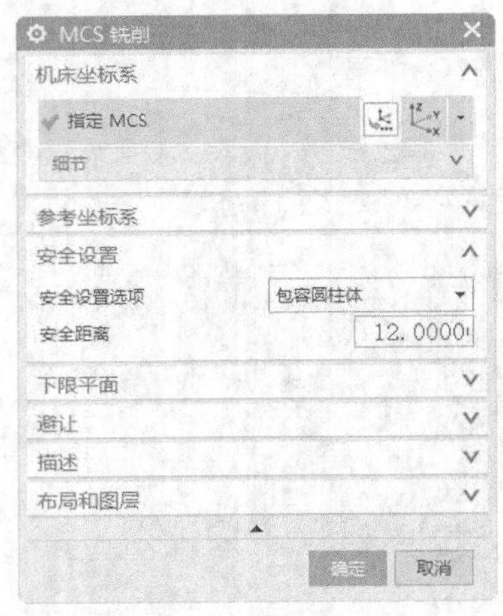

图9-21 “MCS铣削”对话框

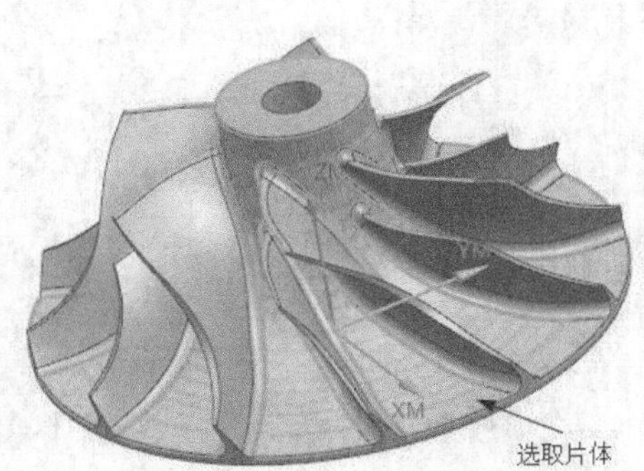

图9-22 选取片体

9.1.4　定义叶片几何体

（1）单击“主页”选项卡“刀片”面板中的“创建几何体”按钮，弹出“创建几何体”对话框，在“类型”下拉列表中选择“mill_multi_blade”，在“几何体子类型”栏中选择“MULTI_BLADE_GEOM”，在“位置”栏中设置“几何体”为“WORKPIECE”，如图9-23所示，单击“确定”按钮。

（2）弹出图9-24所示的“多叶片几何体”对话框，指定“旋转轴”为“+*ZM*”，单击“指定轮毂”右侧的“选择或编辑轮毂几何体”按钮，弹出“轮毂几何体”对话框，选取图9-25所示的面，单击“确定”按钮，返回“多叶片几何体”对话框。

图9-23　“创建几何体”对话框

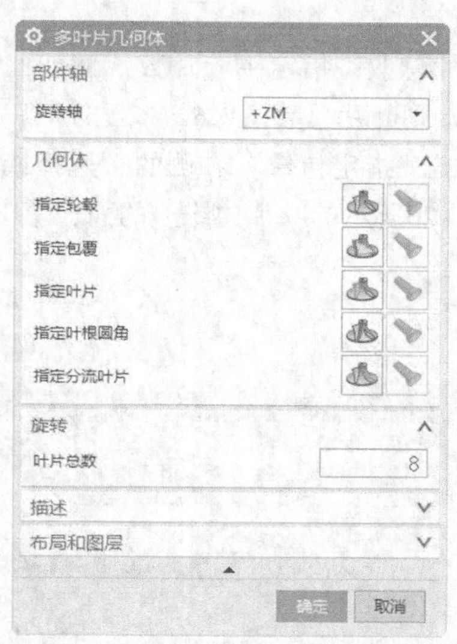

图9-24　“多叶片几何体”对话框

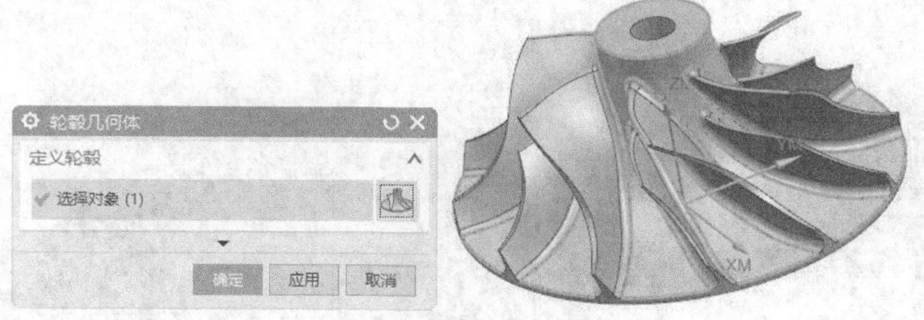

图9-25　指定轮毂几何体

“多叶片几何体”对话框中的选项说明如下。

■ 部件轴

➢ 旋转轴：指定旋转轴，并决定叶片方位。在UG中，沿轴正向的叶片边都是前缘。

■ 几何体：可为一个主叶片以及一组分流叶片指定几何体。

➢ 指定轮毂：单击“选择或编辑轮毂几何体”按钮，弹出“轮毂几何体”对话框，选择几何体定义部件的旋转中心。轮毂几何体必须能够绕部件轴旋转。

- 指定包覆：单击“选择或编辑包覆几何体”按钮，弹出“包覆几何体”对话框，选择几何体定义主叶片的顶面。包覆几何体必须能够绕部件轴旋转。
- 指定叶片：单击“选择或编辑叶片几何体”按钮，弹出“叶片几何体”对话框，选择几何体定义主叶片的壁。叶片几何体不包括顶面或圆角面。
- 指定叶根圆角：单击“选择或编辑叶根圆角几何体”按钮，弹出“叶根圆角几何体”对话框，选择几何体定义主叶片与轮毂相连的圆角区域。
- 指定分流叶片：单击“选择或编辑分流叶片几何体”按钮，弹出“分流叶片几何体”对话框，选择几何体定义位于主叶片之间的较小叶片。

■ 旋转

- 叶片总数：指定主叶片数，例如：如果部件有6个主叶片，每个主叶片之间有2个分流叶片，则叶片总数输入6。

（3）单击“指定包覆”右侧的“选择或编辑包覆几何体”按钮，弹出“包覆几何体”对话框，选取图9-26所示的叶片边缘上的面，单击“确定”按钮，返回“多叶片几何体”对话框。

图9-26　指定包覆几何体

（4）单击“指定包覆”右侧的“选择或编辑叶片几何体”按钮，弹出“叶片几何体”对话框，选取上步选择的包覆所在叶片的剩余面，如图9-27所示，单击“确定”按钮，返回“多叶片几何体”对话框。

图9-27　指定叶片几何体

（5）单击“指定叶根圆角”右侧的“选择或编辑叶根圆角几何体”按钮，弹出“叶根圆角几何体”对话框，选取上步选择的叶片的叶根圆角，如图9-28所示，单击“确定”按钮，返回“多叶片几何体”对话框。

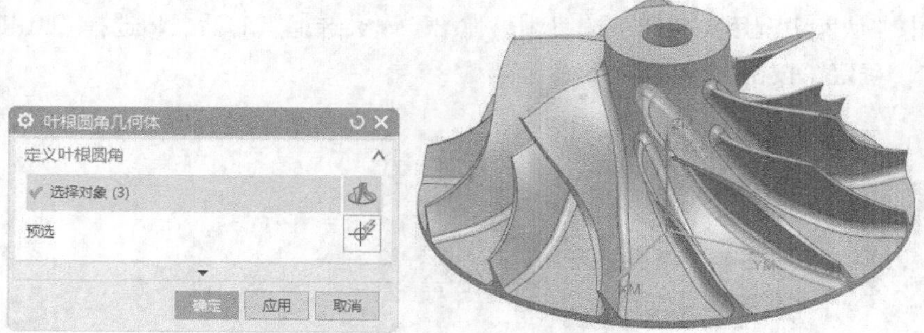

图9-28　指定叶根圆角几何体

（6）单击“指定分流叶片”右侧的“选择或编辑分流叶片几何体”按钮，弹出“分流叶片几何体”对话框，单击“选择壁面”栏，在选定叶片右侧的分流叶片上，选择图9-29所示的3个面，单击“选择圆角面”栏，在选定分流叶片上选择图9-30所示的圆角面，单击“确定”按钮，返回“多叶片几何体”对话框，输入叶片总数为6，单击“确定”按钮，完成叶片几何体的定义。

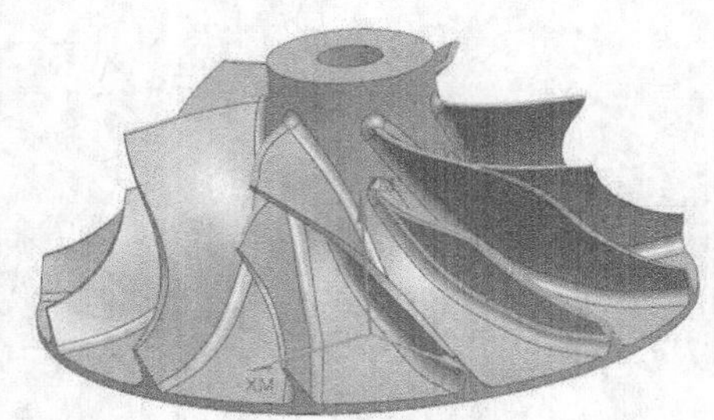

图9-29　选择壁面

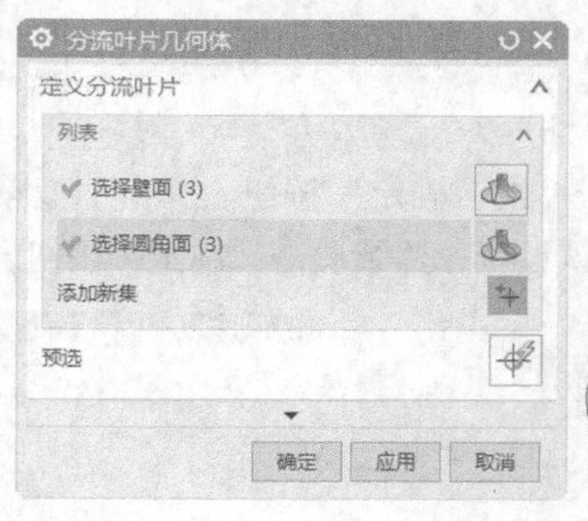

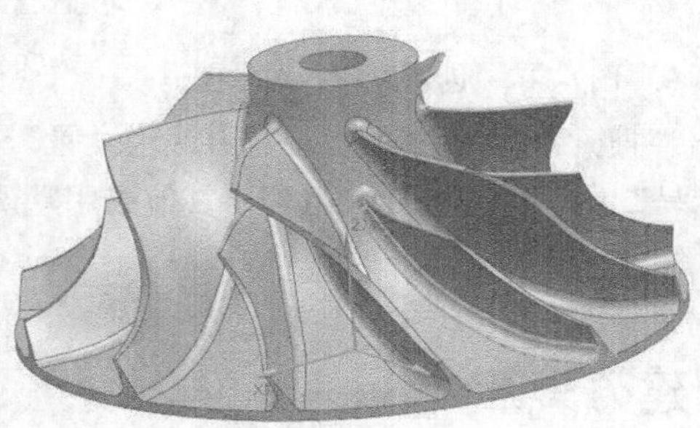

图9-30　选择圆角面

9.2 创建刀具

9.2.1　创建刀具1

（1）单击“主页”选项卡“刀片”面板中的“创建刀具”按钮，弹出图9-31所示的“创建刀具”对话框，在“刀具子类型”栏选择“BALL_MILL”，在“位置”栏的“刀具”下拉列表中选择“POCKET_01”，输入“名称”为“BALL_MILL_7”，单击“确定”按钮，关闭当前对话框。

（2）弹出“铣刀-球头铣”对话框，在“工具”选项卡的“尺寸”栏中输入“球直径”为7，“长度”为70，“刀刃长度”为40，如图9-32所示。在“夹持器”选项卡中输入“偏置”为20，在“库”栏中单击“从库中调用夹持器”按钮，弹出“库类选择”对话框，选择“Milling_Drilling”夹持器，单击“确定”按钮。

图9-31 “创建刀具”对话框

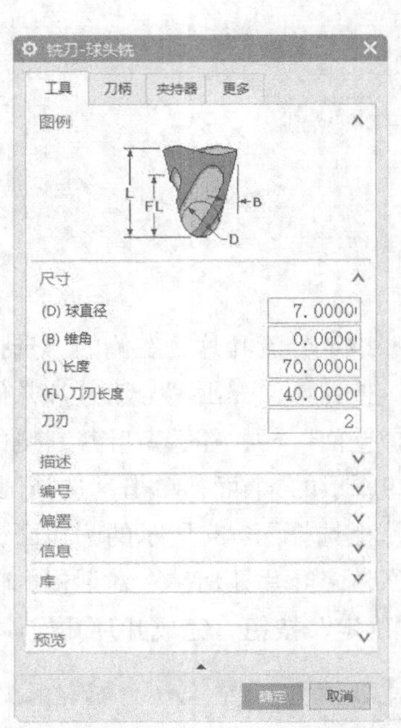

图9-32 “铣刀-球头铣”对话框

（3）弹出“搜索准则”对话框，采用默认设置，单击“确定”按钮。弹出“搜索结果”对话框，选择“库号”为“HLD001_00012”，其他采用默认设置，连续单击“确定”按钮，完成第一把刀具的定义。

9.2.2 创建刀具2

（1）单击“主页”选项卡“刀片”面板中的“创建刀具”按钮，弹出“创建刀具”对话框，在“刀具子类型”栏选择“BALL_MILL”，在“位置”栏的“刀具”下拉列表中选择“POCKET_02”，输入“名称”为“BALL_MILL_4_6”，单击“确定”按钮，关闭当前对话框。

（2）弹出“铣刀-球头铣”对话框，在“工具”选项卡的“尺寸”栏中输入“球直径”为4，“锥角”为6，“长度”为50，“刀刃长度”为25，其他采用默认设置。

（3）在“刀柄”选项卡中勾选“定义刀柄”复选框，在“尺寸”栏中输入“刀柄直径”为14，“刀柄长度”为45，“锥柄长度”为0，其他采用默认设置，如图9-33所示。

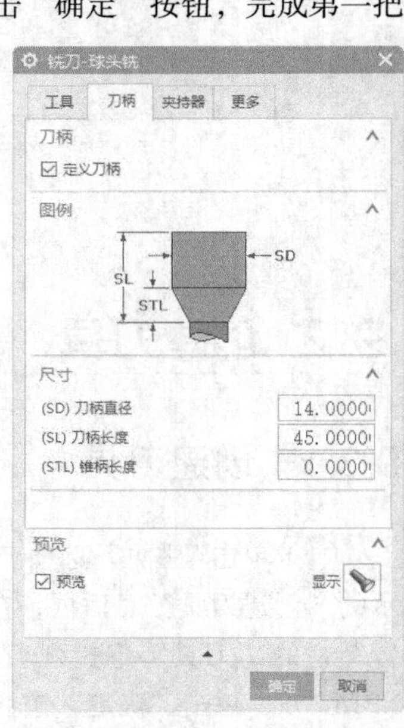

图9-33 “刀柄”选项卡

（4）在“夹持器”选项卡输入“下直径”为28，“长度”为45，“锥角”为12，系统自动根据输入的值计算出上直径，输入“偏置”为20，单击“确定”按钮，完成第二把刀具的定义。

9.3 安装部件

将部件安装到机床后，就可以进行编程了。

（1）在上边框条中单击“机床视图”图标，显示“工序导航器-机床”菜单，双击“GENERIC_MACHINE”，弹出图9-34所示的“通用机床”对话框。

（2）单击“从库中调用机床”按钮，弹出图9-35所示的“库类选择”对话框，选择“MILL”，单击“确定”按钮。

图9-34　“通用机床”对话框

图9-35　“库类选择”对话框

（3）弹出“搜索结果”对话框，选择“sim08_mill_5ax_sinumerik”类型，如图9-36所示，单击“确定”按钮。

图9-36　“搜索结果”对话框

（4）弹出图9-37所示的“部件安装”对话框，单击“视图”选项卡“可见性”面板中的“图层设置”按钮，弹出“图层设置”对话框。勾选图层“15”，使图层15可见，即显示检查体，单击“关闭”按钮，关闭对话框。

（5）在“部件安装”对话框中的“定位”下拉列表中选择“使用部件安装联接”，单击“坐标系”按钮，弹出图9-38所示的“坐标系”对话框，单击“指定方位”栏中的“点对话框”按钮，弹出“点”对话框，在“类型”下拉列表中选择“圆弧中心/椭圆中心/球心”，捕捉基座下端孔中心，如图9-39所示，连续单击“确定”按钮，返回到“部件安装”对话框。

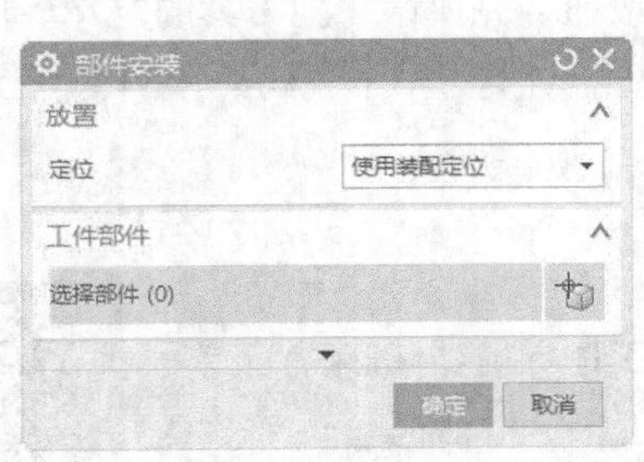

图9-37 “部件安装”对话框

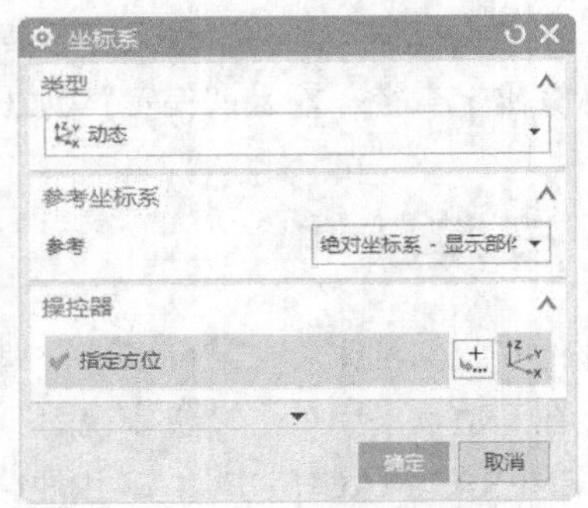

图9-38 “坐标系”对话框

图9-39 捕捉孔中心

（6）单击“选择部件”栏，在视图中框选部件和基座，如图9-40所示。单击“确定”按钮，弹出图9-41所示的“信息”窗口，单击“关闭”按钮☒，关闭窗口，此时部件和机床显示如图9-42所示。

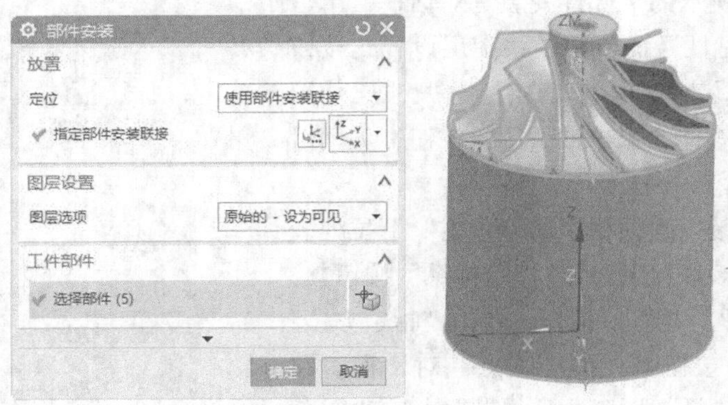

图9-40 选取部件

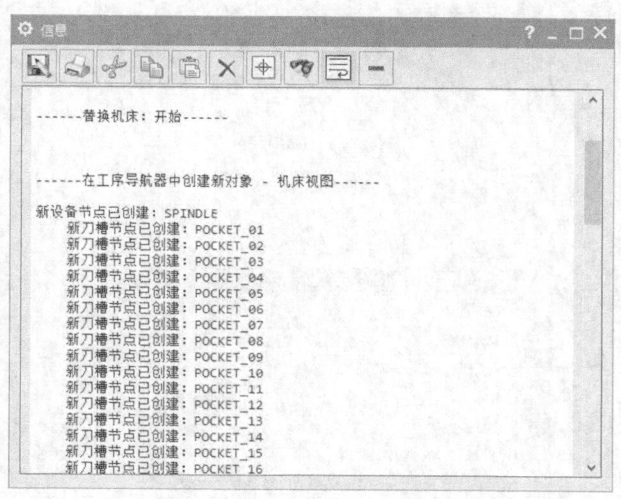

图9-41　“信息”窗口

图9-42　机床和部件

（7）为了使编程不产生混乱，这里先将机床隐藏。在“装配导航器”中选择“sim08_mill_5ax”，单击鼠标右键，在弹出的快捷菜单中选择“隐藏”选项，隐藏机床。

9.4 创建工序

9.4.1　粗加工叶片和分流叶片

（1）单击“主页”选项卡“刀片”面板中“创建工序”按钮，弹出图9-43所示的“创建工序”对话框，在“类型”下拉列表中选择“mill_multi_blade”，在“工序子类型”栏中选择“多叶片粗铣”，在“位置”栏中设置“刀具”为“BALL_MILL_7”，“几何体”为“MULTI_BLADE_GEOM”，“方法”为“MILL_ROUGH”，其他采用默认设置，单击“确定”按钮。

（2）弹出图9-44所示的“多叶片粗铣”对话框，在刀轨设置栏中单击“切削层”按钮，弹出“切削层”对话框，设置“深度模式”为“从轮毂偏置”，“每刀切削深度”为“恒定”，“距离”为“100%刀具”，其他采用默认设置，如图9-45所示，单击“确定”按钮，关闭当前对话框。

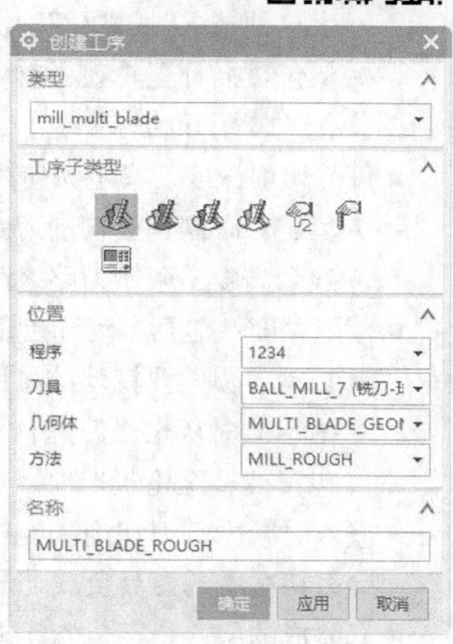

图9-43　“创建工序”对话框

图9-44 “多叶片粗铣”对话框

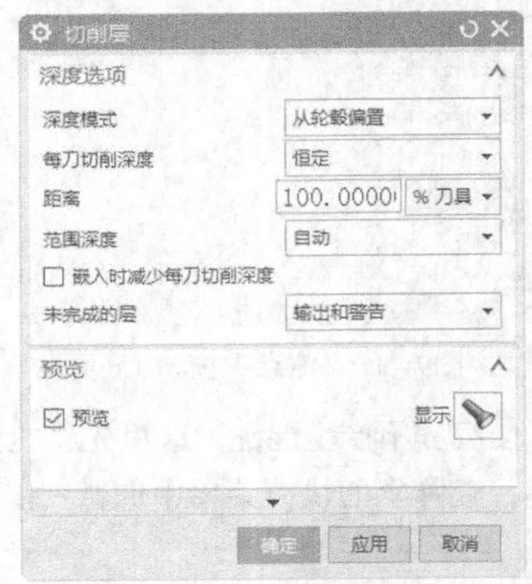

图9-45 “切削层”对话框

“切削层”对话框中的选项说明如下。

■ 深度模式

➢ 从轮毂偏置：切削深度是恒定的。

➢ 从包覆偏置：切削深度是恒定的。随着切削层逐渐到达轮毂，偏置补片与轮毂相交。当发生这种情况时，层切削继续沿轮毂进行，并连接到部件周边以外的下一条刀路。

➢ 从包覆插补至轮毂：软件进行插补运算，以创建中间切削层。切削深度沿切削刀路发生变化。使用开始%和终止%选项来限制切削体积。

■ 每刀切削深度：指定如何测量切削深度。

➢ 恒定：限制连续切削刀路之间的距离。

➢ 残余高度：限制刀路之间的材料高度。

■ 范围深度：包括自动和指定两个选项。

➢ 自动：覆盖要铣削的总深度上的切削深度。

➢ 指定：对从轮毂偏置和从包覆偏置选项，按照每刀切削深度距离偏置指定的切削数。对从包覆插补至轮毂选项，按照指定的切削数将整个铣削深度等分。

■ 嵌入时减少每刀切削深度：粗加工工序的开槽刀路添加多重深度。勾选此选项，可以减小第一刀切削中的刀具负载，增大主切削层的深度和减少粗加工时间。

■ 未完成的层：指定是创建未完成的切削层并发出警告消息，还是省略未完成的层。

（3）返回“多叶片粗铣”对话框，单击“操作”栏中的“生成”按钮，生成图9-46所示的多叶片粗铣刀轨。

（4）在“驱动方法”栏中单击“叶片粗加工”按钮，弹出“叶片粗加工驱动方法”对话框，设置“叶片边”为“沿部件轴”，“距离”为“15%刀具”，“切向延伸”为“25%刀具”，“径向延伸”为“150%刀具”，其他采用默认设置，如图9-47所示，单击“确定”按钮。

图9-46　多叶片粗铣刀轨1

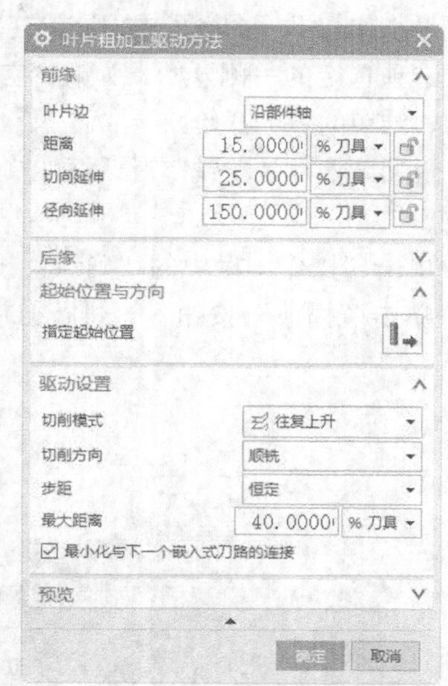

图9-47　“叶片粗加工驱动方法”对话框

“叶片粗加工驱动方法”对话框中的选项说明如下。

■ 前缘/后缘

➢ 叶片边：控制由周围叶片驱动的切削运动在哪一点终止，以及延伸从哪一点开始。叶片左右两侧使用相同的设置。

✧ 无卷轴：通过在叶片边之前结束切削刀路并自动添加小的切向延伸，防止刀轨在叶片边上方卷曲。

✧ 沿叶片方向：通过在叶片边之前结束切削刀路来防止边缘滚动。

✧ 沿部件轴：在各切削层前缘的最高刀轨位置创建参考点。

➢ 距离：距离值通过沿刀轨重新放置边缘点来修剪刀轨。距离沿刀轨而不是叶片进行测量。

➢ 切向延伸：将从按距离值所创建的参考点起，对与刀轨相切的切削刀路进行延伸。

➢ 径向延伸：按径向从切向延伸的一端延伸切削刀路。

■ 起始位置与方向

➢ 指定起始位置：在图形窗口中显示 6 个可能的起始箭头。选择一个箭头可指定工序的起始位置。

■ 驱动设置

➢ 切削模式：包括单向和往复上升。

✧ 单向：在叶片边缘附近选择起点，并且需要保持顺铣或逆铣。

✧ 往复上升：要减少非切削移动，首选往复上升选项。在叶片边缘附近选择起始点时，往复上升将应用混合切削方向。

➢ 切削方向：可用选项取决于哪一个切削模式和起始位置与方向选项被选定。

➢ 步距：步距值为最大许用值，根据外部刀路之间的最大距离确定。当提高切向延伸值时，延伸呈扇形。刀轨将需要更多铣削刀路，以保持同样的最大步距。

➢ 最小化与下一个嵌入式刀路的连接：勾选此选项，第一个嵌入式刀路从通过指定起始位置选项选定的一侧开始。为减少空气运动和旋转/倾斜，所有其他嵌入式刀轨将从上一个刀轨结束的一侧开始。

（5）返回“多叶片粗铣”对话框，单击“操作”栏中的“生成”按钮，生成图9-48所示的多叶片粗铣刀轨。

（6）单击“操作”栏中的“确认”按钮，弹出“刀轨可视化”对话框，切换到“3D动态”选项卡，单击“播放”按钮，进行3D模拟加工，如图9-49所示，单击“确定”按钮，关闭对话框。

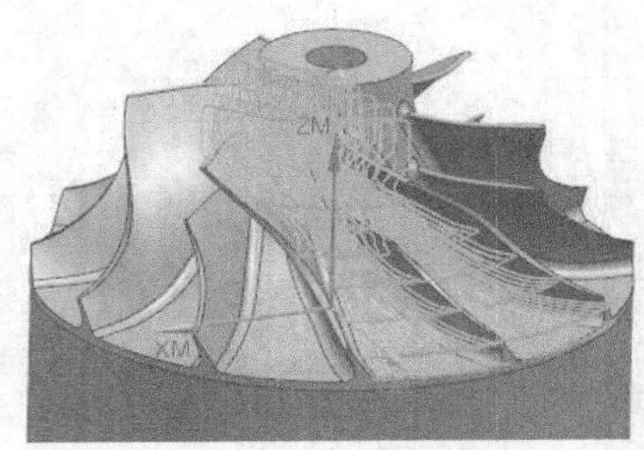

图9-48　多叶片粗铣刀轨2

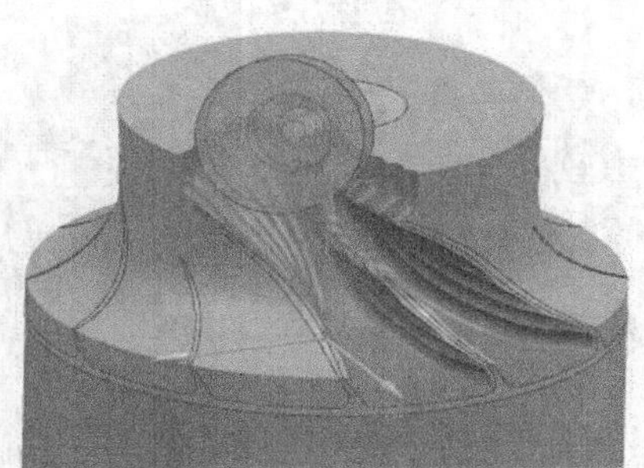

图9-49　3D模拟加工

9.4.2　精加工叶片

（1）单击“主页”选项卡“刀片”面板中“创建工序”按钮，弹出“创建工序”对话框，在“类型”下拉列表中选择“mill_multi_blade”，在“工序子类型”栏中选择“叶片精铣”，在“位置”栏中设置“刀具”为“BALL_MILL_7”，“几何体”为“MULTI_BLADE_GEOM”，“方法”为“MILL_FINISH”，其他采用默认设置，如图9-50所示，单击“确定”按钮。

图9-50　“创建工序”对话框

（2）弹出图9-51所示的“叶片精铣”对话框，在刀轨设置栏中单击“切削层”按钮，弹出“切削层”对话框，设置“深度模式”为“从包覆插补至轮毂”，“每刀切削深度”为“残余高度”，“残余高度”为0.05，其他采用默认设置，如图9-52所示，单击“确定”按钮，关闭当前对话框。

图9-51　“叶片精铣”对话框

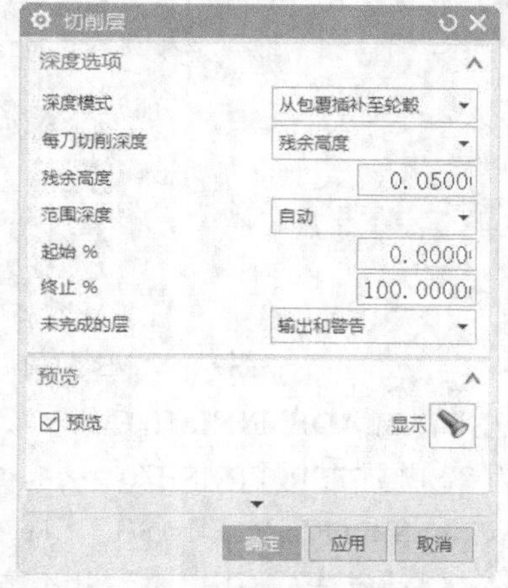

图9-52　“切削层”对话框

（3）返回“叶片精铣”对话框，单击“操作”栏中的“生成”按钮，生成图9-53所示的叶片精铣刀轨。

（4）单击“操作”栏中的“确认”按钮，弹出“刀轨可视化”对话框，切换到“3D动态”选项卡，单击“播放”按钮，进行3D模拟加工，如图9-54所示，单击“确定”按钮，关闭对话框。

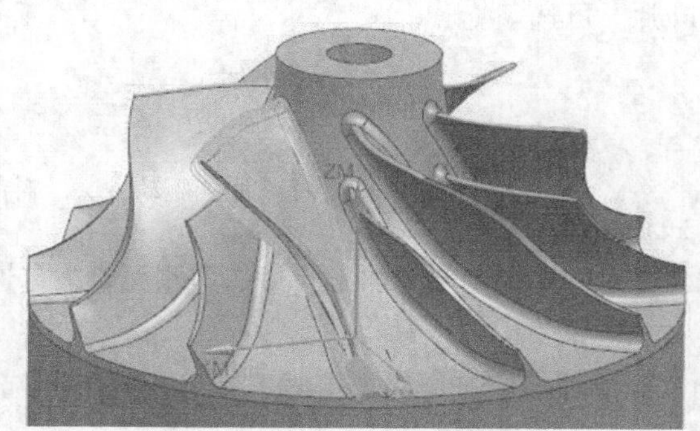

图9-53　叶片精铣刀轨

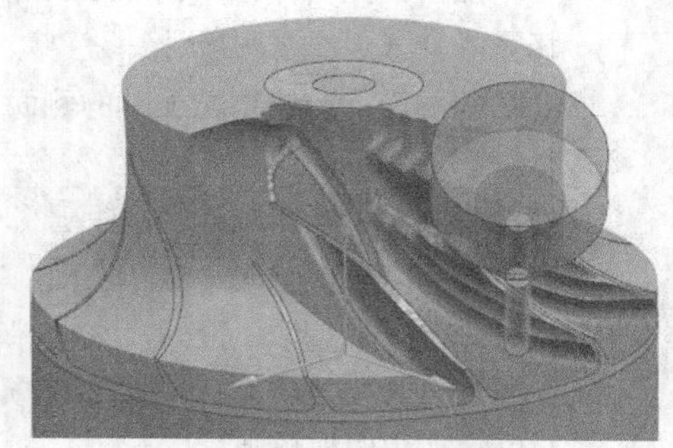

图9-54　3D模拟加工

9.4.3　精加工分流叶片

（1）选择“工序导航器-几何”→“MCS_MILL”→“WORKPIECE”→“MULTI_BLADE_

GECM”节点下的“BLADE_FINISH”，右键单击，在弹出的快捷菜单中选择“复制”选项，如图9-55所示。

（2）选择“MULTI_BLADE_GECM”节点，右键单击，在弹出的快捷菜单中选择“内部粘贴”选项，如图9-56所示，生成“BLADE_FINISH_COPY”工序。

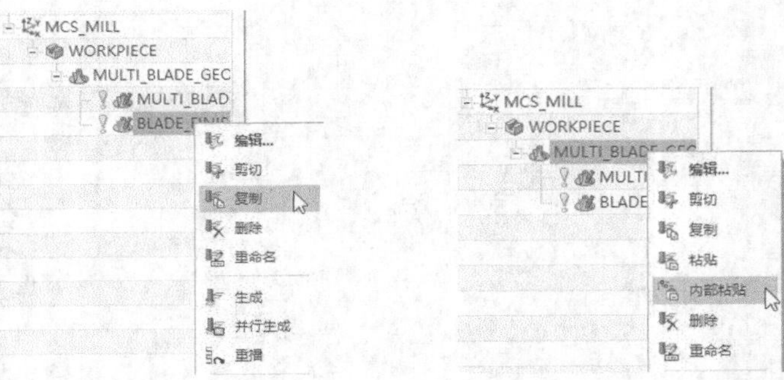

图9-55　快捷菜单　　　　图9-56　快捷菜单

（3）选择“BLADE_FINISH_COPY”，右键单击，在弹出的快捷菜单中选择“重命名”选项，更改名称为“SPLITTER_FINISH”。

（4）双击“SPLITTER_FINISH”工序，弹出“叶片精铣”对话框，在“驱动方法”栏中单击“叶片精铣”按钮，弹出“叶片精加工驱动方法”对话框，设置“要精加工的几何体”为“分流叶片1”，“要切削的面”为“左面、右面、前缘”，其他采用默认设置，如图9-57所示，单击“确定”按钮，关闭当前对话框。

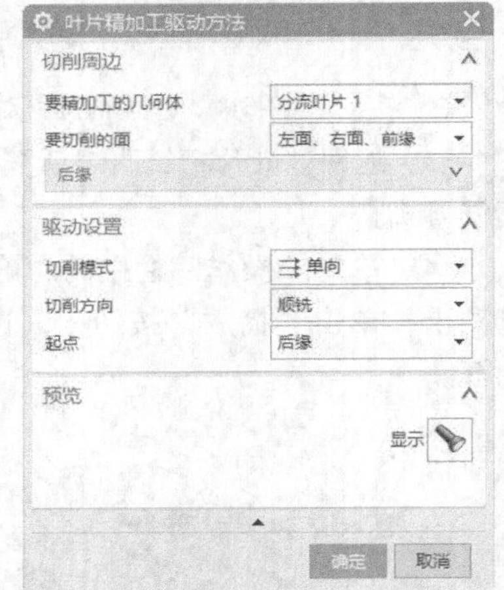

图9-57　“叶片精加工驱动方法”对话框

“叶片精加工驱动方法”对话框中的选项说明如下。

■ 切削周边

➢ 要精加工的几何体：为精加工工序指定叶片。可选择主叶片或一个分流叶片。

➢ 要切削的面：控制要精加工的侧面。

■ 驱动设置

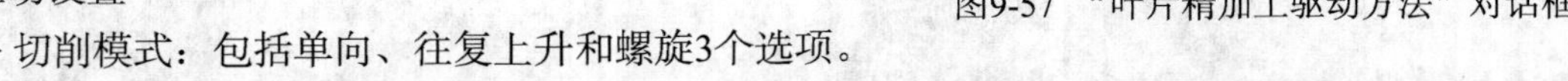

➢ 切削模式：包括单向、往复上升和螺旋3个选项。

✧ 单向：使用所有面、左和右面、左面、右面、前缘选项精加工叶片的两侧面时，首选单向选项。

✧ 往复上升：使用左侧或右侧选项对叶片的单独一侧进行精加工时，首选往复上升选项，以减少非切削移动。

✧ 螺旋：适用于精加工叶片的所有边。

➢ 切削方向：可用选项取决于选择哪一种切削模式。

➢ 起点：指定前缘或后缘作为起点。

（5）返回“叶片精铣”对话框，单击“操作”栏中的“生成”按钮，生成图9-58所示的叶片精铣刀轨。

（6）单击“操作”栏中的“确认”按钮，弹出“刀轨可视化”对话框，切换到“3D动态”选项卡，单击“播放”按钮，进行3D模拟加工，如图9-59所示，单击“确定”按钮，关闭对话框。

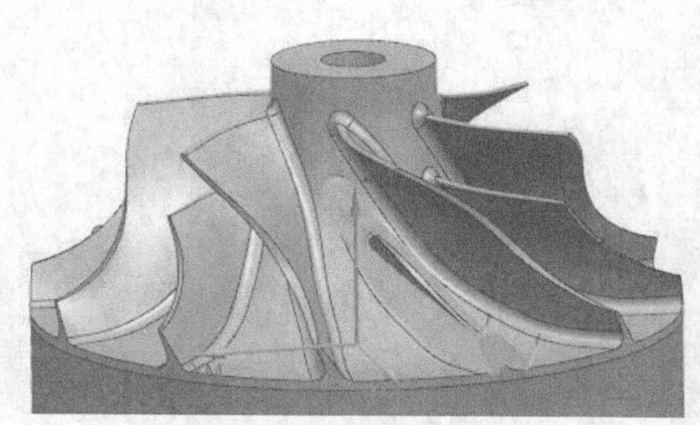

图9-58　叶片精铣刀轨

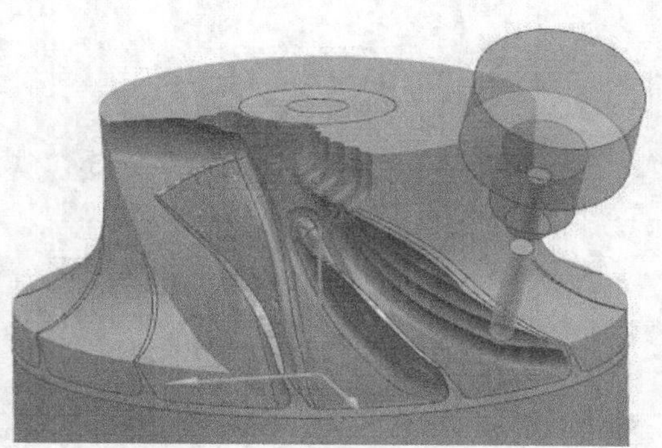

图9-59　3D模拟加工

9.4.4　精加工轮毂

（1）单击“主页”选项卡“刀片”面板中“创建工序”按钮，弹出“创建工序”对话框，在“类型”下拉列表中选择“mill_multi_blade”，在“工序子类型”栏中选择“轮毂精加工”，在“位置”栏中设置“刀具”为“BALL_MILL_7”，“几何体”为“MULTI_BLADE_GEOM”，“方法”为“MILL_FINISH”，其他采用默认设置，如图9-60所示，单击“确定”按钮。

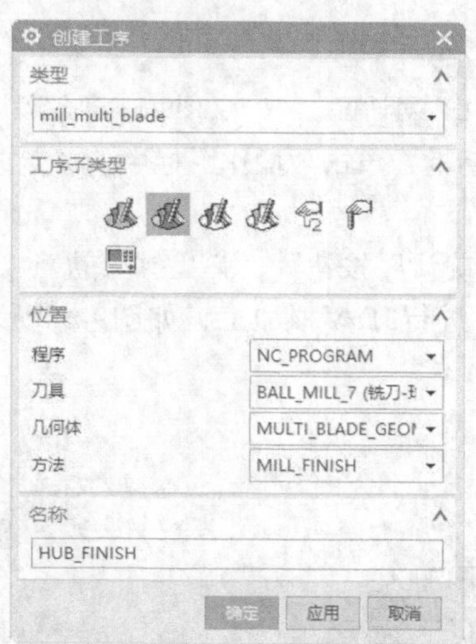

图9-60　“创建工序”对话框

（2）弹出图9-61所示的“轮毂精加工”对话框，在“驱动方法”栏中单击“轮毂精加工”按钮，弹出“轮毂精加工驱动方法”对话框，在“前缘”栏中设置“叶片边”为“沿部件轴”，“距离”为“10%刀具”，“切向延伸”为“0%刀具”，“径向延伸”为“140%刀具”。在“后缘”栏中设置“边定义”为“指定”,“距离”为“25%刀具”,“切向延伸”为“15%刀具”,“径向延伸”为“0%刀具”。在“驱动设置”栏中设置“切削模式”为“往复上升”,其他采用默认设置,如图9-62所示,单击“确定”按钮。

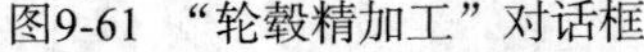

图9-61 “轮毂精加工”对话框

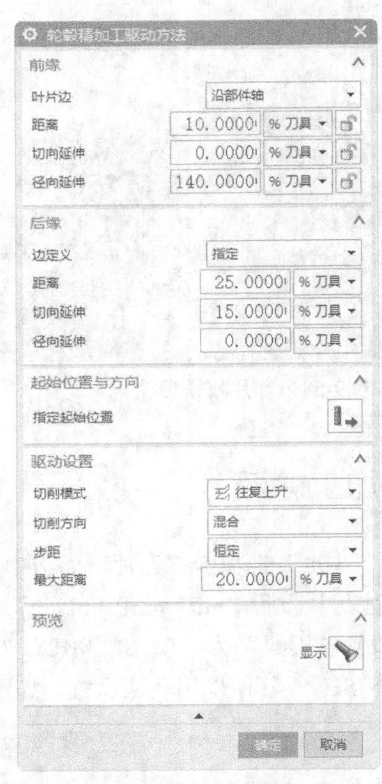

图9-62 “轮毂精加工驱动方法”对话框

(3)返回“轮毂精加工”对话框,单击“操作”栏中的“生成”按钮,生成图9-63所示的轮毂精加工刀轨。

(4)单击“操作”栏中的“确认”按钮,弹出“刀轨可视化”对话框,切换到“3D动态”选项卡,单击“播放”按钮,进行3D模拟加工,如图9-64所示,单击“确定”按钮,关闭对话框。

图9-63 轮毂精加工刀轨

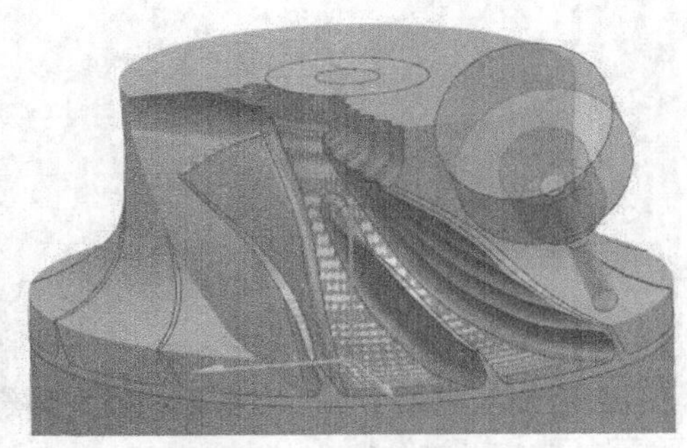

图9-64 3D模拟加工

9.4.5　精加工叶根圆角

（1）单击“主页”选项卡“刀片”面板中“创建工序”按钮，弹出“创建工序”对话框，在“类型”下拉列表中选择“mill_multi_blade”，在“工序子类型”栏中选择“圆角精铣”，在“位置”栏中设置“刀具”为“BALL_MILL_4_6”，“几何体”为“MULTI_BLADE_GEOM”，“方法”为“MILL_FINISH”，其他采用默认设置，如图9-65所示，单击“确定”按钮。

（2）弹出图9-66所示的“圆角精铣”对话框，在“驱动方法”栏中单击“圆角精铣”按钮，弹出“圆角精加工驱动方法”对话框，在“驱动设置”栏中设置“步距”为“残余高度”，“最大残余高度”为0.01，其他采用默认设置，如图9-67所示，单击“确定”按钮。

图9-65　“创建工序”对话框

图9-66　“圆角精铣”对话框

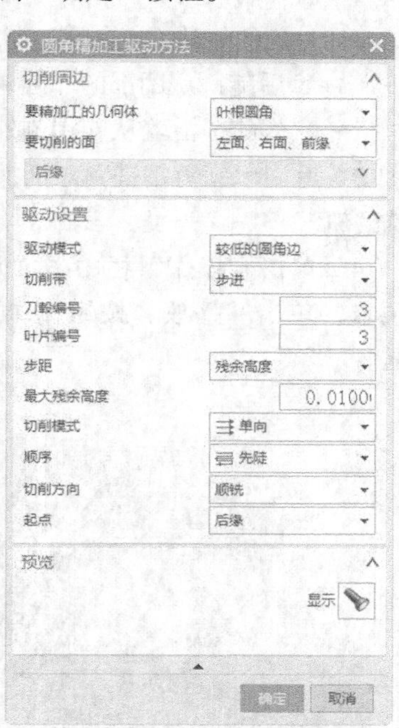

图9-67　“圆角精加工驱动方法”对话框

“圆角精加工驱动方法”对话框中的选项说明如下。

■ 驱动模式

➢ 较低的圆角边：从边圆角几何体定义驱动路径。

➢ 参考刀具：从参考刀具与部件几何体的接触点定义驱动路径。

■ 切削带：指定已加工区域的总宽度。该宽度是沿着叶片和轮毂测量出来的。包括步进和偏置两种选项。

➢ 偏置：当驱动模式选择较低的圆角边时，通过将较低的圆角边沿着轮毂和叶片偏置指定的距离来定义切削带。如果驱动模式选择参考刀具，则通过参考刀具直径与沿着轮毂和叶片的所有重叠距离之和来定义切削带。

➢ 步进：当驱动模式选择较低的圆角边时，通过轮毂和叶片上的步距数来定义切削带。如果驱动模式选择参考刀具，通过参考刀具直径与沿着轮毂和叶片的所有重叠距离之和来定义切削带。

■ 顺序：确定切削刀路的创建顺序。

➢ 由内向外：从中心刀路开始加工，朝外部刀路方向切削。然后刀具移回到中心刀路，并朝相反侧切削。

➢ 由内向外交替：从中心刀路开始加工。刀具向外级进行切削时，交替进行两侧切削。如果一侧的偏移刀路较多，软件对交替侧进行精加工之后再切削这些刀路。

➢ 由外向内：从外部刀路开始加工，朝中心方向切削。然后刀具移动至相反侧的外部刀路，再次朝中心方向切削。

➢ 由外向内交替：从外部刀路开始加工。刀具向内级进行切削时，交替进行两侧切削。如果一侧的偏移刀路较多，软件对交替侧进行精加工之后再切削这些刀路。

➢ 后陡：从凹部的非陡峭侧开始加工。

➢ 先陡：沿着从陡峭侧外部刀路到非陡峭侧外部刀路的方向加工。

（3）返回“圆角精铣”对话框，单击“操作”栏中的“生成”按钮，生成图9-68所示的圆角精铣刀轨。

（4）单击“操作”栏中的“确认”按钮，弹出“刀轨可视化”对话框，切换到“3D动态”选项卡，单击“播放”按钮，进行3D模拟加工，如图9-69所示，单击“确定”按钮，关闭对话框。

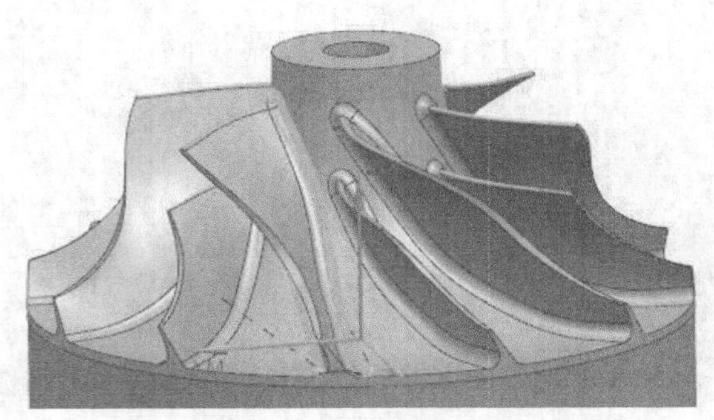

图9-68　圆角精铣刀轨

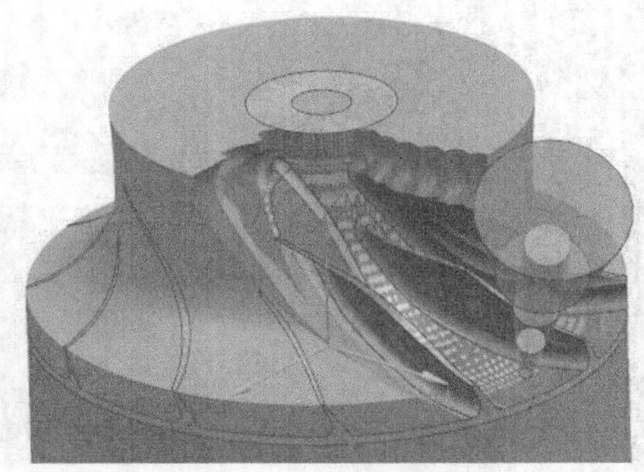

图9-69　3D模拟加工

9.4.6　精加工分流叶片圆角

（1）选择“工序导航器-几何”→“MCS_MILL”→“WORKPIECE”→“MULTI_BLADE_GECM”节点下的“BLEND_FINISH”，右键单击，在弹出的快捷菜单中选择“复制”选项。

（2）选择“MULTI_BLADE_GECM”节点，右键单击，在弹出的快捷菜单中选择“内部粘贴”选项，生成“BLEND_FINISH_COPY”工序。

（3）选择“BLEND_FINISH_COPY”，右键单击，在弹出的快捷菜单中选择“重命名”选项，更改名称为“SPLITTER_BLEND_FINISH”。

（4）双击“SPLITTER_BLEND_FINISH”工序，弹出“圆角精铣”对话框，在“驱动方法”

栏中单击“圆角精铣”按钮，弹出“圆角精加工驱动方法”对话框，设置“要精加工的几何体”为“分流叶片1倒圆”，“要切削的面”为“左面、右面、前缘”，其他采用默认设置，如图9-70所示，单击“确定”按钮，关闭当前对话框。

（5）返回“圆角精铣”对话框，单击“操作”栏中的“生成”按钮，生成图9-71所示的圆角精铣刀轨。

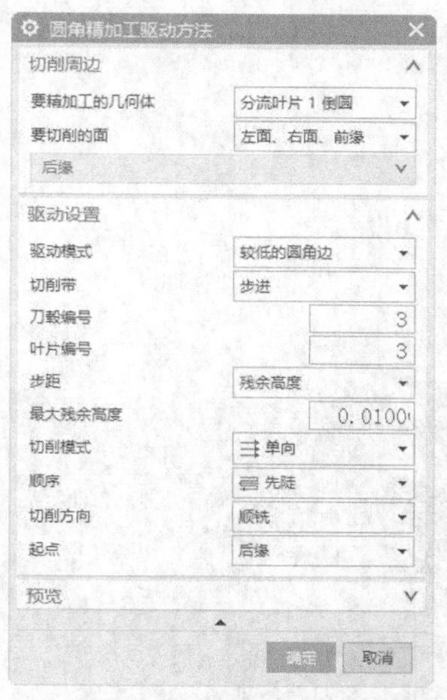

图9-70　“圆角精加工驱动方法”对话框

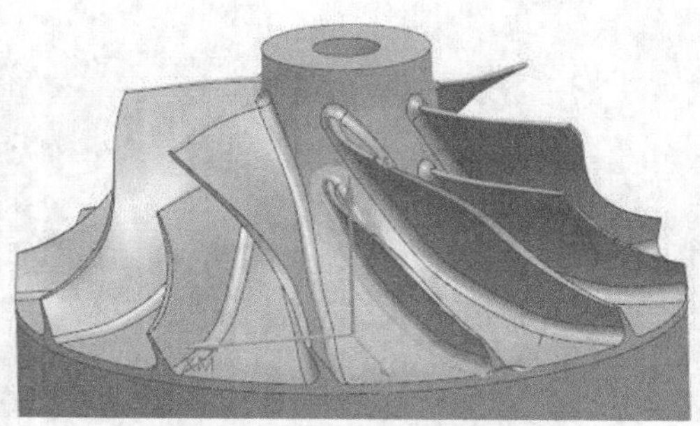

图9-71　圆角精铣刀轨

（6）单击“操作”栏中的“确认”按钮，弹出“刀轨可视化”对话框，切换到“3D动态”选项卡，单击“播放”按钮，进行3D模拟加工，如图9-72所示，单击“确定”按钮，关闭对话框。

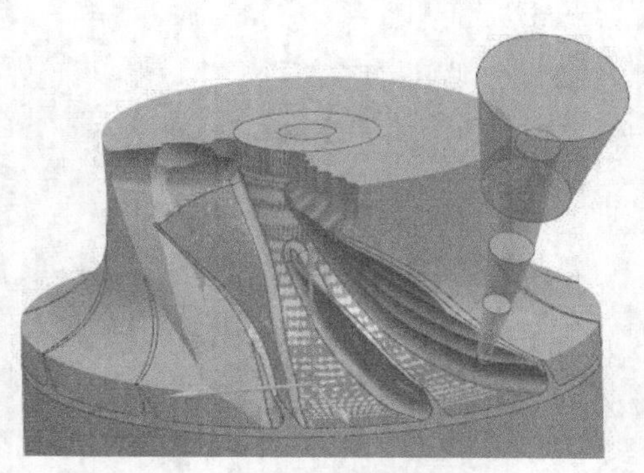

图9-72　3D模拟加工

9.5 机床仿真

（1）在“装配导航器”菜单中选择“sim08_mill_5ax”，单击鼠标右键，在弹出的快捷菜单中选择“显示”选项，显示机床。

（2）在上边框条中单击“程序顺序视图”图标，显示“工序导航器-程序顺序”菜单，选择“1234”节点，单击“主页”选项卡“工序”面板中的“机床仿真”按钮，弹出“仿真控制面板”对话框和“机床轴位置”对话框。

（3）在“仿真控制面板”对话框的“仿真设置”栏中勾选“显示3D除料”复选框，在“动画”选项栏中设置可视化为刀轨仿真，其他采用默认设置，如图9-73所示。

（4）单击“播放”按钮，进行仿真加工，如图9-74所示。

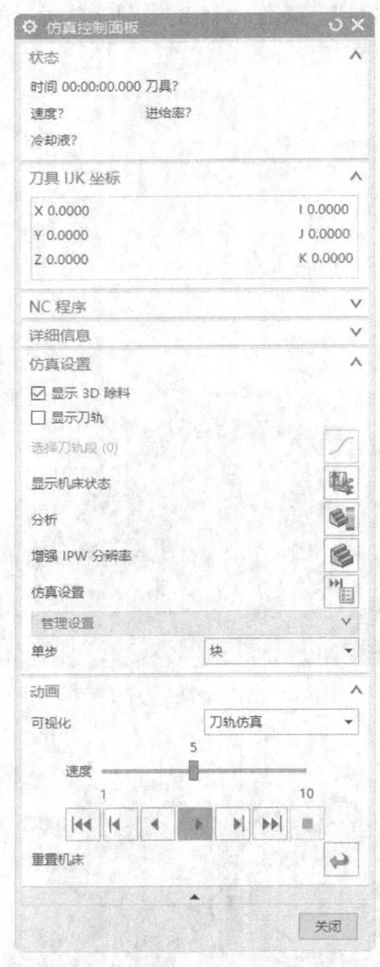

图9-73 “仿真控制面板”对话框

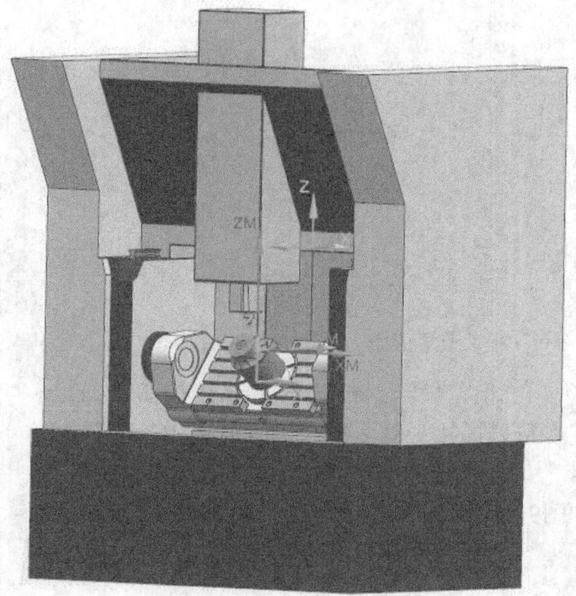

图9-74 仿真加工

第 10 章

变速手柄轴车削加工

本章对棒料进行车削加工得到变速手柄轴零件的操作流程进行介绍，从待加工零件的外形看，其主要由外圆柱面和凹槽等组成。结合零件的外形，加工时可先加工端面，再加工外轮廓，最后分离部件。

根据待加工零件的结构特点，先用面加工方法加工零件的端面，再用外径粗车粗加工出零件的外形轮廓，用外径开槽加工出槽，然后用外径精车对外形轮廓进行精加工，最后部件分离零件和棒料。零件同一特征可以使用不同的加工方法，因此，在具体安排加工工艺时，读者可以根据实际情况来确定。本章安排的加工工艺和方法不一定是最佳的，其目的只是让读者了解各种车削加工方法的综合应用。

- 初始设置
- 创建刀具
- 创建工序
- 刀轨演示

10.1 初始设置

10.1.1 创建几何体

1. 打开文件

选择“文件”→“打开”命令，弹出“打开”对话框，选择“biansushoubingzhou.prt”，单击“打开”按钮，打开图10-1所示的待加工部件。

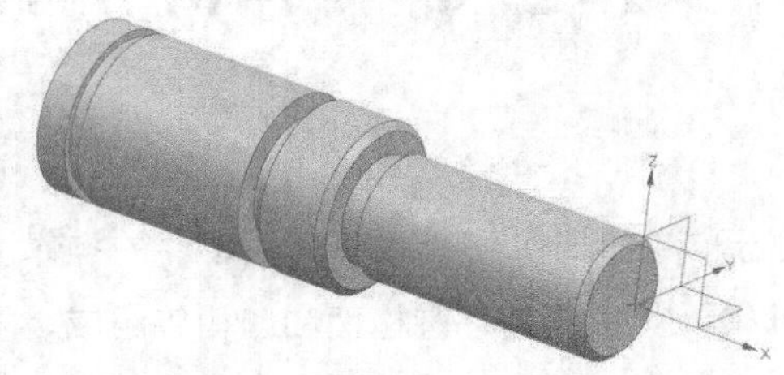

图10-1 待加工部件

2. 进入加工环境

（1）单击“文件”→“新建”命令，弹出“新建”对话框，在“加工”选项卡中设置“单位”为“毫米”，选择“车削”模板，输入“名称”为“biansushoubingzhou_finish.prt”，其他采用默认设置，如图10-2所示，单击“确定”按钮，进入加工环境。

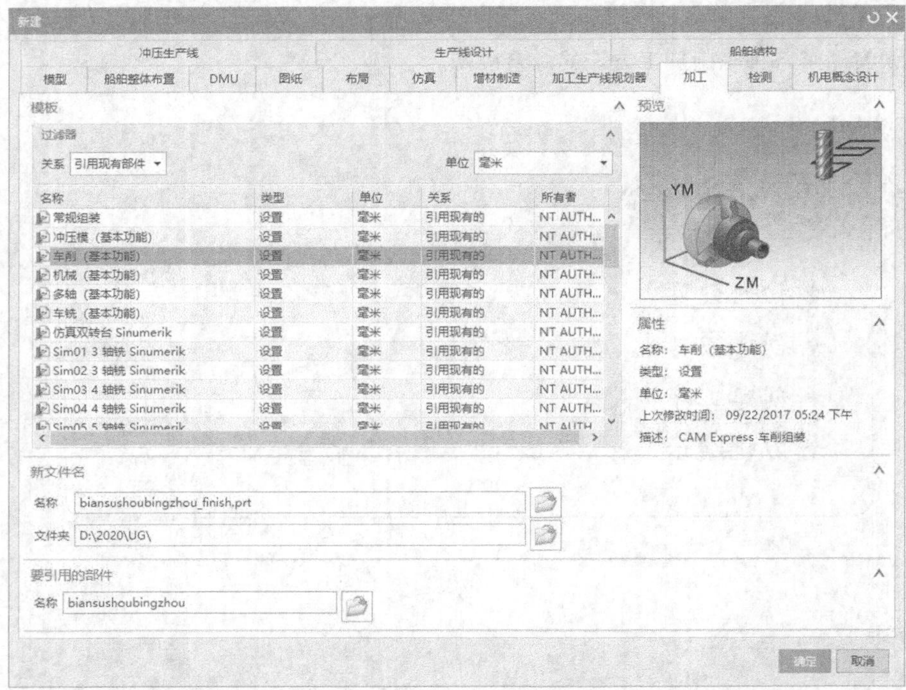

图10-2 “新建”对话框

（2）在上边框中单击“几何视图”按钮，将“导航器”转换到“工序导航器-几何”状态，在“工序导航器-几何”菜单中双击“MCS_SPINDLE”按钮。

（3）弹出图10-3所示的“MCS主轴”对话框，设置“指定平面”为“*ZM-XM*”，单击“确定”按钮，完成主轴设置。

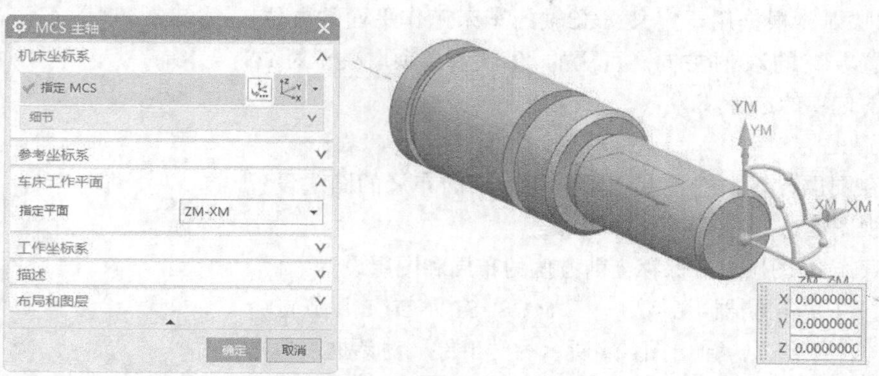

图10-3　“MCS主轴”对话框

“MCS主轴”对话框中的选项说明如下。

◆ 机床坐标系

➢ 指定MCS：用于指定 MCS 的位置和方位。单击“坐标系”按钮，弹出“坐标系”对话框，指定坐标系，也可以直接从列表中选择一个坐标系选项。

➢ 细节

✧ 用途：包括局部和主要两种方式。

✧ 特殊输出：用途设置为局部时可用。特殊输出仅影响后处理输出。

✧ 无：基于局部 MCS 坐标输出。

✧ 使用主MCS：忽略局部MCS坐标，而基于主MCS输出。在“几何视图”中，主MCS位于局部 MCS 之上的几何体树中。

✧ 装夹偏置：基于局部MCS坐标输出。后处理器可以将这些坐标与主坐标一起使用，以输出装夹偏置，如G54。

✧ 坐标系旋转：基于局部MCS坐标输出。后处理器可以将这些坐标与主坐标一起使用，以便在局部坐标系中输出编程，如 CYCLE 19。

✧ 装夹偏置：为使用装夹偏置的机床指定装夹偏置值。每个部件在机床上的方向都与特定的 MCS 相对应，从而生成一个特定的装夹偏置值。

✧ 保存MCS：可根据当前的MCS创建坐标系并将其保存。

◆ 参考坐标系

➢ 链接RCS与MCS：选择此选项，将使RCS与MCS处于相同的位置和方向。

➢ 指定RCS：用于指定RCS的位置和方位。单击“坐标系”按钮，弹出“坐标系”对话框，指定RCS，也可以直接从列表中选择一个RCS选项。

◆ 车床工作平面

➢ 指定平面：设置2D平面，刀具在其中移动。可指定*XM-YM*和*ZM-XM*为车床工作平面。

◆ 工作坐标系

➢ *ZM*偏置：指定WCS原点与MCS原点之间沿*ZM*轴或*XM*轴的距离。用工序导航器编辑车削对象（工序、刀具或几何体）时，WCS 原点自动置于所定义的距离。

➢ *XC*映射：根据用于定义MCS轴的车床工作平面的方位，设置WCS的*XC*轴方向。

➢ *YC*映射：根据用于定义MCS轴的车床工作平面的方位，设置WCS的*YC*轴方向。可用的 *YC*映射选项取决于对*XC*映射选项的选择。

◆ 布局和图层

➢ 保存图层设置：选择此选项，保存当前布局的图层设置和视图信息。

➢ 保存布局/图层：保存当前方位的布局和图层设置。

（4）在“工序导航器-几何”→“MCS_SPINDLE”节点中双击“WORKPIECE”，弹出图10-4所示的“工件”对话框，单击“选择或编辑部件几何体”按钮，弹出“部件几何体”对话框，选择实体为几何体，如图10-5所示，单击“确定”按钮，关闭当前对话框。

图10-4 “工件”对话框

图10-5 选取部件几何体

（5）返回到“工件”对话框，单击“材料”按钮，弹出“搜索结果”对话框，在列表中选择“MAT0_00001”材料，如图10-6所示，单击“确定”按钮，关闭当前对话框。

（6）在“工序导航器-几何”→“MCS_SPINDLE”→“WORKPIECE”中双击“TURNING_WORKPIECE”，弹出图10-7所示的“车削工件”对话框，单击“选择或编辑毛坯边界”按钮，打开图10-8所示的“毛坯边界”对话框，选择“棒材”类型，“安装位置”选择“远离主轴箱”，指定原点为棒材的起点，输入“长度”为100，“直径”为25，指定的毛坯边界如图10-9所示。单击“确定”按钮，完成毛坯几何体的定义。

“车削工件”对话框中的选项说明如下。

◆ 部件旋转轮廓：指定部件轮廓的创建方法。

➢ 自动：在不存在任何用户交互的情况下创建旋转轮廓作为部件边界。

➢ 成角度的平面：在指定角创建剖切平面，以创建旋转轮廓作为部件边界。

➢ 通过点的平面：通过指定点创建剖切平面，以创建旋转轮廓作为部件边界。

➢ 无：不创建旋转轮廓。

图10-6　“搜索结果”对话框

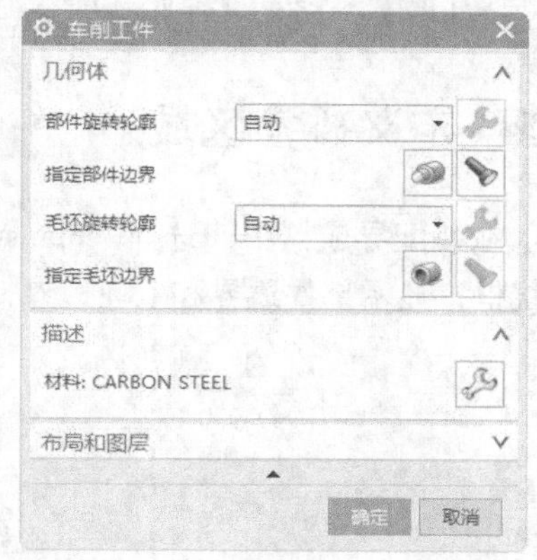

图10-7　“车削工件”对话框

图10-8　“毛坯边界”对话框

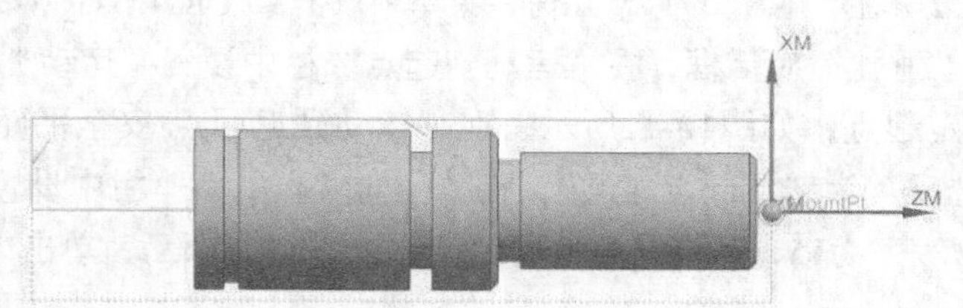

图10-9　指定的毛坯边界

◆ 指定部件边界：单击“选择和编辑部件边界”按钮，弹出“部件边界”对话框，通过面、曲线和点方法确定部件边界。

◆ 毛坯旋转轮廓：指定毛坯轮廓的创建方法，包括自动、成角度的平面、通过点的平面、与部件相同和无。

◆ 指定毛坯边界：单击“选择和编辑部件边界”按钮，弹出“毛坯边界”对话框，指定毛坯边界。

“毛坯边界”对话框中的选项说明如下。

■ 类型

➢ 棒材：如果要加工的部件几何体是实心的，则选择此选项。

➢ 管材：如果工件带有中心线钻孔，则选择此选项。

➢ 曲线：已被预先处理，可以提供初始几何体。如果毛坯作为模型部件存在，则选择此选项。

➢ 工作区：从工作区中选择一个毛坯，这样可以选择以前处理过的工件作为毛坯。

■ 毛坯

➢ 安装位置：用于设置毛坯相对于工件位置参考点。如果选取的参考点不在工件轴线上时，系统会自动找到该点在轴线上的投影点，然后将杆料毛坯一端的圆心与该投影点对齐。

✧ 在主轴箱上：选择此选项，毛坯将沿坐标轴在正方向放置。

✧ 远离主轴箱：选择此选项，毛坯将沿坐标轴在负方向放置。

10.1.2　定义碰撞区域

（1）在装配导航器中，选择“biansushoubingzhou”使其复选框变成灰色，然后设置渲染样式为静态线框，显示部件边界和毛坯边界，如图10-10所示。

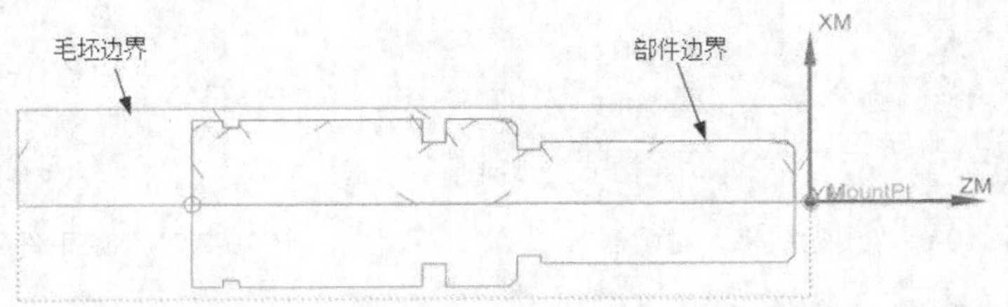

图10-10　显示边界

（2）在“工序导航器-几何”菜单中双击“TURNING_WORKPIECE”节点下的“AVOIDANCE”，弹出“避让”对话框，在“运动到起点”栏中设置“运动类型”为“直接”，在视图中适当位置单击确定起点，如图10-11所示，在“运动到返回点/安全平面”栏中设置“运动类型”为“直接”，“点选项”为“与起点相同”，在“径向安全平面”栏中设置“轴向限制选项”为“距离”，“轴向*ZM*/*XM*”为15，其他采用默认设置，如图10-12所示，单击“确定”按钮，关闭当前对话框。

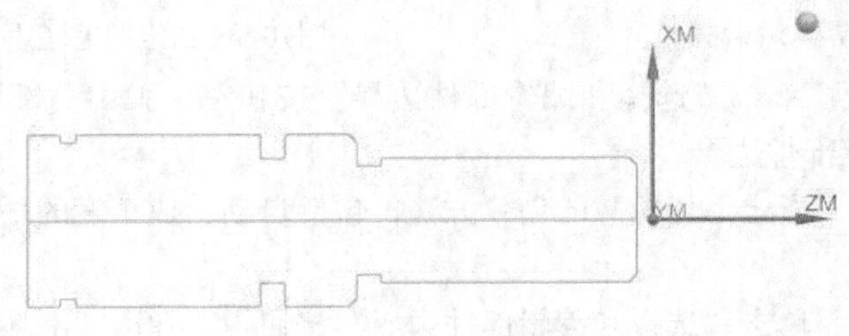

图10-11　确定起点

“避让”对话框中的选项说明如下。

■ 出发点：在一段新的刀轨起始处定义初始刀具位置。它不会导致刀具移动。

➢ 点选项：如何定义出发点。

✧无：不创建出发点。

✧指定：指定出发点并使避让点选项可用。

- 运动到起点：定义了刀轨启动序列中用于避让几何体或装夹组件的刀具位置。
  - ➤运动类型：指定刀具移到起点时的移动类型。
  - ➤点选项：如何定义起点。
    - ✧点：从图形窗口中选择起点或用“点”对话框指定点。
    - ✧增量-角度和距离/增量-矢量和距离/增量：指定相对于工序的第一个进刀移动的起点。
- 逼近：指定在起点和进刀运动开始之间的可选的系列运动。
- 运动到进刀起点：指定刀具移动到进刀运动起始位置时的运动类型。
- 离开：指定刀具移动到返回点或安全平面时的运动类型。
- 运动到返回点/安全平面：指定刀具移到返回点时的移动类型。
- 运动到回零点：定义最终的刀具位置。
- 径向安全平面：在工序之前和之后以及在任何程序设置好的障碍避让过程中，定义刀具运动的安全距离。

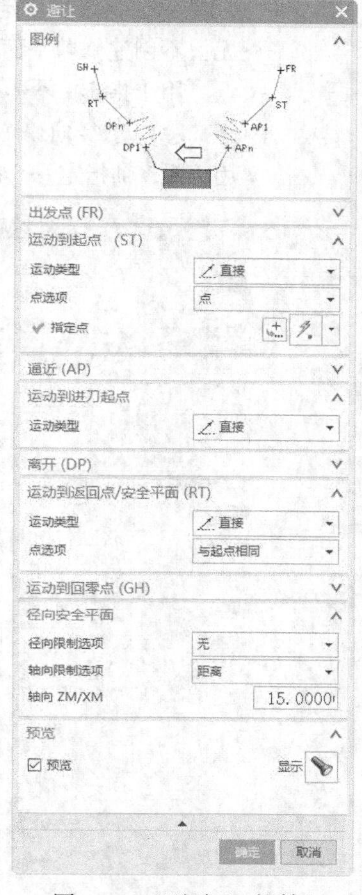

图10-12 “避让”对话框

10.1.3 避让卡盘

定义一个包容平面，防止刀具与卡盘爪碰撞。

（1）单击“主页”选项卡“刀片”面板中的“创建几何体”按钮，弹出“创建几何体”对话框，在“几何体子类型”栏选择“CONTAINMENT”，在“位置”栏的“几何体”下拉列表中选择“AVOIDANCE”，其他采用默认设置，如图10-13所示，单击“确定”按钮，关闭当前对话框。

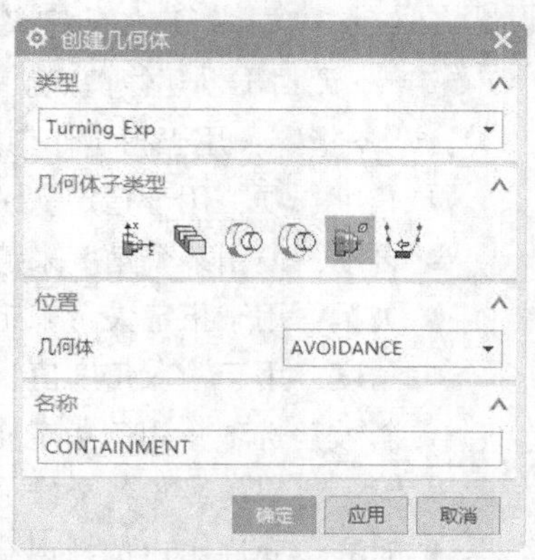

图10-13 “创建几何体”对话框

（2）弹出“空间范围”对话框，在“轴向修剪平面1”栏中设置“限制选项”为“距离”，输入“轴向*ZM/XM*”为-125，如图10-14所示，单击“确定”按钮，关闭当前对话框。

“空间范围”对话框中的主要选项说明如下。

- 修剪平面：将加工操作限制在平面的一侧，包括径向修剪平面1、径向修剪平面2、轴向修剪平面1和轴向修剪平面2。通过指定修剪平面，系统根据修剪平面的位置、部件与毛坯边界以及其他设置参数计算出加工区域。

➢ 限制选项：指定如何定义修剪平面，包括无、点和距离3个选项。

✧ 无：不创建修剪平面。

✧ 点：用于指定一个点以定义修剪平面。

✧ 距离：对于径向修剪平面，用于沿Y轴指定一个距离以偏置平面。对于轴向修剪平面，用于沿X轴指定一个距离以偏置平面。

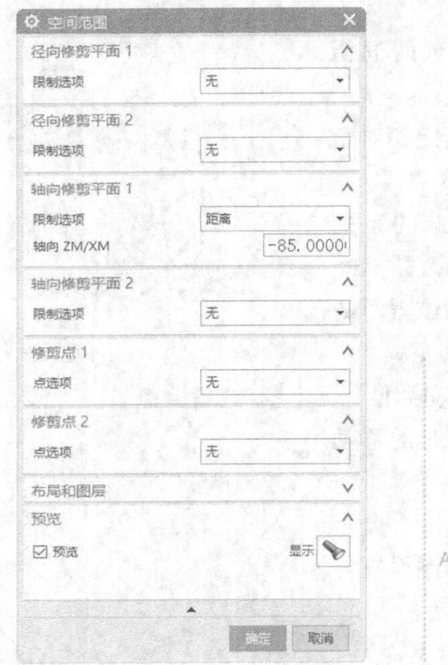

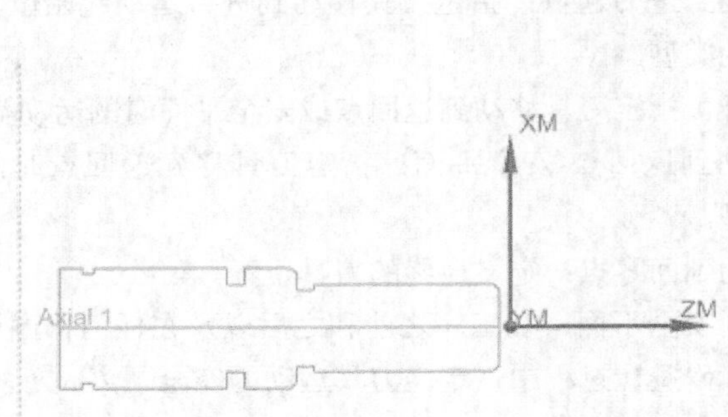

图10-14　指定轴向修剪平面

■ 修剪点：创建用于指定有关总体成链的部件边界的切削区域的起点和终点。最多可以选择2个修剪点。

➢ 点选项：指定如何定义修剪点，包括无和指定2个选项。

✧ 无：不创建修剪点。

✧ 指定：用于指定修剪点并使修剪点点选项可用。当选择此选项时，将激活以下选项。

① 角度选项：用于指定从X轴逆时针测量的、刀用于逼近或离开修剪点的角度。

● 自动：使用某个角度来清除部件几何体。

● 矢量：用于指定矢量来定义逼近或离开方向。

● 角度：用于输入角度值，指定角度的默认值是0。

② 斜坡角选项：用于指定修剪线的角度。

● 无：将修剪线与各个修剪点对齐，同时绕修剪点旋转，以确定斜坡角度。

● 对齐：允许用户选择现有几何体，使修剪线与之对齐。

● 矢量：允许用户指定矢量方向，使修剪线与之对齐。

● 角度：用于指定角度值来对齐修剪线。

③ 延伸距离：沿上一个分段的方向延伸切削区域。

④ 检查超出修剪范围的部件几何体：检查超出修剪点的部件几何体，并调整通向或来自修剪点的刀轨以避免过切。

10.2 创建刀具

10.2.1　创建定心钻刀

（1）单击“主页”选项卡“刀片”面板中的“创建刀具”按钮，打开“创建刀具”对话框，选择“Turning_Exp”类型，在“刀具子类型”栏中选择“SPOTDRILL”，在“位置”栏的“刀具”下拉列表中选择“STATION_02”，其他采用默认设置，如图10-15所示，单击“确定”按钮，关闭当前对话框。

（2）打开图10-16所示的“钻刀”对话框，更改直径为5，其他采用默认设置。

（3）在“夹持器”选项卡中设置“下直径”为10，“长度”为10，“锥角”为7，系统自动更改上直径，如图10-17所示，单击“确定”按钮，完成刀具设置。

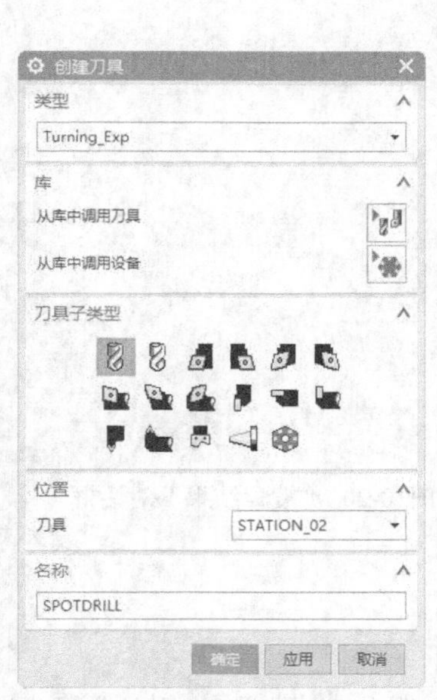

图10-15　“创建刀具”对话框

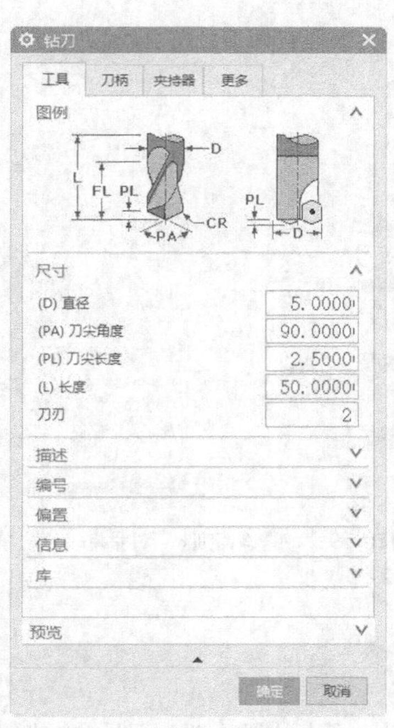

图10-16　“钻刀”对话框

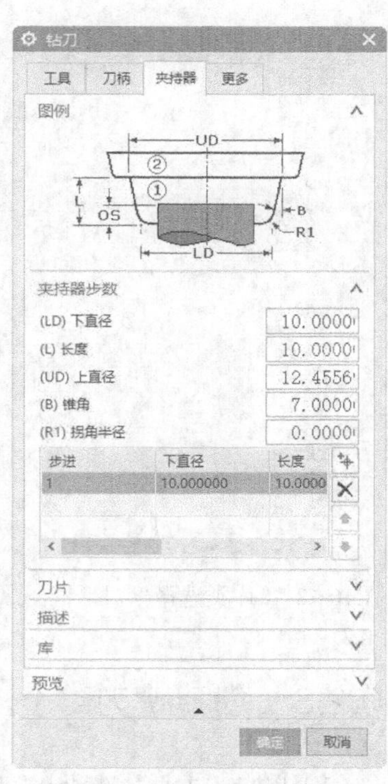

图10-17　“夹持器”选项卡

10.2.2　创建外径轮廓加工刀具

（1）单击“主页”选项卡“刀片”面板中的“创建刀具”按钮，弹出“创建刀具”对话框，在“位置”栏的“刀具”下拉列表中选择“STATION_03”。

（2）单击“从库中调用刀具”按钮，弹出“库类选择”对话框，选择“车”→“外径轮廓加工”，如图10-18所示，单击“确定”按钮，关闭当前对话框。

（3）弹出图10-19所示“搜索准则”对话框，输入“半径”为1.5，单击“确定”按钮，关闭当前对话框。

（4）弹出“搜索结果”对话框，选择“库号”为“ugt0121_001”，其他采用默认设置，如图10-20所示，单击“确定”按钮，完成刀具的调用，然后在“创建刀具”对话框中单击“取消”按钮，关闭“创建刀具”对话框。

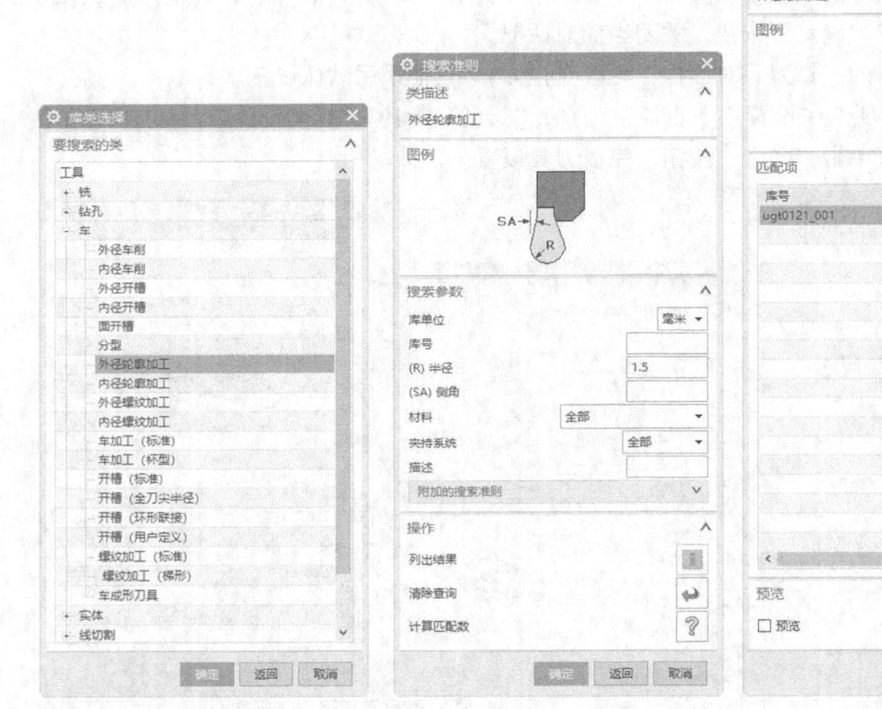

图10-18 “库类选择”对话框　　图10-19 “搜索准则”对话框

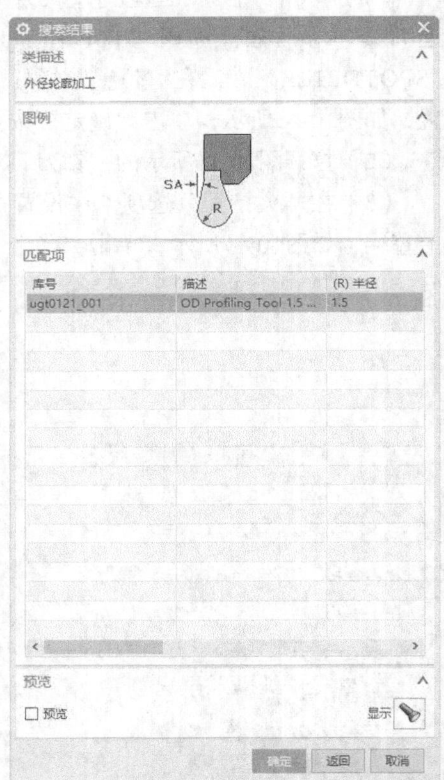

图10-20 “搜索结果”对话框

10.2.3 创建槽刀

（1）单击“主页”选项卡“刀片”面板中的“创建刀具”按钮，打开“创建刀具”对话框，选择“Turning_Exp”类型，在“刀具子类型”栏选择“OD_GROOVE_L”，在“位置”栏的“刀具”下拉列表中选择“STATION_04”，其他采用默认设置，如图10-21所示，单击“确定”按钮，关闭当前对话框。

（2）打开“槽刀-标准”对话框，更改“刀片宽度”为2，其他采用默认设置，如图10-22所示，单击“确定”按钮，完成槽刀的创建。

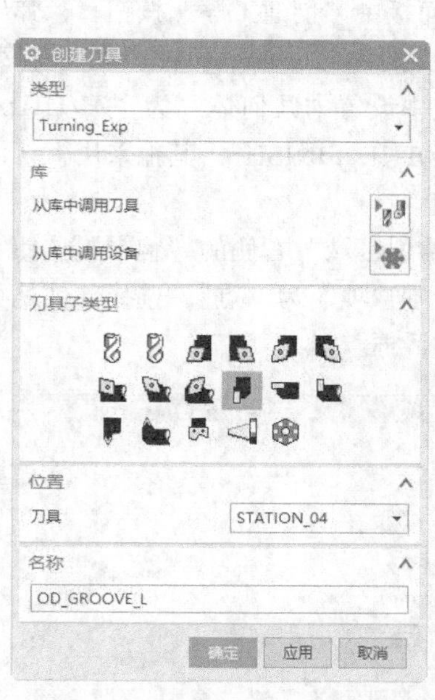

图10-21　“创建刀具”对话框

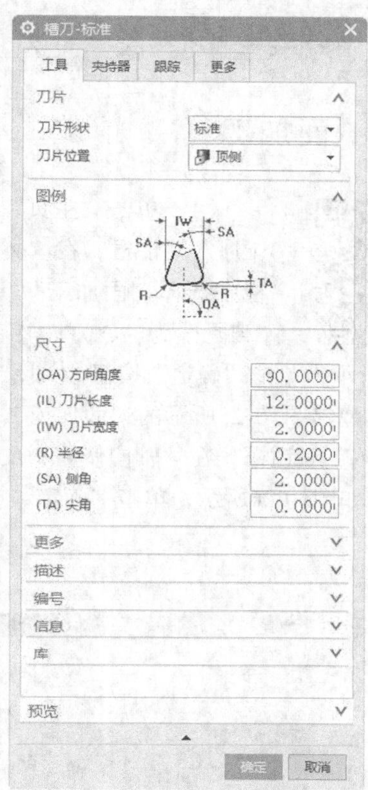

图10-22　“槽刀-标准”对话框

10.2.4　创建分离刀具

（1）单击“主页”选项卡“刀片”面板中的“创建刀具”按钮，弹出“创建刀具”对话框，在“位置”栏的“刀具”下拉列表中选择“STATION_05”，在“库”栏单击“从库中调用刀具”按钮，弹出“库类选择”对话框，选择“车”→“分型”，单击“确定”按钮，关闭当前对话框。

（2）弹出“搜索准则”对话框，直接单击“确定”按钮。弹出“搜索结果”对话框，选择“库号”为“ugt0114_001”，其他采用默认设置，如图10-23所示，单击“确定”按钮，完成刀具的调用，然后在“创建刀具”对话框中单击“取消”按钮，关闭对话框。

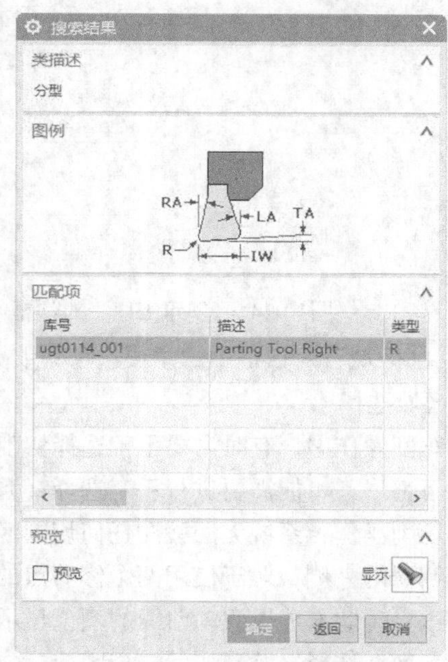

图10-23　“搜索结果”对话框

10.3 创建工序

10.3.1 面加工

（1）单击“主页”选项卡“刀片”面板中“创建工序”按钮，弹出“创建工序”对话框，在“类型”下拉列表框中选择“Turning_Exp”，在“工序子类型”栏中选择“面加工”，在“位置”栏中设置“几何体”为“AVOIDANCE”，“刀具”为“OD_80_L”，“方法”为“LATHE_FINISH”，其他采用默认设置，如图10-24所示，单击“确定”按钮，关闭当前对话框。

（2）弹出图10-25所示的“面加工”对话框，单击“切削区域”右侧的“编辑”按钮，弹出“切削区域”对话框，在“轴向修剪平面1”栏中设置“限制选项”为“点”，选择部件外径上的曲线端点，如图10-26所示，单击“确定”按钮，关闭当前对话框。

图10-24 “创建工序”对话框

图10-25 “面加工”对话框

“切削区域”对话框中的主要选项说明如下。

■ 区域选择

在车削操作中，有时需要手工选择切削区域。

以下情形，可能需要进行手工选择：系统检测到多个切削区域；需要指示系统在中心线的另一侧执行切削操作；系统无法检测任何切削区域；系统计算出的切削区域数不一致，或切削区域位于中心线错误的一侧；对于使用两个修剪点的封闭部件边界，系统会将部件边界的错误部分标识为封闭部件边界（此部分以驱动曲线的颜色显示）。

➢ 区域选择：控制如何选择区域。

✧默认：选择软件检测到的一个切削区域。

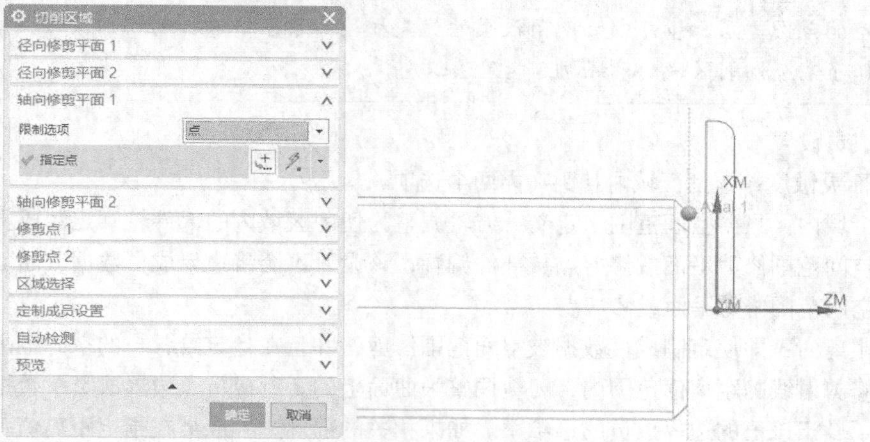

图10-26　指定切削区域

✧指定：可在图形窗口中选择一个区域选择点，系统将用字母区域选择点（RSP）对其进行标记。如果系统找到多个切削区域，将在图形窗口中自动选择距选定点最近的切削区域。

➢区域加工：确定在有多个切削区域尚未加工的情况下区域如何排序。

✧单侧：软件只加工默认切削区域，或是最接近区域选择中指定的区域。

✧多个：对多个切削区域进行排序，包括单向、反向、双向和交替。

- 单向：所有隔离的切削区域均按照它们在部件边界上出现的顺序加工，并遵循工序指定的层/步长/切削方向。它是切削区域排序控制的默认行为，如图10-27所示。
- 反向：所有隔离的切削区域均按照单个方向选项的相反方向加工，如图10-28所示。

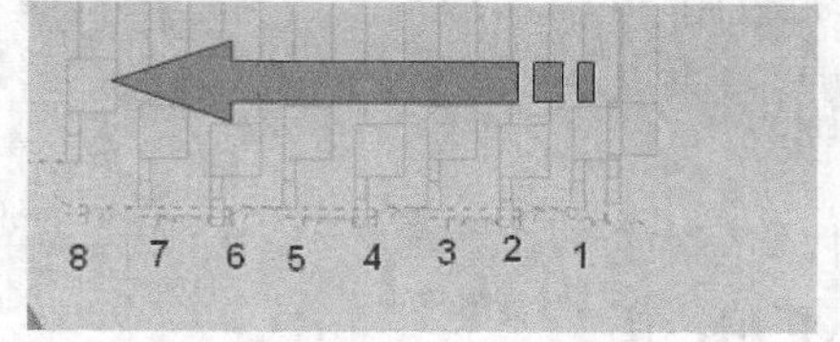

图10-27　“单向”排序

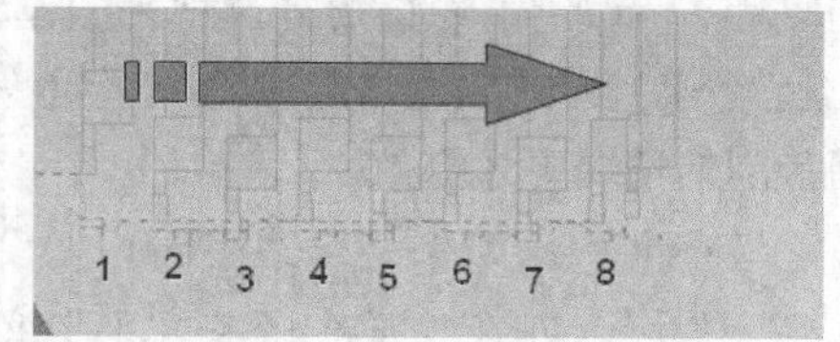

图10-28　“反向”排序

- 双向：加工从最接近区域选择点（RSP）切削区域开始，并遵循为工序指定的层/步长/切削方向，直到该方向的最后一个未切削区域被加工为止。然后切削方向反向，加工则从最接近区域选择点的切削区域继续进行。反向加工继续进行，直到所有切削区域均被加工，如图10-29所示。

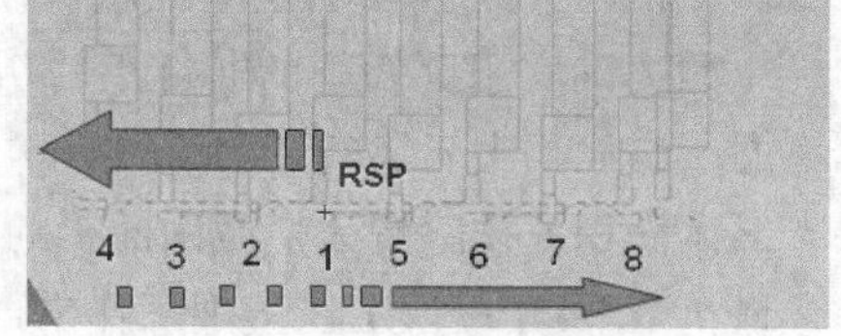

图10-29　“双向”排序

- 交替：加工从最接近区域选择点（RSP）切削区域开始，并在下一个最接近的切削区域继续进行，而不考虑方向。

注意

任何空间范围、层、步距或切削角设置的优先权均高于手工选择的切削区域。这将导致即使手工选择了某个切削区域，系统也可能无法识别。

■ 定制成员设置

➢ 表面灵敏度：包括区域内和距离内两个选项。

✧ 区域内：只要空间范围未定义，刀轨调整为切削区域内的部件轮廓定制成员设置。如果空间范围修剪平面或修剪点从部件偏置，该设置不会将边界成员数据或曲面特性传递到空间范围修剪平面或修剪点。

✧ 距离内：即使定制成员数据被空间范围修剪，并且在指定给各自的空间范围修剪平面或修剪射线的距离值范围内，刀轨调整为曲面上的定制成员（边界成员）数据。系统继承了属于该值的边界成员的进给率。如果相关的部件边界成员在指定距离值范围内，系统将针对运动的进刀/退刀行为应用于空间范围的部件曲面，如果各自的部件成员不在空间范围修剪平面或修剪射线的距离范围内，则系统从空间范围的部件曲面删除该应用。

➢ 公差偏置：包括空间范围之后和空间范围之前。

✧ 空间范围之后：在将部件边界修剪至指定空间范围之后，执行任何定制边界公差偏置计算。

✧ 空间范围之前：在将部件边界修剪至指定空间范围之前，执行任何定制边界公差偏置计算。

■ 自动检测

在“切削区域”对话框的“自动检测”栏中可以进行最小面积和开放边界的检测设置。“自动检测”利用最小面积、起始偏置/终止偏置、起始角/终止角等选项来限制切削区域，如图10-30所示。起始偏置/终止偏置、起始角/终止角只有在开放边界且未设置空间范围的情况下才有效。

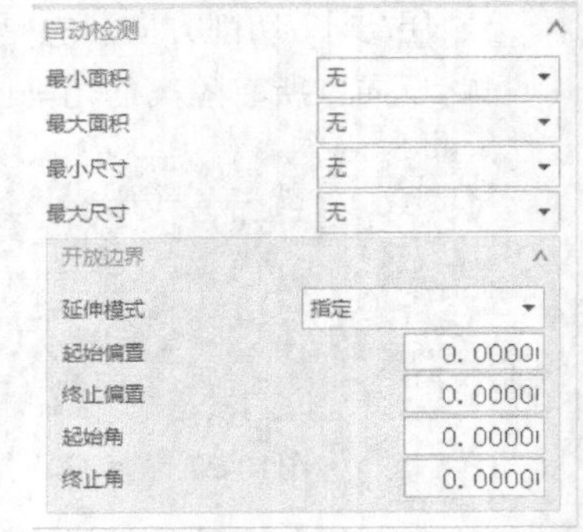

图10-30 自动检测

➢ 最小面积：如果将“最小面积”设置为“部件单位”或“刀具”，并在“最小区域大小”文本框中输入了值，便可以防止系统对极小的切削区域产生不必要的切削运动。如果切削区域的面积（相对于工件横截面）小于指定的加工值，系统不切削这些区域。使用时需仔细考虑，防止漏掉确实想要切削的非常小的切削区域。如果将“最小面积”设置为“无”，系统将考虑所有面积大于零的切削区域。

➢ 最大面积：排除有大横截面面积的切削区域。

➢ 最小/大尺寸：设定在车削工作平面中沿一个或两个轴测量的最小/大尺寸，包括轴向、径向、轴向和径向。

✧ 轴向：设置平行于主轴中心线的最小/大切削区域，以确定最小/大宽度。

✧ 径向：设置垂直于主轴中心线的最小/大切削区域，以确定最小/大高度。

✧轴向和径向：将“轴向”和“径向”值组合，取布尔交集，以建立最小/大切削区域，从而设置最小/大切削区域。

➢ 开放边界

✧延伸模式：包含指定和相切两种方式。

● 指定：在“延伸模式”下拉列表框中选择“指定”，将激活起始偏置/终止偏置，起始角/终止角等选项。

起始偏置/终止偏置：如果工件几何体没有接触到毛坯边界，那么系统将根据其自身的内部规则将车削特征与处理中的工件连接起来。如果车削特征没有与处理中工件的边界相交，那么处理器将通过在部件几何体和毛坯几何体之间添加边界段自动将切削区域补充完整。默认情况下，从起点到毛坯边界的直线与切削方向平行，终点到毛坯边界间的直线与切削方向垂直。起始偏置使起点沿垂直于切削方向移动，终止偏置使终点沿平行于切削方向移动。

起始角/终止角：如果不希望切削区域与切削方向平行或垂直，那么可以使用起始角/终止角限制切削区域。正值将增大切削面积，而负值将减小切削面积。系统将相对于起点/终点与毛坯边界之间的连线来测量这些角度，并且这些角度必须在开区间（-90°，90°）。

● 相切：在“延伸模式”下拉列表框中选择“相切”，将会禁用起始偏置/终止偏置和起始角/终止角参数，如图10-31所示。系统将在边界的起点/终点处沿切线方向延伸边界，使其与处理中的形状相连。如果在选择的开放部件边界中，第一个或最后一个边界段上带有外角，并且剩余材料层非常薄，便可使用此选项。

（3）返回到“面加工”对话框，在“刀轨设置”栏中设置“水平角度”为“指定”，与“*XC*的夹角”为270，“切削深度”为“变量平均值”，“最大值”为1，“变换模式”为“省略”，“清理”为“全部”，如图10-32所示。

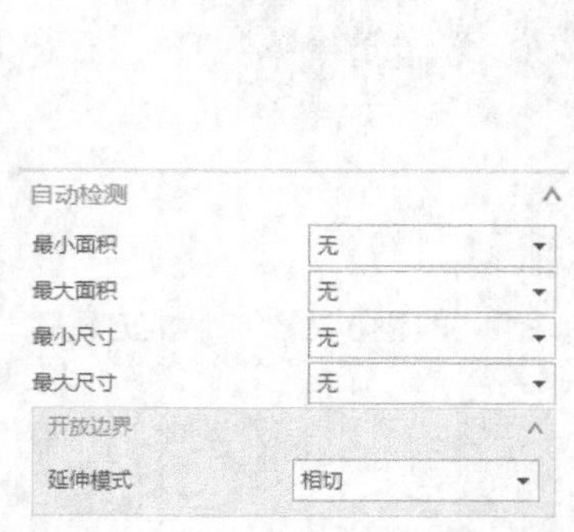

图10-31 “相切”延伸模式

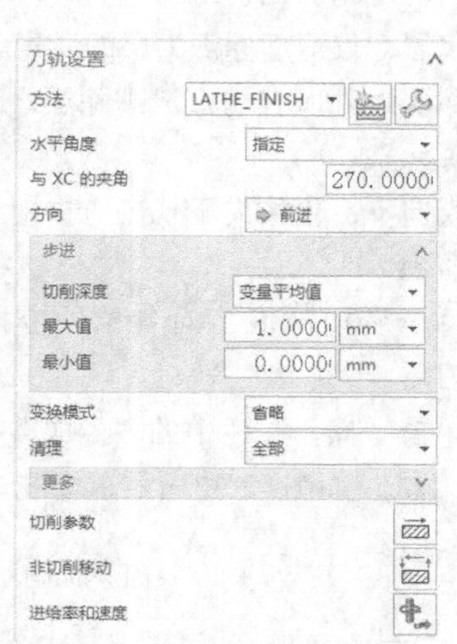

图10-32 “刀轨设置”栏

“刀轨设置”栏中的主要选项说明如下。

■ 切削深度：可以指定粗加工操作中各刀路的切削深度，可以指定恒定值，也可以是由系统根据指定的最大值计算的值。系统按计算或指定的深度生成所有非轮廓加工刀路。

- 恒定：用于指定各粗加工刀路的最大切削深度。系统尽可能多次地采用指定的深度值，然后在一个刀路中切削余料。
- 变量最大值：指定最大和最小切削深度，系统将确定区域，尽可能多次地在指定的最大深度值处进行切削，然后一次性切削各独立区域中大于或等于指定的最小深度值的余料。
- 变量平均值：利用可变平均值方式，指定最大和最小切削深度。系统根据不切削大于指定的深度最大值或小于指定的深度最小值的原则，计算所需最小刀路数。

■ 变换模式：决定使用哪一种方式将切削变换区域中的材料移除（即这一切削区域中部件边界的凹部）。

- 根据层：系统将在反向的最大深度执行各粗切削。当进入较低反向的切削层时，系统将继续根据切削层角方向中的反向执行切削。
- 最接近：对距离当前刀具位置最近的反向进行切削时，可用“最接近”选项并结合使用“往复切削”策略。对于特别复杂的部件边界，采用这种方式可减少刀轨，节省加工时间。
- 向后：仅在对遇到的第一个反向进行完整深度切削时，对更低反向进行粗切削时使用。初始切削时完全忽略其他的颈状区域，仅在进行完初始的切削之后才对其进行加工。
- 省略：将不切削在第一个反向之后遇到的任何颈状的区域。

■ 清理：对所有粗加工策略均可用，并通过一系列切削来消除残余高度或阶梯。它决定一个粗切削完成之后，刀具遇到轮廓元素时如何继续刀轨行进。

- 全部：清理所有轮廓元素。
- 仅陡峭的：仅限于清理陡峭的元素。
- 除陡峭的以外所有的：清理陡峭元素之外的所有轮廓元素。
- 仅层：仅清理标识为层的元素。
- 除层以外所有的：清理除层之外的所有轮廓元素。
- 仅向下：仅按向下切削方向对所有面进行清理。
- 每个变换区域：对各单独变换执行轮廓刀路。

（4）单击“操作”栏中的“生成”按钮，生成面加工刀轨，如图10-33所示。单击“确定”按钮，关闭对话框。

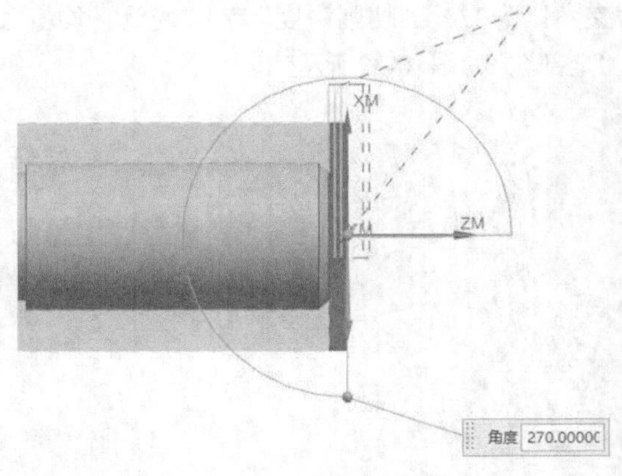

图10-33 面加工刀轨

10.3.2 定心钻

（1）单击“主页”选项卡“刀片”面板中“创建工序”按钮，弹出“创建工序”对话框，在“类型”下拉列表框中选择“Turning_Exp”，在“工序子类型”栏中选择“中心线定心钻”，在“位置”栏中设置“几何体”为“AVOIDANCE”，“刀具”为“SPOTDRILL”，“方法”为“LATHE_

CENTERLINE”，其他采用默认设置，如图10-34所示，单击“确定”按钮，关闭当前对话框。

（2）弹出图10-35所示的“中心线定心钻”对话框，在“选项”栏中单击“编辑显示”按钮，弹出“显示选项”对话框，在“刀具”栏中设置“刀具显示”为“2D”，如图10-36所示，单击“确定”按钮，关闭当前对话框。

图10-34　“创建工序”对话框

图10-35　“中心线定心钻”对话框

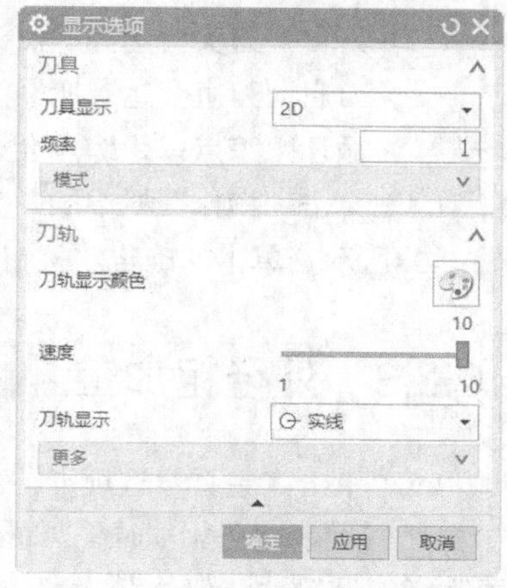

图10-36　“显示选项”对话框

（3）返回到“中心线定心钻”对话框，在“循环类型”栏中设置“循环”为“钻”，“输出选项”为“已仿真”，“退刀”为“至起始位置”，在“起点和深度”栏中设置“深度选项”为“距离”，“距离”为1，“参考深度”为“刀尖”，如图10-37所示。

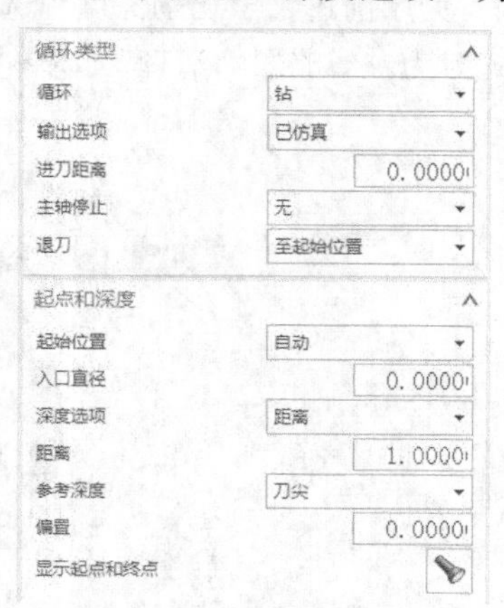

图10-37　“循环类型”栏和“起点和深度”栏

“循环类型”栏中的选项说明如下。

■ 输出选项：包括“已仿真”和“机床加工周期”。
  ➢ 已仿真：软件计算钻刀刀轨。
  ➢ 机床加工周期：使用NC机床的机床加工周期。
■ 进刀距离：在切削开始之前定义沿刀轴的进刀运动。
■ 主轴停止：可用于已仿真周期，出屑周期除外。
  ➢ 无：不停止主轴。
  ➢ 退刀之前：在刀具从工件退刀之前停止主轴。
■ 退刀：通过以下功能以便钻孔刀从孔中退出。
  ➢ 至起始位置：刀具退回到切削起始位置。
  ➢ 手工：指定的退刀距离属于附加偏置，总是添加到“安全距离”上。刀具退回到偏置后的位置。

“起点和深度”栏中的选项说明如下。

■ 起始位置：包括自动和指定两个选项。
  ➢ 自动：软件选择一个起始位置，该位置取决于当前 IPW。

> 指定：用于从图形窗口中选择起始位置。

- 入口直径：用以在存在埋头或沉头孔时减少空中切削。软件使用指定的入口直径和钻点角度来调整钻刀与材料的接触点。
- 深度选项：包括距离、终点、横孔尺寸、横孔和埋头直径。
- 参考深度：加大对钻孔深度的控制，包括刀尖、刀肩和循环跟踪点。
  - 刀尖：刀尖会达到所需深度。
  - 刀肩：刀肩会达到所需深度。
  - 循环跟踪点：跟踪点会达到所需深度。

（4）单击“操作”栏中的“生成”按钮，生成刀轨，如图10-38所示。单击“确定”按钮，关闭对话框。

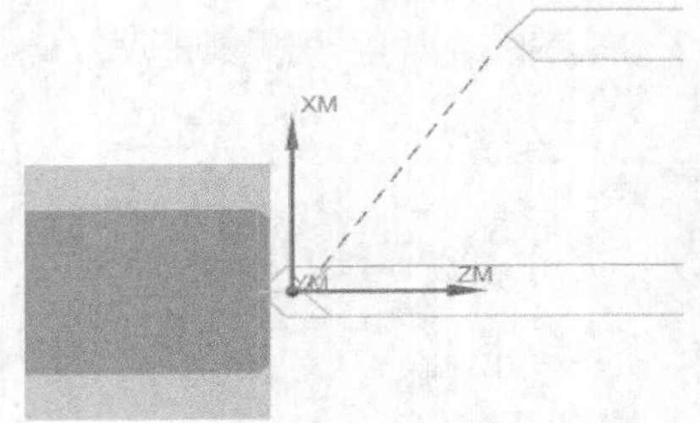

图10-38　中心线定心钻刀轨

10.3.3　外径粗加工

（1）单击“主页”选项卡“刀片”面板中“创建工序”按钮，弹出“创建工序”对话框，在“类型”下拉列表框中选择“Turning_Exp”，在“工序子类型”栏中选择“外径粗车”，在“位置”栏中设置“几何体”为“CONTAINMENT”，“刀具”为“OD_80_L”，“方法”为“LATHE_ROUGH”，其他采用默认设置，如图10-39所示，单击“确定”按钮，关闭当前对话框。

（2）弹出图10-40所示“外径粗车”对话框，在“刀轨设置”栏中“与*XC*的夹角”设置为180，“方向”为“前进”，“切削深度”选择“变量平均值”，“最大值”为1mm，“最小值”为0mm，“变换模式”为“省略”，“清理”选择“全部”，如图10-41所示。

图10-39　“创建工序”对话框

图10-40　“外径粗车”对话框

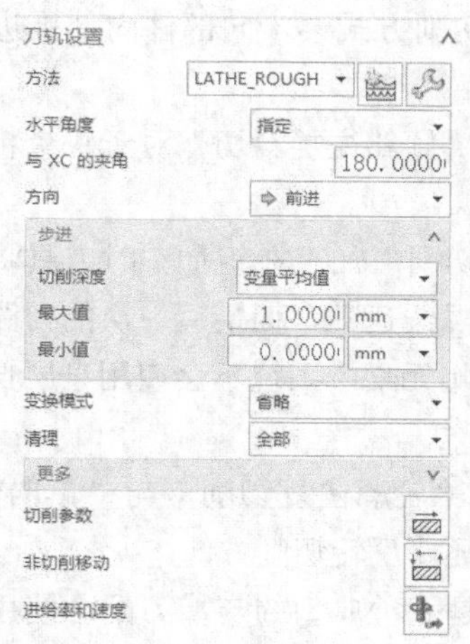

图10-41 “刀轨设置”栏

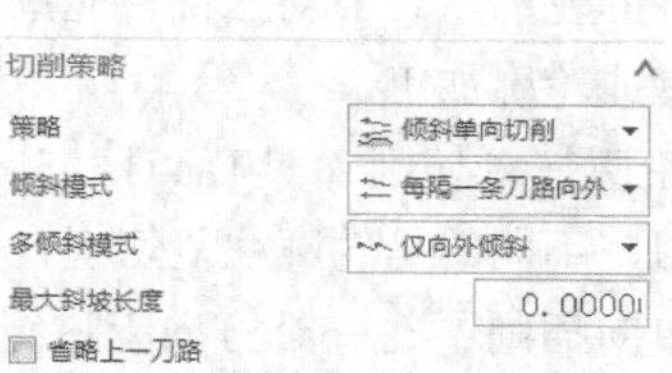

图10-42 “倾斜模式”选项

“切削策略”栏中的选项说明。

- 单向线性切削：当要对切削区间应用直层切削进行粗加工时，选择“单向线性切削”。各层切削方向相同，均平行于前一个切削层。
- 线性往复切削：选择“线性往复切削”以变换各粗加工切削的方向。这是一种有效的切削策略，可以迅速去除大量材料，并对材料进行不间断切削。
- 倾斜单向切削：是具有备选方向的直层切削。倾斜单向切削可使一个切削方向上的每个切削或每个备选切削、从刀路起点到刀路终点的切削深度有所不同。这会沿刀片边界连续移动刀片切削边界上的临界应力点（热点）位置，从而分散应力和热，延长刀片的寿命。选择此选项，激活“倾斜模式”，如图10-42所示。
  - 每隔一条刀路向外：刀具一开始切削的深度最深，之后切削深度逐渐减小，形成向外倾斜的刀轨。下一切削将与层角中设置的方向一致，从而可去除上一切削所剩的倾斜余料。选择此选项，激活“多倾斜模式”。
    - 仅向外倾斜：刀具一开始切削的深度最深，然后切削深度逐渐减小直至到达最小深度，随后返回插削材料，直至到达切削最大深度，重复执行此过程直至切削完整个切削区域。
    - 向外/内倾斜：刀具一开始切削的深度最深，然后切削深度逐渐减小直至到达最小深度，从这一点刀具开始另一倾斜切削，随后返回插削材料，直到切削最大深度。
  - 每隔一条刀路向内：刀具从曲面开始切削，然后采用倾斜切削方式逐步向部件内部推进，形成向内倾斜刀轨。下一切削将与层角中设置的方向一致，从而可去除上一切削所剩的倾斜余料。
    - 仅向内倾斜：刀具从最小深度开始切削，之后切削深度逐渐增大，直至到达最大深度，之后刀具返回至切削最小深度，并对材料进行重复斜向切削。
    - 向外/内倾斜：刀具从最小深度开始切削，并斜向切入材料直至到达最深处，接着刀具从此处向外倾斜，直至到达最小切削深度。
  - 先向外：刀具一开始切削的深度最深，之后切削深度逐渐减小。下一切削将从曲面开始切削，之后采用第二倾斜切削方式逐步向部件内部推进。

➢ 先向内：刀具从曲面开始切削，之后采用倾斜切削方式逐步向部件内部推进。下一切削一开始切削的深度最深，之后切削深度逐渐减小。

■ 倾斜往复切削：在备选方向上进行上斜/下斜切削。“倾斜往复斜切”对于每个粗切削均交替切削方向，减少了加工时间。

■ 单向轮廓切削：用于轮廓平行粗加工。“轮廓单向切削”加工在粗加工时刀具将逐渐逼近部件的轮廓，刀具每次均沿着一组等距曲线中的一条曲线运动，而最后一次的刀路曲线将与部件的轮廓重合。对于部件轮廓开始处或终止处的陡峭元素，系统不会使用直层切削来进行处理或轮廓加工。

■ 轮廓往复切削：具有交替方向的轮廓平行粗加工。“轮廓往复切削”与“单向轮廓切削”类似，不同的是轮廓往复切削在每次粗加工刀路之后还要反转切削方向。

■ 单向插削：在一个方向上进行插削。“单向插削”是一种典型的与槽刀配合使用的粗加工策略。

■ 往复插削：在交替方向上重复插削指定的层。“往复插削”并不直接插削到槽底部，而是使刀具插削到指定的切削深度（层深度），然后进行一系列的插削以移除处于此深度的所有材料，之后再次插削到切削深度，并移除处于该层的所有材料。以往复方式反复执行以上一系列切削，直至达到槽底部。

■ 交替插削：具有交替步距方向的插削。执行“交替插削”时将后续插削应用到与上一个插削的相对一侧。

■ 交替插削（余留塔台）：插削时在剩余材料上留下“塔状物”的插削运动。“交替插削（余留塔台）”通过偏置连续插削（即第一个刀轨从槽一肩运动至另一肩之后，“塔”保留在两肩之间）在刀片两侧实现对称刀具磨平。当在反方向执行第二个刀轨时，将切除这些塔。

（3）单击“切削参数”按钮，弹出“切削参数”对话框，在“余量”选项卡“粗加工余量”栏中设置“恒定”为1,“面”为0.5,“径向”为0.5，如图10-43所示。在“轮廓类型”选项卡的“面和直径范围”栏中设置“最小面角角度”为80，“最大面角角度”为100，“最小直径角度”为350，“最大直径角度”为10。在“陡峭和水平范围”栏中设置“最小陡峭壁角度”为80,“最大陡峭壁角度”为100,“最小水平角度”为-10,“最大水平角度”为10，如图10-44所示，单击“确定”按钮。

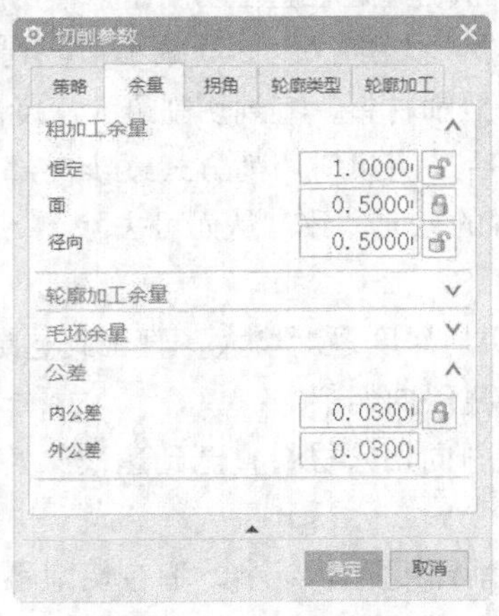

图10-43 “余量”选项卡

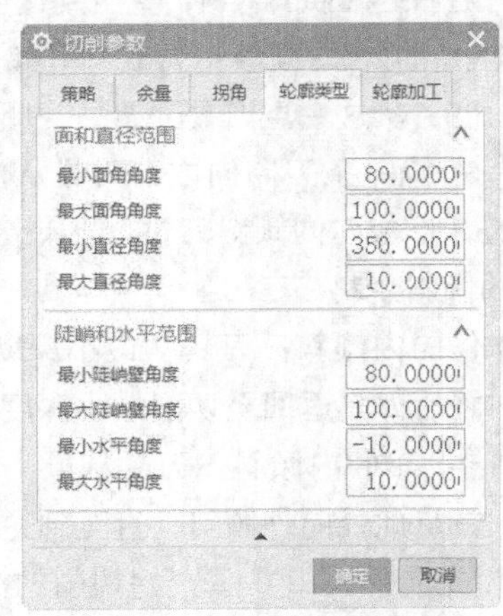

图10-44 “轮廓类型”选项卡

“切削参数”对话框中的选项说明如下。

■ 余量：余量是指完成一个工序后“过程工件”上留下的材料。

➢ 粗加工余量：指定粗切削及任何可清理刀路的余量设置。

✧ 恒定：指定一个余量值以应用于所有元素。

✧ 面：指定一个余量值以仅应用于面。

✧ 径向：指定一个余量值以仅应用于周面。

➢ 轮廓加工余量：指定轮廓切削的余量。这些选项与粗加工余量的选项相同。

➢ 毛坯余量：指定刀具与已定义的毛坯边界之间的偏置距离。这些选项与粗加工余量的选项相同。

➢ 公差：设置内公差和外公差的值。公差将应用于部件边界，并决定可接受的边界偏差量。

■ 轮廓类型：指定由面、直径、陡峭区域或层区域表示的特征轮廓情况。可定义每个类别的最小角值和最大角值，这些角度分别定义了一个圆锥，它可过滤切削矢量小于最大角且大于最小角的所有线段，并将这些线段分别划分到各自的轮廓类型中。

➢ 面角度：可用于粗加工和精加工。面角度包括“最小面角角度”和“最大面角角度”，两者都是从中心线起测量的。通过“最小面角角度”和“最大面角角度”，定义切削矢量在轴向允许的最大变化圆锥范围。

➢ 直径角度：可用于粗加工和精加工。直径角度包括“最小直径角度”和“最大直径角度”，两者都是从中心线起测量的。通过“最小直径角度”和“最大直径角度”，定义切削矢量在径向允许的最大变化圆锥范围。

➢ 陡峭壁角度和水平角度：水平和陡峭区域总是相对于粗加工操作指定的水平角度和陡峭壁角方向进行跟踪的。最小角值和最大角值从通过水平角度或陡峭壁角定义的直线起自动测量。

（4）单击“操作”栏中的“生成”按钮，生成外径粗车刀轨，如图10-45所示。

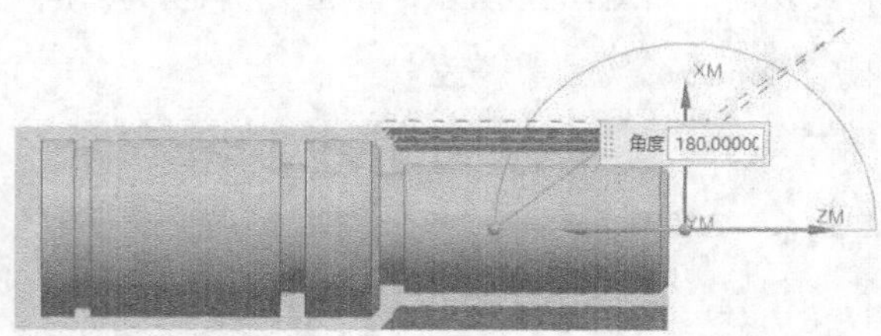

图10-45　外径粗车刀轨

10.3.4　外径开槽

（1）单击“主页”选项卡“刀片”面板中“创建工序”按钮，弹出“创建工序”对话框，在“类型”下拉列表框中选择“Turning_Exp”，在“工序子类型”栏中选择“外径开槽”，在“位置”栏中设置“几何体”为“AVOIDANCE”，“刀具”为“OD_GROOVE_L”，“方法”为“LATHE_ GROOVE”，其他采用默认设置，如图10-46所示，单击“确定”按钮，关闭当前对话框。

（2）弹出图10-47所示的“外径开槽”对话框，单击“切削区域”右侧的“编辑”按钮，弹出“切削区域”对话框，在“轴向修剪平面1”栏中设置“限制选项”为“点”，选取左侧第一个槽底座直线的左端点，在“轴向修剪平面2”栏中设置“限制选项”为“点”，选取左侧第一个槽底座直线的右端点，如图10-48所示，单击“确定”按钮，关闭当前对话框。

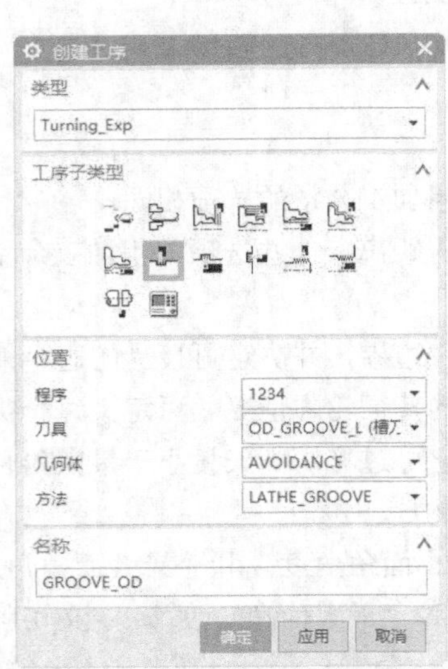

图10-46 “创建工序”对话框

图10-47 “外径开槽”对话框

（3）返回“外径开槽”对话框，单击“非切削移动”按钮，弹出“非切削移动”对话框，在“离开”选项卡的“运动到返回点/安全平面”栏中设置“运动类型”为“径向→轴向”，其他采用默认设置，如图10-49所示，单击“确定”按钮，关闭当前对话框。

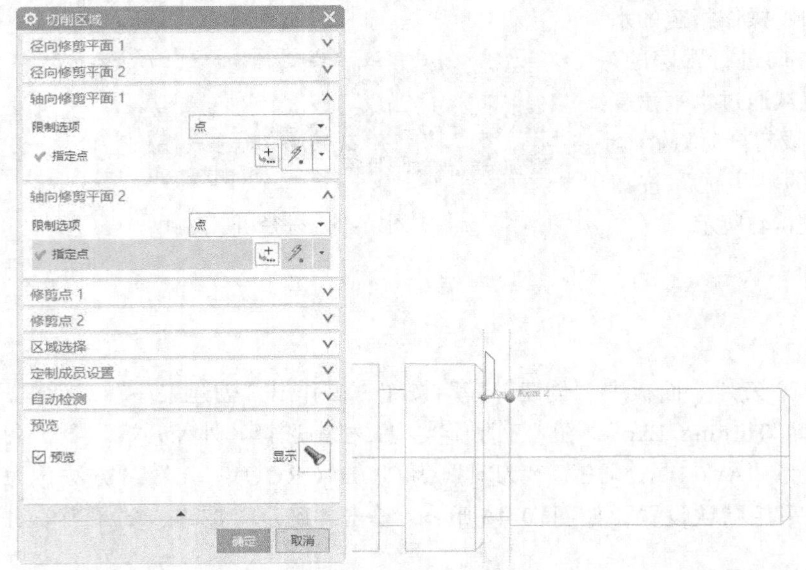

图10-48 指定切削区域

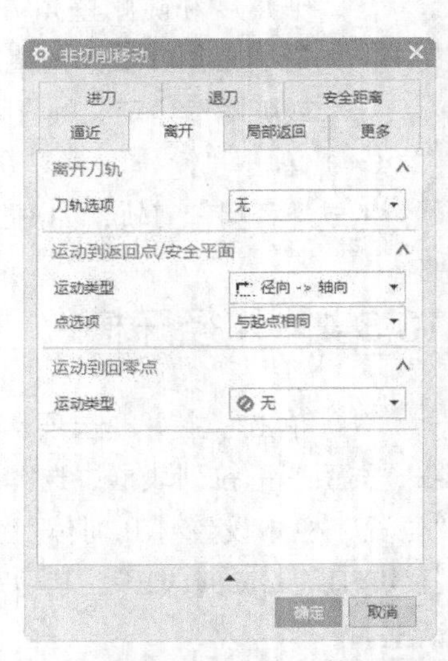

图10-49 “非切削移动”对话框

“非切削移动”对话框“离开”选项卡中的选项说明如下。

- 离开刀轨：指定移动到“返回”点或安全平面时刀具的运动类型。

➤ 点：创建离开刀轨。
➤ 与逼近相同：使用通过逼近点指定的避让刀轨。
➤ 点（仅在换刀前）：仅在前一个工序使用不同刀具的情况下创建通过离开点选项指定的离开刀轨。
➤ 与逼近相同（仅在换刀前）：仅在前一个工序使用不同刀具的情况下创建通过逼近点选项指定的离开刀轨。

■ 运动到返回点/安全平面：定义在完成离开移动之后，刀移动到的点。

运动类型与“逼近”选项卡“运动到起点”中运动类型选项大致相同，下面介绍不同项。

➤ 直接：用于指定出发点和起点之间的刀具运动。刀具直接移动到进刀起点，而不执行碰撞检查，如图10-50所示。
➤ 径向→轴向：刀具先垂直于主轴中心线进行移动，然后平行于主轴中心线移动，如图10-51所示。
➤ 轴向→径向：刀具先平行于主轴中心线进行移动，然后垂直于主轴中心线移动，如图10-52所示。

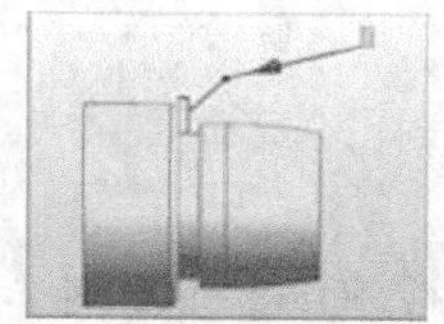
图10-50 “直接”示意

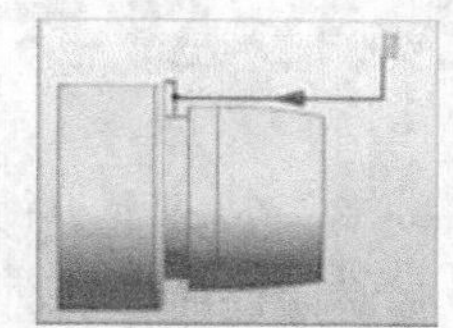
图10-51 “径向→轴向”示意

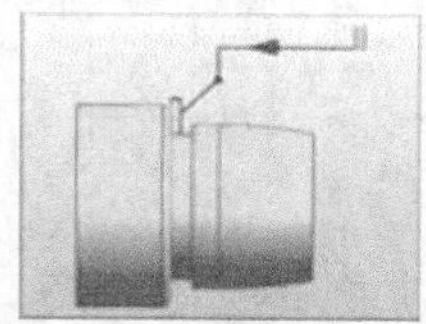
图10-52 “轴向→径向”示意

➤ 纯径向→直接：刀具沿径向移动到径向安全距离，然后直接移动到该点。首先需要指定径向平面，如图10-53所示。
➤ 纯轴向→直接：刀具沿平行于主轴中心线的轴向移动到轴向安全距离，然后直接移动到该点。首先需要指定轴向平面，如图10-54所示。
➤ 自动：刀具自动移动到进刀运动的起点，或者移到退刀运动的第一点，移动时会用IPW检查碰撞，如图10-55所示。

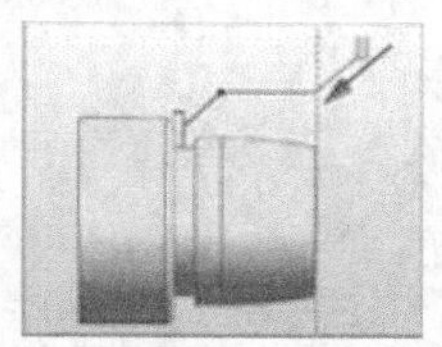
图10-53 “纯径向→直接”示意

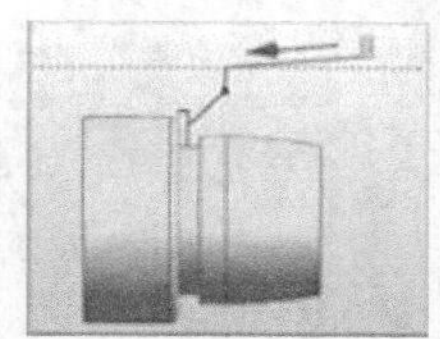
图10-54 “纯轴向→直接”示意

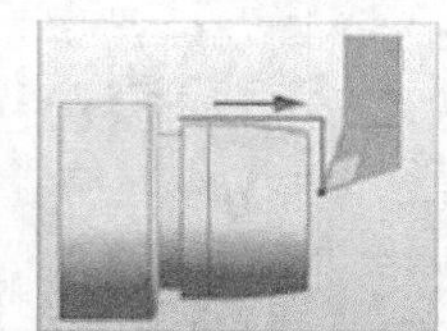
图10-55 “自动”示意

➤ 纯径向：刀具直接移动到径向安全平面，然后停止。首先需要指定径向平面，如图10-56所示。
➤ 纯轴向：刀具直接移动到轴向安全平面，然后停止。首先需要指定轴向平面，如图10-57所示。

■ 运动到回零点：运动到回零点定义最终的刀具位置。经常使用“出发点”作为这个位置。运动类型与“运动到起点”中运动类型选项相同。

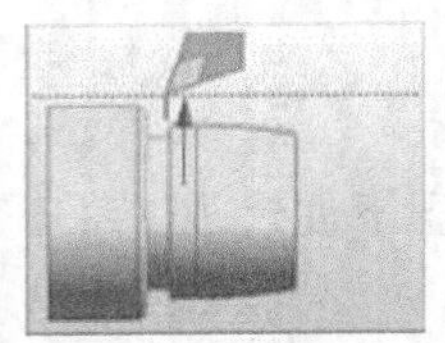

图10-56 “纯径向”示意

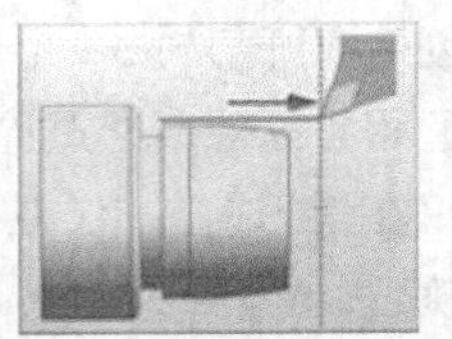

图10-57 “纯轴向”示意

（4）返回“外径开槽”对话框，单击“操作”栏中的“生成”按钮，生成外径开槽刀轨，如图10-58所示。

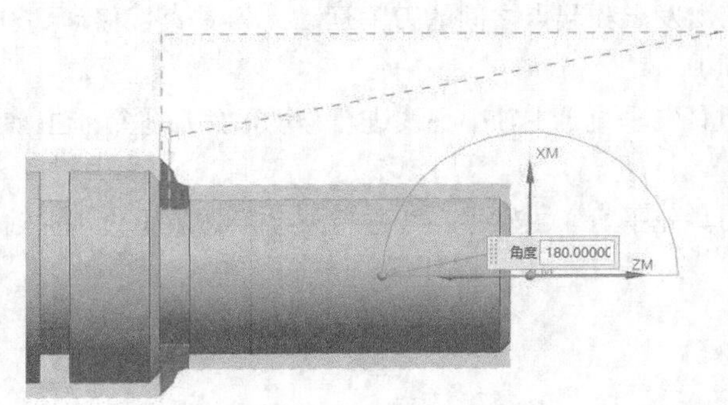

图10-58 外径开槽刀轨1

（5）重复上述步骤，在“切削区域”对话框的“轴向修剪平面1”栏中设置“限制选项”为“点”，选取左侧第2个槽底座直线的左端点，在“轴向修剪平面2”栏中设置“限制选项”为“点”，选取左侧第2个槽底座直线的右端点，如图10-59所示。在“外径开槽”对话框，单击“操作”栏中的“生成”按钮，生成外径开槽刀轨如图10-60所示。

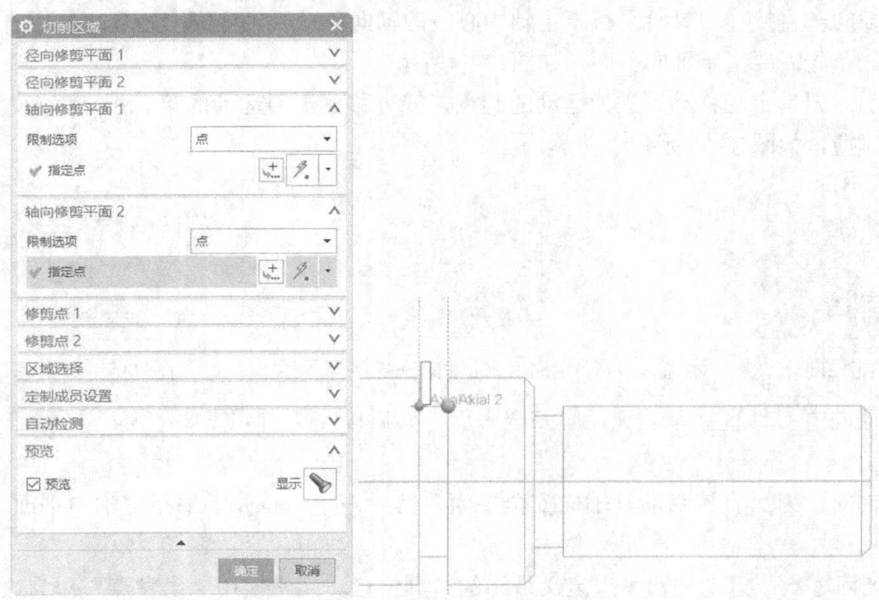

图10-59 指定切削区域1

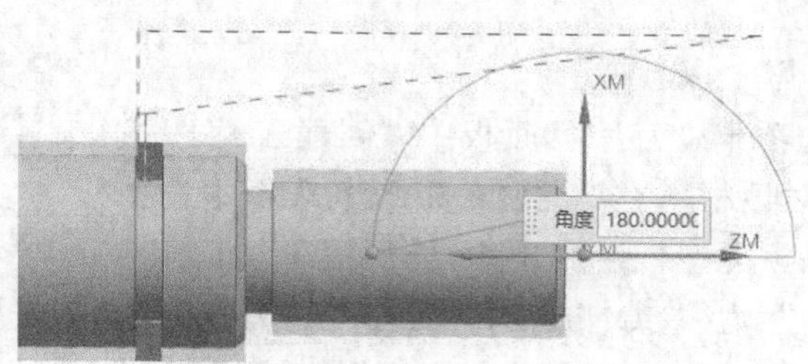

图10-60　外径开槽刀轨2

（6）重复上述步骤，在“切削区域”对话框的“轴向修剪平面1”栏中设置“限制选项”为“点”，选取左侧第3个槽底座直线的左端点，在“轴向修剪平面2”栏中设置“限制选项”为“点”，选取左侧第3个槽槽底座直线的右端点，如图10-61所示。在“外径开槽”对话框，单击“操作”栏中的“生成”按钮，生成外径开槽刀轨如图10-62所示。

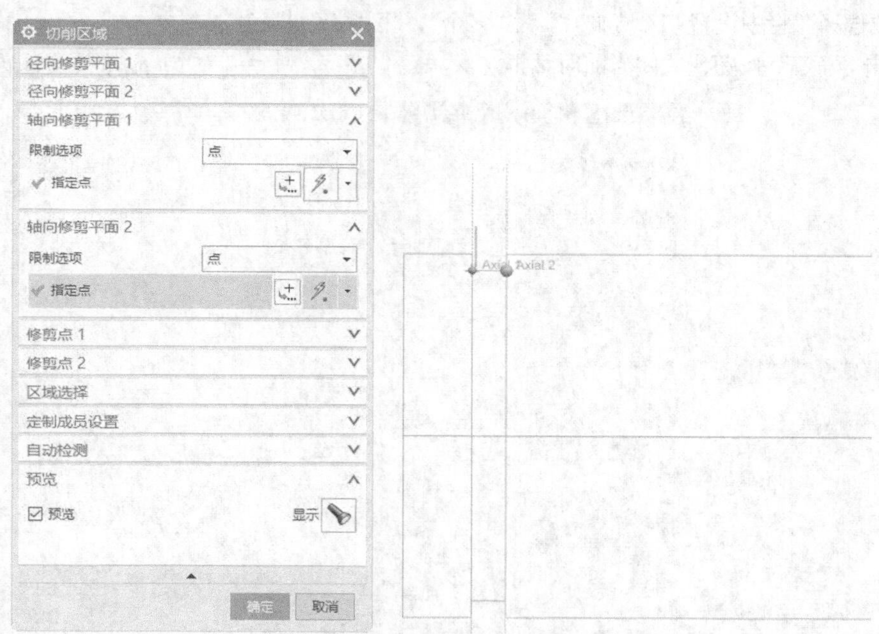

图10-61　指定切削区域2

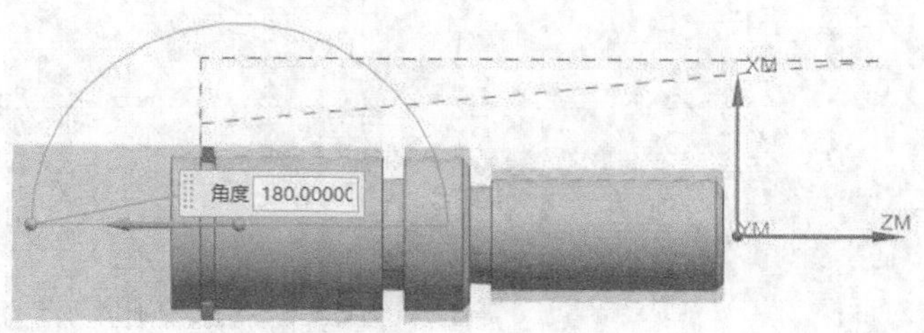

图10-62　外径开槽刀轨3

10.3.5 外径精加工

（1）单击“主页”选项卡“刀片”面板中“创建工序”按钮，弹出“创建工序”对话框，在“类型”下拉列表框中选择“Turning_Exp”，在“工序子类型”栏中选择“外径精车”，在“位置”栏中设置“几何体”为“CONTAINMENT”，“刀具”为“UGT0121_001”，“方法”为“LATHE_ FINISH”，其他采用默认设置，如图10-63所示，单击“确定”按钮，关闭当前对话框。

图10-63 “创建工序”对话框

（2）弹出图10-64所示的“外径精车”对话框，单击“切削区域”右侧的“编辑”按钮，弹出“切削区域”对话框，在“修剪点1”栏中设置“点选项”为“指定”，选取右端竖直线顶点，在“修剪点2”栏中设置“点选项”为“指定”，选取左端竖直线顶点，如图10-65所示，在“区域选择”栏中设置“区域加工”为“多个”，“区域序列”为“单向”，单击“确定”按钮，关闭当前对话框。

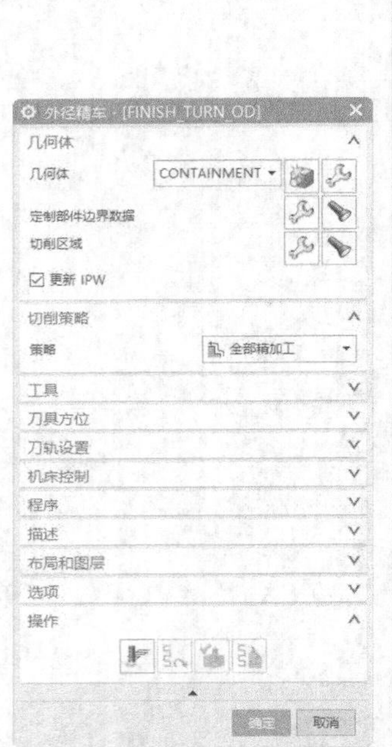

图10-64 “外径精车”对话框

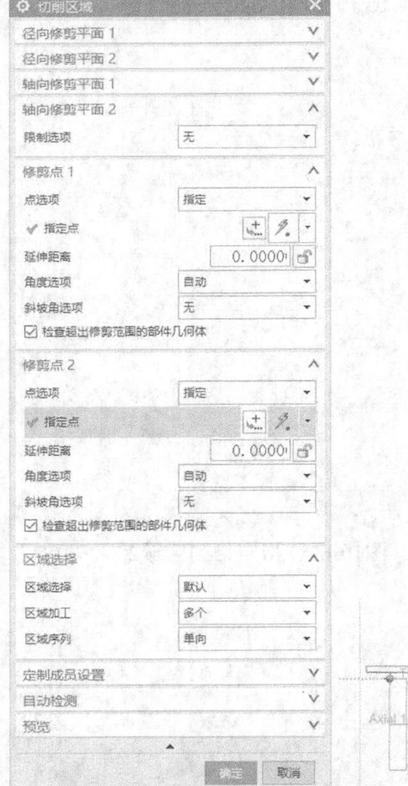

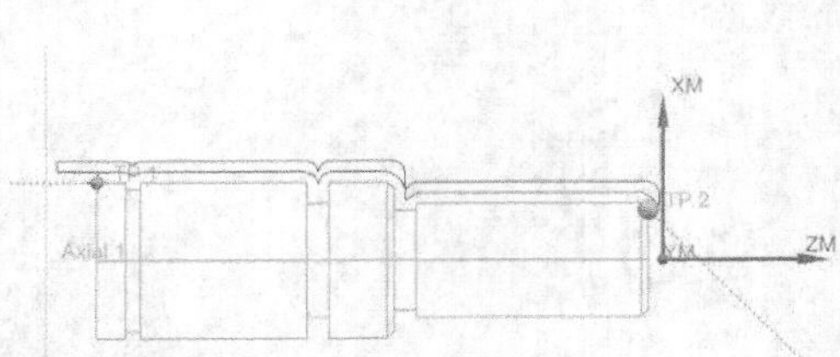

图10-65 指定切削区域3

（3）返回到“外径精车”对话框，单击“定制部件边界数据”右侧的“编辑”按钮，弹出“部件边界”对话框，在视图中分别选取3个槽的3条边，在“成员”栏的“定制成员数据”中勾选

“忽略成员”复选框，如图10-66所示，单击“确定”按钮，关闭当前对话框。

图10-66　指定部件边界

（4）返回到“外径精车”对话框，在“刀轨设置”栏中设置“多刀路”为“刀路数”，“刀路数”为2，其他采用默认设置，如图10-67所示。

（5）单击“操作”栏中的“生成”按钮，生成外径精车刀轨，如图10-68所示。

图10-67　“刀轨设置”栏

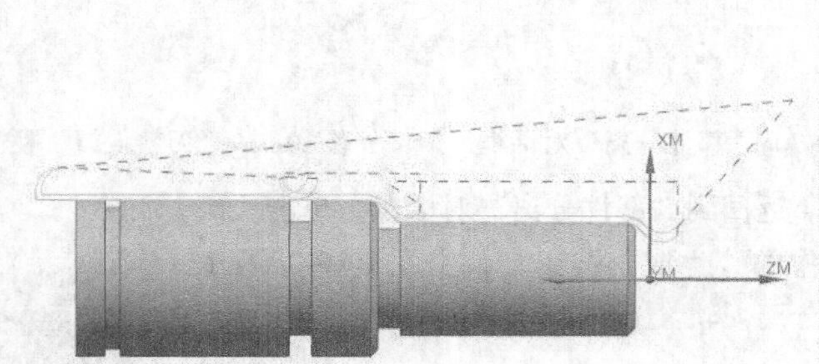

图10-68　外径精车刀轨

10.3.6 部件分离

（1）单击“主页”选项卡“刀片”面板中“创建工序”按钮，弹出“创建工序”对话框，在“类型”下拉列表框中选择“Turning_Exp”，在“工序子类型”栏中选择“部件分离”，在“位置”栏中设置“几何体”为“AVOIDANCE”，“刀具”为“UGT0114_001”，“方法”为“LATHE_FINISH”，其他采用默认设置，如图10-69所示，单击“确定”按钮，关闭当前对话框。

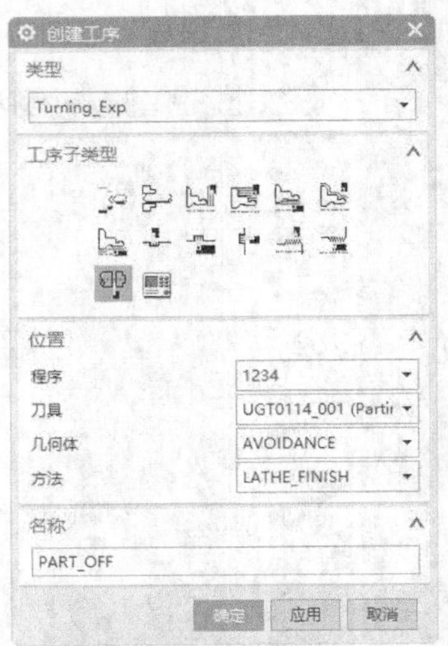

图10-69 “创建工序”对话框

（2）弹出图10-70所示的“部件分离”对话框，在“刀轨设置”栏中设置“部件分离位置”为“自动”，“延伸距离”为0，如图10-71所示。

（3）单击“进给率和速度”按钮，弹出“进给率和速度”对话框，在“部件分离进给率”栏中输入“减速”为“20%切削”，“长度”为10%，如图10-72所示，单击“确定”按钮，关闭当前对话框。

图10-70 “部件分离”对话框

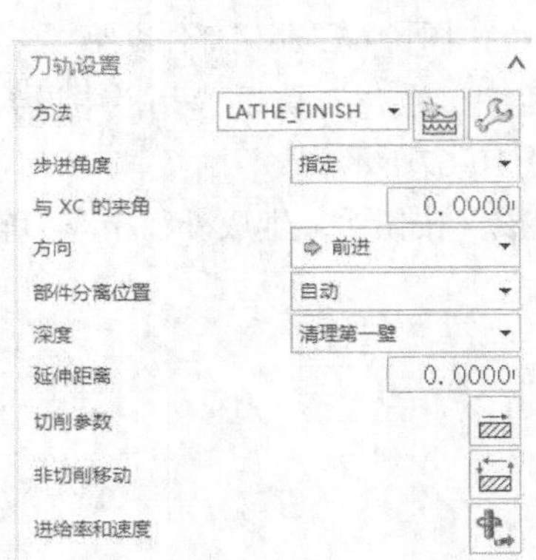

图10-71 “刀轨设置”栏

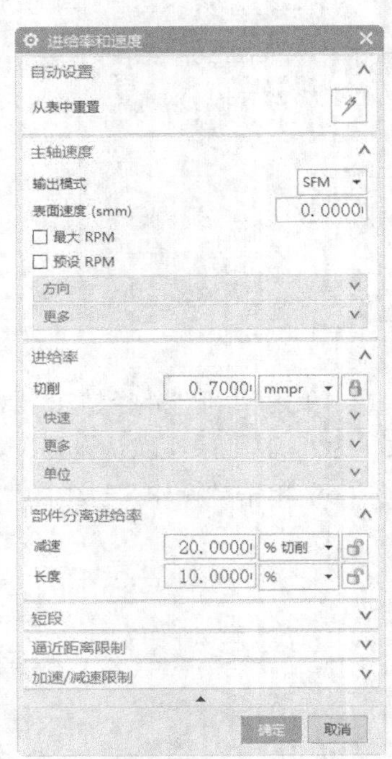

图10-72 “进给率和速度”对话框

（4）返回到“部件分离”对话框，单击“操作”栏中的“生成”按钮，生成图10-73所示的部件分离刀轨。

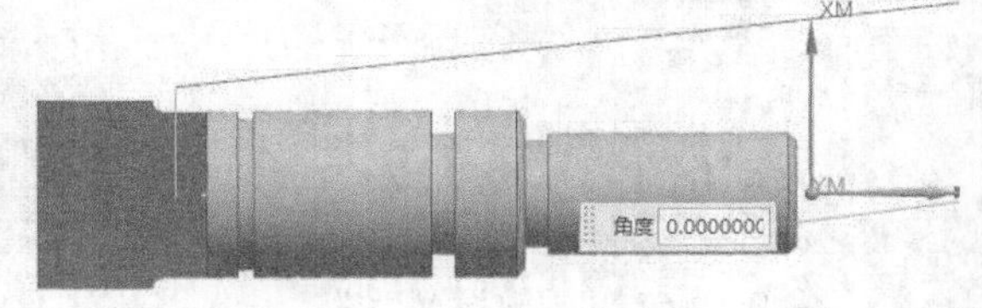

图10-73 部件分离刀轨

10.4 刀轨演示

（1）在上边框条中单击“程序顺序视图”图标，显示“工序导航器-程序顺序”操作菜单，选取程序“1234”，单击“主页”选项卡“工序”面板中的“确认刀轨”按钮，或单击鼠标右键，在打开的快捷菜单中选择“刀轨”→“确认”选项，如图10-74所示。

（2）打开图10-75所示的“刀轨可视化”对话框，在“3D动态”选项卡中调整动画速度，然后单击“播放”按钮，进行3D加工模拟，如图10-76所示。

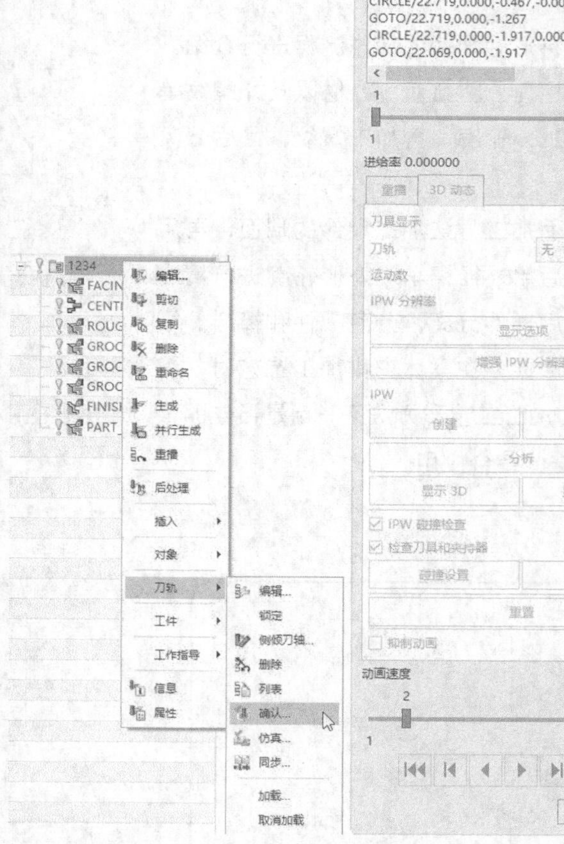

图10-74　快捷菜单　　图10-75　“刀轨可视化”对话框

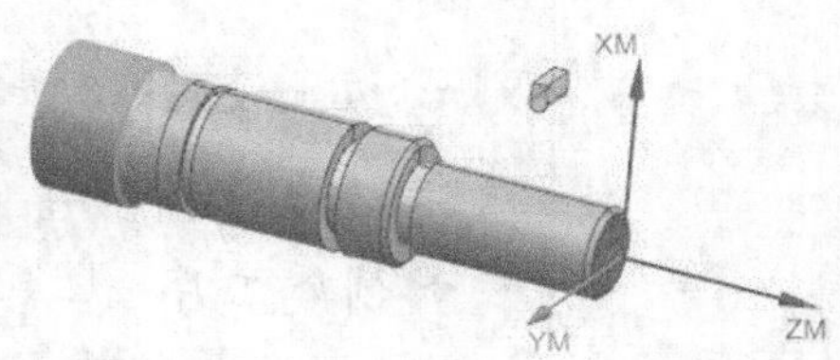

图10-76　3D模拟加工

第 11 章

螺纹特形轴车削加工

本章对棒料进行车削加工得到螺纹特形轴零件的操作流程进行介绍，从待加工零件的外形看，其主要由外圆柱面、圆弧面、凹槽以及外螺纹等组成。结合零件的外形，加工时可先加工外轮廓，再加工螺纹，最后分离部件。

根据待加工零件的结构特点，先用面加工方法加工零件的端面，再用外径粗车粗加工出零件的外形轮廓，然后用外径精车对外形轮廓进行精加工，用螺纹车削加工零件的外螺纹，最后部件分离，分离零件和棒料。零件同一特征可以使用不同的加工方法，因此，在具体安排加工工艺时，读者可以根据实际情况来确定。本章安排的加工工艺和方法不一定是最佳的，其目的只是让读者了解各种车削加工方法的综合应用。

学习要点

- 初始设置
- 创建刀具
- 创建工序
- 刀轨演示

11.1 初始设置

选择“文件”→“打开”命令，弹出“打开”对话框，选择“luowenzhou.prt”，单击“打开”按钮，打开图11-1所示的待加工部件。

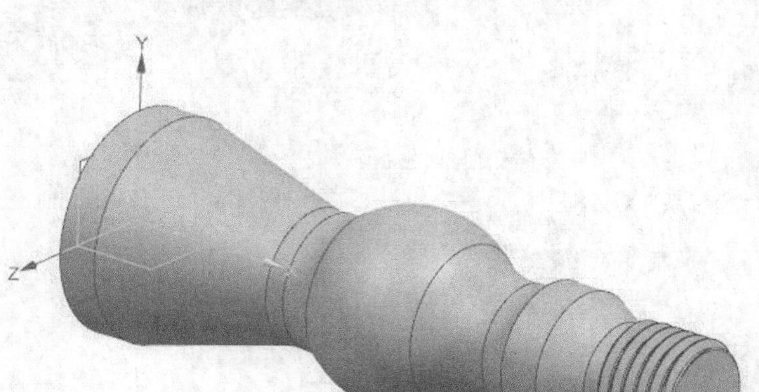

图11-1　待加工部件

11.1.1　创建几何体

（1）单击“应用模块”选项卡“加工”面板中的“加工”按钮，弹出图11-2所示的“加工环境”对话框，在CAM会话配置列表框中选择“cam_general”，在要创建的CAM组装列表选择“turning”，单击“确定”按钮，进入加工环境。

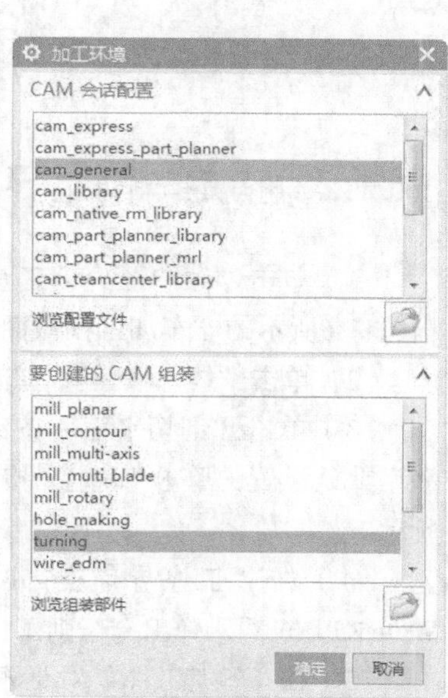

图11-2 “加工环境”对话框

（2）在上边框中单击“几何视图”按钮，将“导航器”转换到“工序导航器-几何”状态，在“工序导航器-几何”操作菜单中双击“MCS_SPINDLE”按钮。

（3）弹出“MCS主轴”对话框，单击“坐标系”按钮，弹出图11-3所示“坐标系”对话框，将坐标绕*YC*轴旋转90°单击“确定”按钮，返回到“MCS主轴”对话框，指定平面为*ZM-XM*，输入动态坐标为（170，0，0）按回车键确认，如图11-4所示，单击“确定”按钮。

（4）在“工序导航器-几何”操作菜单中双击“WORKPIECE”，弹出“工件”对话框，单击“选择或编辑部件几何体”按钮，弹出“部件几何体”对话框，选择实体为几何体，如图11-5所示，单击“确定”按钮。

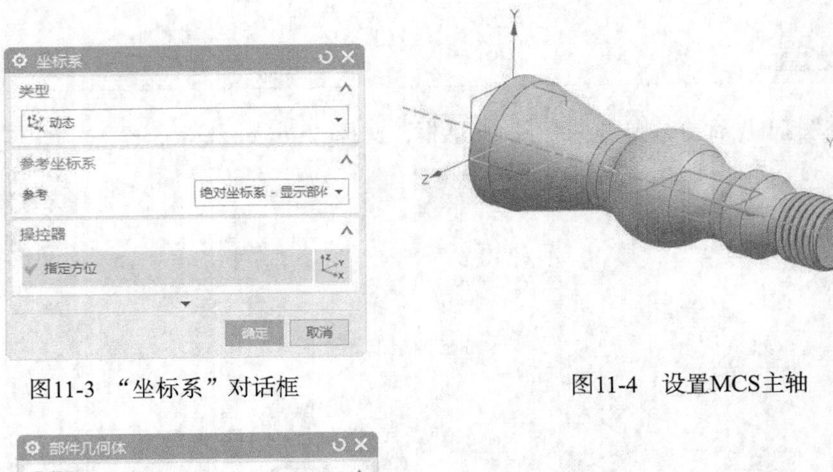

图11-3 “坐标系”对话框　　图11-4 设置MCS主轴

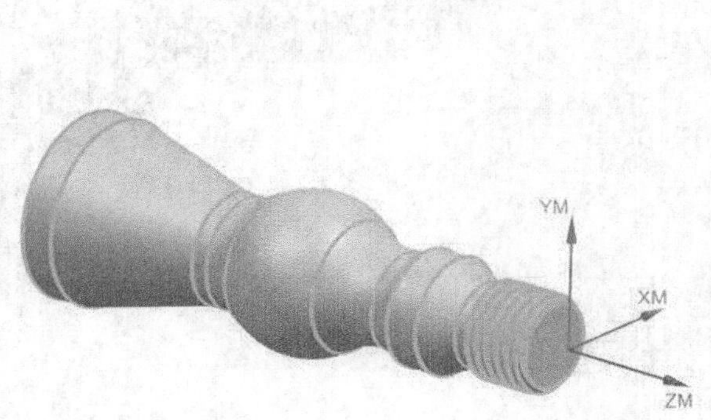

图11-5 选取部件几何体

11.1.2 指定车削边界

（1）单击“菜单”→“工具”→“车加工横截面”命令，弹出图11-6所示的“车加工横截面”对话框。

（2）单击“体”按钮，选取待加工部件。

（3）单击“剖切平面”按钮和“简单截面”按钮，其他采用默认设置，单击“确定”按钮，生成车加工横截面，如图11-7所示。

（4）在“工序导航器-几何”菜单中双击“TURNING_WORKPIECE”，弹出“车削工件”对话框，进行车削边界设置。

（5）在“车削工件”对话框中单击“指定毛坯边界”按钮，弹出“毛坯边界”对话框，选择“棒材”类型，“安装位置”选择“远离主轴箱”，单击“点对话框”按钮，弹出“点”对话框，设置“参考”为“WCS”，输入坐标点为（0，0，0），如图11-8所示，

图11-6 “车加工横截面”对话框

单击“确定”按钮，关闭对话框。

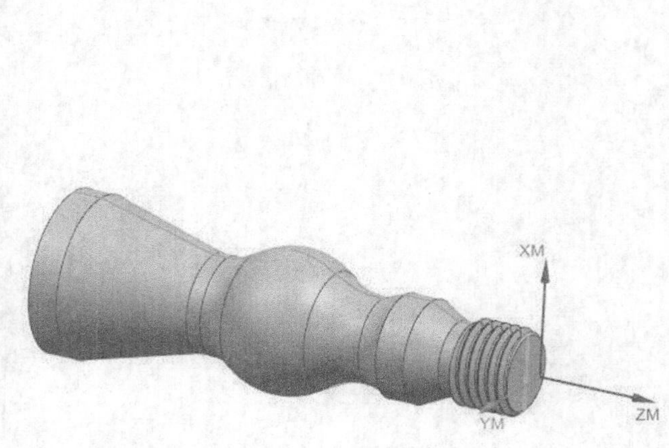

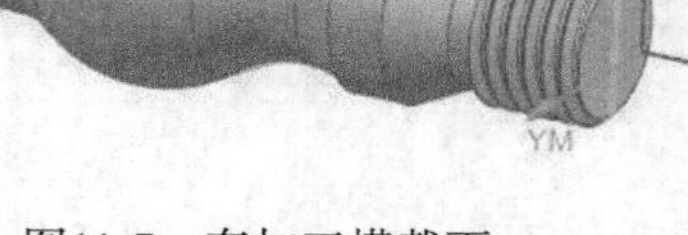

图11-7　车加工横截面

图11-8　“点”对话框

（6）返回“毛坯边界”对话框，输入“长度”为200，“直径”为60，指定的毛坯边界如图11-9所示。单击“确定”按钮，完成毛坯几何体的定义。

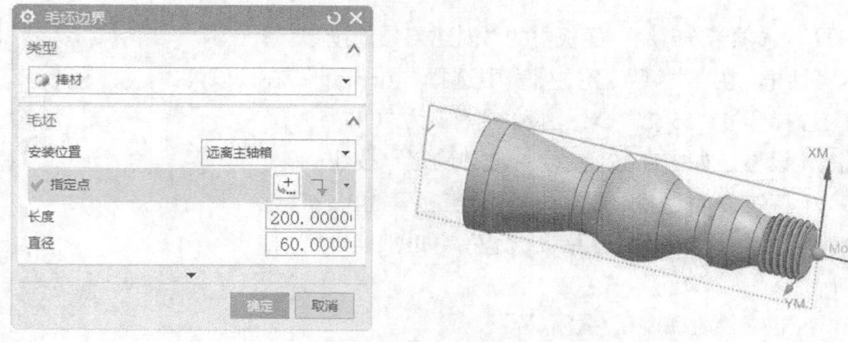

图11-9　指定的毛坯边界

11.2 创建刀具

11.2.1　创建定心钻刀

（1）单击“主页”选项卡“刀片”面板中的“创建刀具”按钮，弹出“创建刀具”对话框，在“类型”下拉列表中选择“turning”，在“刀具子类型”栏中选择“SPOTDRILL”，其他采用默认设置，如图11-10所示，单击“确定”按钮，关闭当前对话框。

（2）弹出“钻刀”对话框，更改“直径”为10，其他采用默认设置，如图11-11所示。

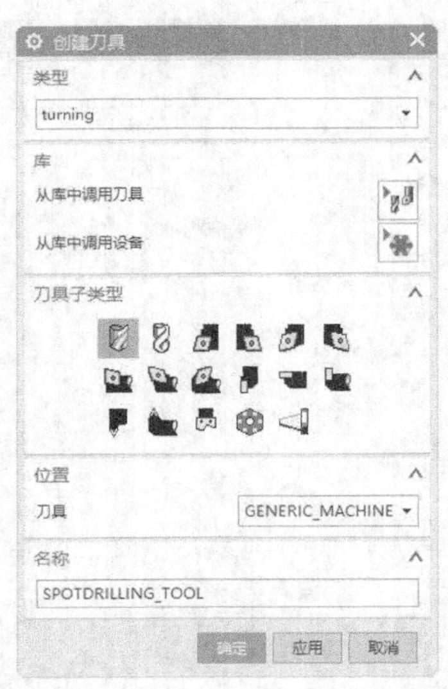

图11-10 “创建刀具”对话框

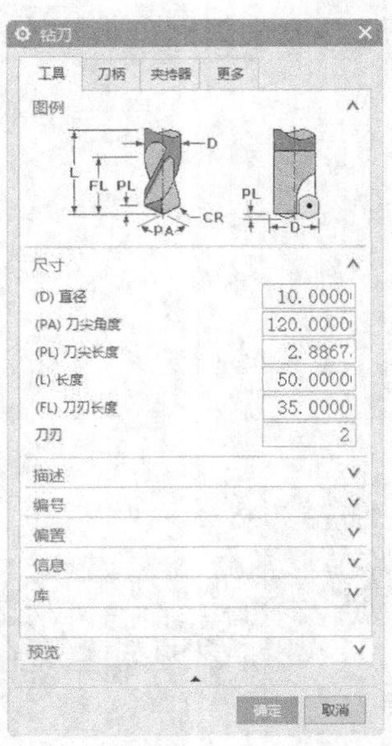

图11-11 “钻刀”对话框

11.2.2 创建面加工刀具

（1）单击“主页”选项卡“刀片”面板中的“创建刀具”按钮，弹出“创建刀具”对话框，在“类型”下拉列表中选择“turning”，在“刀具子类型”栏中选择“OD_55_L”，输入“名称”为“OD_55_L_FACE”，其他采用默认设置，如图11-12所示，单击“确定”按钮。

（2）弹出“车刀-标准”对话框，输入“刀尖半径”为0.5，“方向角度”为10，“长度”为15，其他采用默认设置，如图11-13所示，单击“确定”按钮。

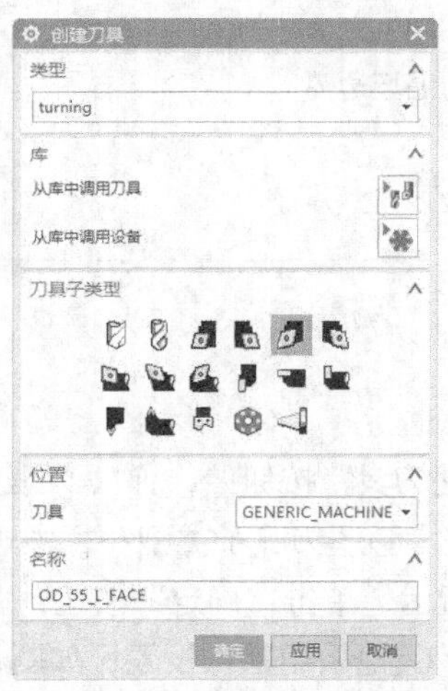

图11-12 “创建刀具”对话框

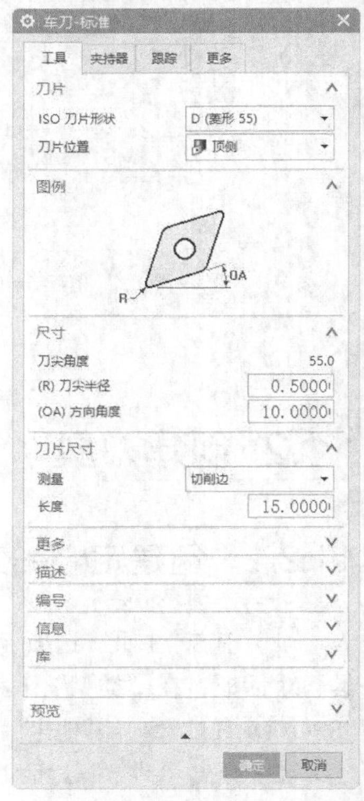

图11-13 “车刀-标准”对话框

11.2.3　创建粗车外轮廓刀具

（1）单击“主页”选项卡“刀片”面板中的“创建刀具”按钮，弹出“创建刀具”对话框，如图11-14所示，在“类型”下拉列表中选择“turning”，在“刀具子类型”栏中选择“OD_55_L”，输入“名称”为“OD_55_L_ROUGH”，其他采用默认设置，单击“确定”按钮。

（2）弹出“车刀-标准”对话框，输入“刀尖半径”为0.8，“方向角度”为8，“长度”为15，其他采用默认设置，单击“确定”按钮。

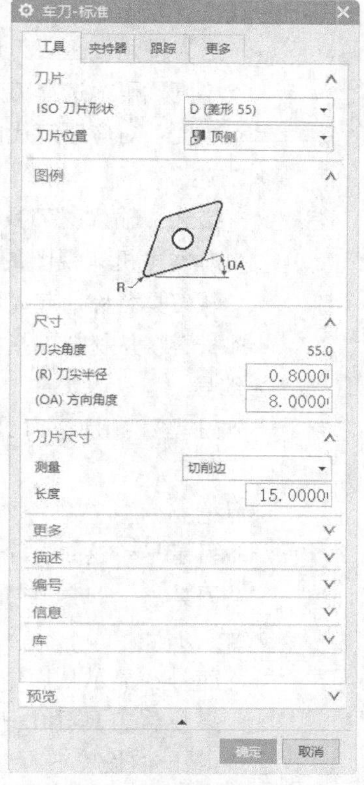

图11-14　“车刀-标准”对话框

◆ “工具”选项卡

➢ 刀片

✧ ISO刀片形状：在这里选择刀片形状。选项包括：平行四边形、菱形、六边形、矩形、八边形、五边形、圆形、正方形、三角形、三边形或用户定义形状。在“ISO 刀片形状”选项菜单中选择了刀片类别后，对话框顶部的草图将进行调整，并且编辑字段“刀尖角度”也以正确设置填充[例如，选择选项 C（菱形80）生成的刀尖角度为80°]。

✧ 刀片位置：它决定加工的主轴方向。

顶侧：当切削中心线上方时，它使主轴顺时针旋转。

底侧：当在中心线以上切削时，它使主轴逆时针转动。

➢ 图例：显示一个代表刀片的草图。此草图依选定的刀片形状而更改。

➢ 尺寸

✧ 刀尖角度：此角度定义刀片在刀尖处的形状。它是刀片的两条刀刃相交处的夹角。两条后续边之间的夹角值小于180° 表示夹角圆弧是顺时针，值大于180° 表示夹角圆弧是逆时针。

✧ 刀尖半径：定义刀尖处的圆半径。

✧ 方向角度：沿逆时针方向从正X轴测量到从外部遇到的第一条切削边。

注意

工序的层角（或层角 +/−180）不能等于刀具的方向角度。如果这两个角度相等，则在线性粗加工时系统将无法确定从哪一侧移动到材料。你可以尝试将刀具方向角度设为递增或递减（例如 359.9999）；或者尝试在相应步进角度和清理处于不活动状态时使用单向插削策略。

➢ 刀片尺寸

✧ 测量：指定确定刀片尺寸的方法。

✧ 切削边：ISO标准定义，按切削边长来测量刀片。

✧内切圆：按内切圆直径测量刀片。

✧ANSI：ANSI 标准定义，按64等分内切圆测量刀片。

➢更多

✧退刀槽角度：刀刃自切削边开始倾斜所形成的角度。

✧厚度代码：选择刀片的厚度代码。

✧厚度：对应厚度代码刀片的厚度。

➢描述

✧描述：输入对刀具的描述。在对话框，或在工序导航器中机床视图的描述列中选择刀具后，该描述会随刀具名称一起显示。

✧材料：从材料库指派或显示当前刀具材料。

➢编号

✧刀具号：是把刀具引入到转塔上切削位置的 T 编码号。

➢信息

✧目录号：这是一个用户定义的字符串，可用于标识刀具。

➢库

✧库号：显示从库中调用的刀具的库唯一标识符。如果要将刀具导出至库中，则可以输入用户定义值；或让NX设置下一个可用的用户号。

✧导出刀具部件文件：勾选此选项，将创建的刀具保存到部件文件。

✧将刀具导出至库：将刀具导出至库中。

◆ “夹持器”选项卡，如图11-15所示。

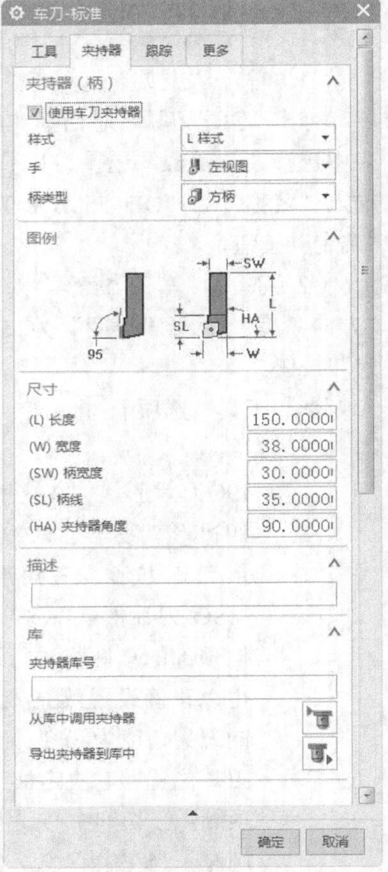

图11-15 “夹持器”选项卡

➢夹持器（柄）

✧样式：选择要使用的夹持器的样式。

✧手：选择左视图或右视图夹持器。

✧柄类型：选择方形或圆形柄类型。

➢尺寸

✧长度：包括刀刃在内的刀具长度。

✧宽度：包括刀刃在内的刀具宽度。

✧柄宽度：只是刀柄的宽度。

✧柄线：安装刀刃所在刀柄的长度。

✧夹持器角度：指定刀具夹持器相对于主轴的方位。

◆ “跟踪”选项卡，如图11-16所示。

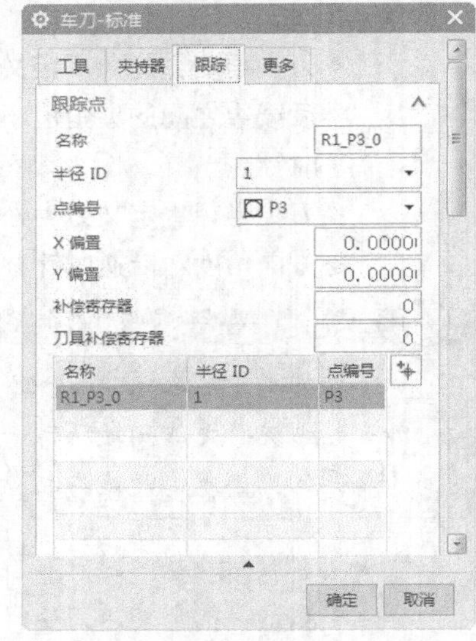

图11-16 “跟踪”选项卡

➢名称：显示当前选定跟踪点的名称。此选项只有在刀具定义对话框中创建跟踪点时才可用。

➢ 半径ID：可以选择刀片的任何有效拐角作为跟踪点的活动拐角半径。软件从R1（默认半径）开始按逆时针方向依次为拐角半径编号。

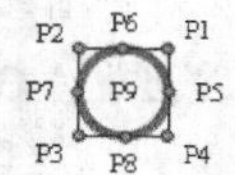

图11-17 跟踪点的位置

➢ 点编号：指定在活动拐角上放置跟踪点的位置，如图11-17所示。

➢ *X*偏置：指定*X*偏置，该偏置必须是刀具参考点和它的跟踪点间距离的*X*坐标。

➢ *Y*偏置：指定*Y*偏置，该偏置必须是刀具参考点和它的跟踪点间距离的*Y*坐标。

➢ 补偿寄存器：使用输入的值确定刀具偏置坐标在控制器内存中的位置。

➢ 刀具补偿寄存器：调整刀轨以适应刀尖半径的变化。

◆ "更多"选项卡，如图11-18所示。

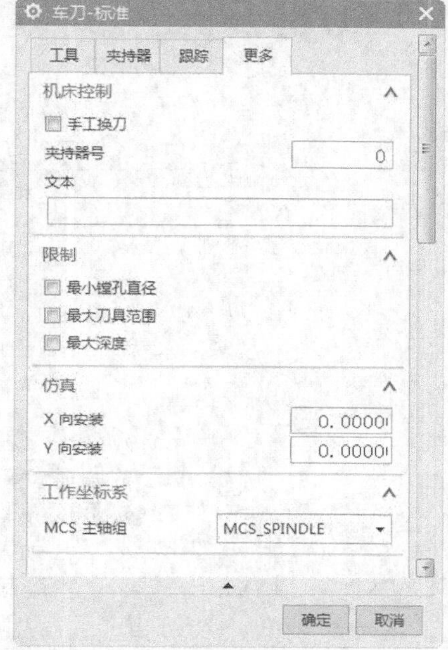

图11-18 "更多"选项卡

➢ 机床控制

✧ 手工换刀：添加一个停止动作（M00），以允许手工换刀。

✧ 夹持器号：指定为刀具分配的夹持器。

✧ 文本：指定换刀的文本。

➢ 限制

✧ 最小镗孔直径：镗杆可以安全切削，并且不会影响镗杆背面的最小直径镗孔。

✧ 最大刀具范围：刀具及其夹持器可以在部件中遍历的最大距离。具体距离取决于部件几何形状和刀具夹持器。此参数的目的在于防止刀具夹持器与部件发生碰撞。

✧ 最大深度：此参数描述刀具可达到的最大每刀切削深度。

➢ 仿真

✧ *X*向安装：是沿着机床*Z*轴从刀具跟踪点到转塔/摆头参考点的指定距离。

✧ *Y*向安装：是沿着机床*X*轴从刀具跟踪点到转塔/摆头参考点的指定距离。

➢ 工作坐标系

✧ MCS主轴组：在创建或编辑刀具时，从列表中选择相应的MCS主轴，以根据WCS方位确定主轴工作平面。

✧ 工序：工序选项可选择当前工序的MCS。刀具方向将根据情况进行调整。

11.2.4 创建槽刀

（1）单击"主页"选项卡"刀片"面板中的"创建刀具"按钮，弹出"创建刀具"对话框，在"类型"下拉列表中选择"turning"，在"刀具子类型"栏中选择"OD_GROOVE_L"，输入

“名称”为“OD_GROOVE_L”，其他采用默认设置，如图11-19所示，单击“确定”按钮。

（2）弹出图11-20所示的“槽刀-标准”对话框，输入“方向角度”为90，“刀片长度”为12，“刀片宽度”为3，“半径”为0.2，其他采用默认设置，单击“确定”按钮。

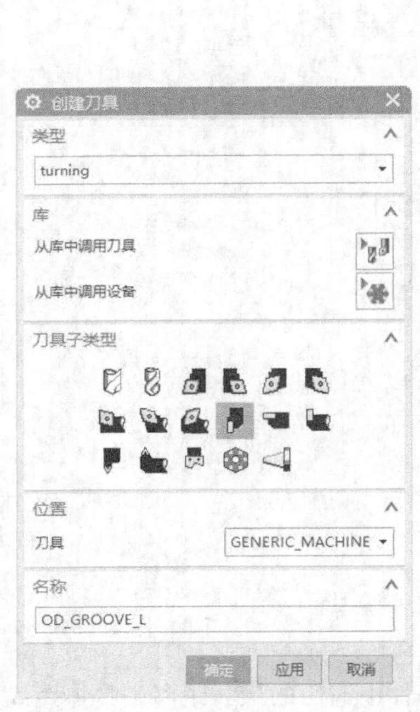

图11-19 “创建刀具”对话框

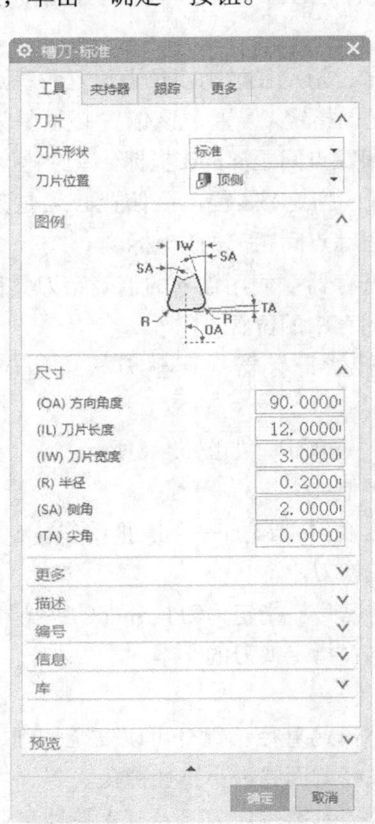

图11-20 “槽刀-标准”对话框

11.2.5 创建精车外轮廓刀具

（1）单击“主页”选项卡“刀片”面板中的“创建刀具”按钮，弹出“创建刀具”对话框，在“类型”下拉列表中选择“turning”，在“刀具子类型”栏中选择“OD_55_L”，输入“名称”为“OD_55_L_FINISH”，其他采用默认设置，单击“确定”按钮。

（2）弹出“车刀-标准”对话框，输入“刀尖半径”为1.2，“方向角度”为55，“长度”为15，其他采用默认设置，单击“确定”按钮。

11.2.6 创建螺纹刀具

（1）单击“主页”选项卡“刀片”面板中的“创建刀具”按钮，弹出“创建刀具”对话框，在“类型”下拉列表中选择“turning”，在“刀具子类型”栏中选择“OD_THREAD_L”，输入

“名称”为“OD_THREAD_L”，其他采用默认设置，如图11-21所示，单击“确定”按钮。

（2）弹出图11-22所示的“螺纹刀-标准”对话框，输入“方向角度”为90，“刀片长度”为40，“刀片宽度”为10，“左角”为30，“右角”为30，其他采用默认设置，单击“确定”按钮。

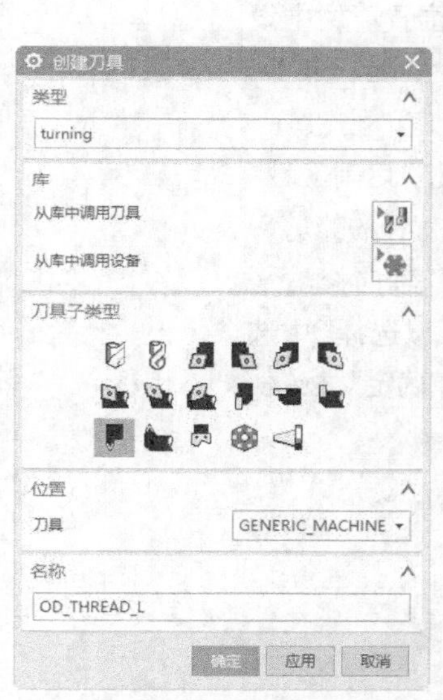

图11-21　“创建刀具”对话框

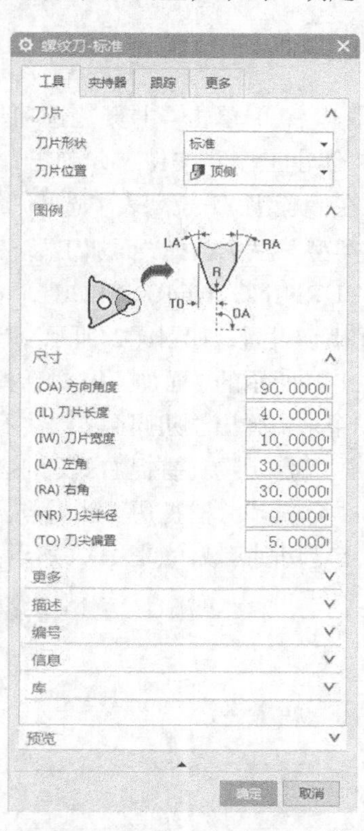

图11-22　“螺纹刀-标准”对话框

11.2.7　创建分离刀具

（1）单击“主页”选项卡“刀片”面板中的“创建刀具”按钮，弹出“创建刀具”对话框，在“库”栏单击“从库中调用刀具”按钮，弹出“库类选择”对话框，选择“车”→“分型”，单击“确定”按钮，关闭当前对话框。

（2）弹出“搜索准则”对话框，直接单击“确定”按钮。弹出“搜索结果”对话框，选择库号为“ugt0114_001”，其他采用默认设置，如图11-23所示，单击“确定”按钮，完成刀具的调用，然后在“创建刀具”对话框中单击“取消”按钮，关闭对话框。

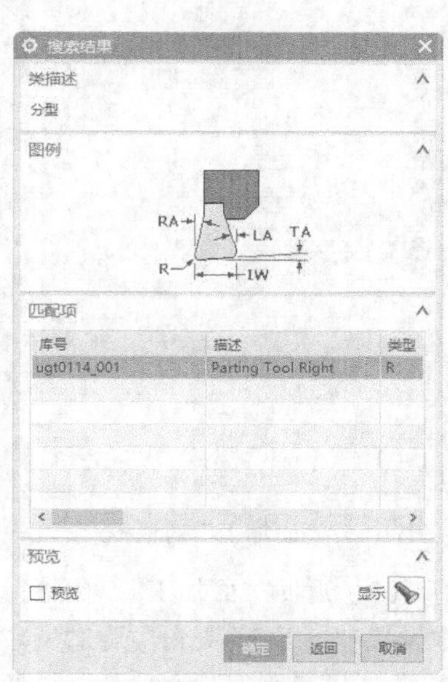

图11-23　“搜索结果”对话框

11.3 创建工序

11.3.1 面加工

（1）单击“主页”选项卡“刀片”面板中的“创建工序”按钮，弹出“创建工序”对话框，在“类型”下拉列表中选择“turning”，在“工序子类型”栏中选择“面加工”，在“位置”栏中设置“几何体”为“TURNING_WORKPIECE”，“刀具”为“OD_55_L_FACE”，其他采用默认设置，如图11-24所示，单击“确定”按钮。

图11-24 “创建工序”对话框

（2）弹出图11-25所示的“面加工”对话框，单击“切削区域”右边的“编辑”按钮，弹出“切削区域”对话框，在“径向修剪平面2”中“限制选项”为“点”，捕捉右侧圆心点；在“轴向修剪平面1”中“限制选项”为“点”，捕捉边界线端点，在“区域选择”中选择“指定”选项，指定切削区域，如图11-26所示，单击“确定”按钮。

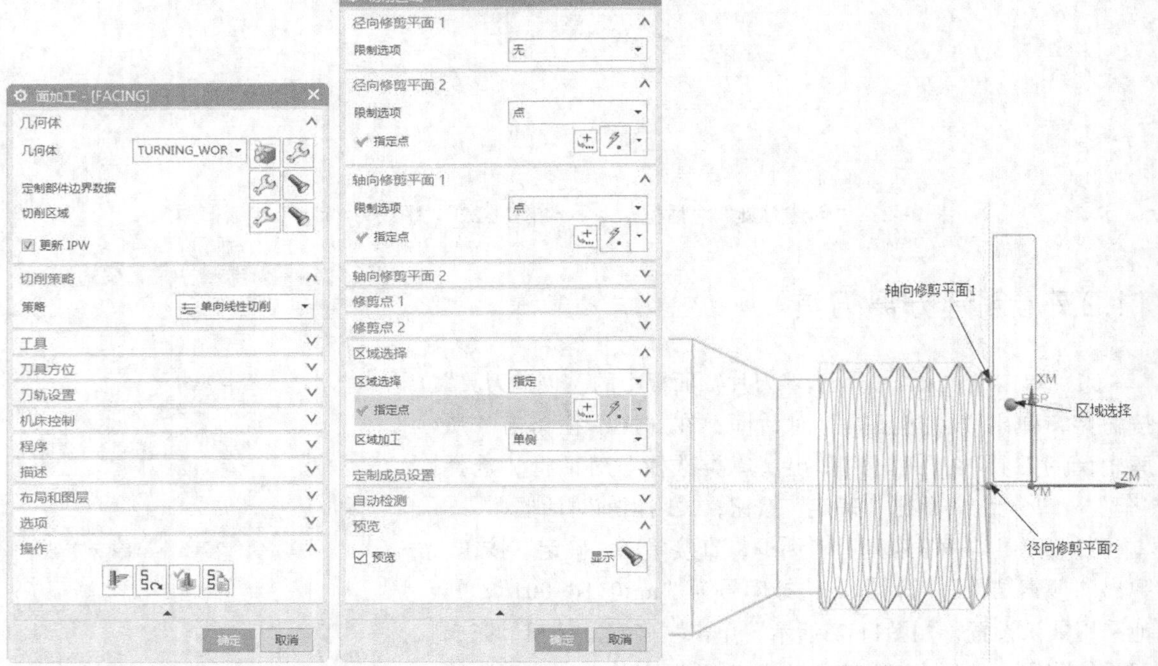

图11-25 “面加工”对话框

图11-26 指定切削区域

（3）返回“面加工”对话框，在“切削策略”栏中选择“单向线性切削”，在“刀轨设置”栏中设置“与*XC*的夹角”为270，“方向”为“前进”，“切削深度”选择“变量平均值”，“最大值”为2mm，“最小值”为0mm，如图11-27所示。

（4）单击“切削参数”按钮，弹出图11-28所示的“切削参数”对话框，在“轮廓类型”选项卡的“面和直径范围”栏中设置“最小面角角度”为80，“最大面角角度”为100，“最小直径角度”为350，“最大直径角度”为10。在“陡峭和水平范围”栏中设置“最小陡峭壁角度”为80，“最大陡峭壁角度”为100，“最小水平角度”为-10，“最大水平角度”为10，如图11-28所示，单击“确定”按钮，返回“面加工”对话框。

（5）单击“非切削移动”按钮，弹出“非切削移动”对话框。

① 在“进刀”选项卡的“轮廓加工”栏中设置“进刀类型”为“圆弧-自动”，“自动进刀选项”为“自动”，“延伸距离”为2，在“毛坯”栏中设置“进刀类型”为“线性”，“角度”为270，“长度”为5，“安全距离”为3。在“安全”栏中设置“进刀类型”为“线性-自动”，“自动进刀选项”为“自动”，“延伸距离”为0，如图11-29所示。

图11-27　设置参数　　图11-28　“切削参数”对话框　　图11-29　“进刀”选项卡

② 在“退刀”选项卡的“轮廓加工”栏中“退刀类型”为“圆弧-自动”，“自动退刀选项”为“自动”，“延伸距离”为2。在“毛坯”栏中的“退刀类型”为“线性”，“角度”为0，“长度”为4，“延伸距离”为0，如图11-30所示。

“非切削移动”对话框“进刀/退刀”选项卡中的选项说明。

- 圆弧-自动：可使刀具以圆周运动的方式逼近/离开部件，刀具可以平滑地移动，中途无停止运动，此方法包括两个选项。
  - 自动：系统自动生成的角度为90°，半径为刀具切削半径的2倍。

➢ 用户定义：需要在“非切削移动”对话框中输入角度和半径。

- 线性-自动：可使刀具沿着第一刀切削的方向逼近/离开部件。运动长度与刀尖半径相等。
- 线性-增量：选择此类型，将激活“*XC*增量”和“*YC*增量”，使用*XC*和*YC*值会影响刀具逼近或离开部件的方向，输入的值表示移动的距离。
- 线性：用“角度”和“长度”值决定刀具逼近或离开部件的方向。“角度”和“长度”值总是与 WCS 相关，系统从进刀或退刀移动的起点处开始计算这一角度。
- 点：可任意选定一个点，刀具沿此点直接进入部件，或在离开部件时经过此点。
- 线性-相对于切削：使用“角度”和“长度”值会影响刀具逼近和离开部件的方向，其中角度是相对于相邻运动的角度。

③ 在“逼近”选项卡的“运动到起点”栏中“运动类型”选择“直接”，“点选项”选择“点”，单击“点对话框”按钮，弹出“点”对话框，设置参考为“绝对坐标系-工作部件”，输入坐标为（200，0，−50），如图11-31所示，单击“确定”按钮，返回“非切削移动”对话框，如图11-32所示。

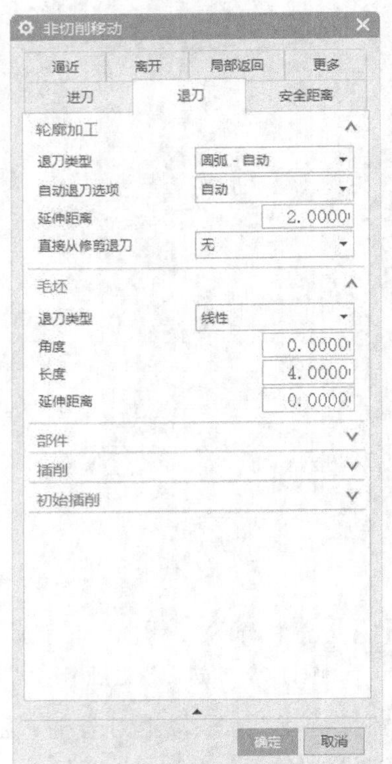

图11-30 “退刀”选项卡

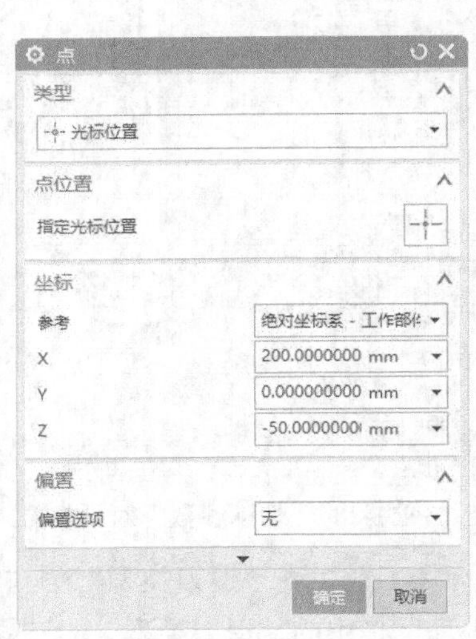

图11-31 “点”对话框

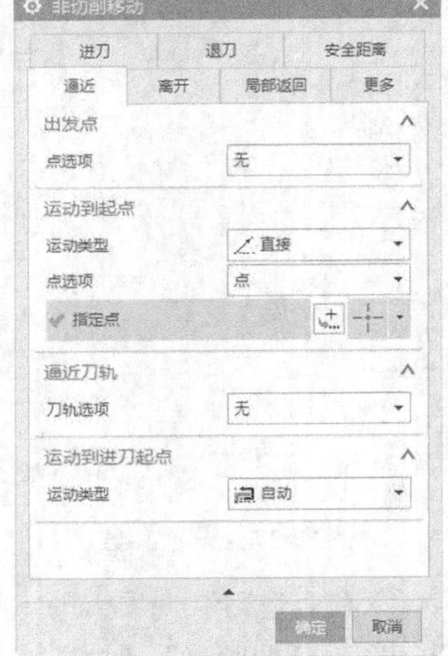

图11-32 “逼近”选项卡

④ 在“离开”选项卡的“运动到返回点/安全平面”栏中设置“运动类型”选择“直接”，“点选项”选择“与起点相同”，如图11-33所示，单击“确定”按钮。

（6）返回“面加工”对话框，在“操作”栏中单击“生成”按钮，生成面加工刀轨，如图11-34所示。单击“确定”按钮，关闭对话框。

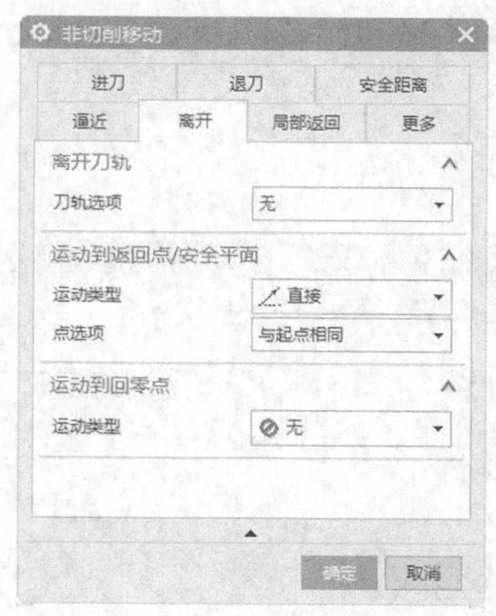

图11-33　“离开”选项卡

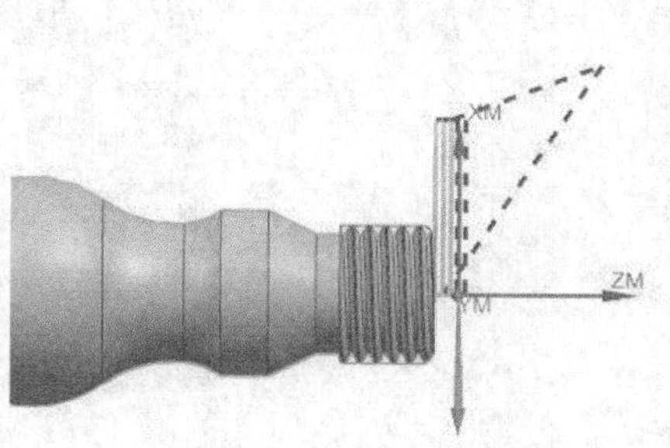

图11-34　面加工刀轨

11.3.2　定心钻

（1）单击“主页”选项卡“刀片”面板中“创建工序”按钮，弹出“创建工序”对话框，在“类型”下拉列表框中选择“Turning”，在“工序子类型”栏中选择“中心线定心钻”，在“位置”栏中设置“几何体”为“TURNING_WORKPIECE”，“刀具”为“SPOTDRILLING_TOOL”，“方法”为“LATHE_CENTERLINE”，其他采用默认设置，如图11-35所示，单击“确定”按钮，关闭当前对话框。

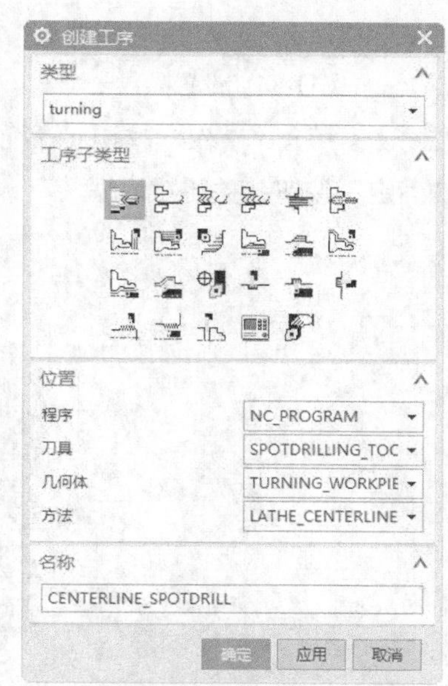

图11-35　“创建工序”对话框

（2）弹出“中心线定心钻”对话框，在“选项”栏中单击“编辑显示”按钮，弹出“显示选项”对话框，在“刀具”栏中设置“刀具显示”为“2D”，单击“确定”按钮，关闭当前对话框。

（3）返回到“中心线定心钻”对话框，在“循环类型”栏中设置“循环”为钻，“输出选项”为已仿真，“退刀”为至起始位置，在“起点和深度”栏中设置“深度选项”为距离，“距离”为2，“参考深度”为刀尖，在“刀轨设置”栏中设置“安全距离”为3，“驻留”为“时间”，“秒”为2，“钻孔位置”为“在中心线上”，如图11-36所示。

（4）单击“非切削移动”按钮，弹出“非切削移动”对话框。

① 在“逼近”选项卡的“运动到起点”栏中“运动类型”选择“直接”，“点选项”选择“点”，单击“点对话框”按钮，弹出“点”对话框，设置参考为绝对坐标系-工作部件，输入坐标为（200，0，−50），单击“确定”按钮，返回“非切削移动”对话框，如图11-37所示。

② 在“离开”选项卡的“运动到返回点/安全平面”栏中设置“运动类型”为“直接”，“点选

项”选择“与起点相同”，如图11-38所示，单击“确定”按钮。

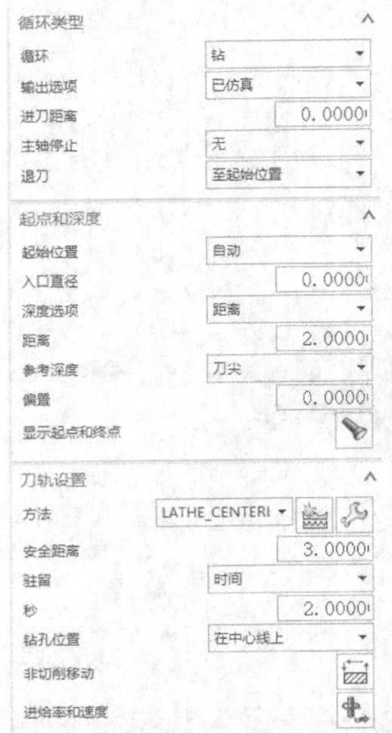

图11-36 设置参数

图11-37 “逼近”选项卡

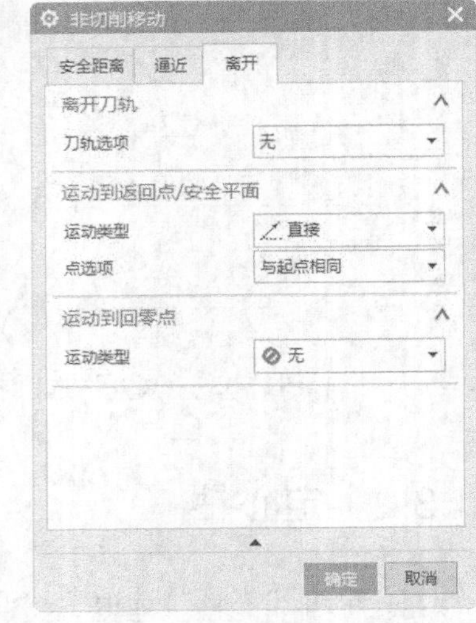

图11-38 “离开”选项卡

（5）在“操作”栏中单击“生成”按钮，生成中心线定心钻刀轨，如图11-39所示。单击“确定”按钮，关闭对话框。

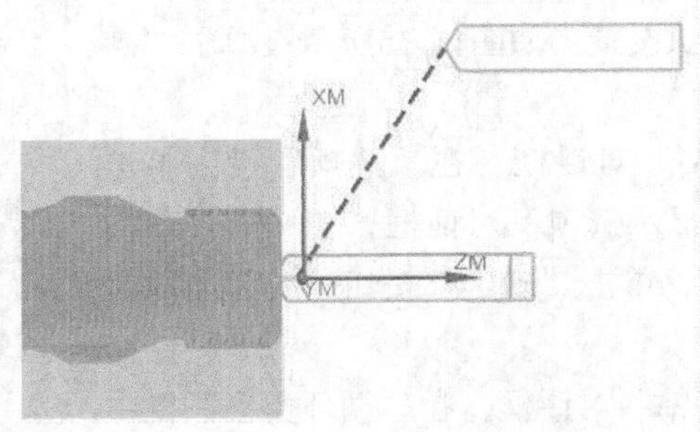

图11-39 中心线定心钻刀轨

11.3.3 外径粗车

（1）单击“主页”选项卡“刀片”面板中的“创建工序”按钮，弹出“创建工序”对话框，在“类型”下拉列表中选择“turning”，在“工序子类型”栏中选择“外径粗车”，在“位置”栏中设置“几何体”为“TURNING_WORKPIECE”，“刀具”为“OD_55_L_ROUGH”，“方法”为“LATHE_ROUGH”，其他采用默认设置，如图11-40所示，单击“确定”按钮。

（2）弹出“外径粗车”对话框，单击“切削区域”右边的“编辑”按钮，弹出“切削区域”

对话框，在“轴向修剪平面1”栏中设置“限制选项”为“距离”，“轴向*ZM*/*XM*”为-180，在“修剪点1”栏中设置“点选项”为“指定”，捕捉左侧上端点，在“修剪点2”栏中设置点选项为指定，捕捉右侧上端点，在“区域选择”栏中设置“区域选择”为“指定”，指定切削区域如图11-41所示。单击“确定”按钮，关闭当前对话框。

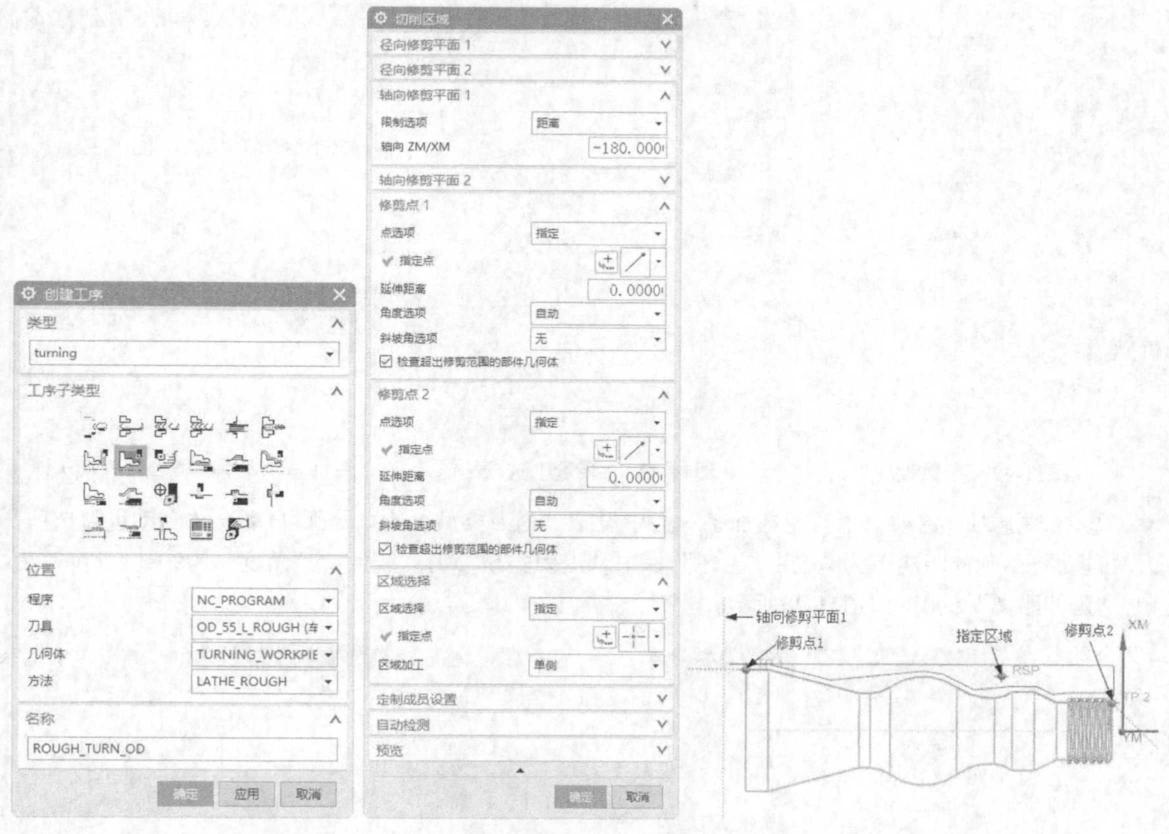

图11-40　“创建工序”对话框　　　　图11-41　指定切削区域

（3）返回“外径粗车”对话框，在“切削策略”栏选择“单向线性切削”，在“刀轨设置”栏中“与*XC*的夹角”设置为180，“方向”为“前进”，“切削深度”选择“变量平均值”，“最大值”为2mm，“最小值”为0mm，“变换模式”选择“根据层”，“清理”选择“全部”，如图11-42所示。

（4）单击“切削参数”按钮，弹出“切削参数”对话框，在“余量”选项卡“粗加工余量”栏中设置“恒定”值为1，其他采用默认设置，如图11-43所示。在“轮廓类型”选项卡的“面和直径范围”栏中设置“最小面角角度”为80，“最大面角角度”为100，“最小直径角度”为350，“最大直径角度”为10。在“陡峭和水平范围”栏中设置“最小陡峭壁角度”为80，“最大陡峭壁角度”为100，“最小水平角度”为-10，“最大水平角度”为10，如图11-44所示，单击“确定”按钮。

（5）单击“非切削移动”按钮，弹出“非切削移动”对话框。

① 在“进刀”选项卡的“轮廓加工”栏中设置“进刀类型”为“圆弧-自动”，“自动进刀选项”为“自动”，“延伸距离”为2。在毛坯栏中设置“进刀类型”为“线性”，“角度”为180，“长度”为4，“安全距离”为3。在“安全”栏中设置“进刀类型”为“线性-自动”，“自动进刀选项”为

“自动”，“延伸距离”为2，如图11-45所示。

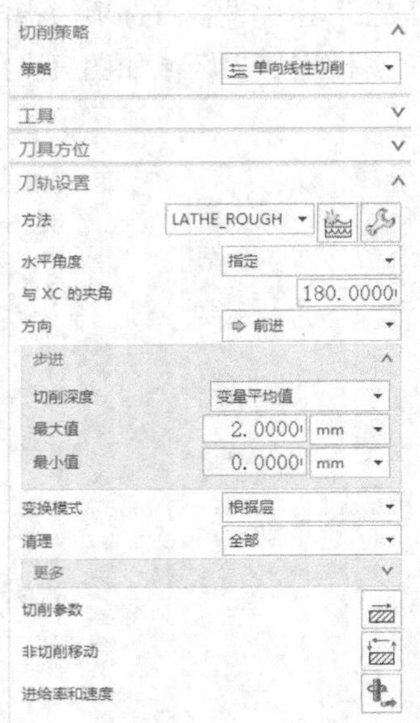

图11-42　参数设置

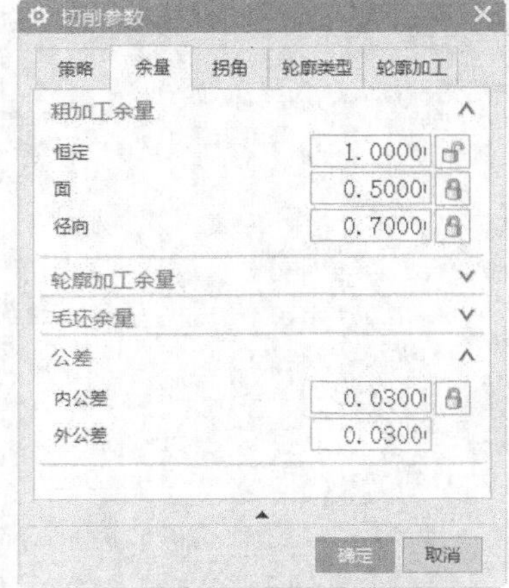

图11-43　“余量”选项卡

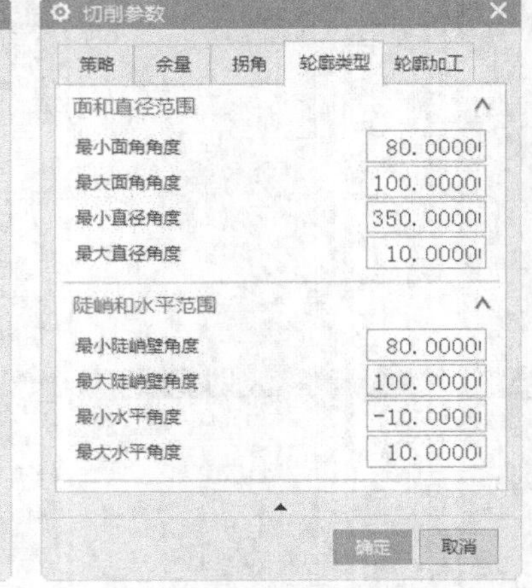

图11-44　“轮廓类型”选项卡

② 在“退刀”选项卡中“轮廓加工”栏中设置“退刀类型”为“圆弧-自动”，“自动进刀选项”为“自动”，“延伸距离”为4。在“毛坯”栏中“退刀类型”为“线性”，“角度”为90，“长度”为10，“延伸距离”为0，如图11-46所示。

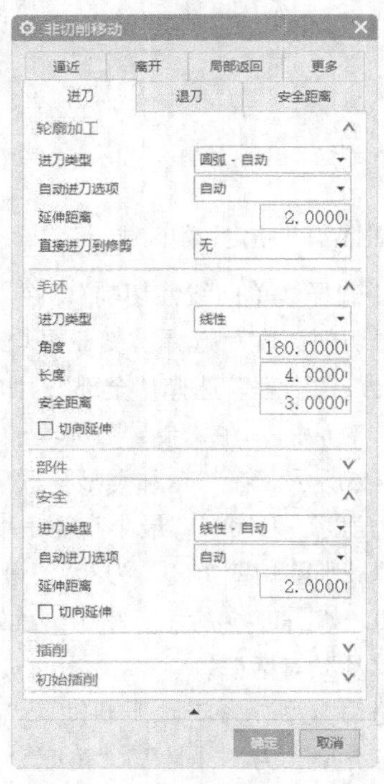

图11-45　“进刀”选项卡

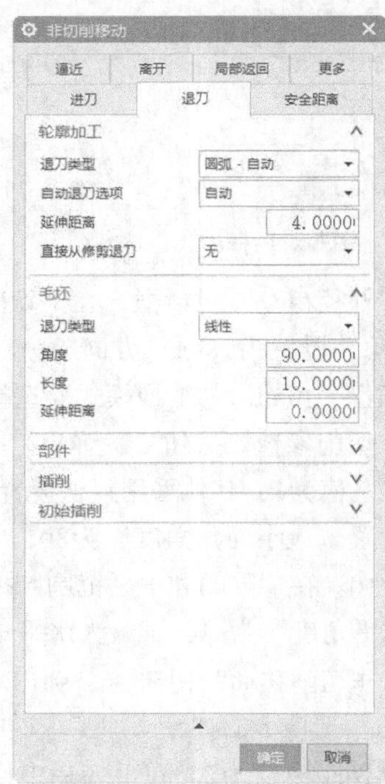

图11-46　“退刀”选项卡

③ 在“逼近”选项卡的“运动到起点”栏中“运动类型”选择“直接”，“点选项”选择“点”，单击“点对话框”按钮，弹出“点”对话框，设置“参考”为“绝对坐标系-工作部件”，输入坐标为（200，0，-50），单击“确定”按钮，返回到“非切削移动”对话框，如图11-47所示。

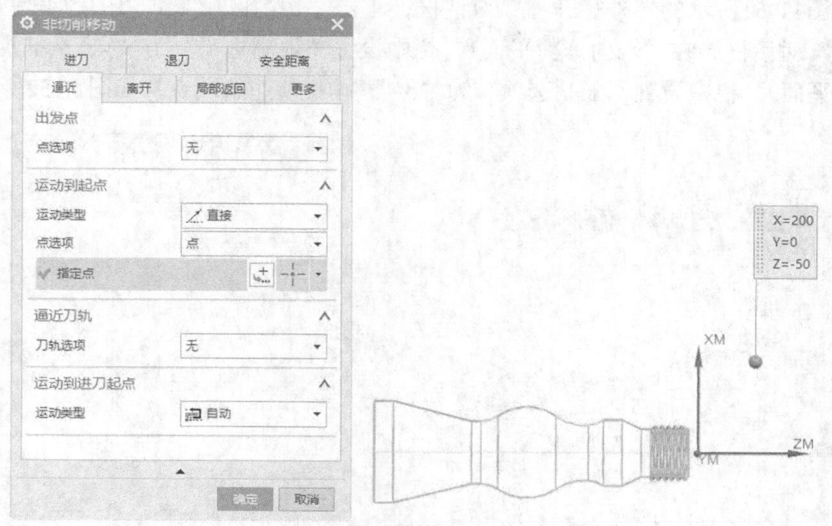

图11-47　“逼近”选项卡

④ 在“离开”选项卡的“运动到返回点/安全平面”栏“运动类型”选择“径向→轴向”，“点选项”选择“与起点相同”，其他采用默认设置，如图11-48所示，单击“确定”按钮。

（6）在“外径粗车”对话框点击“生成”按钮，生成外径粗车刀轨，如图11-49所示。单击“确定”按钮，关闭对话框。

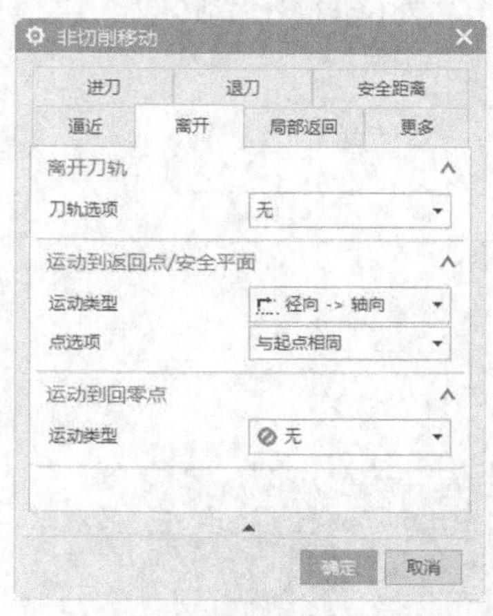

图11-48　“离开”选项卡

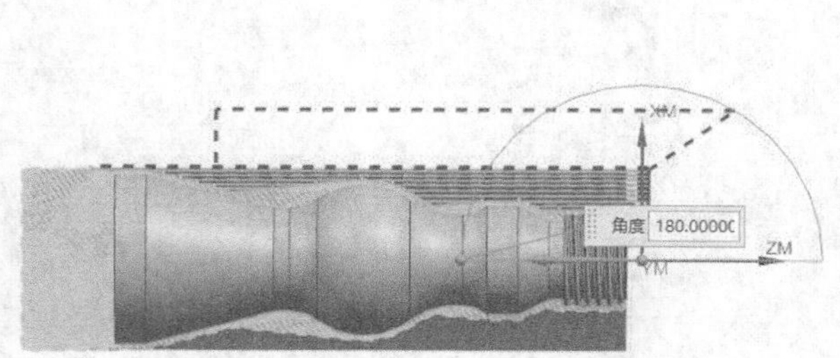

图11-49　外径粗车刀轨

11.3.4　槽加工

（1）单击“主页”选项卡“刀片”面板中的“创建工序”按钮，弹出图11-50所示的“创建工序”对话框，在“类型”下拉列表中选择“turning”，在“工序子类型”栏中选择“外径开槽”，在“位置”栏中设置“几何体”为“TURNING_WORKPIECE”，“刀具”为“OD_GROOVE_L”，“方法”为“LATHE_GROOVE”，其他采用默认设置，单击“确定”按钮。

（2）弹出图11-51所示的“外径开槽”对话框，单击“切削区域”右边的“编辑”图标，弹出“切削区域”对话框，在“轴向修剪平面1”栏中设置“限制选项”为“点”，捕捉槽边线端点，在“轴向修剪平面2”栏中设置“限制选项”为“点”，捕捉槽边线端点，如图11-52所示。

图11-50 “创建工序”对话框

图11-51 “外径开槽”对话框

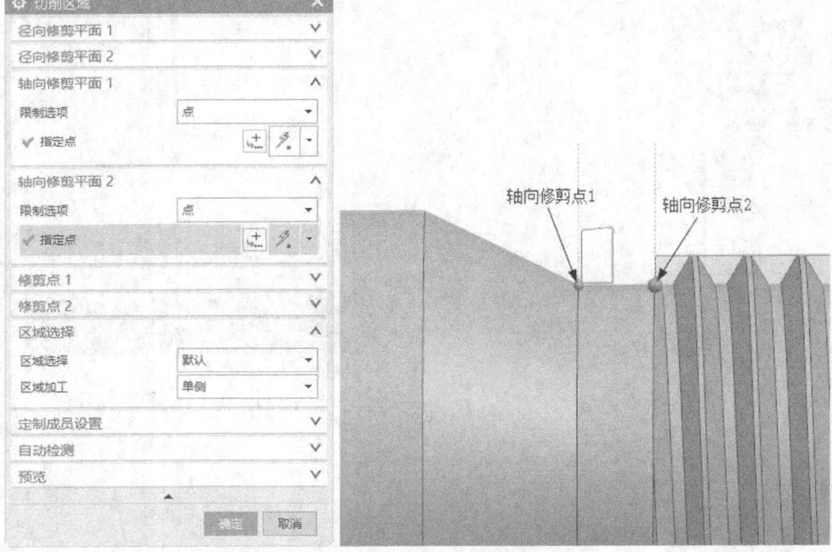

图11-52 指定切削区域

（3）在“外径开槽”对话框中“切削策略”选择“单向插削”，在“刀轨设置”栏中设置“与*XC*的夹角”为180，“方向”为“前进”，“步距”为“变量平均值”，“最大值”为“75%刀具”，“清理”为“仅向下”，如图11-53所示。

（4）单击“切削参数”按钮，弹出“切削参数”对话框，在“轮廓类型”选项卡的“面和直径范围”栏中设置“最小面角角度”为80，“最大面角角度”为100，“最小直径角度”为350，“最大直径角度”为10。在“陡峭和水平范围”栏中设置“最小陡峭壁角度”为80，“最大陡峭壁角度”为100，“最小水平角度”为-10，“最大水平角度”为10，单击“确定”按钮，关闭对话框。

（5）单击“非切削移动”按钮，弹出“非切削移动”对话框。

① 在“进刀”选项卡的“轮廓加工”栏中设置“进刀类型”为“线性-自动”，“自动进刀选项”为“自动”，“延伸距离”为0。在“插削”栏中设置“进刀类型”为“线性-自动”，“自动进刀选项”为“自动”，“安全距离”为3，如图11-54所示。

② 在“退刀”选项卡的“轮廓加工”栏中“退刀类型”为“线性-自动”，“自动进刀选项”为“自动”，“延伸距离”为0。在“插削”栏中的“退刀类型”为“线性-自动”，“自动退刀选项”为“清除壁”，如图11-55所示。

图11-53　设置参数

图11-54　“进刀”选项卡

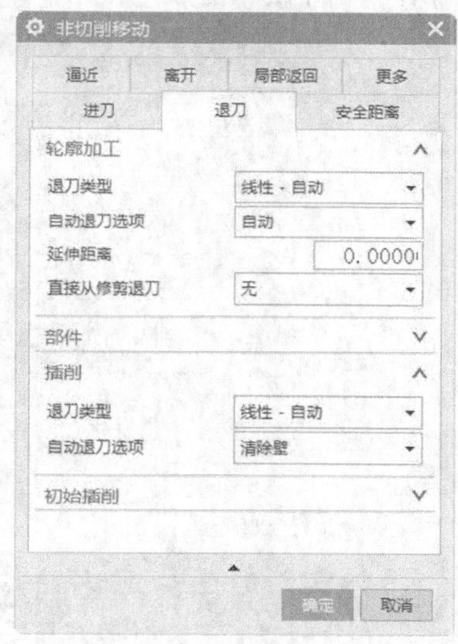

图11-55　“退刀”选项卡

③ 在“逼近”选项卡的“运动到起点”栏中“运动类型”选择“直接”，“点选项”选择“点”，单击“点对话框”按钮，弹出“点”对话框，设置“参考”为“绝对坐标系-工作部件”，输入坐标为（200，0，-50），单击“确定”按钮，返回到“非切削移动”对话框。

④ 在“离开”选项卡的“运动到返回点/安全平面”栏中设置“运动类型”选择“径向→轴向”，“点选项”选择“与起点相同”，其他采用默认设置，单击“确定”按钮。

（6）返回“外径开槽”对话框，在“操作”栏中单击“生成”按钮，生成外径开槽刀轨，如图11-56所示。单击“确定”按钮，关闭对话框。

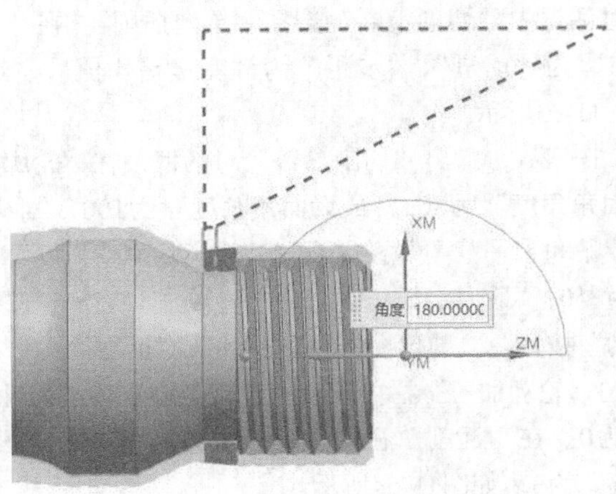

图11-56　外径开槽刀轨1

（7）重复上述步骤，在“切削区域”对话框的“轴向修剪平面1”栏中设置“限制选项”为“点”，选取左侧第二个槽底座直线的左端点，在“轴向修剪平面2”栏中设置“限制选项”为“点”，选取左侧第二个槽槽底座直线的右端点，如图11-57所示。在“外径开槽”对话框，单击“操作”栏中的“生成”按钮，生成的外径开槽刀轨如图11-58所示。

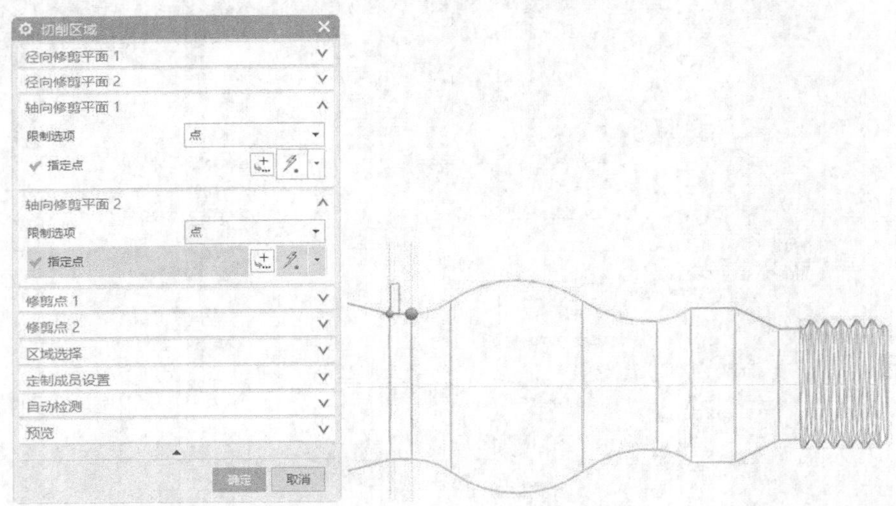

图11-57　指定切削区域

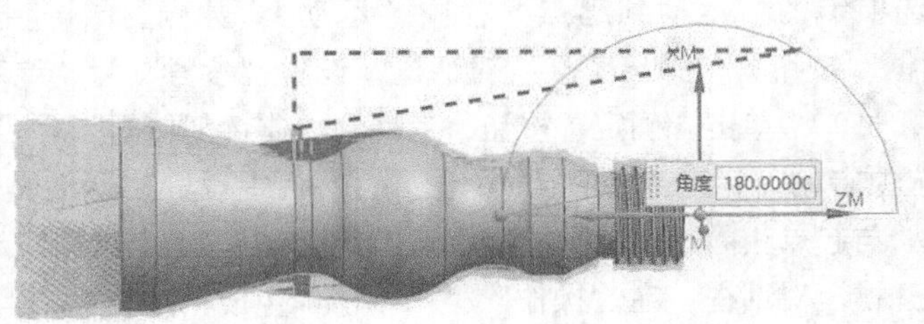

图11-58　外径开槽刀轨2

11.3.5　外径精车

（1）单击“主页”选项卡“刀片”面板中的“创建工序”按钮，弹出“创建工序”对话框，在“类型”下拉列表中选择“turning”，在“工序子类型”栏中选择“外径精车”，在“位置”栏中设置“几何体”为“TURNING_WORKPIECE”，“刀具”为“OD_55_L_FINISH”，“方法”为“LATHE_FINISH”，其他采用默认设置，单击“确定”按钮。

（2）弹出“外径精车”对话框，单击“切削区域”右侧的“编辑”按钮，弹出“切削区域”对话框，在“轴向修剪平面1”栏中设置“限制选项”为“距离”，输入“轴向*ZM*/*XM*”为-180，在“修剪点1”栏中设置“点选项”为“指定”，选取右端竖直线顶点，在“修剪点2”栏中设置“点选项”为“指定”，选取左端竖直线顶点，如图11-59所示，在“区域选择”栏中设置“区域加工”为“多个”，“区域序列”为“单向”，单击“确定”按钮，关闭当前对话框。

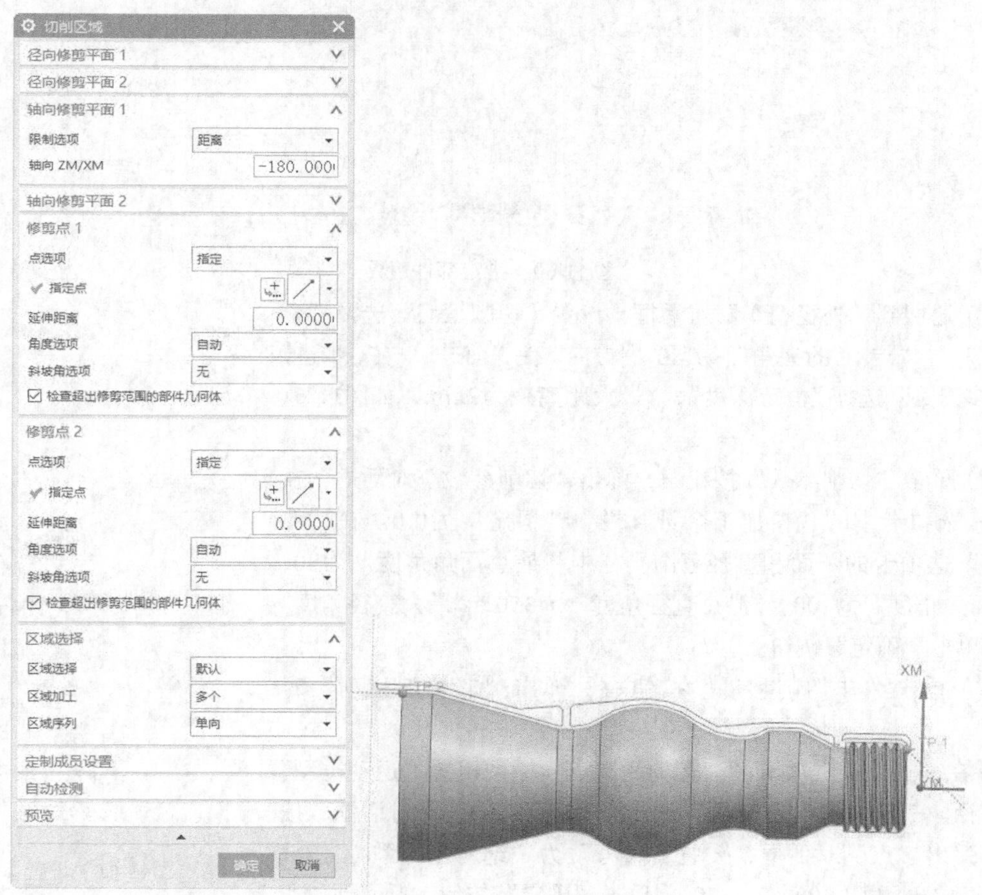

图11-59　指定切削区域

（3）返回到“外径精车”对话框，单击“定制部件边界数据”右侧的“编辑”按钮，弹出“部件边界”对话框，在视图中分别选取两个槽的水平边，在“成员”栏的“定制成员数据”中勾选“忽略成员”复选框，如图11-60所示，单击“确定”按钮，关闭当前对话框。

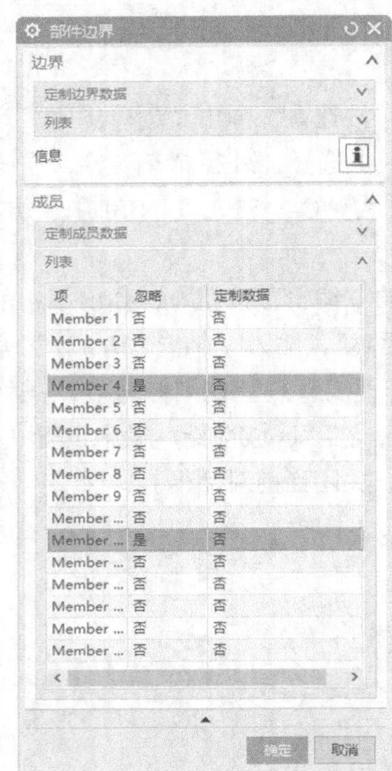

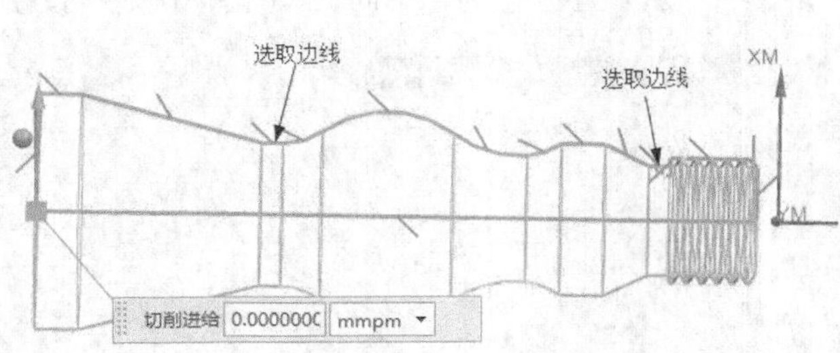

图11-60 指定部件边界

(4) 返回到"外径精车"对话框，设置"切削策略"选择"全部精加工"，"与XC的夹角"为180，"方向"为"前进"，在"步进"栏中"多刀路"选择"恒定深度"，"最大距离"为2mm，如图11-61所示。

(5) 单击"切削参数"按钮，弹出"切削参数"对话框，在"余量"选项卡中的"精加工余量"栏中"恒定"为0.0。在"轮廓类型"选项卡的"面和直径范围"栏中"最小面角角度"为80，"最大面角角度"为100，"最小直径角度"为350，"最大直径角度"为10，单击"确定"按钮。

(6) 单击"非切削移动"按钮，弹出"非切削移动"对话框。

① 在"逼近"选项卡的"运动到起点"栏中设置"运动类型"选择"径向→轴向"，"点选项"选择"点"，单击"点对话框"按钮，弹出"点"对话框，设置"参考"为"绝对坐标系-工作部件"，输入坐标为（200，0，−50），单击"确定"按钮，返回到"非切削移动"对话框，如图11-62所示。

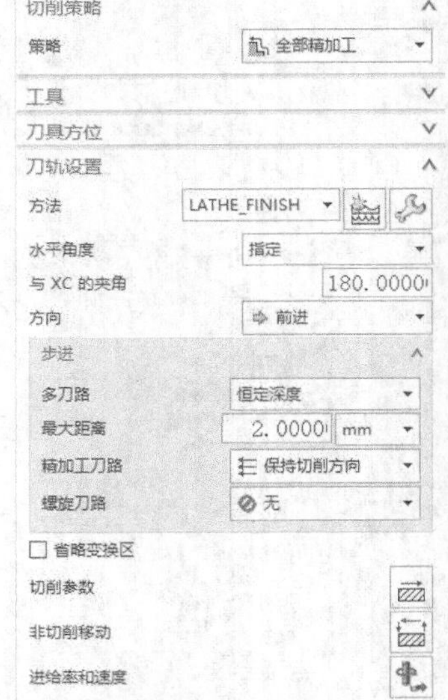

图11-61 设置参数

② 在"离开"选项卡的"运动到返回点/安全平面"栏中设置"运动类型"选择"径向→轴向"，"点选项"选择"与起点相同"，在"运动到回零点"栏"运动类型"选择"直接"，"点选项"选择"点"，单击"点对话框"按钮，弹出"点"对话框，设置"参考"为"绝对坐标系-工作部

件”，输入坐标为（200，0，-50），单击“确定”按钮，返回到“非切削移动”对话框，如图11-63所示。

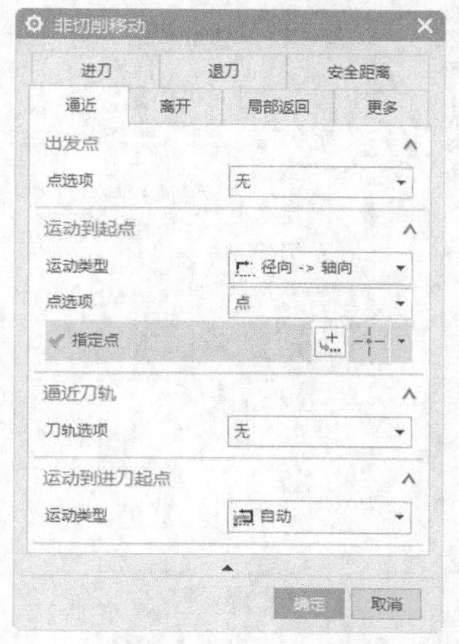

图11-62 “逼近”选项卡

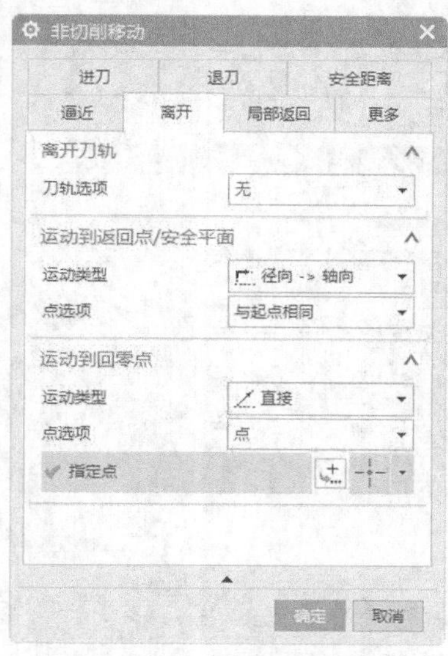

图11-63 “离开”选项卡

（7）在“外径精车”对话框单击“生成”按钮，生成外径精车刀轨，如图11-64所示。单击“确定”按钮，关闭对话框。

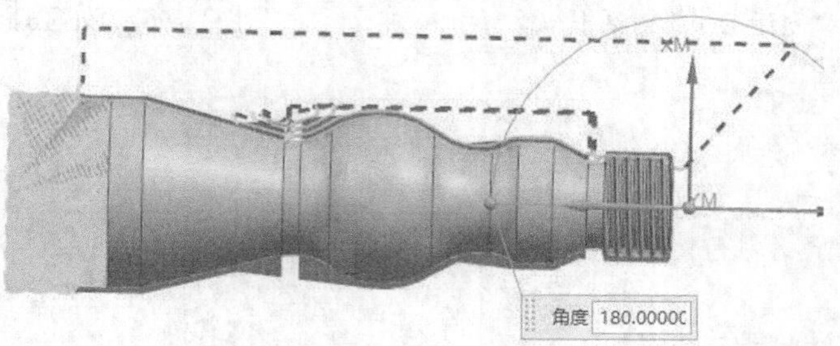

图11-64 外径精车刀轨

11.3.6 螺纹加工

（1）单击“主页”选项卡“刀片”面板中的“创建工序”按钮，弹出图11-65所示“创建工序”对话框，在“类型”下拉列表中选择“turning”，在“工序子类型”栏中选择“外径螺纹铣”，在“位置”栏中设置“刀具”为“OD_THREAD_L”，“几何体”为“TURNING_WORKPIECE”，“方法”为“LATHE_THREAD”，其他采用默认设置，单击“确定”按钮。

（2）弹出图11-66所示的“外径螺纹铣”对话框，单击“选择顶线”右边的按钮选择顶线，指定螺纹形状如图11-67所示。“深度选项”选择“深度和角度”，输入“深度”为2，“与*XC*的夹角”为180，“起始偏置”为2，单击“显示起点和终点”按钮，显示选择的顶线、起点和终点，如图11-67所示。

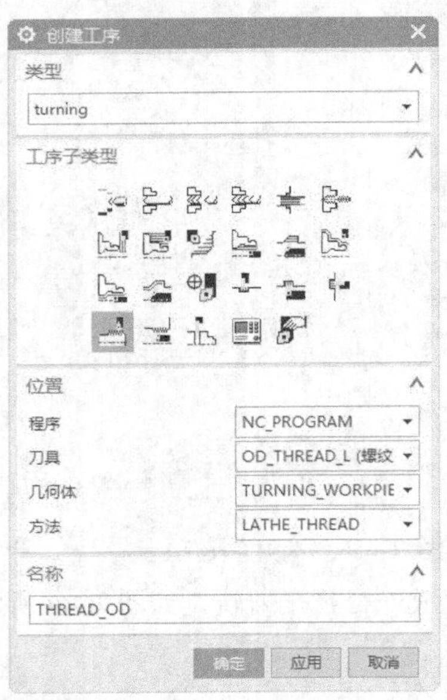

图11-65 “创建工序”对话框

图11-66 “外径螺纹铣”对话框

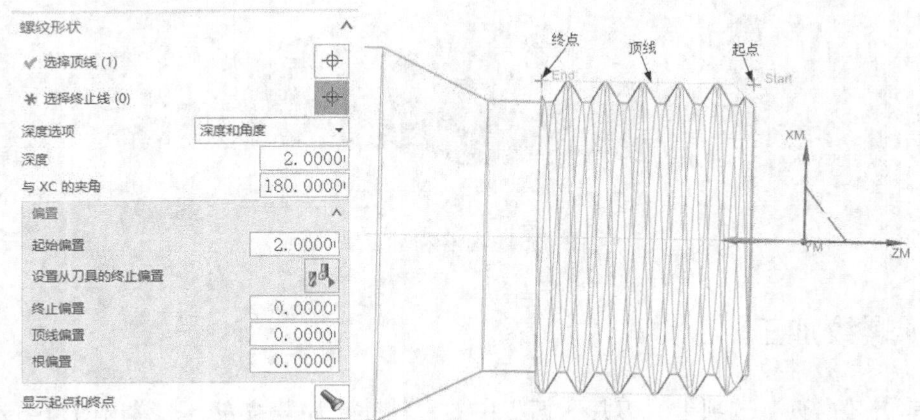

图11-67 指定螺纹形状

“螺纹形状”栏中的选项说明如下。

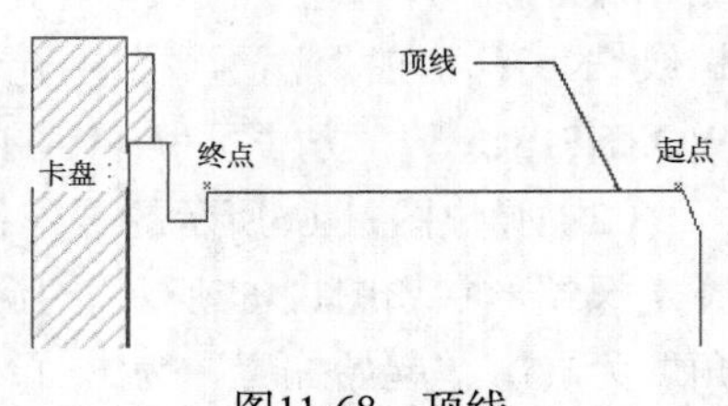

图11-68 顶线

- 选择顶线：顶线的位置由所选择的顶线加上顶线偏置值确定，如果“顶线偏置”值为0，则所选线的位置即为顶线位置。选择图11-68所示的顶线，选择时离光标点最近的顶线端点将作为起点，另一个端点为终点。

- 选择终止线：通过选择与顶线相交的线来定义螺纹终端。当指定终止线时，交点即可决定螺纹的终端，“终止偏置”值将添加到该交点。如果没有选择终止线，则系统将使用顶线的端点。
- 深度选项：如何定义螺纹深度。
  - 根线：在选择根线后重新选择顶线不会导致重新计算螺纹角度，但会导致重新计算深度。根线的位置由所选择的根线加上根线偏置值确定，如果根线偏置值为0，则所选线的位置即为根线位置。
  - 深度和角度：用于为总深度和螺纹角度键入值
    - ✧深度：可通过输入值建立起从顶线起测量的总深度。
    - ✧与*XC*的夹角：用于产生拔模螺纹，输入的角度值是从顶线起测量的。

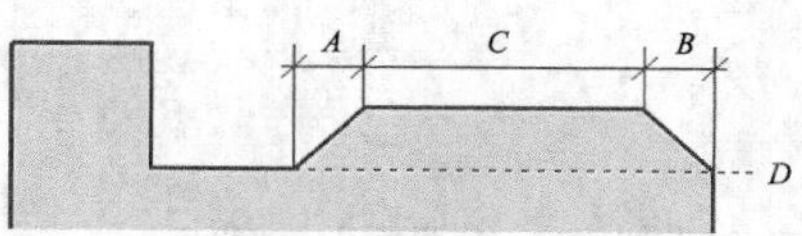

图11-69　螺纹长度的计算

- 偏置：调整螺纹的长度。正偏置值将加长螺纹，负偏置值将缩短螺纹。
  - 起始偏置：输入所需的偏置值以调整螺纹的起点，如图11-69所示中*B*点。
  - 终止偏置：输入所需的偏置值以调整螺纹的端点，如图11-69所示中*A*点。
  - 顶线偏置：输入所需的偏置值以调整螺纹的顶线位置。正值会将螺纹的顶线背离部件偏置，负值会将螺纹的顶线向着部件偏置，如图11-70所示，图中*C*为顶线，*D*为根线。当未选择根线时，螺纹会上下移动而不会更改其角度或深度，如图11-70（a）所示。当选择了根线但未输入根偏置时，螺旋角度和深度将随顶线偏置而变化，如图11-70（b）所示。

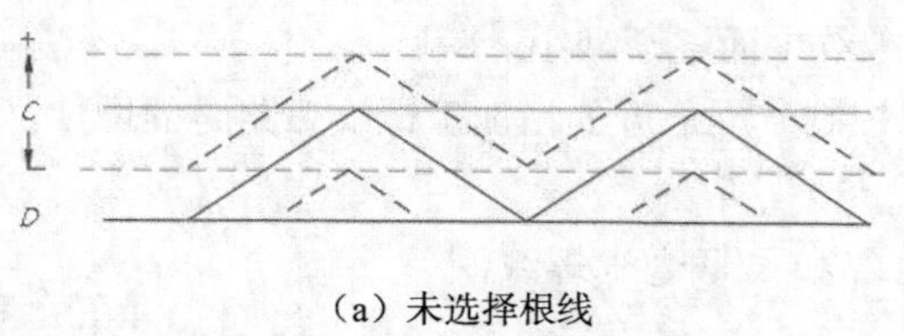

（a）未选择根线

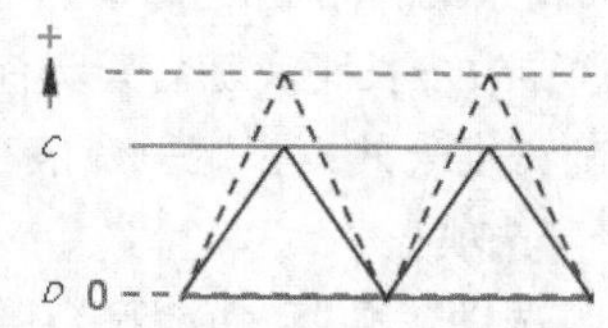

（b）已选择根线（无偏置）

图11-70　顶线偏置

  - 根偏置：输入所需的偏置值可调整螺纹的根线位置。正值使螺纹的根线背离部件偏置，负值使螺纹的根线向着部件偏置，如图11-71所示，图中*C*为顶线，*D*为根线。

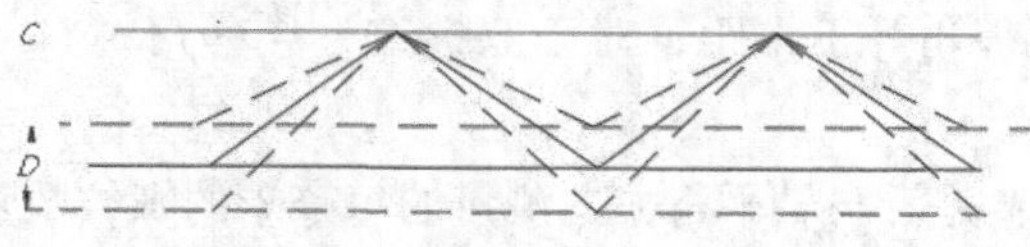

图11-71　根偏置

（3）单击“切削参数”按钮，弹出“切削参数”对话框，在“策略”选项卡中设置“螺纹头数”为1，“切削深度”为“恒定”，“最大距离”为1mm，如图11-72所示。在“螺距”选项卡中设置“螺距选项”为“螺距”，“螺距变化”为“恒定”，“距离”为3.5，“输出单位”为“与输入相同”，如图11-73所示。在“附加刀路”选项卡的“精加工刀路”栏中设置“刀路数”为2，“增量”为1，如图11-74所示，单击“确定”按钮。

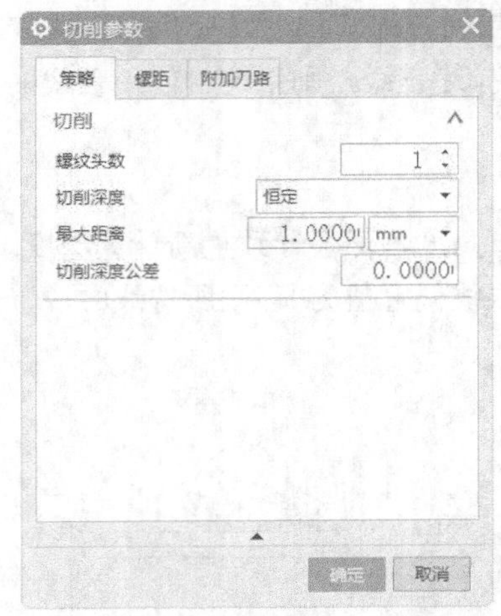

图11-72 “策略”选项卡

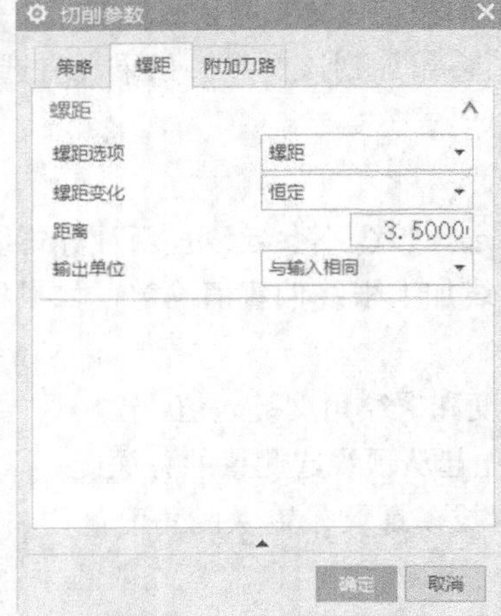

图11-73 “螺距”选项卡

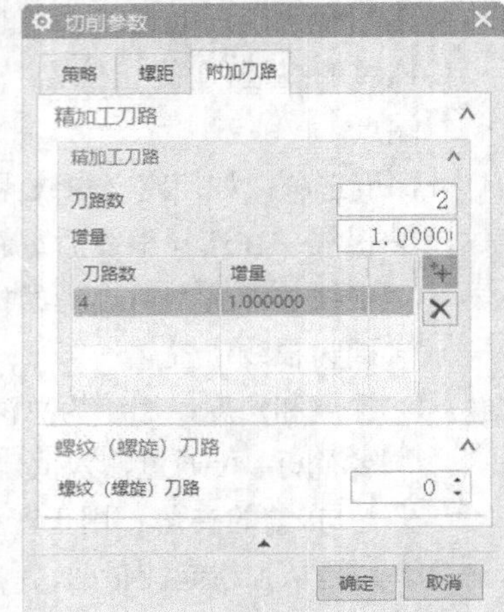

图11-74 “附加刀路”选项卡

“切削参数”对话框中的选项说明如下。

■“策略”选项卡

➢ 螺纹头数：可以定义多头螺纹。

➢ 切削深度：指定达到粗加工螺纹深度的方法。

✧ 恒定：指定单个深度增量值。

✧ 单个的：指定增量组和每组的重复次数。

✧ %剩余的：可指定每个刀路作为粗加工总深度的一部分在刀路行进时保持的增量深度。这导致步长距离随着刀具深入到螺纹中而逐渐减小。

➢ 切削深度公差：指定一个最小值来控制生成最近的粗加工螺纹刀路时的增量。

■“螺距”选项卡

➢ 螺距选项：包括“螺距”“导程角”和“每毫米螺纹圈数”3个选项。

✧ 螺距：是指两条相邻螺纹沿与轴线平行方向上测量的相应点之间的距离，如图11-75所示中的A。

✧ 导程角：指螺纹在每一圈上在轴的方向上前进的距离。对于单螺纹，导程角等于螺距；对于双螺纹，导程角是螺距的两倍。

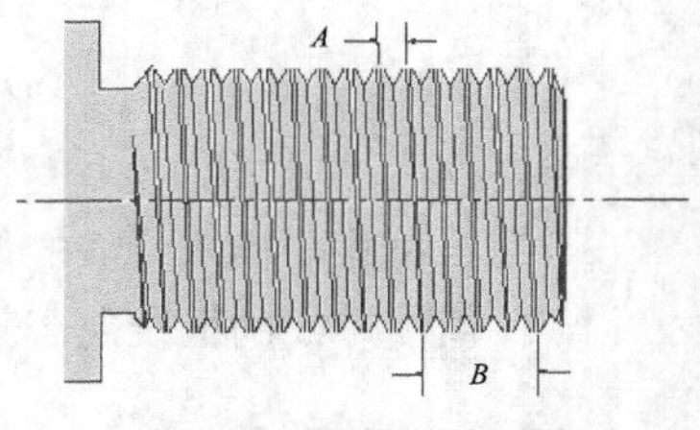

图11-75 “螺距”示意图

✧ 每毫米螺纹圈数：是沿与轴平行方向测量的每毫米的螺纹数量，如图11-75所示中的B。

➢ 螺距变化：包括“恒定”“起点和终点”或“起点和增量”3个选项。

✧ 恒定：“恒定”选项允许指定单一“距离”或“每毫米螺纹圈数”并将其应用于螺纹长度。系统将根据此值和指定的“螺纹头数”自动计算2个未指定的参数。对于“螺距”和“导程角”，2个未指定的参数是“距离”和“输出单位”；对于“每毫米螺纹圈数”，2个未指定的参数是“每毫米螺纹圈数”和“输出单位”。

✧ 起点和终点/增量：“起点和终点”或“起点和增量”可定义增加或减小螺距、导程角或每毫米螺纹圈数。“起点和终点”通过指定“开始”与“结束”确定变化率，“起点和增量”通过指定“开始”与“增量”确定变化率。如果“开始”值小于“结束”值或者“增量”值为正，则螺距/导程角/每毫米螺纹圈数将变大。如果“开始”值大于“结束”值或者“增量”值为负，则螺距/导程角/每毫米螺纹圈数将变小。

➤ 输出单位：包括“与输入相同”“螺距”“导程角”和“每毫米螺纹圈数”。“与输入相同”可确保输出单位始终与上面指定的螺距、导程角或每毫米螺纹圈数相同。

■“附加刀路”选项卡

➤ 精加工刀路：使用标准列表框指定要在区分切削深度时生成的一系列刀路。

➤ 螺纹刀路：可指定螺纹终止处螺旋刀路的数目，以控制螺纹尺寸并最小化刀具挠曲。

（4）返回到“外径螺纹铣”对话框，单击“非切削移动”按钮，弹出“非切削移动”对话框。

① 在“逼近”选项卡的“运动到起点”栏中的“运动类型”选择“直接”，“点选项”选择“点”，单击“点对话框”按钮，弹出“点”对话框，设置“参考”为“绝对坐标系-工作部件”，输入坐标为（200，0，-50），单击“确定”按钮，返回到“非切削移动”对话框，如图11-76所示。

② 在“离开”选项卡的“运动到返回点/安全平面”栏中“运动类型”选择“径向→轴向”，“点选项”选择“与起点相同”，如图11-77所示，单击“确定”按钮，关闭对话框。

（5）返回到“外径螺纹铣”对话框，在“操作”栏中单击“生成”按钮，生成外径螺纹铣刀轨，如图11-78所示。单击“确定”按钮，关闭对话框。

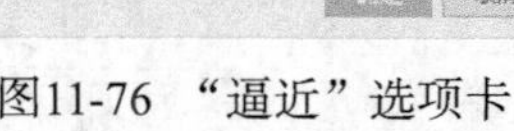

图11-76　“逼近”选项卡

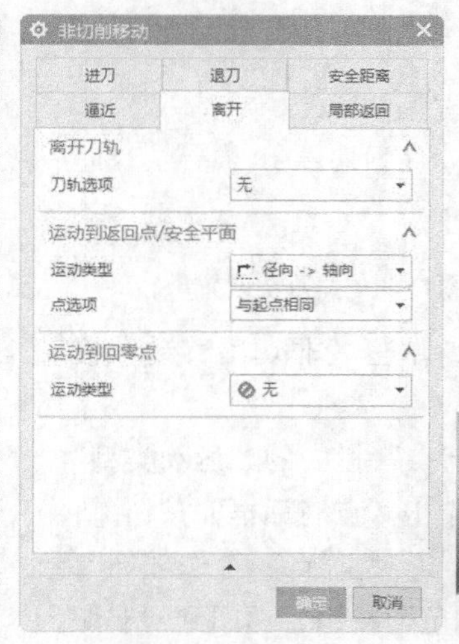

图11-77　“离开”选项卡

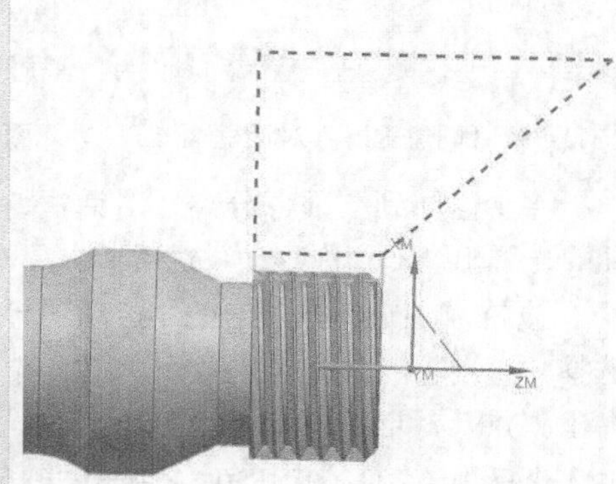

图11-78　外径螺纹铣刀轨

11.3.7　部件分离

（1）单击“主页”选项卡“刀片”面板中“创建工序”按钮，弹出“创建工序”对话框，在“类型”下拉列表中选择“turning”，在“工序子类型”栏中选择“部件分离”，在“位置”栏中设置“几何体”为“TURNING_WORKPIECE”，“刀具”为“UGT0114_001”，“方法”为

“LATHE_FINISH”，其他采用默认设置，如图11-79所示，单击“确定”按钮，关闭当前对话框。

（2）弹出“部件分离”对话框，在“刀轨设置”栏中设置“部件分离位置”为“自动”，“延伸距离”为0，如图11-80所示。

（3）单击“进给率和速度”按钮，弹出“进给率和速度”对话框，在“部件分离进给率”栏中输入“减速”为“20%切削”，“长度”为10%，如图11-81所示，单击“确定”按钮，关闭当前对话框。

图11-79 “创建工序”对话框

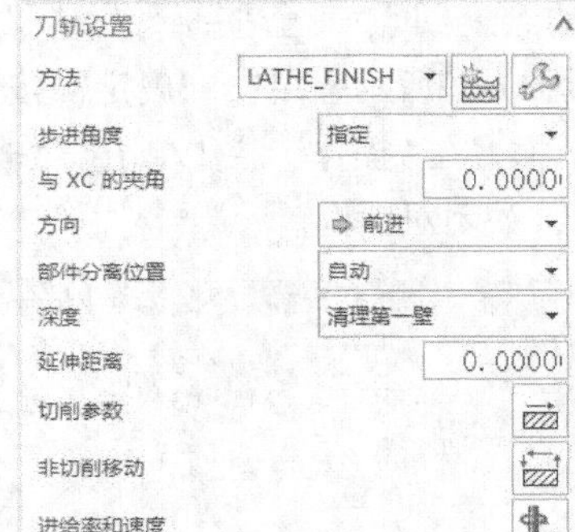

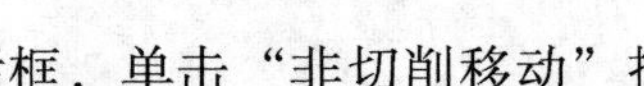

图11-80 “刀轨设置”栏

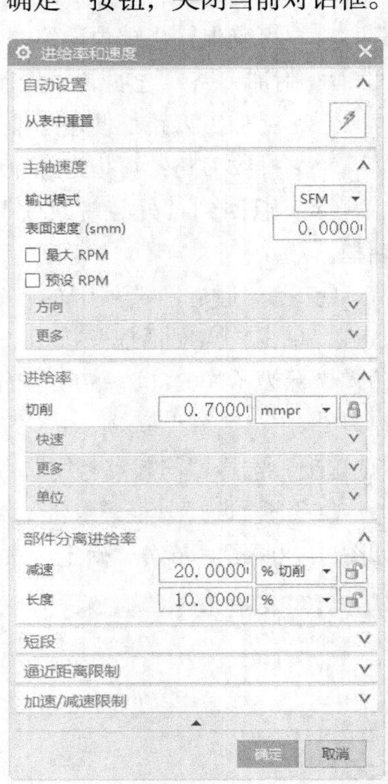

图11-81 “进给率和速度”对话框

（4）返回到“部件分离”对话框，单击“非切削移动”按钮，弹出“非切削移动”对话框。

① 在“逼近”选项卡的“运动到起点”栏中的“运动类型”选择“直接”，“点选项”选择“点”，单击“点对话框”按钮，弹出“点”对话框，设置“参考”为“绝对坐标系-工作部件”，输入坐标为（200，0，-50），单击“确定”按钮，返回到“非切削移动”对话框，如图11-82所示。

② 在“离开”选项卡的“运动到返回点/安全平面”栏中“运动类型”选择“径向→轴向”；“点选项”选择“与起点相同”，如图11-83所示，单击“确定”按钮，关闭对话框。

（5）返回到“部件分离”对话框，单击“操作”栏中的“生成”按钮，生成如图11-84所示的部件分离刀轨。

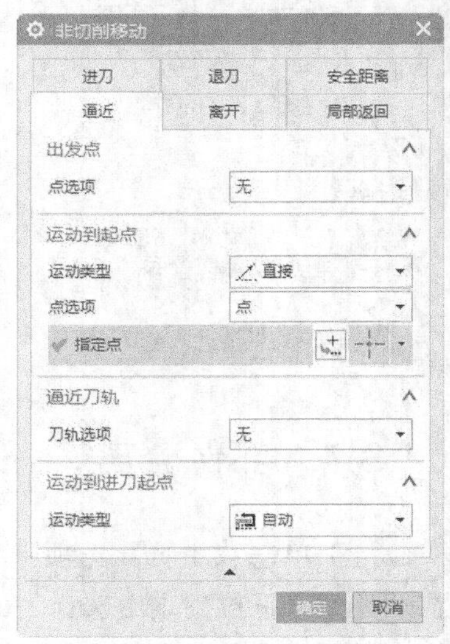

图11-82 “逼近”选项卡

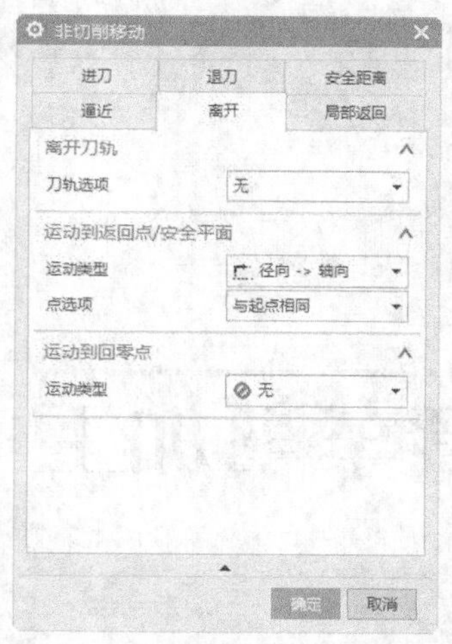

图11-83　“离开”选项卡

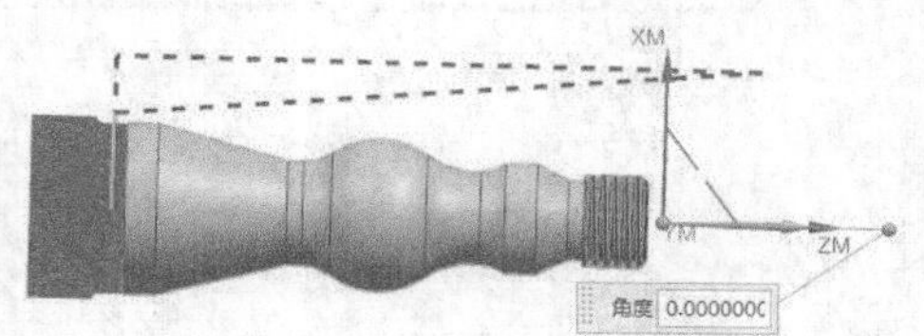

图11-84　部件分离刀轨

11.4 刀轨演示

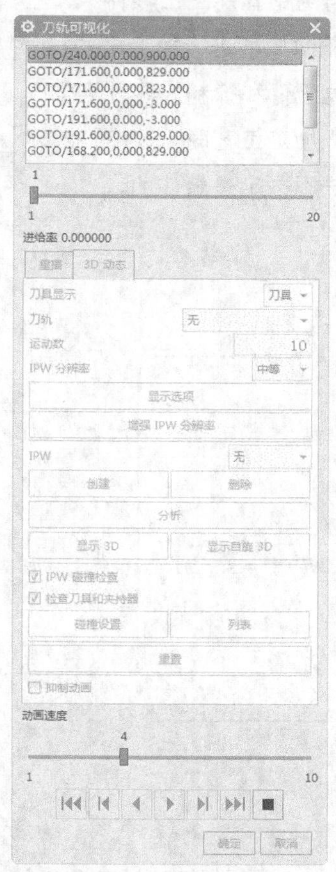

图11-85　“刀轨可视化”对话框

（1）在“工序导航器-几何”菜单中选取所有的加工工序，单击“主页”选项卡“工序”面板中的“确认刀轨”按钮或右键单击，在弹出的快捷菜单中选择“刀轨”→“确认”选项。

（2）弹出图11-85所示的“刀轨可视化”对话框，在“3D动态”选项卡中调整动画速度，然后单击“播放”按钮，进行3D加工模拟，如图7-86所示。

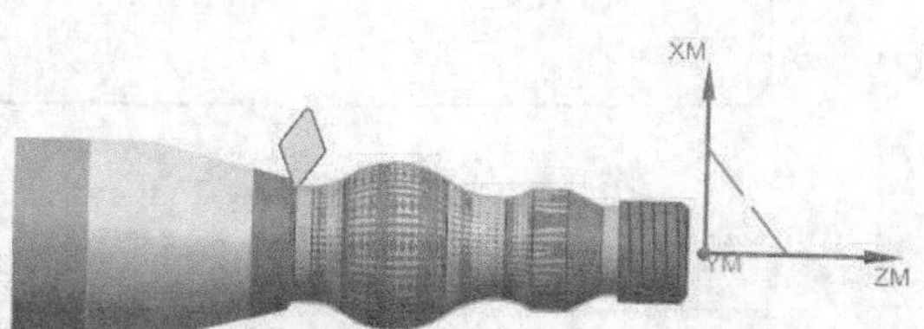

图11-86　3D模拟加工

第 12 章

隔套车削加工

本章对棒料进行车削加工得到隔套零件的操作流程进行介绍，从待加工零件的外形看，主要由外圆柱面、圆弧面、内孔、内凹槽以及内螺纹等组成。结合零件的外形，加工时可先加工外形，再加工内部，最后分离部件。

根据待加工零件的结构特点，先加工外形轮廓，再用钻孔加工出零件的内孔，然后用粗镗和精镗对内孔进行加工，用内径开槽对内槽进行加工，用内螺纹车削加工零件的内螺纹，最后用部件分离分离零件和棒料。零件同一特征可以使用不同的加工方法，因此，在具体安排加工工艺时，读者可以根据实际情况来确定。本章安排的加工工艺和方法不一定是最佳的，其目的只是让读者了解各种车削加工方法的综合应用。

- 初始设置
- 创建刀具
- 创建工序
- 刀轨演示
- 后处理

12.1 初始设置

选择“文件”→“打开”命令，弹出“打开”对话框，选择“getao.prt”，单击“打开”按钮，打开图12-1所示的待加工部件。

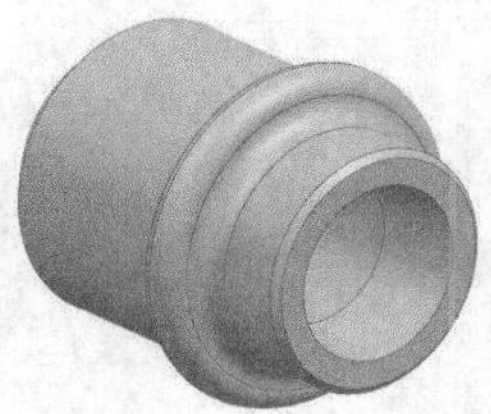

图12-1　待加工部件

12.1.1　创建几何体

（1）单击“文件”→“新建”命令，弹出“新建”对话框，在“加工”选项卡中设置“单位”为“毫米”，选择“车削”模板，其他采用默认设置，输入“名称”为“getao_finish”，单击“确定”按钮，进入加工环境。

（2）在上边框中单击“几何视图”按钮，将“导航器”转换到“工序导航器-几何”状态，在“工序导航器-几何”菜单中双击“MCS_SPINDLE”。

（3）弹出“MCS主轴”对话框，设置“指定平面”为“*ZM-XM*”，单击“确定”按钮，完成主轴设置。

（4）在“工序导航器-几何”菜单中双击“WORKPIECE”，弹出“工件”对话框，单击“选择或编辑部件几何体”按钮，弹出“部件几何体”对话框，选择待加工部件为几何体，如图12-2所示，单击“确定”按钮，关闭当前对话框。

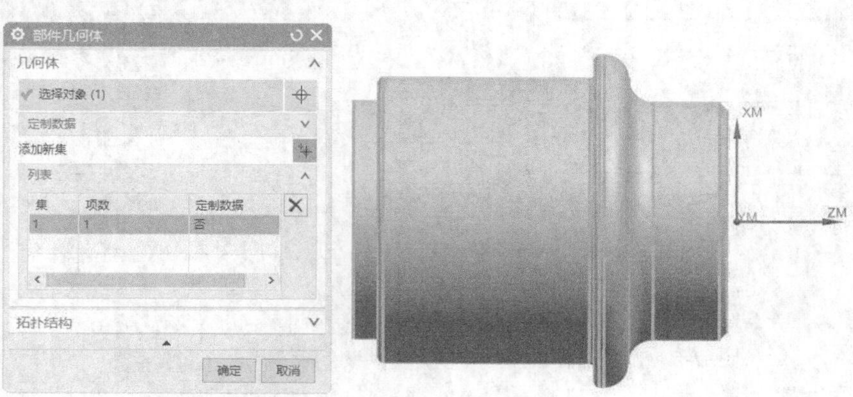

图12-2　选取部件几何体

（5）在“工序导航器-几何”菜单中双击“TURNING_WORKPIECE”，弹出“车削工件”对话框，单击“选择或编辑毛坯边界”按钮，弹出图12-3所示“毛坯边界”对话框，选择“棒材”类型，“安装位置”选择“远离主轴箱”，指定原点为棒材的起点，输入“长度”为110，“直径”为75，指定的毛坯边界如图12-4所示。单击“确定”按钮，完成毛坯几何体的定义。

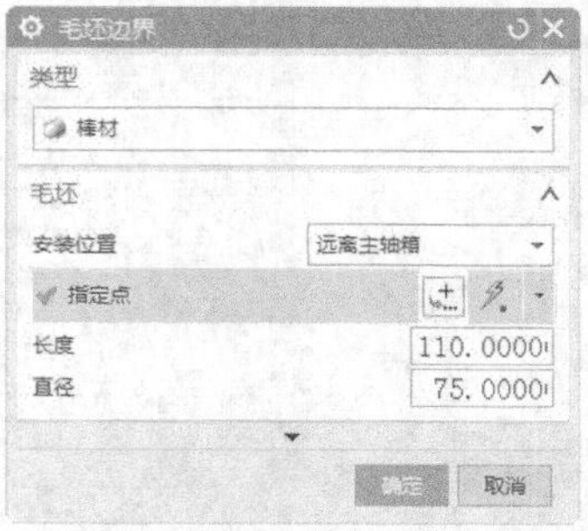

图12-3　“毛坯边界”对话框

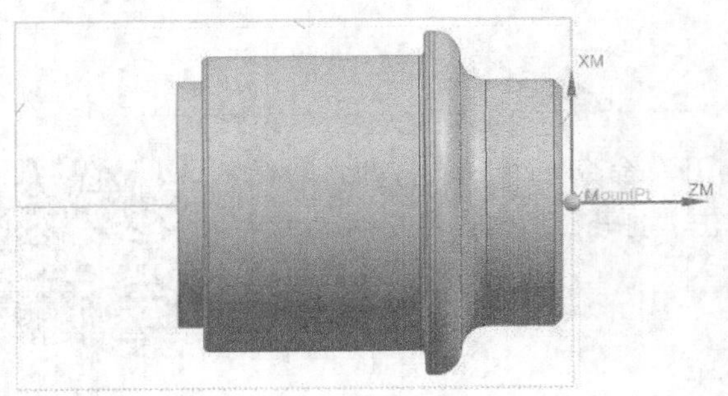

图12-4　指定的毛坯边界

12.1.2　定义碰撞区域

（1）在装配导航器中，选择“getao”使其复选框变成灰色，然后设置渲染样式为静态线框，显示部件边界和毛坯边界，如图12-5所示。

（2）在“工序导航器-几何”菜单中双击“TURNING_WORKPIECE”节点下的“AVOIDANCE”，弹出“避让”对话框，在“运动到起点”栏中设置“运动类型”为“直接”，在视图中适当位置单击确定起点，如图12-6所示，在“运动到返回点/安全平面”栏中设置“运动类型”为“直接”，“点选项”为“与起点相同”，在“径向安全平面”栏中设置“轴向限制选项”为“无”，“轴向*ZM*/*XM*”为10，其他采用默认设置，如图12-7所示，单击“确定”按钮，关闭当前对话框。

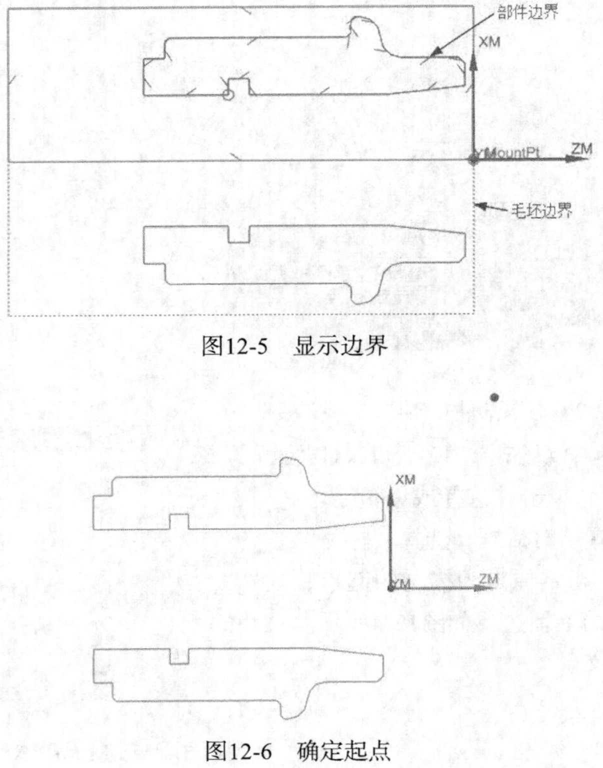

图12-5　显示边界

图12-6　确定起点

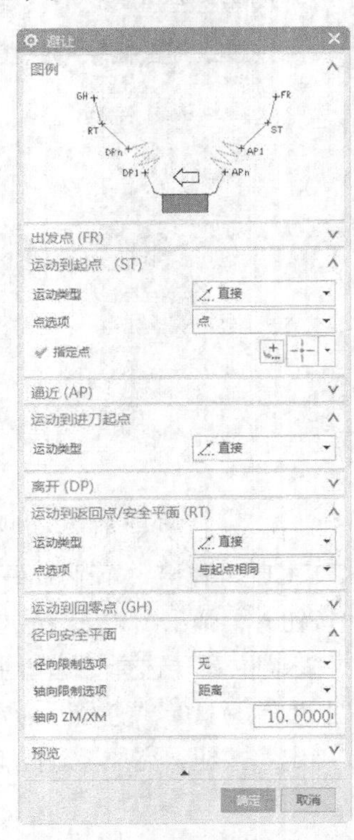

图12-7　“避让”对话框

12.1.3　避让卡盘

定义一个包容平面，防止刀具与卡盘爪碰撞。

（1）单击“主页”选项卡“刀片”面板中的“创建几何体”按钮，弹出“创建几何体”对话框，在“几何体子类型”栏选择“CONTAINMENT”，在“位置”栏的“几何体”下拉列表中选择“AVOIDANCE”，其他采用默认设置，单击“确定”按钮，关闭当前对话框。

（2）弹出“空间范围”对话框，在“轴向修剪平面1”栏中设置“限制选项”为“距离”，输入“轴向ZM/XM”为-85，如图12-8所示，单击“确定”按钮，关闭当前对话框。

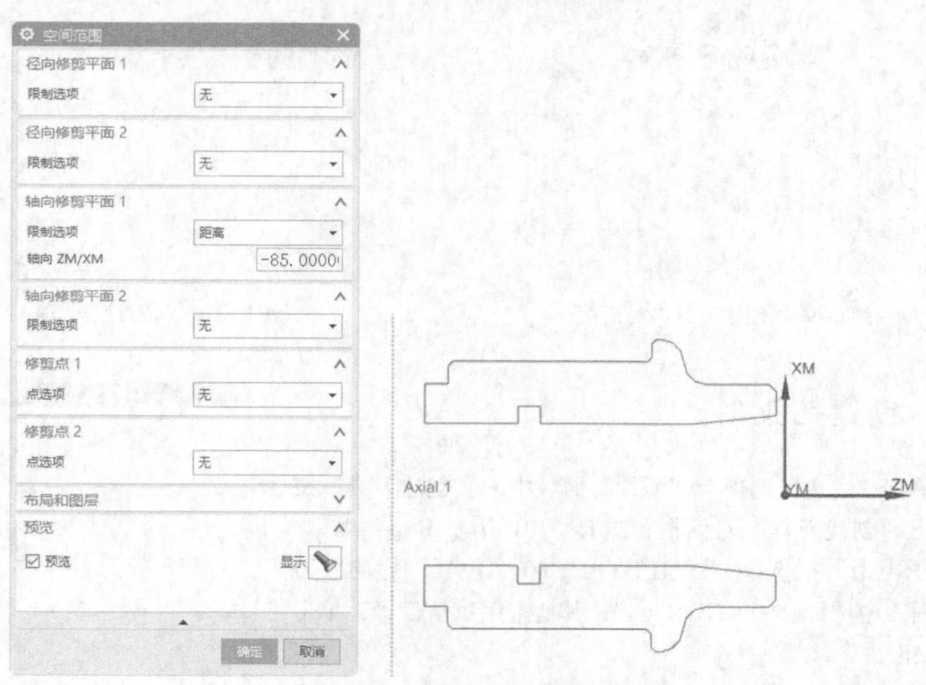

图12-8　指定轴向修剪平面

12.2 创建刀具

12.2.1　创建定心钻刀

（1）单击“主页”选项卡“刀片”面板中的“创建刀具”按钮，弹出“创建刀具”对话框，选择“Turning_Exp”类型，在“刀具子类型”栏选择“SPOTDRILL”，在“位置”栏的“刀具”下拉列表中选择“STATION_02”，其他采用默认设置，如图12-9所示，单击“确定”按钮，关闭当前对话框。

（2）弹出图12-10所示的“钻刀”对话框，输入“直径”为20，其他采用默认设置，单击“确定”按钮，完成刀具设置。

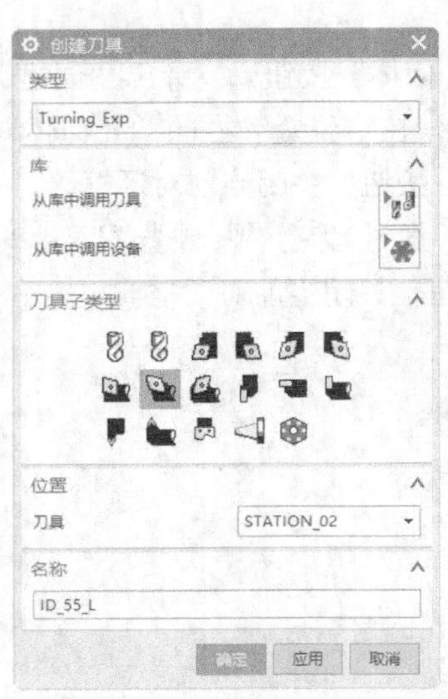

图12-9 “创建刀具”对话框

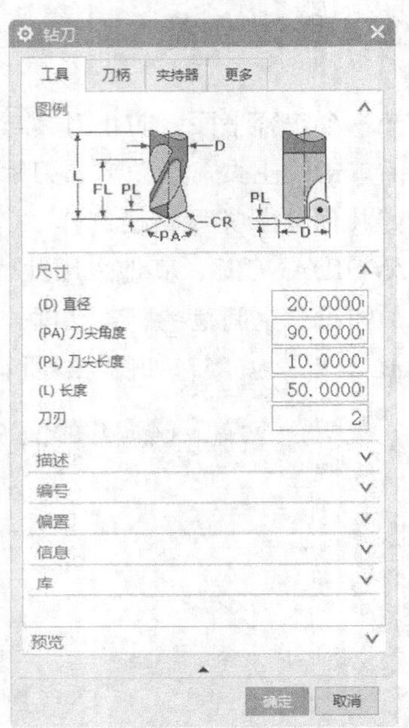

图12-10 “钻刀”对话框

12.2.2 创建钻头

（1）单击“主页”选项卡“刀片”面板中的“创建刀具”按钮，弹出“创建刀具”对话框，选择“Turning_Exp”类型，在“刀具子类型”栏选择“DRILL”，在“位置”栏的“刀具”下拉列表中选择“STATION_04”，其他采用默认设置，单击“确定”按钮。

（2）弹出图12-11所示的“钻刀”对话框，在“尺寸”栏中输入“直径”为25，“长度”为120，“刀刃长度”为100，其他采用默认设置，单击“确定”按钮，完成刀具设置。

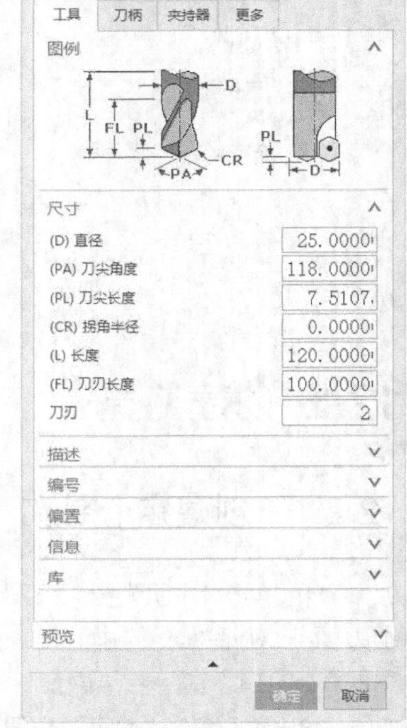

图12-11 “钻刀”对话框

12.2.3 创建外径轮廓加工刀具

（1）单击“主页”选项卡“刀片”面板中的“创建刀具”按钮，弹出“创建刀具”对话框，在“位置”栏的“刀具”下拉列表中选择“STATION_05”。

（2）单击“从库中调用刀具”按钮，弹出“库类选择”对话框，选择“车”→“外径轮廓加工”，如图12-12所示，单击“确定”按钮，关闭当前对话框。

（3）弹出图12-13所示的“搜索准则”对话框，输入“半径”为1.5，单击“确定”按钮，关闭当前对话框。

（4）弹出“搜索结果”对话框，选择库号为“ugt0121_001”，其他采用默认设置，如图12-14所示，单击“确定”按钮，完成刀具的调用，然后在“创建刀具”对话框中单击“取消”按钮，关闭“创建刀具”对话框。

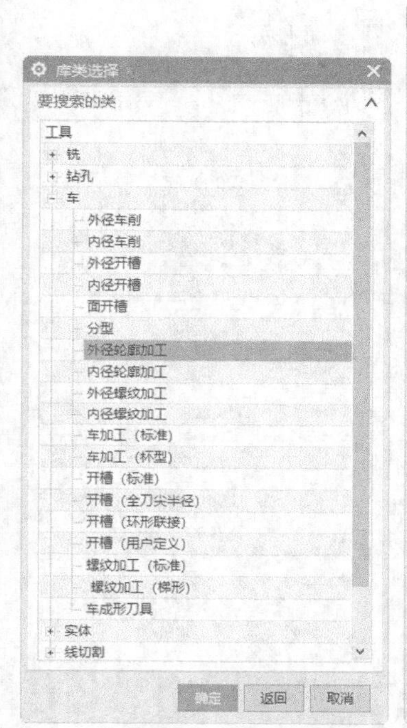

图12-12 “库类选择”对话框

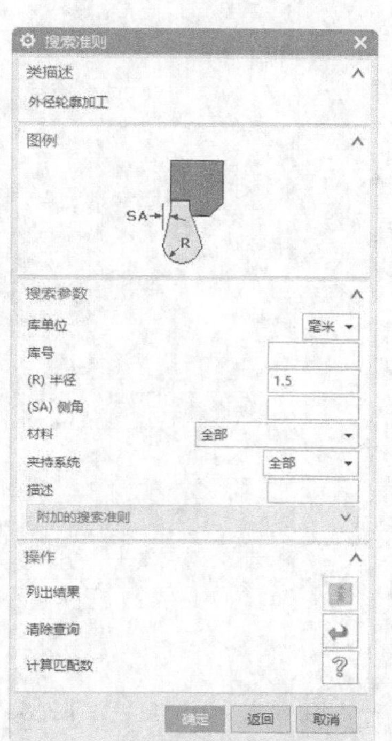

图12-13 “搜索准则”对话框

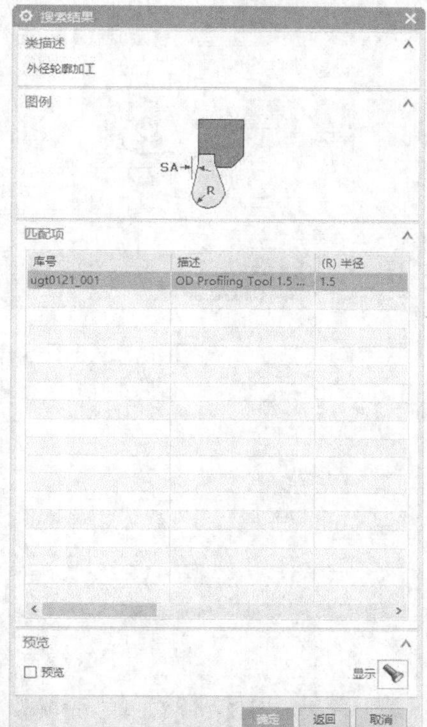

图12-14 “搜索结果”对话框

12.2.4 创建镗刀

（1）单击“主页”选项卡“刀片”面板中的“创建刀具”按钮，弹出“创建刀具”对话框，在“刀具子类型”栏选择“ID_55_L”，在“位置”栏的“刀具”下拉列表中选择“STATION_06”，如图12-15所示，单击“确定”按钮，关闭当前对话框。

（2）弹出“车刀-标准”对话框，在“工具”选项卡的“尺寸”栏中输入“刀尖半径”为0.4，在“刀片尺寸”栏中输入“长度”为5，其他采用默认设置，如图12-16所示。

（3）在“夹持器”选项卡中的“尺寸”栏中输入“长度”为100，“宽度”为10，“柄宽度”为10，“柄线”为10，

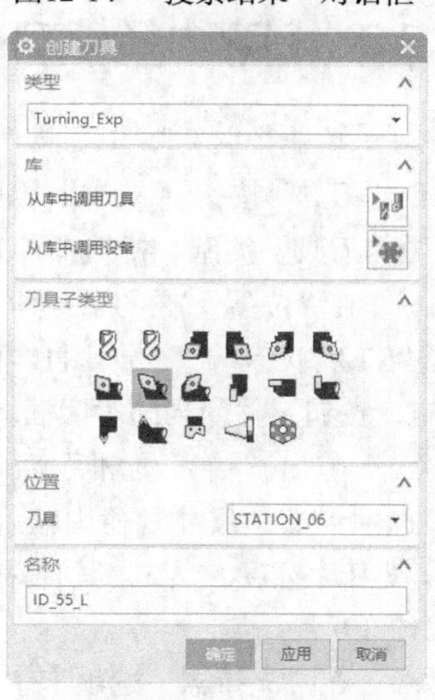

图12-15 “创建刀具”对话框

其他采用默认设置，如图12-17所示，单击“确定”按钮，完成刀具设置。

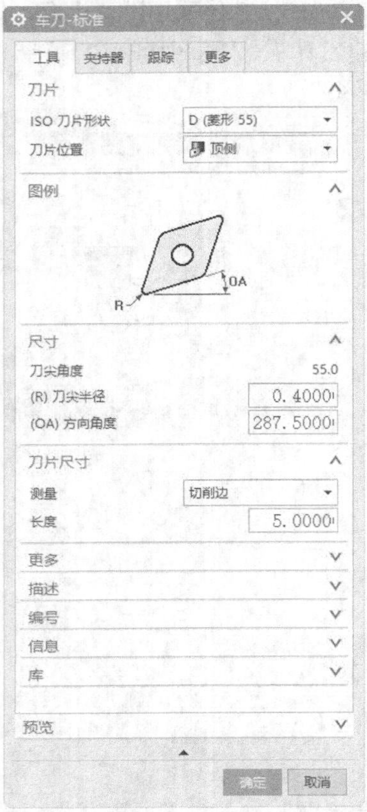

图12-16 “工具”选项卡

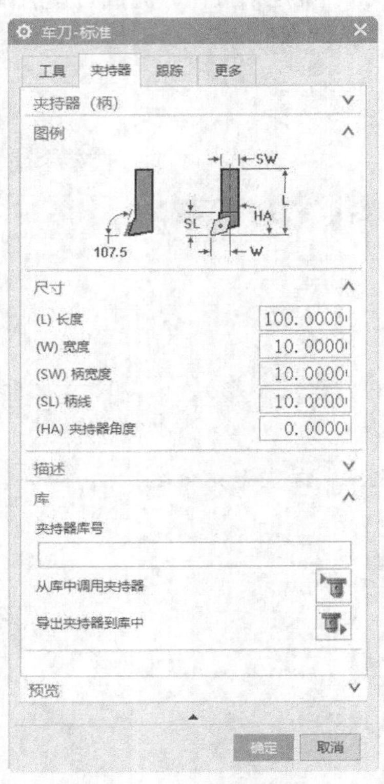

图12-17 “夹持器”选项卡

12.2.5 创建内径槽刀

（1）单击“主页”选项卡“刀片”面板中的“创建刀具”按钮，弹出“创建刀具”对话框，在“刀具子类型”栏选择“ID_GROOVE_L”，在“位置”栏的“刀具”下拉列表中选择“STATION_07”，如图12-18所示，单击“确定”按钮，关闭当前对话框。

（2）弹出“槽刀-标准”对话框，在“工具”选项卡的“尺寸”栏中输入“刀片长度”为6，“刀片宽度”为3，其他采用默认设置，如图12-19所示。

（3）在“夹持器”选项卡中的“尺寸”栏中输入“长度”为100，“宽度”为12，“柄宽

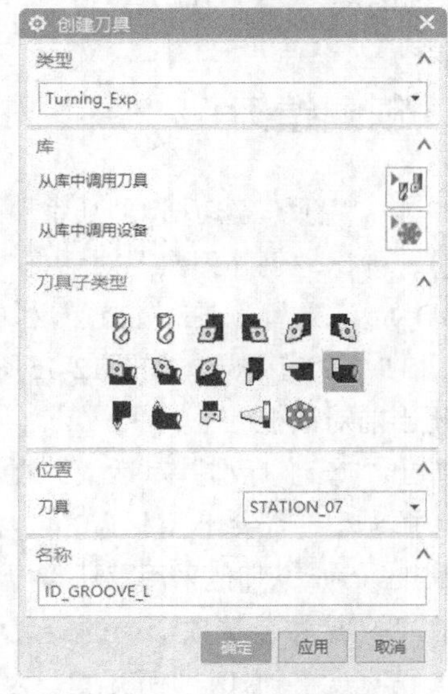

图12-18 “创建刀具”对话框

度”为10，“柄线”为10，“刀片延伸”为10，其他采用默认设置，如图12-20所示，单击“确定”按钮，完成刀具设置。

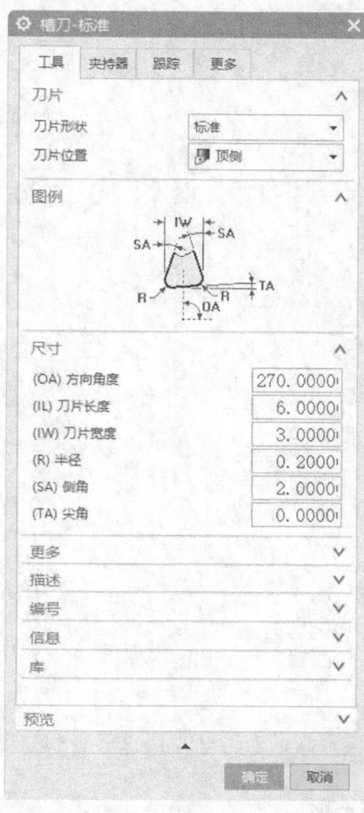

图12-19 “工具”选项卡

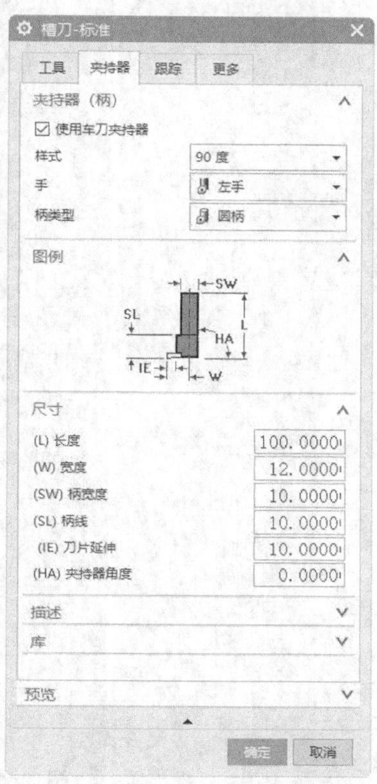

图12-20 “夹持器”选项卡

12.2.6　创建内螺纹刀

（1）单击“主页”选项卡“刀片”面板中的“创建刀具”按钮，弹出“创建刀具”对话框，在“刀具子类型”栏选择“ID_THREAD_L”，在“位置”栏的“刀具”下拉列表中选择“STATION_08”，如图12-21所示，单击“确定”按钮，关闭当前对话框。

（2）弹出“螺纹刀-标准”对话框，在“工具”选项卡的“尺寸”栏中输入“刀片长度”为12，其他采用默认设置，如图12-22所示，单击“确定”按钮，完成螺纹刀的创建。

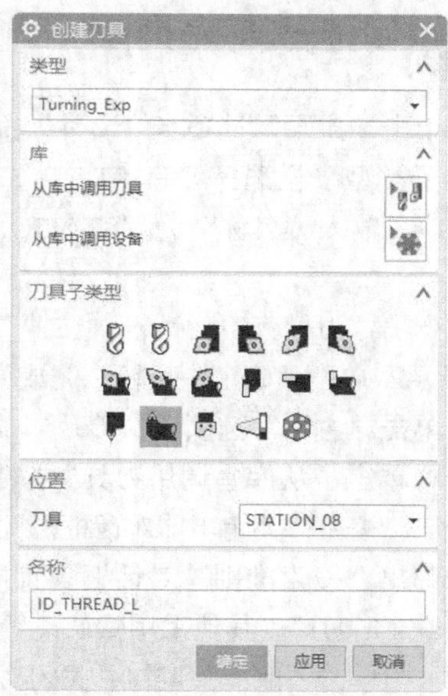

图12-21 “创建刀具”对话框

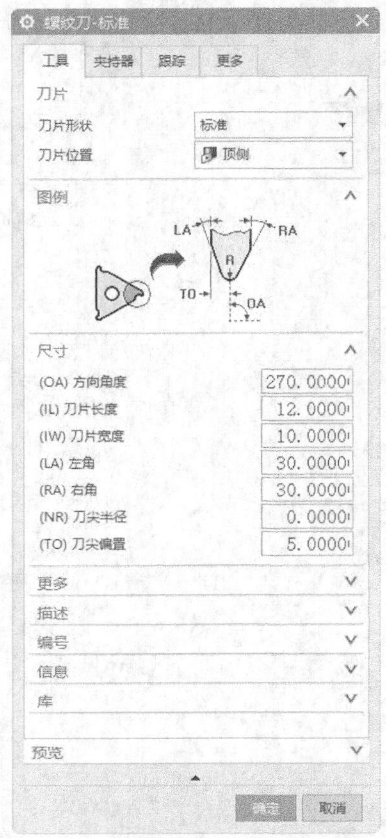

图12-22 “螺纹刀-标准”对话框

12.2.7 创建分离刀具

（1）单击“主页”选项卡“刀片”面板中的“创建刀具”按钮，弹出“创建刀具”对话框，在“刀具子类型”栏选择“TURRET_STATION”，在“位置”栏的“刀具”下拉列表中选择“TURRET”，输入“名称”为“STATION_09”，如图12-23所示，单击“确定”按钮，关闭当前对话框。

（2）弹出“刀槽：”对话框，在“刀槽ID”栏中输入“刀槽号”为9，其他采用默认设置，如图12-24所示，单击“确定”按钮，完成刀槽的设置。

（3）单击“主页”选项卡“刀片”面板中的“创建刀具”按钮，弹出“创建刀具”对话框，在“库”栏单击“从库中调用刀具”按钮，弹出“库类选择”对话框，选择“车”→“分型”，单击“确定”按钮，关闭当前对话框。

（4）弹出“搜索准则”对话框，直接单击“确定”按钮。弹出“搜索结果”对话框，选择库号为“ugt0114_001”，其他采用默认设置，单击“确定”按钮，完成刀具的调用，然后在“创建刀具”对话框中单击“取消”按钮，关闭对话框。

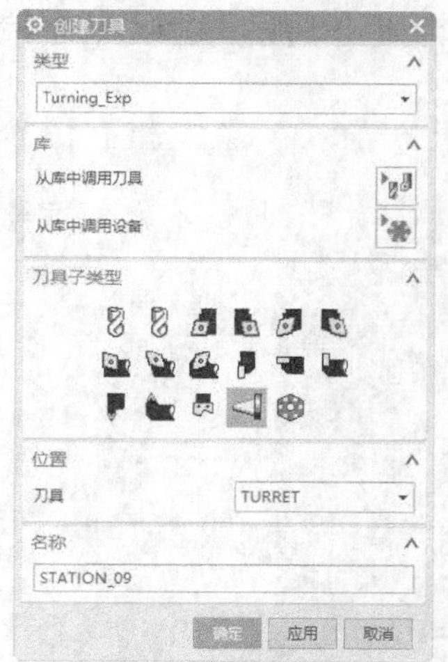

图12-23　“创建刀具”对话框

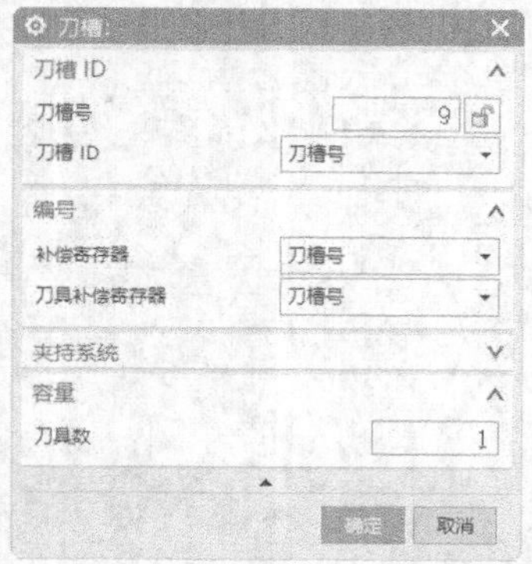

图12-24　“刀槽：”对话框

12.3 创建工序

12.3.1　面加工

（1）单击“主页”选项卡“刀片”面板中“创建工序”按钮，弹出“创建工序”对话框，在“类型”下拉列表框中选择“Turning_Exp”，在“工序子类型”栏中选择“面加工”，在“位置”栏中设置“几何体”为“AVOIDANCE”，“刀具”为“OD_80_L”，“方法”为“LATHE_FINISH”，其他采用默认设置，单击“确定”按钮，关闭当前对话框。

（2）弹出“面加工”对话框，单击“切削区域”右侧的“编辑”按钮，弹出“切削区域”对话框，在“轴向修剪平面1”栏中设置“限制选项”为“点”，选择部件外径上端点，如图12-25所示，单击“确定”按钮，关闭当前对话框。

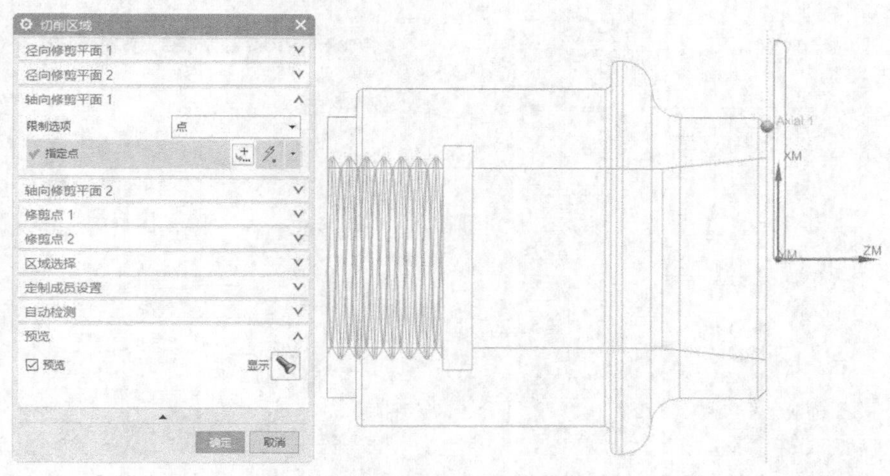

图12-25　指定切削区域

（3）返回到“面加工”对话框，单击“操作”栏中的“生成”按钮，生成面加工刀轨，如图12-26所示。

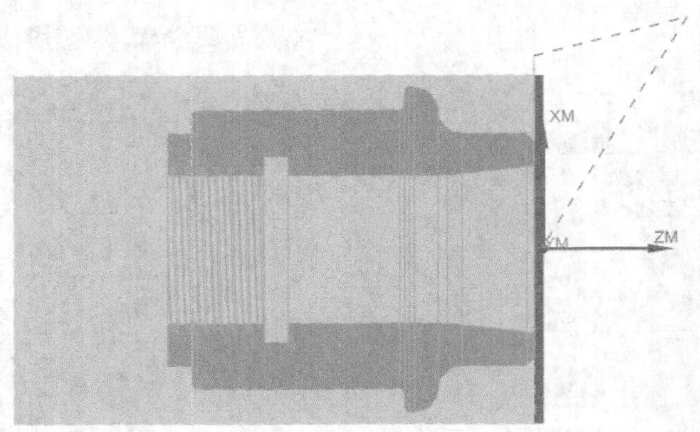

图12-26 面加工刀轨

12.3.2 定心钻

（1）单击“主页”选项卡“刀片”面板中“创建工序”按钮，弹出“创建工序”对话框，在“类型”下拉列表框中选择“Turning_Exp”，在“工序子类型”栏中选择“中心线定心钻”，在“位置”栏中设置“几何体”为“AVOIDANCE”，“刀具”为“SPOTDRILL”，“方法”为“LATHE_CENTERLINE”，其他采用默认设置，单击“确定”按钮，关闭当前对话框。

（2）弹出图12-27所示的“中心线定心钻”对话框，在“选项”栏中单击“编辑显示”按钮，弹出“显示选项”对话框，在“刀具”栏中设置“刀具显示”为“2D”，如图12-28所示，单击“确定”按钮，关闭当前对话框。

图12-27 “中心线定心钻”对话框

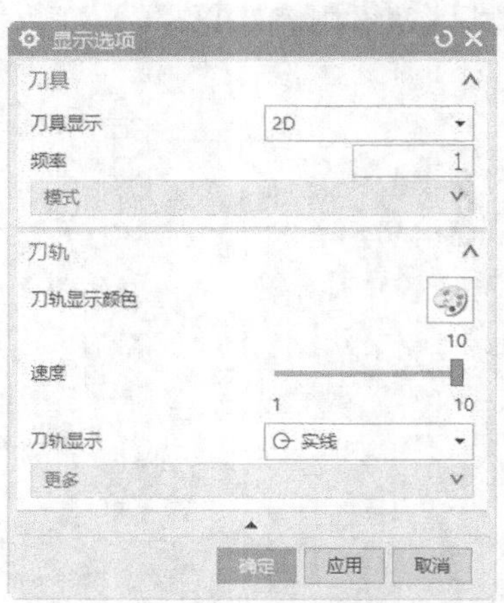

图12-28 “显示选项”对话框

（3）返回到“中心线定心钻”对话框，单击“操作”栏中的“生成”按钮，生成中心线定心钻刀轨，如图12-29所示。

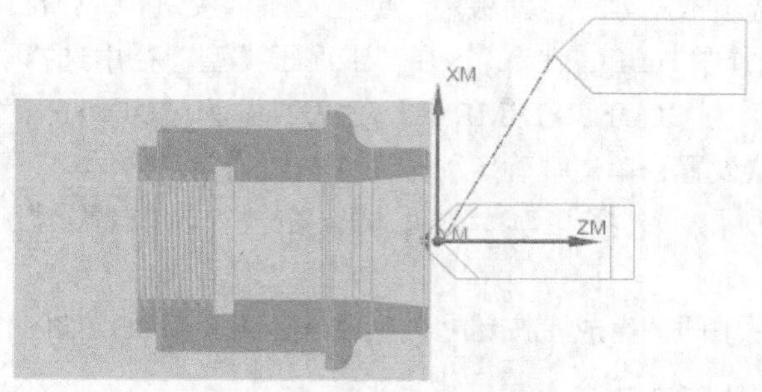

图12-29　中心线定心钻刀轨

12.3.3　创建钻孔

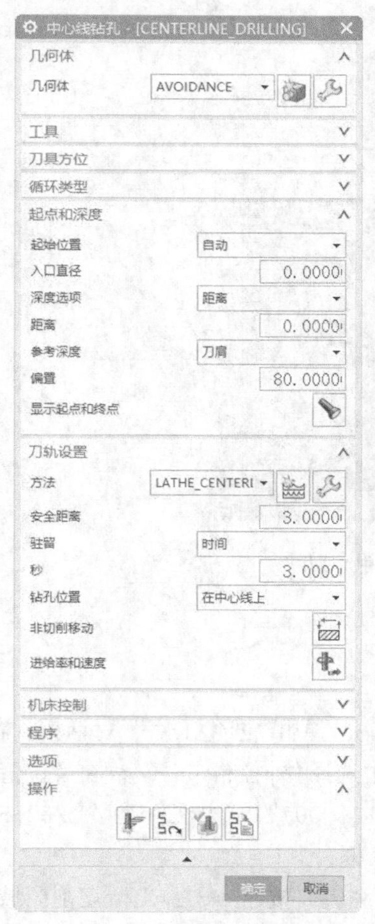

图12-30　“中心线钻孔”对话框

（1）单击“主页”选项卡“刀片”面板中“创建工序”按钮，弹出“创建工序”对话框，在“类型”下拉列表框中选择“Turning_Exp”，在“工序子类型”栏中选择“中心线钻孔”，在“位置”栏中设置“几何体”为“AVOIDANCE”，“刀具”为“DRILL”，“方法”为“LATHE_ CENTERLINE”，其他采用默认设置，单击“确定”按钮，关闭当前对话框。

（2）弹出图12-30所示的“中心线钻孔”对话框，在“起点和深度”栏中设置“参考深度”为“刀肩”，“偏置”为80。在“刀轨设置”栏中设置“安全距离”为3，“驻留”为“时间”，“秒”为3，“钻孔位置”为“在中心线上”。在“选项”栏中单击“编辑显示”按钮，弹出“显示选项”对话框，在“刀具”栏中设置“刀具显示”为“2D”，单击“确定”按钮，关闭当前对话框。

（3）返回到“中心线钻孔”对话框，单击“操作”栏中的“生成”按钮，生成中心线钻孔刀轨，如图12-31所示。

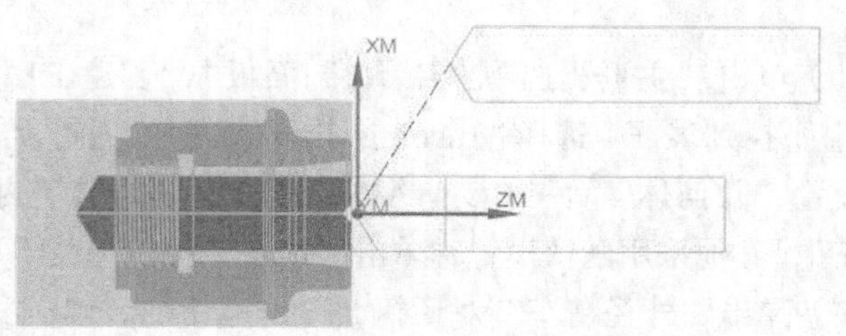

图12-31　中心线钻孔刀轨

12.3.4 外径粗加工

（1）单击“主页”选项卡“刀片”面板中“创建工序”按钮，弹出“创建工序”对话框，在“类型”下拉列表框中选择“Turning_Exp”，在“工序子类型”栏中选择“外径粗车”，在“位置”栏中设置“几何体”为“CONTAINMENT”，“刀具”为“OD_80_L”，“方法”为“LATHE_ROUGH”，其他采用默认设置，单击“确定”按钮，关闭当前对话框。

（2）弹出图12-32所示“外径粗车”对话框，在“刀轨设置”栏中设置“变换模式”为“省略”。

（3）单击“操作”栏中的“生成”按钮，生成外径粗车刀轨，如图12-33所示。

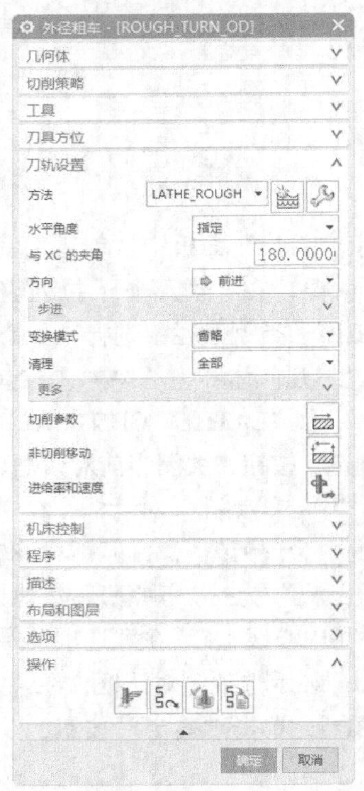

图12-32 “外径粗车”对话框

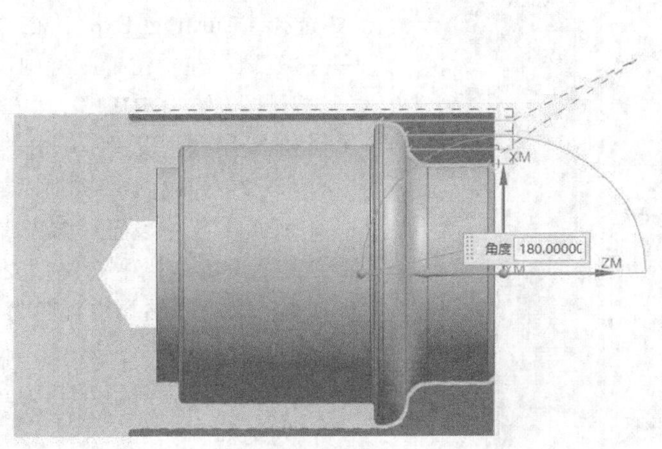

图12-33 外径粗车刀轨

12.3.5 外径精加工

（1）单击“主页”选项卡“刀片”面板中“创建工序”按钮，弹出“创建工序”对话框，在“类型”下拉列表框中选择“Turning_Exp”，在“工序子类型”栏中选择“外径精车”，在“位置”栏中设置“几何体”为“CONTAINMENT”，“刀具”为“ugt0121_001”，“方法”为“LATHE_FINISH”，其他采用默认设置，单击“确定”按钮，关闭当前对话框。

（2）弹出“外径精车”对话框，单击“切削区域”右侧的“编辑”按钮，弹出“切削区域”对话框，在“修剪点1”栏中设置“点选项”为“指定”，选取右端竖直线顶点，在“修剪点2”栏中设置“点选项”为“指定”，选取左端竖直线顶点，如图12-34所示，单击“确定”按钮，关闭当前对话框。

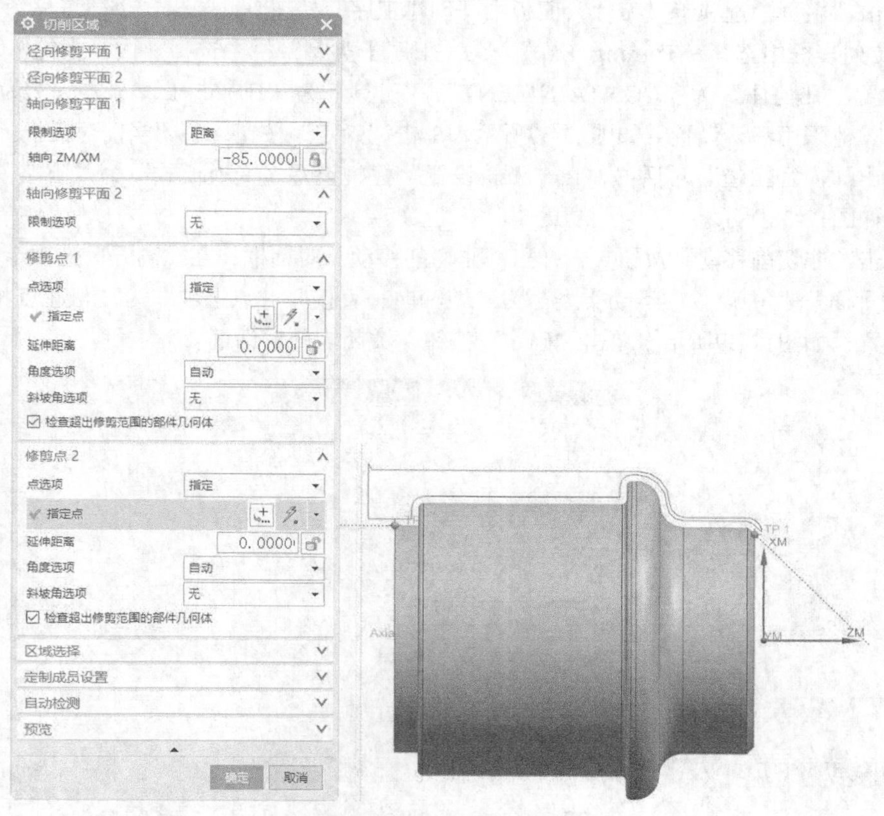

图12-34　指定切削区域

（3）返回到“外径精车”对话框，在“刀轨设置”栏中设置“多刀路”为“刀路数”，“刀路数”为4，其他采用默认设置，如图12-35所示。

（4）单击“操作”栏中的“生成”按钮，生成外径精车刀轨，如图12-36所示。

图12-35　“刀轨设置”栏

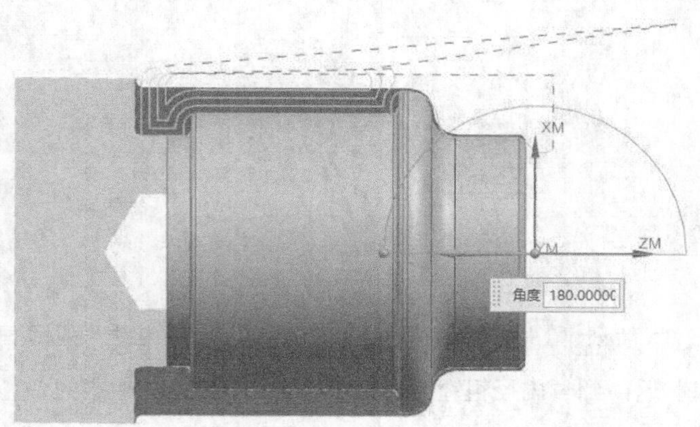

图12-36　外径精车刀轨

12.3.6 内径粗镗加工

（1）单击“主页”选项卡“刀片”面板中“创建工序”按钮，弹出“创建工序”对话框，在“类型”下拉列表框中选择“Turning_Exp”，在“工序子类型”栏中选择“内径粗镗”，在“位置”栏中设置“几何体”为“CONTAINMENT”，“刀具”为“ID_55_L”，“方法”为“LATHE_ROUGH”，其他采用默认设置，如图12-37所示，单击“确定”按钮，关闭当前对话框。

（2）弹出“内径粗镗”对话框，在“刀轨设置”栏中设置“变换模式”为“省略”，其他采用默认设置，如图12-38所示。

（3）单击“非切削移动”按钮，弹出“非切削移动”对话框，在“离开”选项卡的“运动到返回点/安全平面”栏中设置“运动类型”为“纯轴向→直接”，“点选项”为“与起点相同”，其他采用默认设置，如图12-39所示，单击“确定”按钮，关闭当前对话框。

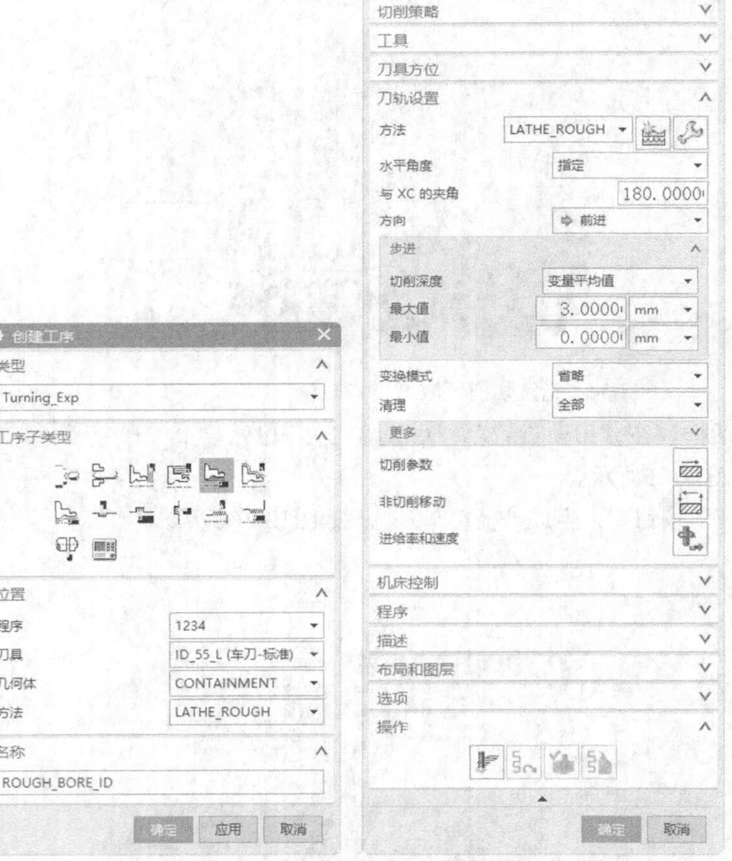

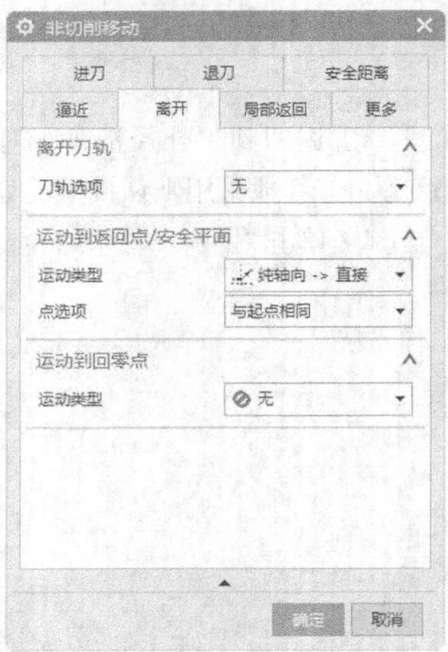

图12-37 “创建工序”对话框　　图12-38 “内径粗镗”对话框　　图12-39 “非切削移动”对话框

（4）返回到“内径粗镗”对话框，单击“操作”栏中的“生成”按钮，生成内径粗镗刀轨，如图12-40所示。

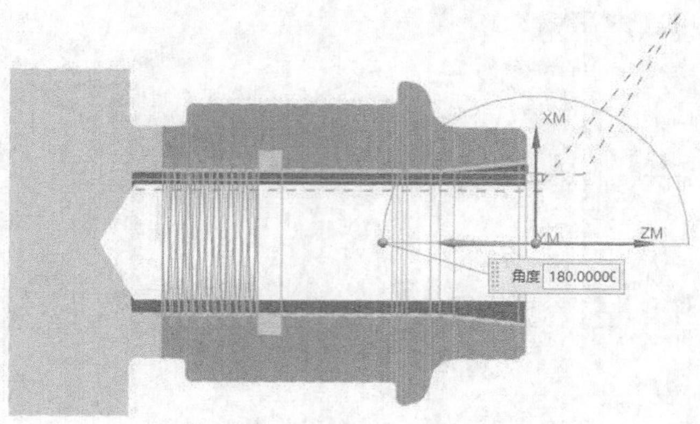

图12-40　内径粗镗刀轨

12.3.7　内径精镗加工

（1）单击“主页”选项卡“刀片”面板中“创建工序”按钮，弹出“创建工序”对话框，在“类型”下拉列表框中选择“Turning_Exp”，在“工序子类型”栏中选择“内径精镗”，在“位置”栏中设置“几何体”为“AVOIDANCE”，“刀具”为“ID_55_L”，“方法”为“LATHE_FINISH”，其他采用默认设置，如图12-41所示，单击“确定”按钮，关闭当前对话框。

（2）弹出图12-42所示的“内径精镗”对话框，单击“切削区域”右侧的“编辑”按钮，弹出“切削区域”对话框，在“修剪点1”栏中设置“点选项”为“指定”，选取右侧孔端点，在“修剪点2”栏中设置“点选项”为“指定”，选取左侧孔端点，如图12-43所示，单击“确定”按钮，关闭当前对话框。

图12-41　“创建工序”对话框

图12-42　“内径精镗”对话框

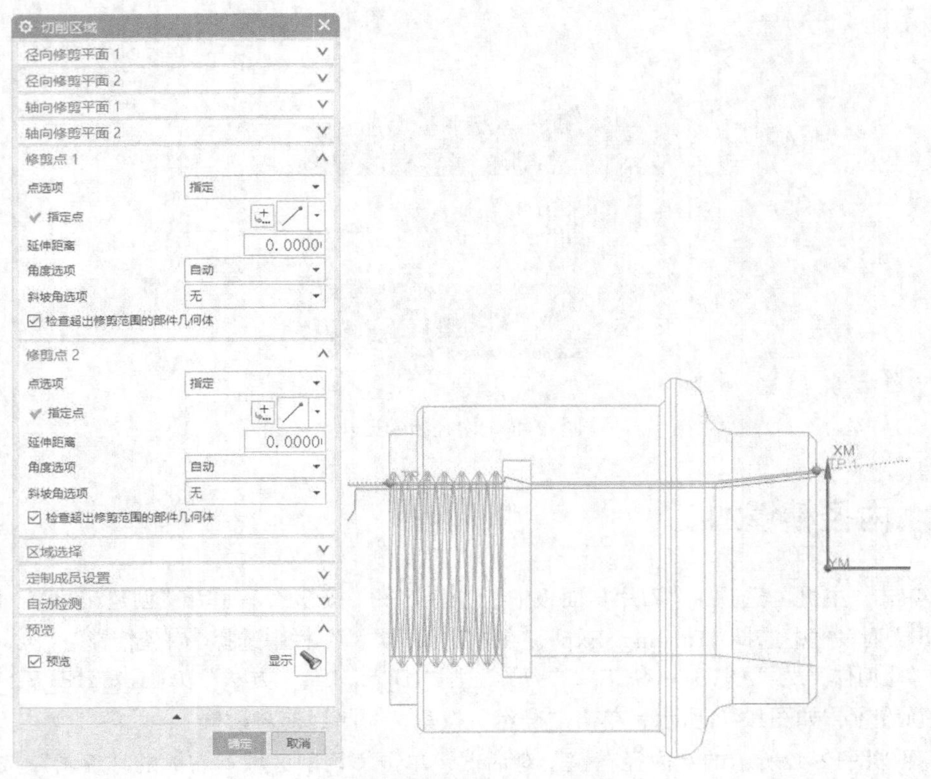

图12-43　指定切削区域

（3）单击“非切削移动”按钮，弹出“非切削移动”对话框，在“离开”选项卡的“运动到返回点/安全平面”栏中设置“运动类型”为“纯轴向→直接”，其他采用默认设置，单击“确定”按钮，关闭当前对话框。

（4）返回到“内径精镗”对话框，单击“操作”栏中的“生成”按钮，生成内径精镗刀轨，如图12-44所示。

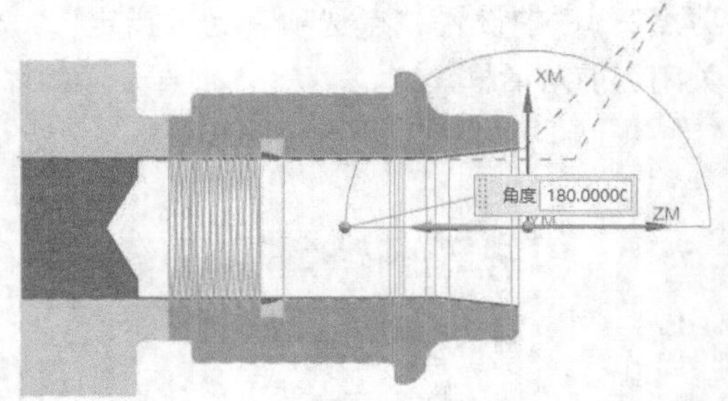

图12-44　内径精镗刀轨

12.3.8　内径开槽

（1）单击“主页”选项卡“刀片”面板中“创建工序”按钮，弹出“创建工序”对话框，在“类型”下拉列表框中选择“Turning_Exp”，在“工序子类型”栏中选择“内径开槽”，在“位置”栏中设置“几何体”为“AVOIDANCE”，“刀具”为“ID_GROOVE_L”，“方法”为“LATHE_GROOVE”，其他采用默认设置，如图12-45所示，单击“确定”按钮，关闭当前对话框。

（2）弹出图12-46所示的“内径开槽”对话框，单击“切削区域”右侧的“编辑”按钮，弹出“切削区域”对话框，在“修剪点1”栏中设置“点选项”为“指定”，选取槽左侧的竖直线下端点，在“修剪点2”栏中设置“点选项”为“指定”，选取槽右侧竖直下端点，如图12-47所示，单击“确定”按钮，关闭当前对话框。

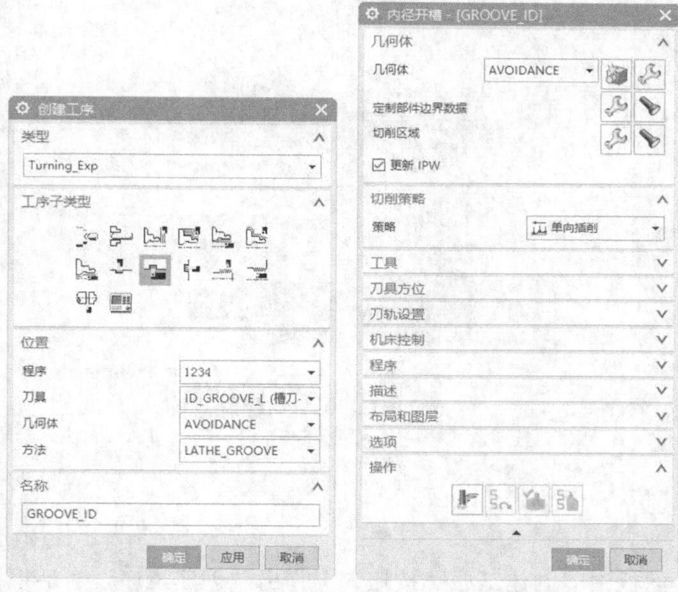

图12-45　“创建工序”对话框　　图12-46　“内径开槽”对话框

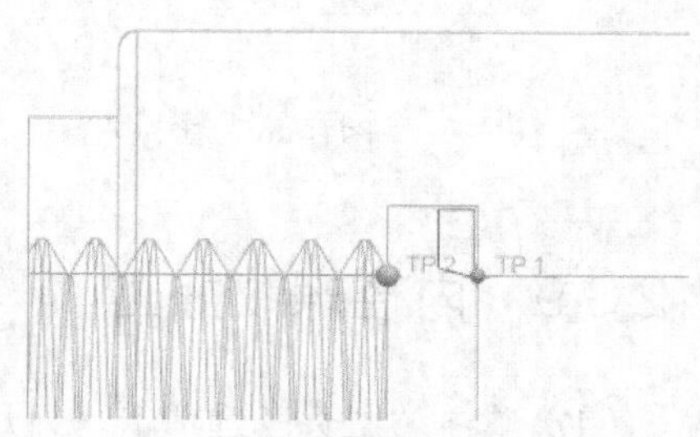

图12-47　指定切削区域

（3）返回“内径开槽”对话框，单击“非切削移动”按钮，弹出图12-48所示“非切削移动”对话框，在“逼近”选项卡的“运动到起点”栏中设置“运动类型”为“径向→轴向”，在“运动到起点”栏中设置“运动类型”为“径向→轴向”，在“离开”选项卡的“运动到返回点/安全平面”栏中设置“运动类型”为“径向→轴向”，“点选项”为“点”，在视图中适当位置单击确定，如图12-49所示，其他采用默认设置，单击“确定”按钮，关闭当前对话框。

图12-48　“非切削移动”对话框

（4）返回“内径开槽”对话框，单击“操作”栏中的“生成”按钮，生成内径开槽刀轨，如

图12-50所示。

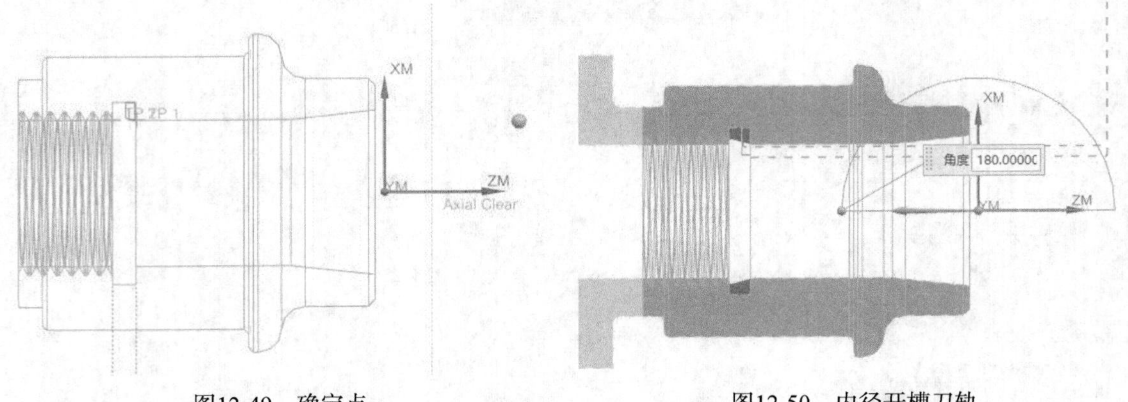

图12-49　确定点　　　　图12-50　内径开槽刀轨

12.3.9　内径螺纹加工

（1）单击“主页”选项卡“刀片”面板中“创建工序”按钮，弹出“创建工序”对话框，在“类型”下拉列表框中选择“Turning_Exp”，在“工序子类型”栏中选择“内径螺纹铣”，在“位置”栏中设置“几何体”为“AVOIDANCE”，“刀具”为“ID_THREAD_L”，“方法”为“LATHE_THREAD”，其他采用默认设置，如图12-51所示，单击“确定”按钮，关闭当前对话框。

（2）弹出图12-52所示的“内径螺纹铣”对话框，在“螺纹形状”栏中单击“选择顶线”右侧的按钮，选取图12-53所示顶线，设置“深度选项”为“深度和角度”，输入“深度”为2，“与*XC*的夹角”为0，“起始偏置”为3，“终止偏置”为 0 ，如图12-53所示。

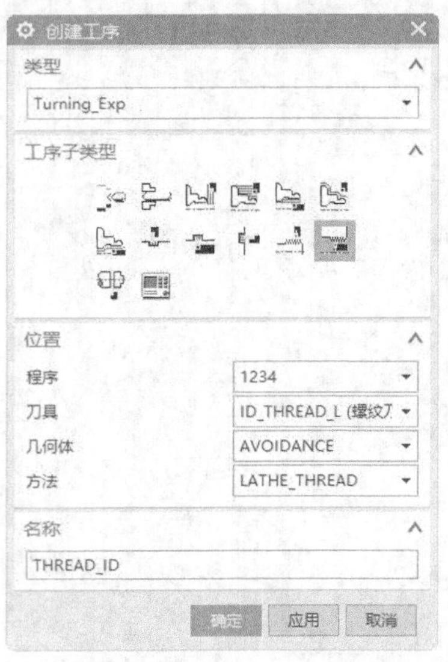

图12-51　“创建工序”对话框

图12-52　“内径螺纹铣”对话框

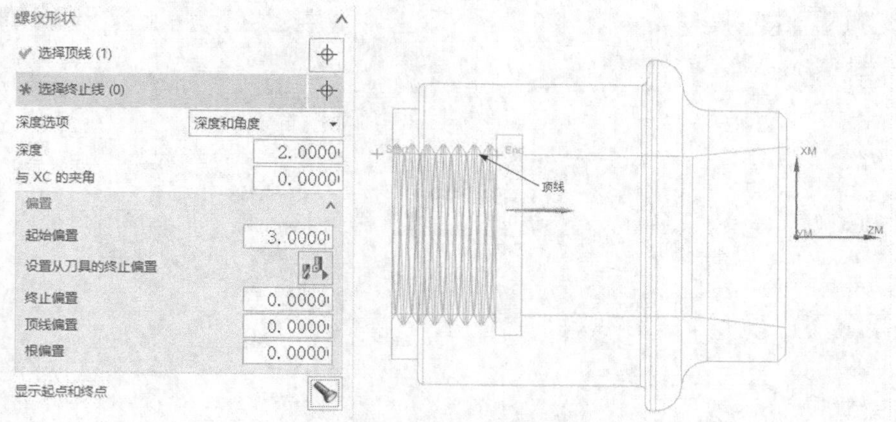

图12-53　指定螺纹形状参数

（3）在“刀轨设置”栏中单击“切削参数”按钮，弹出“切削参数”对话框，在“螺距”选项卡中设置“螺距选项”为“螺距”，“螺距变化”为“恒定”，“距离”为3，其他采用默认设置，如图12-54所示。在“附加刀路”选项卡中设置“刀路数”为2，“增量”为1，如图12-55所示，单击“确定”按钮，关闭当前对话框。

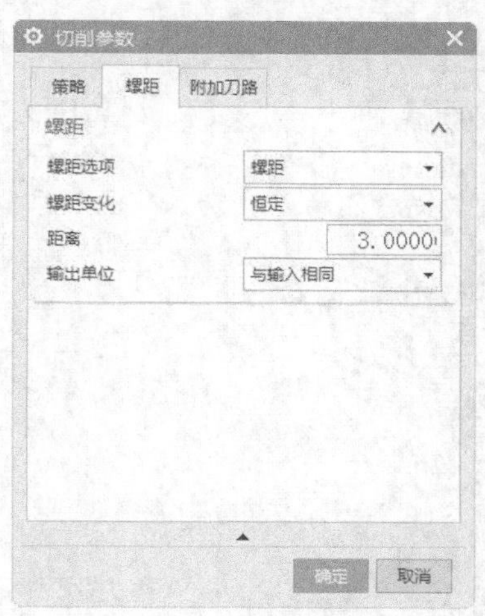

图12-54　“螺距”选项卡

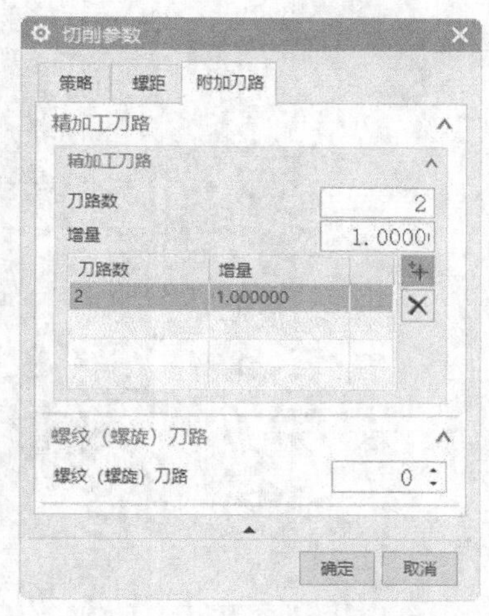

图12-55　“附加刀路”选项卡

（4）返回“内径螺纹铣”对话框，单击“非切削移动”按钮，弹出“非切削移动”对话框，在“逼近”选项卡的“运动到起点”栏中设置“运动类型”为“径向→轴向”，在“运动到起点”栏中设置“运动类型”为“径向→轴向”，如图12-56所示。在“离开”选项卡的“运动到返回点/安全平面”栏中设置“运动类型”为“轴向→径向”，其他采用默认设置，如图12-57所示，单击“确定”按钮，关闭当前对话框。

（5）返回“内径螺纹铣”对话框，单击“操作”栏中的“生成”按钮，生成内径螺纹铣刀轨，如图12-58所示。

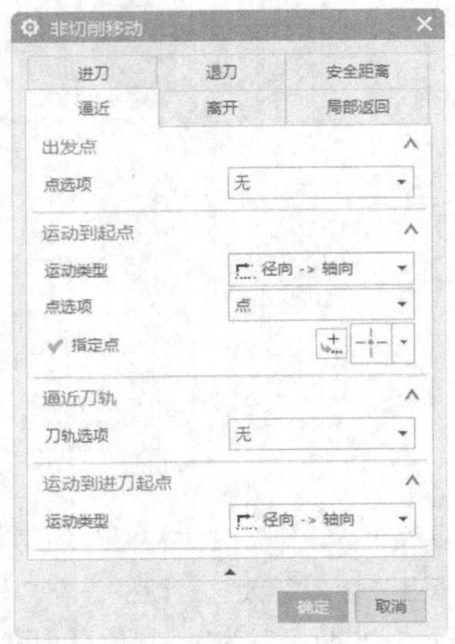

图12-56 “逼近”选项卡

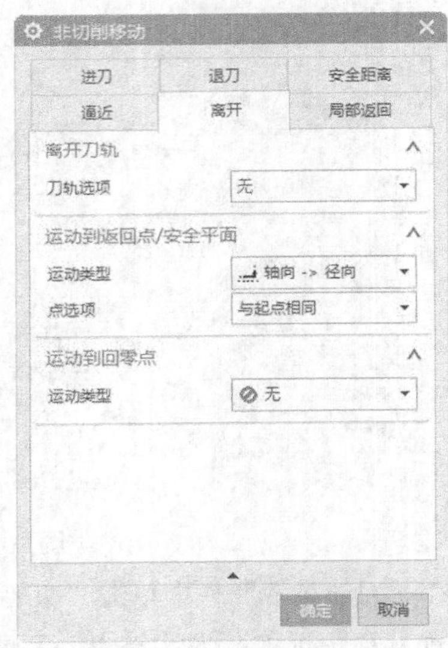

图12-57 “离开”选项卡

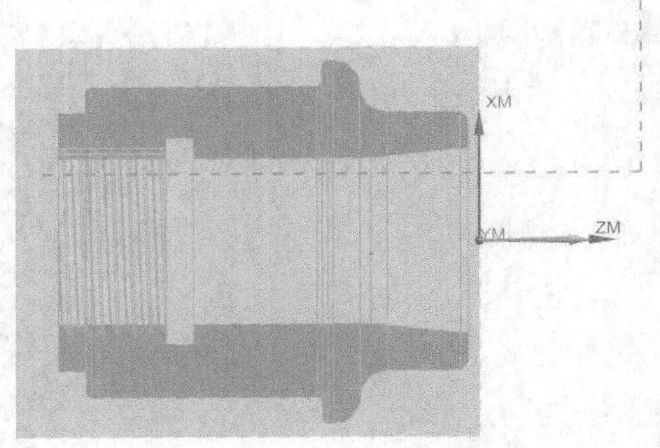

图12-58 内径螺纹铣刀轨

12.3.10 部件分离

（1）单击“主页”选项卡“刀片”面板中“创建工序”按钮，弹出“创建工序”对话框，在“类型”下拉列表框中选择“Turning_Exp”，在“工序子类型”栏中选择“部件分离”，在“位置”栏中设置“几何体”为“AVOIDANCE”，“刀具”为“ugt0114_001”，“方法”为“LATHE_FINISH”，其他采用默认设置，单击“确定”按钮，关闭当前对话框。

（2）弹出“部件分离”对话框，在“刀轨设置”栏中设置“部件分离位置”为“自动”，“延伸距离”为1，如图12-59所示。

（3）单击“进给率和速度”按钮，弹出“进给率和速度”对话框，在“部件分离进给率”栏中输入“减速”为“25%切削”，“长度”为10%，如图12-60所示，单击“确定”按钮，关闭当前对话框。

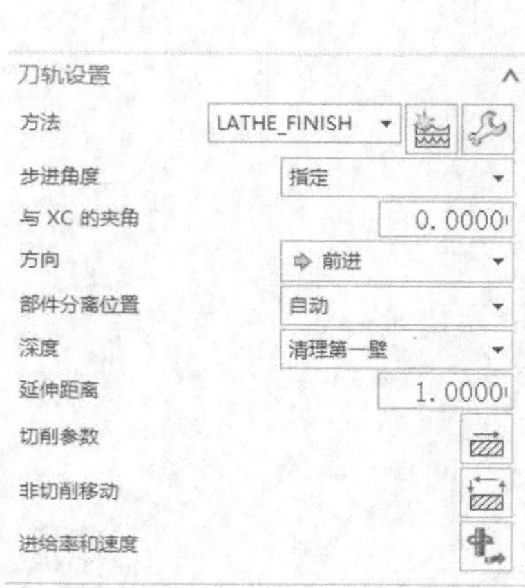

图12-59　“刀轨设置”栏

图12-60　“进给率和速度”对话框

（4）返回到“部件分离”对话框，单击“操作”栏中的“生成”按钮，生成如图12-61所示的部件分离刀轨。

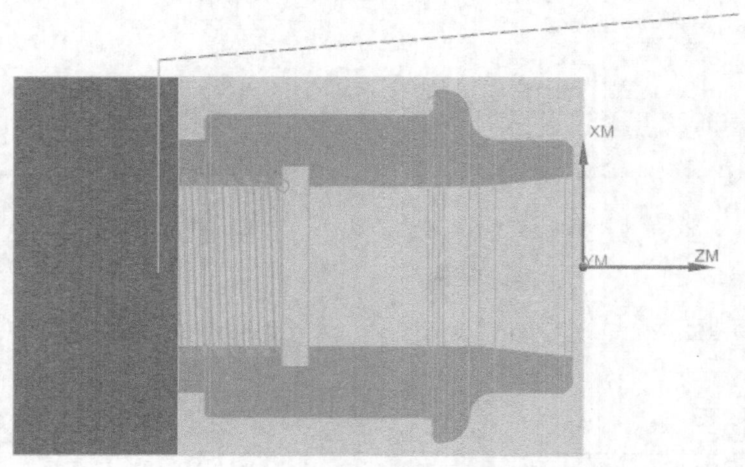

图12-61　部件分离刀轨

12.4 刀轨演示

（1）在上边框条中单击“程序顺序视图”图标，显示“工序导航器-程序顺

序”，选取程序“1234”，单击“主页”选项卡“工序”面板中的“确认刀轨”按钮 。

（2）弹出图12-62所示的“刀轨可视化”对话框，在“3D动态”选项卡中调整动画速度，然后单击“播放”按钮 ，进行3D加工模拟，如图12-63所示。

图12-62 “刀轨可视化”对话框

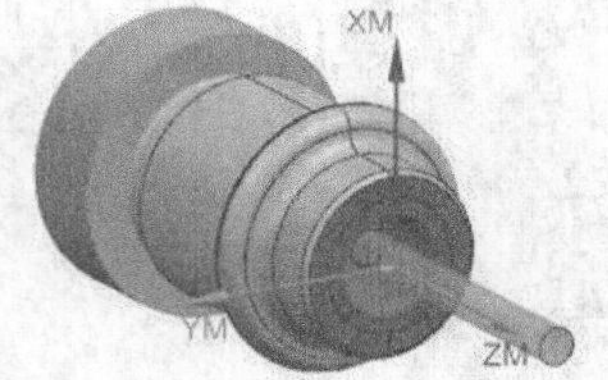

图12-63 3D模拟加工

12.5 后处理

单击“主页”选项卡“工序”面板中的“后处理”按钮 ，弹出“后处理”对话框，选择“LATHE_2_AXIS_TURRET_REF”后处理器，其他采用默认设置，如图12-64所示，单击“确定”按钮，刀轨经过后处理后，在“信息”窗口中列出，如图12-65所示。单击“关闭”按钮 ，关闭窗口。

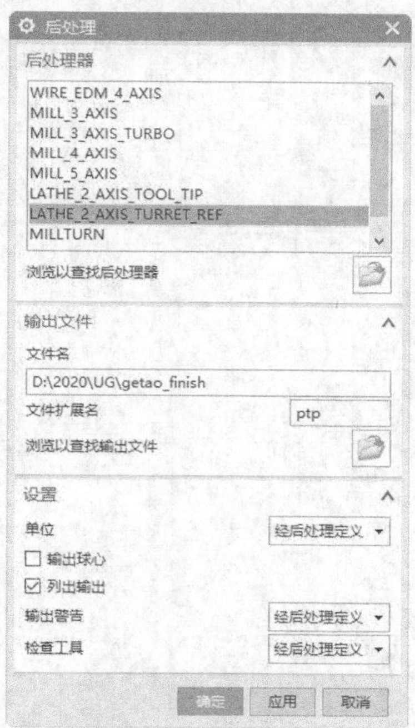

图12-64　“后处理”对话框

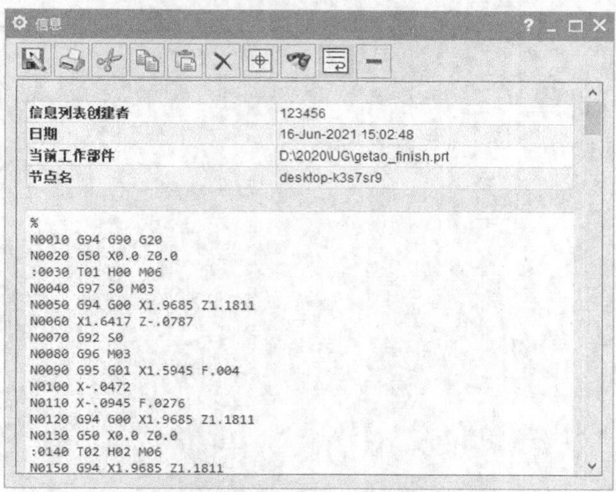

图12-65　“信息”窗口